KEHU SHOUDIAN GONGCHENG
DIANXING SHEJI

客户受电工程
典型设计

国网湖北省电力公司营销部　组　编

舒旭辉　主　编

张运贵　李继升　副主编

中国电力出版社
CHINA ELECTRIC POWER PRESS

本书是国网湖北省电力公司在现行配电网标准化设计的基础上,充分结合现场实际,推行标准化建设的重要成果。内容紧密结合当前电力营销业扩报装实际工作情况,以简化报装手续,降低工程造价为目的,按照"专业、方便、快速、规范"的要求来加强和改进业扩报装工作,力求最大限度地满足客户的需要。

本书共 7 篇,分别为总论、典型设计导则、10kV 柱上变压器台典型设计、10kV 箱式变电站典型设计、10kV 配电室典型设计、10kV 电缆典型设计、10kV 架空线路典型设计。

本书可供电力系统各设计单位,以及从事电力建设工程规划、管理、施工、安装、生产运行专业人员使用,并可供大专院校有关专业的师生参考。

图书在版编目(CIP)数据

客户受电工程典型设计/舒旭辉主编;国网湖北省电力公司营销部组编.
—北京:中国电力出版社,2017.1
ISBN 978-7-5123-9790-3

Ⅰ.①客…　Ⅱ.①舒…②国…　Ⅲ.①变电所-电力工程-设计　Ⅳ.①TM63

中国版本图书馆 CIP 数据核字(2016)第 221066 号

客户受电工程典型设计

中国电力出版社出版、发行
(北京市东城区北京站西街 19 号　100005　http://www.cepp.sgcc.com.cn)
2017 年 1 月第一版
880 毫米×1230 毫米　横 16 开本　28.5 印张

北京天宇星印刷厂印刷
2017 年 1 月北京第一次印刷
970 千字

各地新华书店经售
印数 0001—2000 册
定价 **118.00** 元

《客户受电工程典型设计》

编审委员会

主　　审　　傅景伟

副 主 审　　傅　军　　陈玉进

主　　编　　舒旭辉

副 主 编　　张运贵　　李继升

编写人员（按工作单位不分排名）

国网湖北省电力公司：刘慧

国网湖北省电力公司经济技术研究院：杜治、张籍、江寿霞、杨东俊、高晓晶

国网湖北省电力公司客户服务中心：田晓霞、明裕

国网武汉供电公司：刘以礼、成亮、朱旌

国网荆州供电公司：李想想

国网宜昌供电公司：张巍、阮傲

国网荆门供电公司：彭鄂晋、韩志华、田成来

荆州荆力工程设计咨询有限责任公司：樊友权、周斌、王亮星

宜昌电力勘测设计院有限公司：向希红、唐浩

国网湖北省电力公司技术培训中心：侯淞学

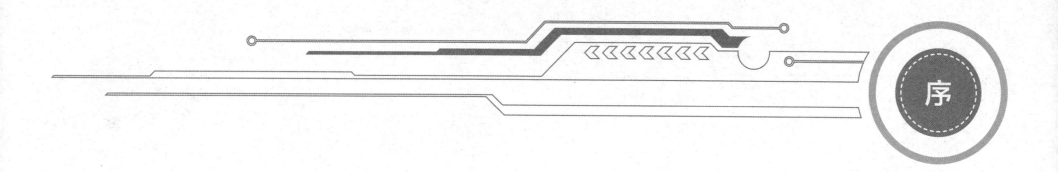

序

业扩报装作为公司服务客户的前沿阵地，对内肩负着市场开拓增效的重任，对外承担着履行社会责任、服务民生和地方经济发展的重担，长期以来备受社会各界关注。简化报装手续，降低工程造价，以"专业、方便、快速、规范"的要求来加强和改进业扩报装工作，既是国家电网公司的要求，也是广大电力客户的期盼，更是电力营销服务工作人员追求的目标。

基于以上考虑，国网湖北省电力公司组织了由营销部牵头，各级专业人员为主要力量的编写组，在现行配网标准化设计的基础上，充分结合湖北区域特点和实际，编写了本书。本书主要包括设计导则和设计图册两部分，适用于 10kV 及以下电力客户受电工程设计，本书有以下几个特点。

（1）体现"简化手续，降低造价"的要求。本书已经达到了初步设计的要求，并且同供电方案一并提供给客户，客户可据此开展设备选型、组织队伍施工，可以大大减少设计费用，缩短报装接电时间。

（2）体现了"办事公开"的要求。本书对用户受电工程中的典型设计方案、设备选型、工程造价进行介绍和比对，用户可根据自己实际情况选择设计方案，可以合理控制工程造价。

（3）体现了原则性和灵活性的要求。本书以现行配网标准化设计为基础，减少了因设计质量、设计深度不符合标准造成的反复，提高设计质量和效率；同时也向客户提供了多种选择。

推进用户受电工程典型设计，将企业标准延伸到具体工作实践中，本质上是让"复杂的问题简单化"。我们相信，本书的推广运用，可以有效解决报装作业标准不统一、工作随意性大等问题。

一项制度，一套典型设计，无论它多么完善，如果不能转化为生产力，那么它只能悬挂在镜框中，尘封在书本里，没有任何意义。制定一套业扩报装典型设计指导书固然重要，但更重要的是要用它指导我们的工作，更好地服务于用户，把它转变为实实在在的生产力。

当前，电力体制改革处于关键时期，市场形势和客户需求在不断变化，营销工作者一定要面向市场、面向客户、面向改革发展的方向。本书认真总结了前人的经验和教训，对新形势下客户受电工程设计方面的新要求进行了全面认真地研究和探索，力求最大限度地满足客户的需要，凝聚了全体编写人员的心血。相信本书出版发行后能得到广大客户和有关专业人员的欢迎。

傅学伟

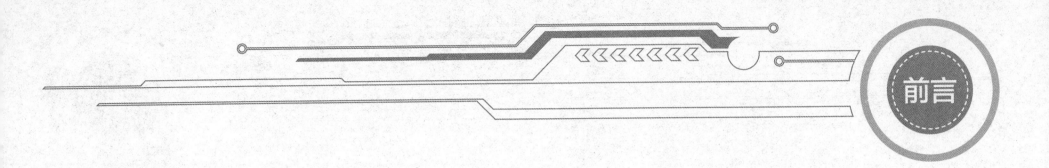

前言

　　业扩报装是电力企业发展的对外窗口，是客户和电力企业建立供用电关系的首要环节，为适应电力改革的需要，规范电力客户业扩受电工程建设标准，缩短客户受电工程设计时间，国网湖北省电力公司营销部组织编写了本书。

　　本书包含总论、设计导则和设计图册三部分内容，适用于 10kV 及以下电力客户受电工程设计。本书按照"统一标准、规范管理、方便客户"原则编制，以国家电网公司配电网工程典型设计为基础，结合湖北电网架构及运行特点，通过规范设计管理，强化应用全寿命周期管理理念和方法，进一步提高工程设计的精益化、标准化、规范化水平。本书可作为客户在业扩受电工程建设中的设计用书，为广大用电客户工程设计提供帮助；可作为供电部门业扩工作人员的工具用书，为制定供电方案、选择受电装置等工作提供技术指导；也可作为业扩受电工程设计部门的指导用书，为供电方案、受电装置等设计提供技术指导。

　　由于编者水平经验有限，难免存在疏漏不足之处，敬请各位客户和专家批评指正。

编　者

2016 年 6 月

目录

序
前言

第一篇

总　　论

第 1 章 概 述

为了规范电力客户业扩受电工程建设，加强客户受电工程安全管理，缩短业扩受电工程设计时间，提高业务办理效率，本着"统一标准、规范管理、方便客户"的原则，国网湖北省电力公司根据现行国家行业标准，制定了《客户受电工程典型设计》。

1.1 典型设计的目的

为适应电力改革的需要，规范湖北电网电力客户业扩受电工程建设，按照《国家电网公司关于进一步精简业扩手续、提高办电效率的工作意见》（国家电网营销〔2015〕70 号）文件精神，以客户需求为导向，缩短业扩受电工程设计时间，通过模块化供电方案编制，为客户提供标准统一、安全高效的供电服务。提高办电效率，最大限度地实现业扩报装服务便民、为民、利民。

1.2 典型设计的原则

以国家电网公司配电网工程典型设计为基础，通过规范设计管理，强化应用全寿命周期管理理念和方法，进一步提高工程设计的精益化、标准化、规范化水平。

客户受电工程的设计，以规范化、标准化为目标，其电气设备的选型应执行国家有关技术经济政策，采用安全可靠、技术先进、维护方便（免维护或少维护）、操作简单、节能环保型的电气设备，做到标准化、规范化，避免同类设备多种型号混用，禁止使用国家明令淘汰的产品。

1.3 典型设计的特点

体现"简化手续，降低造价"的要求。本书已经达到了初步设计的要求，并且同供电方案一并提供给客户，客户可据此开展设备选型、组织队伍施工，可以大大减少设计费用，缩短报装接电时间。

体现了"办事公开"的要求。该项目对客户受电工程中的典型设计方案、设备选型、工程造价进行介绍和比对，客户可根据自己实际情况选择设计方案，可以合理控制工程造价。

体现了原则性和灵活性的要求。本书以现行配网标准化设计为基础，减少了因设计质量、设计深度不符合标准造成的反复，提高设计质量和效率；同时也向客户提供了多种选择。

推进客户受电工程典型设计，将企业标准延伸到了具体工作实践中，本质上是让"复杂的问题简单化"。本书的推广运用，可以有效解决报装作业标准不统一、工作随意性大等问题。

1.4 典型设计的组织形式

本次编制采用"统一组织、分工负责、定期协调"的方式完成。编制工作由国网湖北省电力公司营销部统一组织，国网湖北省电力公司经济技术研究院、国网湖北省电力公司客户服务中心、国网武汉供电公司、国网宜昌供电公司、国网荆州供电公司、国网荆门供电公司、荆州市荆力工程设计咨询有限责任公司、宜昌电力勘测设计院有限公司具体编写。

第 2 章　典型设计编制说明

2.1　启动阶段

2015 年 3 月 4 日，国网湖北省电力公司印发《关于开展业扩受电工程典型设计工作的通知》（鄂电司营销〔2015〕13 号）正式启动客户受电工程典型设计工作。

2015 年 3 月 19 日，国网湖北省电力公司营销部组织召开"客户受电工程典型设计研讨会"，确定编制工作的基本原则、大纲框架、任务分工和里程碑计划。

2015 年 3 月 29 日，国网湖北省电力公司营销部组织召开"客户受电工程典型设计启动会"，正式启动典型设计工作。

2.2　调研工作

按照工作计划，为深入了解各公司典型设计需求和开展情况，工作组通过多种形式进行了收资和调研。调研工作中，充分考虑了供电服务地区覆盖面，考虑了发达地区与欠发达地区、城乡之间的差距。

2015 年 3 月 30 日至 4 月 3 日，收集整理武汉、荆州、荆门、宜昌等公司典型设计成果，梳理设计方案。

2.3　编制典型设计

2015 年 4 月 5 日，国网湖北省电力公司营销部组织召开"客户受电工程典型设计集中工作会"，修改业扩受电工程典型设计目录、设计导则，并展开编写工作。

2015 年 5 月 21 日，国网湖北省电力公司营销部组织召开客户受电工程初稿评审会。研讨典设方案，划分合理性和适用性，审核了技术方案及相关图纸，并梳理标准物料在典设方案中的应用情况。

2015 年 6 月 2 日，国网湖北省电力公司营销部组织编制组开展典型设计初稿集中修编工作，根据典型设计初稿评审会会议纪要，修改完善典设初稿。

2015 年 6 月 4 日至 6 月 5 日，国网湖北省电力公司营销部组织编制组开展客户受电工程典型设计第二次评审和修订工作。审查编制组完善后的典设成果，形成会议纪要，指导编制组进一步完善典设成果。

2015 年 6 月 19 日，编制组根据会议纪要，修改、补充完善典设方案，形成国网湖北省电力公司客户受电工程典型设计征求意见稿。

2015 年 7 月 7 日至 2015 年 7 月 30 日，国网湖北省电力公司营销部组织征求对典设成果的反馈意见。

2015 年 8 月 1 日至 2015 年 8 月 8 日，编制组根据反馈意见，修改完善了典型设计成果，形成典型设计送审稿。

2015 年 8 月 11 日，国网湖北省电力公司营销部开展客户受电工程典型设计终稿初审工作。

2015 年 11 月 13 日，国网湖北省电力公司营销部完成客户受电工程典型设计编写和审查。

2016 年 2 月 25 日，编制组根据客户受电工程典型设计审查意见修改完善形成报批稿。

2.4　条文说明

典型设计在总结国网湖北省电力公司 10kV 配电网工作经验基础上，广泛调研了营销、运行、设计、评审等单位的意见，明确了 10kV 客户受电工程典型设计的适用范围，按照模块化设计的思想，提出了 22 类典型设计方案，内容主要涉及 10kV 客户受电工程主接线型式、平面布置、主要设备技术要求。

2.4.1　适用范围

《客户受电工程典型设计》适用电力客户在业扩受电工程建设中的设计参考。

2.4.2 接入工程基本要求

（1）对一般接入工程的设计、接入方式做出了相关规定，对杆（塔）的选型、电缆工程敷设方式、架空线路供电的多电源客户、具有谐波源的客户、非线性负荷客户做出了基本要求。

（2）不同高压客户接入基本要求，线路接入的规定和客户配电站进户装置的要求。

2.4.3 客户受电装置基本要求

（1）对客户受电工程的设计、方案确定、配电形式、计量方式的基本要求做出一般规定。

（2）说明客户受电工程的供电方式：单电源供电、多电源供电。

（3）说明多电源客户的受电方式。

（4）说明电气主接线及运行方式。

2.4.4 接入工程设备技术要求

（1）说明接入工程中高压电气设备技术要求。

（2）说明电缆线路应用区域、路径，电缆形式和截面的选择。

（3）说明架空线路路径区域和导线的选择。

（4）说明绝缘子、金具选择。

（5）说明 10kV 架空配电线路架设回路数选择。

（6）说明 10kV 架空配电线路杆头布置依据形式以及杆塔设备选择。

2.4.5 主要受电装置技术要求

（1）说明配电变压器、柱上变压器、高压开关柜和低压开关柜等受电装置的技术参数和配置要求。

（2）说明无功补偿原则和无功补偿方式、容量的选择规范。

（3）说明受电工程中继电保护及电气测量、电能计量的配置要求和规范。

（4）说明自备应急电源、防雷保护和接地装置的配置要求。

2.4.6 其他专业的通用要求

（1）对业扩受电工程的场地站址、主要建筑材料、建筑结构设计、总平面布置等提出规范要求。

（2）对业扩受电工程的排水、消防、通风、环境保护、照明提出规范要求。

第 **3** 章　典型设计依据

3.1　设计依据性文件

国家电网公司标准化建设成果（通用设计、通用设备）应用及管理办法（试行）

国家电网公司电网工程建设预算编制与计算标准

国家电网公司十八项电网重大反事故措施

国家电网公司 20kV 及以下配电网工程建设预算编制及计算标准

电监安全〔2008〕43 号《关于加强重要电力客户供电电源及自备应急电源配置监督管理的意见》

3.2　主要设计标准、规程规范

GB 4208—2008　　《外壳防护等级（IP 代码）》

GB/T 12325—2008　《电能质量供电电压允许偏差》

GB 20052—2006　　《三相配电变压器能效限定值及节能评价值》

GB/T 14285—2006　《继电保护和安全自动装置技术规程》

GB/T 14549—93　　《电能质量公用电网谐波》

GB 50045—2005　　《高层民用建筑设计防火规范》

GB 50052—2009　　《供配电系统设计规范》

GB 50053—2013　　《20kV 及以下变电所设计规范》

GB 50060—2008　　《3～110kV 高压配电装置设计规范》

GB 50062—2008　　《电力装置的继电保护和自动装置设计规范》

GB 50217—2007　　《电力工程电缆设计规范》

GB 50227—2008　　《并联电容器装置设计规范》

GB 50293—1999　　《城市电力规划规范》

GB 50613—2010　　《城市配电网规划设计规范》

GB 12326—2008　　《电能质量电压波动和闪变》

JGJ 16—2008　　　《民用建筑电气设计规范》

GB 50057—2010　　《建筑物防雷设计规范》

GB 50054—2011　　《低压配电设计规范》

GB/T 50065—2011　《交流电气装置接地的设计规范》

DL/T 401—2002　　《高压电缆选用导则》

DL/T 448—2000　　《电能计量装置技术管理规程》

DL/T 599—2005　　《城市中低压配电网改造技术导则》

DL/T 601—1996　　《架空绝缘配电线路设计技术规程》

DL 755—2001　　　《电力系统安全稳定导则》

DL/T 825—2002　　《电能计量装置安装接线规范》

DL/T 842—2003　　《低压并联电容器装置使用技术条件》

DL/T 5130—2001　　《架空送电线路钢管杆设计技术规定》

DL/T 5154—2002　　《架空送电线路杆塔结构设计技术规定》

DL/T 5221—2005　　《城市电力电缆线路设计技术规定》

DL/T 5220—2005　　《10kV 及以下架空配电线路设计技术规程》

GB/T 50064—2014　《交流电气装置的过电压保护和绝缘配合设计规范》

DL/T 5137—2001　　《电测量及电能计量装置设计技术规程》

GB/Z 29328—2012　《重要电力用户供电电源及自备应急电源配置技术规范》

Q/CSG 11624—2008　《配电变压器能效标准及技术经济评价导则》

Q/GDW 156—2006　《城市电力网规划设计导则》

Q/GDW 370—2009　《城市配电网技术导则》

2011 年版《10kV 和 35kV 配网标准设计（2011 年版）》

2010 年版《国家电网公司业扩供电方案编制导则》

国家电网公司配电网工程典型设计：10kV 配电分册（2013 年版）

国家电网公司配电网工程典型设计：10kV 电源分册（2013 年版）

国家电网公司配电网工程典型设计：10kV 架空线路分册（2013 年版）

DB42/T716-2011《10～20kV 电力用户供配电设施建设规范》

第二篇

典型设计导则

第 **4** 章 接入工程设备技术要求

4.1 接入线路基本原则

4.1.1 一般规定

（1）客户受电工程的设计应以供电企业与客户协商确定后的供电方案为依据。

（2）对客户电源的接入方式，应根据区域整体规划以及电力通道因素，综合考虑架空线、电缆出线方式。

（3）杆（塔）的选型要与城市环境相协调；杆（塔）的设计应考虑配电网发展的分支线和配电变压器的 T 接，并有利于带电作业。

（4）电缆工程敷设方式，应视工程条件、环境特点和电缆类型、数量等因素确定，按满足运行可靠、便于维护的要求和技术经济合理的原则选择，并符合 GB 50217—2007《电力工程电缆设计规范》的规定。

（5）架空线路供电的双电源客户，其供电电源不宜采用同杆架设的两回线路。

（6）对具有谐波源的客户，其在供电系统中的谐波电压和在供电电源点注入的谐波电流允许限值应符合 GB/T 14549—1993《电能质量公用电网谐波》的规定；对波动负荷客户所产生的电压波动在供电电源点的限值应符合 GB/T 12326—2008《电能质量电压波动和闪变》国家标准的限值的规定。

（7）非线性负荷客户应委托有资质的专业机构出具非线性负荷设备接入电网的电能质量评估报告，并应依据咨询机构评估意见，按照"谁污染、谁治理"的原则，明确治理措施。

4.1.2 高压客户接入

（1）高压客户接入基本原则。

1）应按照用户报装容量选择相应电压等级电网，按区域配电网规划接入。从开关站、户外开关箱、电缆分接箱接入时，宜采用全电缆方式接入。

2）从系统变电站 10kV 开关间隔接入的，应根据各地的城市规划和各地配电网的规划，采用经济合理的方式接入。

3）通过 10kV 杆（塔）的，采用架空线或架空线—电缆线路的方式接入。

4）市中心繁华街道、人口密集地区、高层建筑区、污秽严重地区及线路走廊狭窄，高压客户宜首选电缆接入，如果采用绝缘架空导线接入，架空线路应根据城市地形、地貌特点和城市道路规划要求，沿山体、河渠、绿化带、道路架设；路径选择宜简短顺直，减少与道路铁路的交叉，避免近电远供、迂回供电。

5）新建架空线路走廊位置不应选择在具有发展潜力的地区，应尽可能避开现状发展区、公共休憩用地、环境易受破坏地区或严重影响景观的地区。在规划电缆区内不应再发展架空线路，用户新报装容量原则上全部接入电缆网。电缆网中，用户配电室应经环网单元接入公用电网。用户应在产权分界点处安装用于隔离用户内部故障的故障隔离装置。

（2）线路接入规定。

1）各种电缆敷设方式的建设标准应符合 GB 50217—2007《电力工程电缆设计规范》的规定。沿道路两侧管道应按远景负荷情况做相应的预留。

2）电缆线路的路径、导线截面、绝缘及其附件的选择应参照本书 4.3.3 规定。

3）架空导线的路径、导线截面及杆塔的选择应参照本书 4.3.4 规定。

（3）客户配电室的进户装置。

高压客户采用架空线路或架空—电缆线路接入的，其进户装置应符合下列规定：在通往客户的架空线路终端杆（塔）应装设柱上断路器或跌落式熔断器。杆（塔）上应装设避雷器。

4.2 客户受电装置基本要求

4.2.1 一般规定

（1）客户受电工程设计应以供电方案为依据，并按照国家标准、行业标准和本导则的相关规定进行。

（2）对有自备电源并网的客户，在确定接入系统方案时，应根据相关的规定进行评审。

（3）对不并网自备电源的客户，客户端应配备自动或手动转换开关，实现发电机和电网之间的闭锁和互投，防止在电网停电时客户自备发电机向电网倒送电。

4.2.2　供电方式

单电源供电、多电源供电。

4.2.3　电气主接线及运行方式

（1）确定电气主接线的一般原则。

1）根据进出线回路数、设备特点及负荷性质等条件确定。

2）满足供电可靠、运行灵活、操作检修方便、节约投资和便于扩建等要求。

3）在满足可靠性要求的条件下，宜减少电压等级和简化接线。

（2）电气主接线的主要型式分为线路变压器组、单母线、单母线分段、双母线。

（3）电气设备技术要求。

1）配电室 10kV 及 0.4kV 的母线，宜采用单母线或单母线分段接线形式。

2）10kV 上级电源为环网单元时，进线开关宜选用断路器。当上级电源为断路器时，进线开关可选用负荷开关。

3）10kV 母线的分段处应装设断路器或负荷开关。

4）10kV 固定式配电装置的出线侧，在架空出线回路或有反馈可能的电缆出线回路中，应装设线路隔离开关。

5）采用 10kV 负荷开关—熔断器组合电器固定式配电装置时，宜在电源侧装设负荷开关。

6）10kV 电源进线处，可根据当地供电部门的规定，装设或预留专供计量用的电压、电流互感器（400kVA 及以上装设专供计量用的电压、电流互感器，高供低计也需装设电流互感器）。

7）低压侧总开关和母线分段开关均应采用低压断路器。

8）当低压母线为双电源，配电变压器低压侧总开关和母线分段开关采用低压断路器时，在总开关的出线侧及母线分段开关的两侧，宜装设刀开关或隔离触头。

（4）重要客户运行方式。

1）特级重要客户可采用三回路供电，其中两路电源运行要求来自不同变电站、一路自备电源热备用运行方式。

2）一级客户可采用以下运行方式。

a. 两回及以上进线同时运行互为备用。当一回路失电后，分段开关自动投入，适用于允许极短时间中断供电的一级负荷。当一回路失电后，分段开关经操作后投入，适用于允许稍长时间（手动投入时间）中断供电的一、二级负荷。

b. 一回进线主供、另一回路热备用。主供电源失电后，备用电源自动投入，适用于允许极短时间中断供电的一级负荷。主供电源失电后，备用电源经操作投入，适用于允许稍长时间（手动投入时间）中断供电的一、二级负荷。

3）二级客户可采用以下运行方式。

a. 两回及以上进线同时运行。

b. 一回进线主供、另一回路冷备用。

c. 不允许出现高压侧合环运行的方式。

d. 变压器台数应根据负荷特点和经济运行进行选择。当具有一级或二级负荷、季节性负荷变化较大或集中负荷较大时，宜装设两台及以上变压器。

4.3　接入工程设备技术要求

4.3.1　一般原则

（1）电气设备应技术先进、绿色节能、安全可靠，严禁使用国家明令淘汰的产品。

（2）按照配网设备技术规范的相关标准，各地区客户的设备选型需按照电力负荷等级及重要电力客户分类进行选取。

4.3.2　高压电气设备

（1）10kV 电缆分接箱。

1）电缆分接箱的技术参数除应满足国家标准、行业标准外，还应满足国家电网公司 10kV 电缆分接箱选型技术原则和检测技术规范的要求。

2）电缆分接箱箱内分支全部不带开关，分支数不宜超过 4 分支。总母线不预留扩展接口。

3）电缆分接箱宜采用屏蔽型全固体绝缘，外壳应满足使用场所的要求，应具有防水、耐雨淋及耐腐蚀性能，防护等级不应低于 IP3X 级。

4）10kV 电缆分接箱的接地系统应符合 GB/T 50065—2011《交流电气装置接地的设计规范》的要求，外壳、开关设备外壳等可能触及的金属部件均应可靠接地，接地导体和接地连接应能承受接地回路的额定短时和峰值耐受电流。

（2）环网单元。

1）环网单元的技术参数除应满足主要国家标准、行业标准外，还应满足国家电网公司 10kV 环网单元选型技术原则和检测技术规范的要求。

2）开关设备可配断路器、负荷开关及负荷开关—熔断器组合电器。

3）若选用带电动操作机构的开关，开关箱外壳适当加宽，预留 TV 和自动化终端的安装位置。

4）开关设备应具备完善的五防联锁功能（要求机械联锁）。

5）环网单元的接地系统应符合 GB/T 50065—2011《交流电气装置接地的设计规范》的要求，外壳、开关设备外壳等可能触及的金属部件均应可靠接地，接地导体和接地连接应能承受接地回路的额定短时和峰值耐受电流。

（3）柱上开关。

1）柱上开关的技术参数除应满足主要国际标准、行业标准外，还应满足国家电网公司 10kV 柱上开关选型技术原则和检测技术规范的要求。

2）柱上开关适用于交流 50Hz，额定工作电压 12kV，额定工作电流 630A 及以下的架空线路中，作为电网用电设备分断、关合负荷电流，以及过载电流、短路电流控制和保护的户外开关设备使用。

3）柱上开关包括真空断路器、SF_6 断路器、真空负荷开关、SF_6 负荷开关，具备电动操作和自动化接口，控制接口采用航空接插件，壳体防护等级不低于 IP67。

4）柱上隔离开关隔离断口应清晰易见，位置指示应可靠、清晰易见。

（4）落式熔断器。

1）跌落式熔断器的技术参数除应满足主要国家标准、行业标准外，还应满足国家电网公司 10kV 跌落式熔断器选型技术原则和检测技术规范的要求。

2）熔断器由底座、载熔件、熔断件等部件组成。熔断器除熔体外的零件、材料及介质的最高允许温度及允许温升按 GB/T 11022—2011《高压开关设备和控制设备标准的共用技术要求》的规定执行。

3）熔断器载熔件的上端应有能用专用工具进行合分操作的结构，下端应有便于用专用工具装上或取下载熔件的结构。

4）熔断器应性能可靠，寿命长，体积小，无爆炸危险，不污染环境，宜优先选用高品质设备。

4.3.3　电缆线路

（1）应采用电缆线路的区域。

1）在繁华地段、市区主干道、高层建筑群区以及城市规划和市容环境有特殊要求的地区。

2）重点风景旅游区。

3）对架空线路有严重腐蚀性的地区。

4）通道狭窄，架空线路走廊难以解决的地区。

5）沿海地区易受热带风暴侵袭的城市的重要供电区域。

6）对供电可靠性有特殊要求，需使用电缆线路供电的重要用户。

7）电网运行安全需要的地区。

（2）电缆路径选择。

1）应根据城市道路网规划，与道路走向相结合，设在道路一侧，并保证地下电缆线路与城市其他市政公用工程管线间的安全距离。

2）在满足安全的条件下使电缆尽可能短。

3）应避开电易遭受机械性外力、过热、化学腐蚀和白蚁等危害的场所。

4）应避开地下岩洞、水涌和规划挖掘施工的地方。

5）应便于敷设、安装和维护。

（3）电缆型式的选择。

1）高压电缆宜选用铜芯电力电缆。

2）高压电缆宜采用交联聚乙烯绝缘电力电缆，并根据使用环境选用。对处于地下水位较高环境、可能浸泡在水内的电缆，应采用防水外护套，进入高层建筑内的电缆，应选用阻燃型，高压电缆线路宜选用铠装电缆。

（4）电缆截面的选择。

1）电力电缆截面的确定，除根据不同的用电负荷和电压损失进行选择外，还应综合考虑温升、热稳定、安全和经济运行等因素。

2）电缆线路干线截面的选择应力求简化、规范、统一，并满足规划、设计要求。

（5）电缆附件的选择。10kV 电缆头宜采用冷收缩，户外电缆头不得采用绕包式。电缆终端应根据电压等级、绝缘类型、安装环境以及与终端连接的电缆和电器型式选择，满足可靠、经济、合理的要求。

（6）电缆敷设方式分为排管、电缆沟、直埋三种。

（7）电缆保护管种类宜选择钢管、玻璃钢纤维、维纶水泥管，内径应采用 100mm 或 150mm 及以上。

4.3.4　架空线路

（1）架空电力线路的路径选择原则。

1）应根据城市地形、地貌特点和城市道路网规划，沿道路、河渠、绿化带架设；路径力求短捷、顺直，减少同公路、铁路、河流、河渠的交叉跨越，尽量避免跨越建筑物。

2）应综合考虑电网的近、远期发展，减少与其他架空线路的交叉跨越。

3）规划新建的高压架空电力线路，不应穿越市中心地区或重点风景旅游区。

4）新建的高压架空电力线路应避开易燃、易爆地区，应尽量避开严重污染的地区。

5）满足与电台、领（导）航台之间的安全距离和航空管制范围的要求，对邻近通信设施的干扰和影响应符合有关规定。

6）满足防洪的要求。

（2）导线选择。

1）市区、城镇地区、林区、人群密集区域宜采用架空绝缘线路，采用铝芯交联聚乙烯绝缘导线时，线路档距不宜超过 50m。山区或大档距线路一般采用钢芯铝绞线，中压耐张段的长度不宜大于 1km。

2）新建的客户用 10kV 架空配电线路导线截面应根据用电负荷进行经济电流截面计算确定，并用允许电压损耗、发热条件、电晕和机械强度进行

校验。

3）一般选用长度为 15m 的混凝土电杆，以保持合理跨越高度，并便于带电作业及登杆检修，市政道路沿线新架线路不宜采用预应力混凝土电杆。

4.3.5　绝缘子、金具选择

10kV 直线杆绝缘子采用柱式瓷绝缘子或合成绝缘子。10kV 耐张用绝缘子采用悬式绝缘子或棒形绝缘子。10kV 架空配电线路金具宜采用经国家检验合格的新型节能金具。

（1）选择配置 10kV 架空线路横担，其长度、绝缘子安装孔距及架设层距应满足开展带电作业的要求，横担及金具应热镀锌处理。

（2）10kV 架空线路直线杆一般采用柱式绝缘子，线路干线绝缘子绝缘水平宜高于柱上变台支架绝缘子的绝缘水平。

4.3.6　杆塔回路数

客户用 10kV 架空配电线路可根据不同需求采用单回路架设、双回路架设。

4.3.7　杆头布置

10kV 架空配电线路杆头布置应根据线路的导线型号、地形地质条件、气象条件、交通运输情况、污区分布来确定，具体可参照《国家电网公司配电网工程典型设计：10kV 配电分册（2013 年版）》，也可以根据实际情况进行设计。

（1）混凝土电杆选择。

1）依据"统一材料形式，减少材料规格，方便材料招标，方便运行维护"的原则，确定十种锥型混凝土电杆类型，在实际使用中，应根据各杆型的使用条件校验选取使用。

2）混凝土电杆按 GB/T 4623—2014《环形钢筋混凝土电杆》标准所列的标准检验，弯矩等级选用见表 4-1。

3）混凝土电杆表面宜设置永久性标识，含生产厂家、埋深标志、开裂检验、荷载、杆长、梢径及生产年份等。繁华市区受条件所限，转角杆、耐张杆可选用钢管杆或等径混凝土电杆，山区等交通不便处可采用窄基铁塔。

表 4-1 混凝土电杆选用表

序号	梢径（mm）	杆长（m）	等级	开裂检验弯矩（kNm）	理论质量（kg）
1	190	12	K	38.33	998
2	190	12	M	58.01	1182
3	230	12	N	68.25	1356
4	350	12	T	146.91	2662
5	190	15	K	49.08	1487
6	190	15	M	72.99	1586
7	230	15	N	85.75	1960
8	350	15	T	182.73	3645
9	230	18	N	106.52	2295
10	350	18	T	223.85	4771

（2）钢管杆和角钢塔选择。

1）在气象条件恶劣地区（台风、冰灾等）、大档距、交叉跨越较高、拉线布置受限的区域宜选用钢管或角钢塔。

2）钢管杆和角钢基础应根据杆塔型式、沿线地形、工程地质、水文以及施工、运输等条件进行综合考虑计算确定。基础型式主要分为：大开挖基础类、掏挖扩底基础类、岩石锚桩基础类、钻孔灌注桩基础类、灌注桩基础类。

（3）柱上开关设备及电缆头布置。

1）柱上开关安装在终端杆、耐张杆、分支杆上，电缆终端设置在终端杆、分支杆上。

2）柱上负荷开关或断路器、电缆头应在电源侧装设无间隙氧化锌线路避雷器。经常开路运行的柱上断路器或开关的两侧，均应设避雷器；避雷器的接地线与柱上断路器、电缆终端头钢带等金属外壳接地线应连接并可靠接地，且接地电阻不应大于 10Ω。

3）对于架空绝缘导线，应在干线与分支线连接处、干线分段开关、联络开关两侧和电缆引下线等部位安装验电接地挂环。

（4）绝缘配合。

1）依照 GB 50061—2010《66kV 及以下架空电力线路设计规范》和 DL/T 620—1997《交流电气装置的过电压保护和绝缘配合》进行绝缘设计。

2）应按系统中性点接地方式来考虑绝缘配合，爬电比距应按污区图进行设计，特殊地区依据具体情况校验。

（5）杆塔基础。

1）混凝土电杆基础可分为直埋式、预制式和现浇式三种，预制式又可分为卡盘和底盘两种。

2）一般情况 ϕ190 锥型杆基础宜采用深埋式和预制式基础，ϕ230 锥型杆基础宜采用混凝土现浇基础。

3）钢管杆基础应根据杆塔型式、沿线地形、工程地质、水文以及施工、运输等条件进行综合考虑计算确定，并应符合 DL/T 5219—2005《架空送电线路基础设计技术规定》。基础型式主要为灌注桩基础。

（6）防雷。

1）防雷柱式绝缘子。防雷柱式绝缘子一般用于安装于绝缘线路的直线杆或直线转角杆。对于小电阻接地方式的线路不宜采用。

2）氧化锌避雷器。

a. 柱上负荷开关或断路器、电缆头应在电源侧装设避雷器。经常开路运行的柱上断路器或开关的两侧，均应设避雷器；避雷器的接地线与柱上断路器、电缆终端头钢带等金属外壳接地线应连接并可靠接地，且接地电阻不应大于 10Ω。

b. 在多雷区，可根据运行经验在线路适当位置加装避雷器。

3）架空耦合地线。对于雷击多发地区，线路防雷措施可采取架空耦合地线的方式，减低感应雷水平。在每基杆塔上安装架空耦合地线，同时要求杆塔可靠接地。

（7）接地。

1）接地体宜采用垂直敷设的角钢、圆钢、钢管或水平敷设的圆钢、扁钢。接地体应热浸镀锌防腐。

2）山地线路接地装置采用浅埋式，平地采用深埋式。当线路通过耕地时，接地体应埋设在耕作深度以下，且不小于 0.8m。

3）对于绝缘导线线路，应在干线与分支线连接处、干线分段开关两侧及联络线路的联络开关两侧安装接地线挂环。

4）线路防雷接地电阻一般不大于 10Ω。小电阻接地系统电阻不大于 4Ω。

5）居民区和水田中的接地装置宜围绕杆塔基础敷设成闭合环形。

（8）线路相位要求。

1）用户专线和电缆分支接出的架空线路采用水平、三角排列的，线路相位一般从左至右（面向大号侧）依次为黄相（A 相）、绿相（B 相）、红相（C 相）。垂直排列的，线路相位一般从上至下依次为绿相（B 相）、黄相（A 相）、红相（C 相）。导线固定宜采用分相色导线固定线夹。

2）直接架空线分支接出的用户线路相位应根据原架空线路相位顺序布置。

4.4　主要受电装置技术要求

4.4.1　配电变压器

（1）配电变压器的技术参数除应满足国家标准、行业标准外，还应满足国家电网公司 10kV 配电变压器选型技术原则和检测技术规范的要求。

（2）配电变压器可根据环境的需要采用干式变压器、油浸式变压器。居住区配电站应优先选用环保、安全、可靠性高、便于维护的干式变压器；高层建筑、地下室及有特殊防火要求的场所应选用干式变压器。

（3）油浸式变压器应采用免维护、全密封的 11 型或以上高效节能型变压器，干式变压器应采用 10 型及以上节能型变压器，接线组别宜选用 Dyn11。

（4）柱上变压器容量不宜大于 400kVA（临时变不应大于 400kVA）；变压器台架宜按最终容量一次建成。变压器宜采用双杆式安装。

（5）变压器台架对地距离不宜低于 2.5m，高压熔断器对地距离不应低于 5.5m。

（6）高压引线宜采用多股绝缘线，其导线截面按变压器额定电流选择，但应不小于 35mm。

（7）柱上变压器的安装位置应避开易受车辆碰撞及严重污染的场所，台架下面不应设置可攀爬物体。

4.4.2　高压开关柜

（1）高压开关柜的技术参数除应满足国家标准、行业标准外，还应满足国家电网公司 10kV 高压开关柜选型技术原则和检测技术规范的要求。

（2）开关柜结构型式为全金属封闭式，应符合 GB 3906—2006《3.6kV～40.5kV 交流金属封闭开关设备和控制设备》规定要求，优先采用少维护元件的固定式总装结构。开关柜的外壳至少要满足 IP4X（固定式开关柜 IP2X）的防护等级。

（3）为了保证安全和便于操作，金属封闭开关设备和控制设备中，不同元件之间应装设联锁，宜采用机械联锁。机械联锁装置的部件应有足够的机械强度，以防止因操作不正确而造成变形或损坏。

（4）开关柜断路器及接地开关应预留辅助开关接点并引至端子排。所选用的其他设备宜预留遥控、遥信、遥测接口，并接入端子排，以适应远方监控需要。

4.4.3　低压开关柜

（1）低压开关柜的技术参数除应满足国家标准、行业标准外，还应满足国家电网公司低压开关柜选型技术原则和检测技术规范的要求。

（2）低压开关柜有抽屉式开关柜和固定式低压开关柜两种。主要包括进线柜、母联柜、出线柜、电容柜四种柜型。

（3）配电变压器低压进线总柜（箱）应配置 T1 级电涌保护器。

（4）所配用的电能计量装置应满足 DL/T 448—2000《电能计量装置技术管理规程》的规定。电能计量应采用智能计量终端并有专用的电流互感器，精度为 0.5S 级。

（5）低压开关柜配电设备的防护等级应达到 IP3X，主要参数应满足电网运行要求，符合现场安装条件。应选用经国家认定的质量监督机构进行型式试验（合格），并通过省级以上行业管理部门鉴定的产品。低压开关柜及其内部电器元件的技术参数应满足国家和行业相关标准，并且是通过正式鉴定、取得 3C 认证的定型产品。

4.4.4　无功补偿原则

（1）用户应按规定配置无功补偿装置，提高用电负荷的功率因数，并不得向电网倒送无功功率。

供电企业向用户提供无功补偿配置的服务，并在用户端大力推行随机补偿和就地补偿。

（2）无功补偿方式选择。

1）主供生活、照明用电的配电变压器宜采用低压侧集中混合补偿方式。

2）主供商业、工业负荷的配电变压器宜采用低压侧集中三相补偿方式。

（3）无功补偿容量选择。

1）集中补偿方式的无功补偿容量按照配电变压器容量的 20%～30% 配

置，详细配置方案参考《国家电网公司供电方案编制导则》中无功补偿配置部分。

2）末端随机补偿方式的无功补偿容量按照用户的实际用电负荷进行计算配置。

3）100kVA 及以上高压供电的电力客户，在高峰负荷时的功率因数不宜低于 0.95，其他电力客户和大、中型电力排灌站、趸购转售电企业，功率因数不宜低于 0.9，农业用电功率因数不宜低于 0.85。

4.4.5　继电保护及电气测量

（1）一般原则。

1）配电室中的电力设备和线路，应装设反映短路故障和异常运行的继电保护和安全自动装置，满足可靠性、选择性、灵敏性和速动性的要求。

2）配电室中的电力设备和线路的继电保护应有主保护、后备保护和异常运行保护，必要时可增设辅助保护。

3）配电站宜采用微机保护装置。

（2）配置要求。

1）保护装置与测量仪表不宜共用电流互感器的二次线圈。保护用电流互感器（包括中间电流互感器）的稳态误差不应大于 10%。

2）在正常运行情况下，当电压互感器二次回路断路器或其他故障能使保护装置误动作时，应装设断线闭锁或采取其他措施，将保护装置解除并发出信号；当保护装置不致误动作时，应设有电压回路断线信号。

3）在保护装置内应设置由信号继电器或其他元件等构成的指示信号，且应在直流电压消失时不自动复归，或在直流恢复时仍能维持原动作状态，并能分别显示各保护装置的动作情况。

4）当客户 10kV 断路器台数较多、负荷（客户）等级较高时，宜采用直流操作，高供高计需断路器保护客户应采用直流操作。直流系统的电压宜选择 220V 或 110V。

5）当采用交流操作的保护装置时，短路保护可由被保护电力设备或线路的电压互感器取得操作电源。变压器的瓦斯保护可由电压互感器或配电站变压器取得操作电源。

（3）电气测量。仪表的测量范围和电流互感器变比的选择，宜满足当被测

量回路以额定值的条件运行时，仪表的指示在满量程的 70%。

（4）二次回路电气参数。二次回路设备元件的电气参数宜按以下标准选择：直流电压 220V 或 110V，交流电压 220V；电流互感器二次电流 5A 或 1A；高压计量电流互感器精度要求 0.2S 级，低压计量电流互感器精度要求 0.5S，测量精度要求 0.5 级，保护精度要求 5P 或 10P 级；电压互感器的二次电压为 100V，计量精度要求 0.2 级；测量精度要求 0.5 级。

4.4.6　电能计量

（1）电能计量点原则上应设置在供电设施与受电设施的产权分界处。

（2）高压供电客户，宜在高压侧计量；但对 10kV 供电且容量在 315kVA 及以下、35kV 供电且容量在 500kVA 及以下的，高压侧计量确有困难时，可在低压侧计量，即采用高供低计方式。

（3）低压供电客户，负荷电流为 60A 及以下时，电能计量装置接线宜采用直接接入式；负荷电流为 60A 以上时，宜采用经电流互感器接入式。

（4）10kV、400kVA 及以上用户专用变压器高压侧配置关口计量装置，采用高压电能计量柜，应配置满足用电信息采集及通信要求的智能采集装置。

（5）10kV、400kVA 以下用户在专用变压器低压侧配置关口计量装置时，采用低压电能计量柜或电能计量箱，应配置满足用电信息采集及通信要求的智能采集装置。

（6）10kV 客户高、低压计量装置及专用配电室，各类电能计量装置应配置的电能表、互感器的准确度等级不应低于表 4-2 所示值。

表 4-2　　　　　　　　　　　电能计量装置配置

电能计量装置级别	准确度等级			
	有功电能表	无功电能表	电压互感器	电流互感器
Ⅰ	0.2S 或 0.5S	2.0	0.2	0.2S 或 0.2*
Ⅱ	0.5S 或 0.5	2.0	0.2	0.2S 或 0.2*
Ⅲ	1.0	2.0	0.5	0.5S
Ⅳ	2.0	3.0	0.5	0.5S
Ⅴ	2.0	—	—	0.5S

* 0.2 级电流互感器仅指发电机出口电能计量装置中配用。

Ⅰ、Ⅱ类用于贸易结算的电能计量装置中电压互感器二次回路电压降应不大于其额定二次电压的 0.2%；其他电能计量装置中电压互感器二次回路电压降应不大于其额定二次电压的 0.5%。

4.4.7 自备应急电源配置

（1）重要电力客户应配置自备应急电源，并加强安全使用管理。

（2）严禁将其他负荷接入应急供电系统。

（3）重要电力客户的自备应急电源配置应符合以下要求。

1）自备应急电源配置容量标准应达到保安负荷的 120%。

2）切换时间满足保安负荷要求，临时性重要电力客户可以通过租用应急发电车（机）等方式配置自备应急电源。

（4）应急电源与正常电源之间，应采取防止并列运行的措施。当有特殊要求，应急电源向正常电源转换需短暂并列运行时，应采取安全运行措施。

（5）应急电源的切换时间、切换方式、允许停电持续时间和电能质量应满足客户安全要求。

（6）自备应急电源与电网电源之间应装设可靠的电气或机械闭锁装置，防止倒送电或误并列。

（7）对于环保、防火、防爆等有特殊要求的用电场所，应选用满足相应要求的自备应急电源。

4.4.8 防雷与接地

（1）防雷要求。10kV 及以下配电网的防雷保护装置应采用避雷器，避雷器的装设地点和接地电阻应符合以下要求：

1）与 10kV 架空线路相连的电缆长度大于 50m 时，应在其两端装设避雷器，小于 50m 时，可在线路变换处一端装设。避雷器接地端应与电缆的金属外皮连接，避雷器安装点接地网接地电阻不应大于 30Ω。

2）配电站的 10kV 母线、变压器的高低压侧、线路分段开关的电源侧以及线路联络开关的两侧均应装设避雷器，避雷器安装点接地网接地电阻不应大于 10Ω。

3）在多雷区的 10kV 架空线路应采取架设避雷线等必要的防雷措施。

4）容易遭受雷击且又不在防直击雷保护措施（含建筑物）的保护范围内

的配电站，采用在建筑物上的避雷带进行保护，避雷带的每根引下线冲击接地电阻不宜大于 30Ω，其接地装置宜与电气设备等接地装置共用。

5）箱式变电站及室内型配电站的户内电气设备的外壳（支架、电缆外皮、钢框架、钢门窗等较大金属构件和突出屋面的金属物）均要可靠接地，金属屋面和钢筋混凝土屋面的钢筋应与配电站的接地网可靠连接。

（2）10kV 接地方式。

1）10kV 中性点接地方式分为有效接地方式和非有效接地方式两类。有效接地方式为中性点直接接地或经低阻抗接地；非有效接地方式为中性点不接地或经消弧线圈接地。

2）中性点接地方式选择应符合 GB/T 50064—2014《交流电气装置的过电压保护和绝缘配合设计规范》的规定，选择中性点接地方式宜按以下要求进行：

a. 同一供电区宜采用同一种中性点接地方式。

b. 当接入以架空线路为主的配电网时，单相接地故障电容电流不超过 20A，宜采用不接地方式。当超过 20A 且要求在故障条件下继续运行时，宜采用消弧线圈接地方式。

c. 当接入以电缆线路为主的配电网时，单相接地故障电容电流不超过 30A 时，可采用不接地方式；超过 30A 时，宜采用消弧线圈接地方式或小电阻接地方式。

（3）380/220V 接地方式。

1）低压配电系统的接地方式可分为 TN、TT、IT 三种系统，其中 TN 系统是指电源变压器中性点接地，设备外露部分与中性点相连。TN 系统又可分为 TN-C、TN-S、TN-C-S 三种方式。TT 系统是指电源变压器中性点接地，电气设备外壳采用保护接地。

2）380/220V 系统可采用 TN 或 TT 接地方式，一个系统应只采用一种接地方式。

3）低压配电系统的接地宜采用 TN-S、TN-C-S 两种方式，当低压系统采用 TN-C 接地方式时，配电线路除主干线和各分支线的末端外，中性点应重复接地，且每回干线的接地点不应小于三处；线路进入车间或大型建筑物的入口支架处的接户线，其中性线应再重复接地。

4）低压配电系统接地电阻应符合表 4-3 的要求。

表 4-3　　　　　　　　　　低压配电系统接地电阻

接地系统名称		接地电阻（Ω）
配电站高低压共用接地系统	配电变压器容量≥100kVA	≤4
	配电变压器容量<100kVA	≤10
380/220V 配电线路的 PE 线或 PEN 线的每一个重复接地系统		≤10

5）剩余电流保护器的设置根据低压配电系统接地方式来选定，主干线和分支线上的剩余电流保护器采用三相式，末级剩余电流保护器根据负荷特性采用单相式或三相式。

4.5　其他专业的通用要求

本标准为电气专项设计，其他如消防、土建、暖通、防洪等需结合具体工程情况进行专业设计。

4.5.1　土建部分

（1）站址场地概述。

1）站址应接近负荷中心，满足低压供电半径要求。

2）站址宜按正方向布置，采用建筑坐标系。

3）土建按最终规模设计。

4）设定场地设计为同一标高。

5）洪涝水位：站址标高高于 50 年一遇洪水水位和历史最高内涝水位，不考虑防洪措施。

（2）设计的原始资料。站区地震动峰值加速度按 0.1g 考虑，地震作用按 7 度抗震设防烈度进行设计，地震特征周期为 0.35s，设计风速 30m/s，地基承载力特征值 $f_{ak}=150$kPa；地基土及地下水对钢材、混凝土无腐蚀作用；海拔 1000m 以下。

（3）主要建筑材料。现浇或预制钢筋混凝土结构。

1）混凝土。C25、C30 用于一般现浇或预制钢筋混凝土结构及基础；C15 用于混凝土垫层。

2）钢筋。包括 HPB235、HRB335、HRB400 级。

3）钢材。包括 Q235、Q345。

4）螺栓。包括 4.8、6.8、8.8 级。

4.5.2　建筑设计

（1）独立主体建筑。建筑设计要具备现代工业建筑气息，建筑造型和立面色调要与周边人文地理环境协调统一；外观设计应简洁、稳重、实用。对于建筑物外立面避免使用较为特殊的装饰，如玻璃雨篷、通体玻璃幕墙、修饰性栏栅、半圆形房间等。并考虑设置值班室。

（2）非独立主体建筑。建筑设计要满足现代工业建筑要求，外观设计应简洁、稳重、实用。应注意设备运输、进出线通道、防雷、外观等与主体建筑的配合与协调。若采用 SF$_6$ 设备，宜设置独立排气通道，并由运行人员独立控制，并考虑设置值班室。

4.5.3　总平面布置

总平面布置根据生产工艺、运输、防火、防爆、环境保护和施工等方面要求，按最终规模对建构筑物、管线及道路进行统筹安排，合理布置，工艺流程顺畅，考虑机械作业通道和空间，检修维护方便，有利于施工，便于扩建。同时要考虑有效的防水、排水、通风、防潮、防小动物与隔声等措施。

4.5.4　排水、消防、通风、环境保护

（1）排水。宜采用自流式有组织排水，设置集水井汇集雨水，经地下设置的排水暗管至窨井，然后将水排至附近市政雨水管网中；对于地下的设置排水泵，采用强排措施。

（2）消防。采用化学灭火方式。

（3）通风。采用自然进风，自然排风，应设事故排风装置。装有 SF$_6$ 设备的应装设强力通风装置，风口设置在室内底部，如果排风困难，应选用空气绝缘真空环网柜或固体绝缘环网柜。

（4）环保。开关站噪声对周围环境影响应符合 GB 3096—2008《声环境质量标准》的规定和要求。

（5）警示牌。按国家电网公司制定的"警示牌"设计方案选用。

4.5.5　配电室的照明要求

（1）配电室用电、照明系统电源来自就近系统 0.4kV 电源。

（2）电气照明装置的接线应牢固，电气接触良好；需接地或接零的灯具、开关、插座等非带电金属部分，应有明显标志的专用接地螺钉。

（3）配电室内的裸导体的正上方，不应布置灯具和明敷线路。当在配电室内裸导体上方布置灯具时，灯具与裸导体的水平净距不应小于1.0m，灯具不得采用吊链和软线吊装。操作走廊的灯具距地面高度应大于3.0m。

（4）配电室应配置应急照明。

第 5 章　术语和定义

5.1　客户受电工程

客户受电工程指供电企业直供范围内客户新装或增容用电业务中，由客户出资，属客户资产的供电工程、变更用电工程。

5.2　电源接入工程

业扩受电工程有关的电力设施资产（责任）分界点至电网同一电压等级公用供电设备之间的工程以及由于用户申请容量而引起上一级电压等级建设或改造的工程。

5.3　居住区

泛指不具有一定人口规模的，包括配套建设的公共服务设施。规模上涵盖了居住小区、居住组团和零星住宅。

5.4　公共建筑

各种公共活动的建筑。

5.5　高层建筑

指建筑高度超过 24m 的公共建筑和 10 层及以上的居住建筑（包括首层设置商业服务网点的住宅）。

5.6　配置系数

配置系数是综合考虑了同时率、功率因数、设备负载率等因素影响后，得出的数值。其计算方法可简化为配置变压器的容量（kVA）或低压配电干线馈送容量（kVA）与住宅小区用电负荷（kW）之比值。

5.7　双电源

由两个独立的供电线路向同一个用电负荷实施的供电。这两条供电线路是由两个电源供电，即由来自两个不同的变电站或来自具有两回及以上进线的同一变电站内两段不同母线分别提供的电源。

5.8　配电室

用于变换电压、集中电力和分配电力的供电设施。配电室一般是指将 10kV 电压变换为 0.4kV 电压。

5.9　电缆分接箱

完成配电系统中电力电缆线路汇集和分接功能的专用电气连接设备，在其内不包含开关设备。

5.10　环网单元

环网单元也称环网柜，用于中压电缆线路分段、联络及分接负荷。按结构可分为整体式和间隔式，按使用场所可分为户内环网单元和户外环网单元。

5.11　电能计量装置

为计量电能所必需的计量器具和辅助设备的总体，包括电能表、负荷管理终端、计量柜、电压互感器、电流互感器、试验接线盒及其二次回路等。

5.12　箱式变电站

高压开关设备、配电变压器和低压配电装置按一定接线方案排成一体，安装在防潮、防锈、防尘、防鼠、防火、防盗、隔热、全封闭、可移动的钢结构箱体内，构成机电一体化，全封闭运行的变电站，这种变电站称为箱式变电站。它包括预装式变电站、组合式变电站和景观地埋式变电站。

5.13　自备应急电源

由客户自行配备的,在正常供电电源全部发生中断的情况下,能够至少满足对客户保安负荷不间断供电的独立电源。

5.14　负荷特性及分级

根据用电负荷对供电可靠性的要求,以及中断供电将危害人身安全和公共安全,在政治或经济上造成损失或影响的程度等因素,将客户用电负荷分为一级负荷、二级负荷、三级负荷。

一级负荷指中断供电将产生下列后果之一的:

(1) 引发人身伤亡。

(2) 造成环境严重污染。

(3) 发生中毒、爆炸和火灾。

(4) 造成重大政治影响、经济损失。

(5) 造成社会公共秩序严重混乱。

二级负荷指中断供电将产生下列后果之一的:

(1) 造成较大政治影响、经济损失。

(2) 造成社会公共秩序混乱。

三级负荷是指不属于一级负荷和二级负荷的负荷。

5.15　保安负荷

用于保障用电场所人身与财产安全所需的基本电力负荷。一般认为断电后会造成下列后果之一的,为保安负荷。

(1) 直接引发人身伤亡。

(2) 使有毒、有害物溢出,造成环境大面积污染。

(3) 引起爆炸或火灾。

(4) 引起重大生产设备损坏。

(5) 引起较大范围社会秩序混乱或在政治上产生严重影响。

5.16　大容量非线性负荷

泛指接入电力系统的电弧炉、轧钢设备、地铁、电气化铁路牵引机车,以及单台4000kVA及以上整流设备等具有波动性、非线性、冲击性、不对称性的负荷。

第三篇

10kV柱上变压器台典型设计

第 6 章　10kV柱上变压器台典型设计总体说明

6.1　技术原则概述

6.1.1　设计对象

设计对象为 10kV 柱上变压器。

6.1.2　设计范围

柱上变压器设计范围是从高压引下线接头至低压出线这段范围的柱上变压器及相关的电气设备。

6.1.3　假定条件

海拔高度：≤1000m。

环境温度：—30～+40℃。

最热月平均最高温度：35℃。

污秽等级：Ⅲ级。

日照强度：0.1W/cm²。

最大风速：30m/s。

地震烈度：按 7 度设计，地震加速度为 0.1g。

6.2　技术条件和设计分工

6.2.1　分类原则

10kV 柱上变压器台的设计应综合考虑简单以及操作检修方便、节省投资等要求，按照主要设备和安装要求不同分为 2 个方案。

6.2.2　技术条件

10kV 柱上变压器台典型设计技术方案组合见表 6-1。

表 6-1　　10kV 柱上变压器台典型设计技术方案组合

项目名称 方案分类	变压器	主要设备安装要求	无功补偿及计量装置	安装方式
ZB-1	30～400 kVA （三相）	10kV 侧：绝缘导线正面引下，熔断器正面安装，低压综合配电箱采用台架式安装，变压器与线路平行安装	100kVA 以下变压器无无功补偿； 其他按变压器容量的 10%～30% 补偿，按无功需量自动投切	双杆
ZB-2	30～400 kVA （三相）	10kV 侧：绝缘导线正面引下，熔断器正面安装，低压配电室内布置低压柜	100kVA 以下变压器无无功补偿； 其他按变压器容量的 10%～30% 补偿，按无功需量自动投切	双杆

6.3　电气一次部分

6.3.1　电气主接线

柱上变压器台 10kV 线路采用架空进线 1 回，低压出线 1～3 回，出线回路数可按需要配置。

6.3.2　主要设备选择

变压器电气主接线应根据变压器供电负荷、供电性质、设备特点等条件确定，电气主接线应综合考虑供电可靠性、运行灵活性、操作检修方便、节省投资、便于过渡和扩建等要求。

6.3.3 110kV柱上变压器

（1）变压器选择。

1）柱上三相变压器台容量选择不超过400kVA。

2）选用高效节能型无载调压型变压器。

3）三相变压器的变比采用10±5（2×2.5）%/0.4kV。

4）宜采用油浸式、全密封、低损耗变压器；三相变接线组别Dyn11。

（2）无功补偿及计量装置。100kVA及以上按按变压器容量的10%～30%补偿，按无功需量自动投切，配置配电智能终端；100kVA以下不进行无功补偿。

（3）10kV侧选用跌落式熔断器或全绝缘熔断器。设备短路电流水平按12.5/16kA考虑。

（4）低压侧选用空气断路器或刀熔式开关。

（5）当最终规模的变压器容量小于200kVA时，出线电缆截面根据实际情况选配。

6.3.4 电气设备布置及安装方式

考虑到安全因素及运行经验，采用双杆布置。

（1）低压综合配电箱（兼有计量、出线、补偿、综合测控功能）可落地安装；也可装于变压器下部或电杆侧面，其下端距地面至少2m以上，变压器台架宜相应抬高。低压综合配电箱应加锁，有防止触电的警告并采取可靠的接地和防盗措施。

（2）低压综合配电箱出线开关宜选用空气断路器，配置相应的保护，TT系统要求配置剩余电流脱扣器或剩余电流保护器控制接触器，应配置带通信接口的配电智能终端和T1级电涌保护器。

（3）低压侧采用开关柜时应设专用低压配电室，低压设备布置在室内。

6.3.5 防雷、接地及过电压保护

（1）交流电气装置的接地应符合DL/T 621—1997《交流电气装置的接地》要求。电气装置过电压保护应满足GB/T 50064—2014《交流电气装置的过电压保护和绝缘配合设计规范》要求。

（2）接地电阻应按有关规程要求进行设计。

（3）柱上变压器台高压侧须安装金属氧化物避雷器，多雷区柱上变压器台低压侧须安装金属氧化物避雷器。

（4）设水平和垂直接地的复合接地网。接地体的截面和材料选择应考虑热稳定和腐蚀要求。接地电阻、跨步电压和接触电压应满足有关规程要求。

6.3.6 其他要求

（1）采用全绝缘模式，高、低压引线均采用绝缘导线或电缆（但应配置接地环），变压器高、低压套管接头裸露部分及避雷器接头裸露部分加绝缘罩。

（2）各种接头应采用相应的安全可靠的高效节能型接续线夹。

6.4 电气二次部分

变压器高压侧采用熔断器保护，低压侧采用自动空气开关保护或熔断器保护。调压器应根据GB 50062—2008《电力装置的继电保护和自动装置设计规范》配置保护、速断保护或差动保护，电压互感器电源变内置熔断器保护。

第7章　10kV柱上变压器台典型设计（方案ZB-1）

7.1　设计说明

7.1.1　总的部分

本典型设计为"客户受电工程典型设计"中对应的"10kV柱上变压器台典型设计"部分，方案编号为"ZB-1"。

方案 ZB-1 对应 10kV 采用架空绝缘导线正面引下至杆上 400kVA 及以下变压器，高压熔断器正面安装；变压器低压侧架空绝缘线引出至杆上悬挂式低压综合配电箱。

7.1.1.1　适用范围。 一般宜选用杆上式变压器和低压综合配电箱方式。

7.1.1.2　方案技术条件。 本方案根据"10kV 柱上变压器台典型设计总体说明"确定的预定条件开展设计，方案组合说明见表 7-1。

表 7-1　10kV 柱上变压器台 ZB-1 典型方案技术条件表

序号	项目名称	内容
1	10kV 变压器	油浸式变压器，容量为 400kVA 及以下
2	0.4kV 出线回路数	低压综合配电箱低压出线 1～3 回，采用电缆出线
3	无功补偿	100kVA 以下变压器无无功补偿，其他按变压器容量的 10%～30%补偿，按无功需量自动投切
4	主要设备选型	变压器采用低损耗、全密封、油浸式变压器，并采用防盗措施。10kV 选用跌落式熔断器。0.4kV 选用带塑壳断路器的低压综合配电箱或低压开关柜
5	设备短路电流水平	10kV 设备短路电流水平按 12.5/16kA 考虑
6	防雷接地	10kV 小电流接地系统接地电阻不大于 4Ω，当采用大电流接地系统时，保护接地和工作接地需分开设置，若保护接地与工作接地共用接地系统时，需结合工程实际情况，考虑土壤条件等因素进行校验。变压器高压侧须安装避雷器，多雷区低压侧应安装避雷器；接地体采用长寿命的镀锌扁钢；接地电阻、跨步电压和接触电压应满足有关规程要求

续表

序号	项目名称	内容
7	土建部分	基础砖混结构
8	站址基本条件	按海拔高度≤1000m；环境温度：−30℃～+40℃；最热月平均最高温度 35℃；国标Ⅲ级污秽区设计；日照强度（风速 0.5m/s）0.1W/cm²；地震烈度按 7 度设计，地震加速度为 0.1g，地震特征周期为 0.35s；设计风速 30m/s，站址标高高于 50 年一遇洪水水位和历史最高内涝水位，不考虑防洪措施；设计土壤电阻率为不大于 100Ω·m；地基承载力特征值 $f_{ak}=150$kPa，无地下水无影响；地基土及地下水对钢材、混凝土无腐蚀作用

7.1.2　电力系统部分

本典设按照给定的变压器进行设计，在实际工程中，需要根据实地情况具体设计选择电杆高度。

本典型设计不涉及系统继电保护专业、系统通信专业、系统远动专业的具体内容，在实际工程中，根据需要具体设计。

10kV 设备短路电流水平按 12.5/16kA 考虑。

高压侧采用跌落式熔断器，低压侧采用塑壳断路器。

7.1.3　电气一次部分

7.1.3.1　短路电流及主要电气设备、导体选择。

（1）变压器。

型式：节能型、无载调压、三相两绕组油浸式变压器；

容量：400kVA 及以下；

阻抗电压：$U_k\%=4$；

额定电压：10 ± 5（2×2.5）%/0.4kV；

接线组别：Dyn11；

冷却方式：自冷式。

（2）10kV 侧选用跌落式熔断器，10kV 避雷器采用金属氧化物避雷器。

（3）户外选用低压综合配电箱，根据选用的接地系统一般配置塑壳断路器或具备漏电保护功能的塑壳断路器两路和无功自动补偿装置（按变压器容量的 10%～30% 补偿，100kVA 以下变压器无功补偿）。

（4）低压无功补偿柜：选用无功自动补偿型式，低压电力电容器采用智能自愈式、免维护、无污染、环保型。

电容补偿按变压器容量的 10%～30% 补偿，100kVA 以下无无功补偿。

（5）导体选择。根据短路电流水平为 16kA，按发热条件校验，10kV 架空绝缘线选用 JKLYJ-10-1×50mm² 绝缘导线；380V 架空绝缘线选用 JKRYJ-1-1×300mm²，电缆选用 YJV-0.6/1-4×185mm² 和 YJV-0.6/1-4×120mm² 电缆。接地线与杆上需接地的部件必须接触良好。

（6）电杆采用非预应力混凝土杆，杆高选用 15m 及以下，并可根据现场实际情况选择电杆高度。

（7）线路金具按"节能型、绝缘型"原则选用。

（8）变压器台架承重力按照 400kVA 变压器重量考虑设计。

7.1.3.2 基础。方案中所有混凝土杆的埋深及底盘的规格均按预定条件选定，若土质与设计条件差别较大可根据实际情况做适当调整。

7.1.3.3 绝缘配合及过电压保护。电气设备的绝缘配合，参照 DL/T 620—1997《交流电气装置的过电压保护和绝缘配合》确定的原则进行。

（1）金属氧化物避雷器按 GB 11032—2010《交流无间隙金属氧化物避雷器》中的规定进行选择。

（2）过电压保护。采用交流无间隙金属氧化物避雷器进行过电压保护，避雷器按照国家标准选择，设备绝缘水平按国家标准要求执行。

（3）接地。配电变压器均装设避雷器，并应尽量靠近变压器，其接地引下线应与变压器二次侧中性点及变压器的金属外壳相连接。在多雷区应在变压器二次侧装设避雷器。

（4）中性点直接接地的低压绝缘线零线，应在电源点接地，TN-C 系统在干线和分支线的终端处，应将零线重复接地，且接地点不应少于三处；TT 系统的应装设漏电总保护器。接地体宜敷设成围绕变压器的闭合环形，设 2 根及以上垂直接地极，接地体的埋深不应小于 0.6m，且不应接近煤气管道及输水管道。

7.2　主要设备及材料清册

方案 ZB-1 主要设备材料清册见表 7-2。

表 7-2　方案 ZB-1 主要设备材料清册（杆上变压器高压架空绝缘导线引下和低压综合配电箱方案）

序号	名称	型号及规格	单位	数量	备注
1	油浸式配电变压器	400kVA 及以下；10±5（2×2.5）%/0.4kV；Dyn11；Uₖ%＝4	台	1	
2	混凝土杆	φ190×15m（非预应力杆）	根	1	可根据现场实际情况选择主杆高度
3	混凝土杆	φ190×15m（非预应力杆）	根	1	可根据现场实际情况选择副杆高度
4	跌落式熔断器	100A	只	3	高压熔丝按变压器容量选择
5	避雷器	17/50kV	只	3	
6	低压综合配电箱		台	1	内配塑壳断路器或漏电保护器及无功补偿装置
7	高压架空绝缘线	JKLYJ-10-1×50	m	25	可按实际尺寸调整
8	变压器低压出线	JKRYJ-1-1×300	m	20	架空出线方案

7.3　设计图

方案 ZB-1 设计图清单详见表 7-3，图中标杆单位为 m。

表 7-3　方案 ZB-1 设计图清单

图序	图名	图纸编号
图 7-1	电气主接线图	ZB-1-01
图 7-2	15m 柱上变压器杆型图（绝缘导线引下式）	ZB-1-02
图 7-3	15m 物料清单（绝缘导线引下式）	ZB-1-03
图 7-4	12m 柱上变压器杆型图（绝缘导线引下式）	ZB-1-04
图 7-5	12m 物料清单（绝缘导线引下式）	ZB-1-05
图 7-6	低压综合配电箱电气图	ZB-1-06
图 7-7	低压综合配电箱加工图	ZB-1-07
图 7-8	接地体加工图	ZB-1-08
图 7-9	熔断器支架图	ZB-1-09

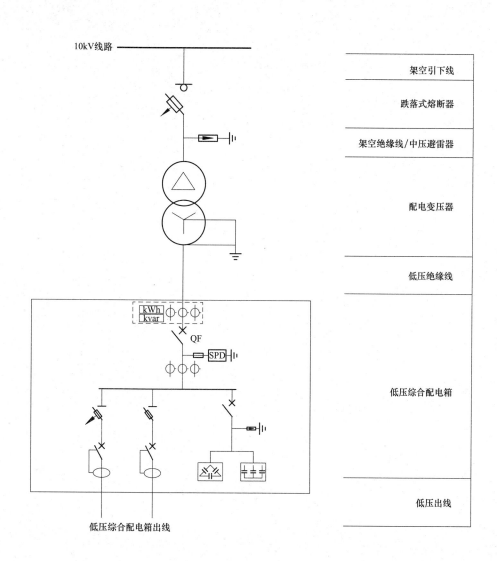

序号	名称	规格参数	单位	数量	备注
1	架空引下线	JKLYJ-10/1×50	m	30	根据杆高选择长度
2	跌落式熔断器	100A	只	3	
		熔丝	根	3	根据变压器容量选配
3	氧化锌避雷器	HY5WS5-17/50	只	3	
4	配电变压器	S11 及以上节能型变压器容量 315kVA	台	1	10±2×2.5％(5％)/0.4kV Dyn11 U_k=4.0％
5	变压器低压侧出线	JKRYJ-1/1×300	m		至托架式配电箱
6	低压综合配电箱	托架式双杆配电箱	台	1	根据变压器容量选配
7	配电箱（柜）出线	YJV-0.6/1-4×185	m		根据实际选择长度

注　选择节能型变压器容量不宜大于 315kVA，临时用电不应大于 400kVA。

图 7-1　电气主接线图（ZB-1-01）

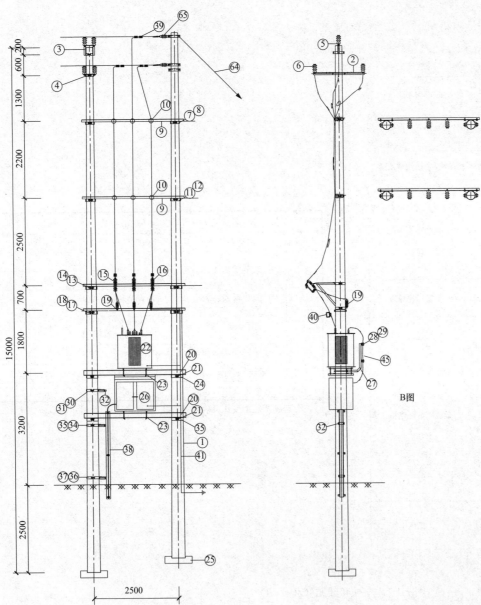

图 7-2   15m 柱上变压器杆型图（绝缘导线引下式）（ZB-1-02）

说明：当主杆为终端时，附杆埋深加 30cm。

B图

编号	名称	型号	单位	数量	备注	编号	名称	型号	单位	数量	备注
1	电杆	$190 \times 15m \times M$	根	2		33	电缆卡抱		块	1	按实际情况选用
2	高压横担	HD6-1500	块	4		34	横担抱箍	HBG6-340	块	1	
3	双杆顶绝缘子架	SDM-190	副	2		35	抱箍	BG6-340	块	1	
4	横担抱箍	HBG6-210	块	4		36	横担抱箍	HBG6-360	块	1	
5	平连铁	LT6-350P	块	6		37	抱箍	BG6-360	块	1	
6	柱式绝缘子	R5ET105L	只	6		38	杆上电缆护管	DLHG-114A	副	2	
7	横担抱箍	HBG6-220	块	2		39	异型并沟线夹		副	6	
8	抱箍	BG6-220	块	2		40	验电接地环		副	3	
9	双杆熔丝具架		块	4		41	镀锌接地扁钢	$-50mm \times 5mm$	m	15	
10	柱式绝缘子	R5ET105L	只	6		42	高压绝缘线	JKLYJ-10/50	m	24	
11	横担抱箍	HBG6-260	块	2		43					
12	抱箍	BG6-260	块	2		44					
13	横担抱箍	HBG6-280	块	2		45	低压绝缘线	JKRYJ-1/300	m	10	
14	抱箍	BG6-280	块	2		46					
15	熔断器安装架		块	3		47	高压绝缘罩	10kV	只	3	
16	跌落式熔断器	100A	只	3		48	低压绝缘罩	1kV	只	4	
17	横担抱箍	HBG6-300	块	2		49	低压接线桩头	SBJ-1-M20	只	3	
18	抱箍	BG6-300	块	2		50	低压接线桩头	SBJ-1-M12	只	1	
						51	双头螺杆	$M16 \times 200$	根	8	
19	避雷器	HY5WS5-17/50	台	3		52	螺栓	$M16 \times 45$	件	74	
20	双杆支持架	⌷14-3000	副	2	变压器、低压配电箱用	53	螺栓	$M16 \times 70$	件	40	配螺母
21	双头螺杆	$M20 \times 400$	根	8		54	螺母	M16	个	16	配螺母
22	变压器		台	1	按实际情况选用	55	垫圈	M16	个	260	
23	连接片	YB5-740J	块	4		56	螺栓	$M10 \times 40$	件	6	
24	抱箍	BG8-320	块	4		57	螺栓	$M14 \times 40$	件	4	
25	底盘	DP-6	块	2		58	垫圈	M14	个	8	
26	低压综合配电箱		台	1	按实际情况选用	59	螺栓	$M18 \times 70$	件	4	
27	低压电缆出线支架	ZJ5-800	副	1		60	垫圈	M18	个	8	
28	连接片	YB5-460P	块	2		61	螺栓	$M16 \times 130$	件	17	
29	蝶式绝缘子	ED-1	只	8		62	螺栓	$M12 \times 40$	件	2	
30	横担抱箍	HBG6-320	块	1		63	螺母	M20	个	16	
31	抱箍	BG6-320	块	1		64	拉线	GJ-70	组	1	
32	杆上电缆固定架	DLJ6-165	块	3		65	瓷拉棒绝缘子	SL-15/30	只	3	

图 7-3　15m物料清单（绝缘导线引下式）（ZB-1-03）

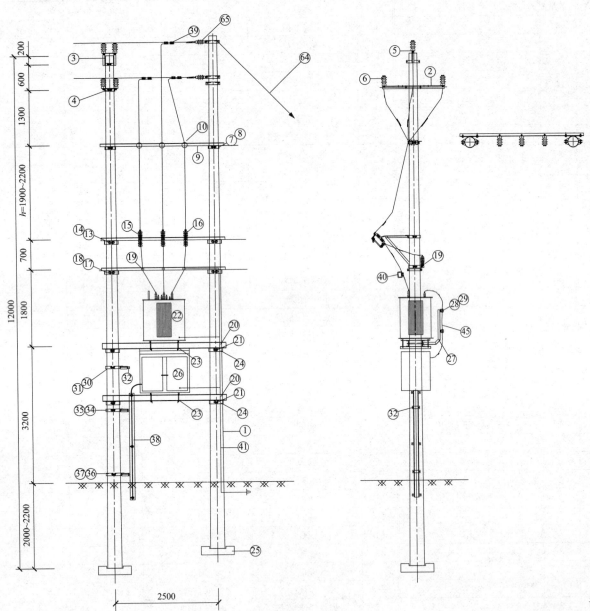

图 7-4   12m 柱上变压器杆型图（绝缘导线引下式）（ZB-1-04）

说明：当主杆为终端时，附杆埋深加 30cm。

编号	名称	型号	单位	数量	备注	编号	名称	型号	单位	数量	备注
1	电杆	$190 \times 12m \times M$	根	2		33	电缆卡抱		块	1	按实际情况选用
2	高压横担	HD6-1500	块	4		34	横担抱箍	HBG6-310	块	1	
3	双杆顶绝缘子架	SDM-190	副	2		35	抱箍	BG6-310	块	1	
4	横担抱箍	HBG6-210	块	4		36	横担抱箍	HBG6-330	块	1	
5	平连铁	LT6-350P	块	6		37	抱箍	BG6-330	块	1	
6	柱式绝缘子	R5ET105L	只	6		38	杆上电缆护管	DLHG-114A	副	2	
7	横担抱箍	HBG6-220	块	2		39	异型并沟线夹		副	6	
8	抱箍	BG6-220	块	2		40	验电接地环		副	3	
9	双杆熔丝具架		块	2		41	镀锌接地扁钢	$-50mm \times 5mm$	m	20	
10	柱式绝缘子	R5ET105L	只	3		42	高压绝缘线	JKLYJ-10/50	m	30	
11						43					
12						44					
13	横担抱箍	HBG6-260	块	2		45	低压绝缘线	JKRYJ-1/300	m	10	
14	抱箍	BG6-260	块	2		46					
15	熔丝具安装架	RJ7-260	块	3		47	高压绝缘罩	10kV	只	3	
16	跌落式熔丝具	100A	只	3		48	低压绝缘罩	1kV	只	4	
17	横担抱箍	HBG6-260	块	2		49	低压接线桩头	SBJ-1-M20	只	3	
18	抱箍	BG6-260	块	2		50	低压接线桩头	SBJ-1-M12	只	1	
19	避雷器	HY5WS5-17/50	台	3		51	双头螺杆	$M16 \times 200$	根	8	
20	变压器双杆支持架	[14-3000	副	2		52	螺栓	$M16 \times 45$	件	74	
21	双头螺杆	$M20 \times 400$	根	8		53	螺栓	$M16 \times 70$	件	40	配螺母
22	变压器		台	1	按实际情况选用	54	螺母	M16	个	16	配螺母
23	连接片	YB5-740J	块	4		55	垫圈	M16	个	260	
24	抱箍	BG8-300	块	4		56	螺栓	$M10 \times 40$	件	6	
25	底盘	DP-6	块	2		57	螺栓	$M14 \times 40$	件	4	
26						58	垫圈	M14	个	8	
27						59	螺栓	$M18 \times 70$	件	4	
28						60	垫圈	M18	个	8	
29						61	螺栓	$M16 \times 130$	件	17	
30	横担抱箍	HBG6-300	块	2		62	螺栓	$M12 \times 40$	件	2	
31	抱箍	BG6-300	块	2		63	螺母	M20	个	8	
32	杆上电缆固定架	DLJ6-165	块	3		64	拉线	GJ-70	组	2	
						65	瓷拉棒绝缘子	SL-15/30	只	3	

图 7-5　12m 物料清单（绝缘导线引下式）（ZB-1-05）

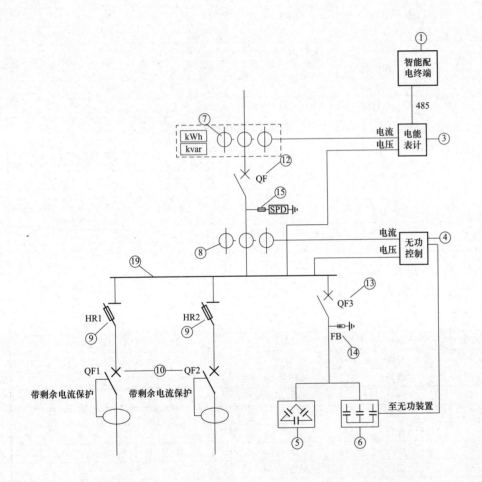

序号	代号	名称	型号及规格（400kVA）	备注
1	PDK	智能配电终端		
2	DFY	联合接线盒		
3	DSSD	电能表		
4	VQC	无功控制器		
5		智能干式自愈式电容器	0.4kV	按实际情况选配
6		智能干式自愈式电容器	0.22kV	按实际情况选配
7	1TA	电流互感器	LQG-0.66（600/5）0.2s	
8	2TA	电流互感器	BH-0.66（1000/5）0.5	
9	HR1-HR2	刀熔开关	HR6-400	
10	QF1-QF2	漏电断路器	400A 4P	
11	QF4-QF11	空气断路器	32A	
12	QF	空气断路器	800A	
13	QF3	空气断路器	250A/3P	
14	FB/SPD	避雷器/电涌保护器	HYS-0.22/T1级试验电涌保护器	
15	FU	熔断器	HG30-32（2）	
16	PA1-PA3	电流表	42L6-A 1000/5	
17	1HL-3HL	指示灯	XDJ1-22（红）AC220V	
18	4HL-8HL	指示灯	XDJ1-22（红）AC380V	
19		主母排规格 A、B、C、N	TMY-3（—60×6）+1（—50×5）	

说明：1. 本图以 315kVA 变压器为基准编制，采用其他容量变压器时，有关设备参数相应调整。

　　　2. TN-C 系统出线开关采用塑壳断路器，TT 系统出线开关采用漏电断路器。

图 7-6　低压综合配电箱电气图（ZB-1-06）

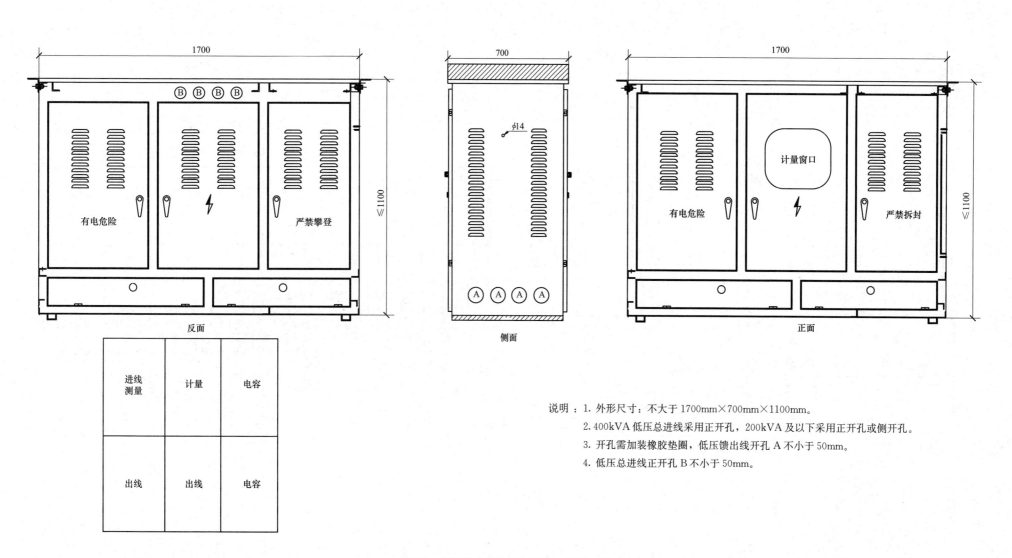

说明：1. 外形尺寸：不大于1700mm×700mm×1100mm。

2. 400kVA低压总进线采用正开孔，200kVA及以下采用正开孔或侧开孔。

3. 开孔需加装橡胶垫圈，低压馈出线开孔A不小于50mm。

4. 低压总进线正开孔B不小于50mm。

图 7-7　低压综合配电箱加工图（ZB-1-07）

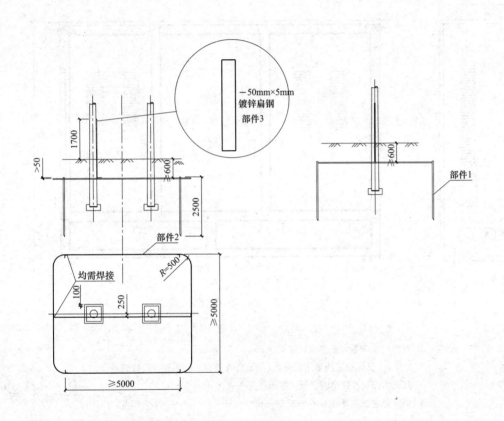

材 料 表

序号	名称	规格	单位	数量	重量（kg）	备注
部件1	角钢	∠63mm×6mm L=2500mm	根	4	57.21	接地极角钢
部件2	扁钢	—50mm×5mm	m	35	68.6	接地扁钢
部件3	扁钢	—50mm×5mm	件	1	29.4	镀锌扁钢

说明：1. 接地体及接地引下线均做热镀锌处理。
2. 接地装置的连接均采用焊接，焊接长度应满足规程要求。
3. 镀锌扁钢用于连接避雷器，变压器外壳、低压配电箱外壳，沿电杆内侧敷设。
4. 在雷雨季干燥时，要求接地电阻值实测不大于下列数值：变压器容量100kVA及以下者为10Ω，100kVA以上者为4Ω，否则应增加接地极以达到以上要求。
5. 此接地体材料及工作量根据地域差别，接地极长度和数量、接地扁铁长度，接地引上线长度在满足接地电阻条件下可做调整。

图 7-8　接地体加工图（ZB-1-08）

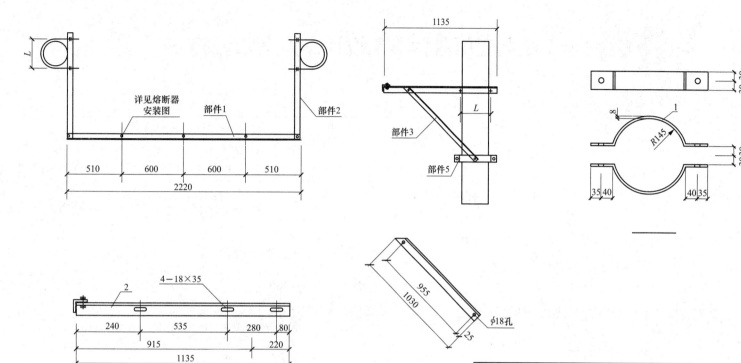

编号	名称	型号及规格	单位	数量	单个质量	合重
1	熔断器横担	L63×6　l=2220	根	1	12.7	12.7
2	熔断器横担	L63×6　l=1135	根	2	6.5	13
3	托架	L50×5　l=1030	根	2	3.9	7.8
4	U型抱箍	U16-280	副	2	1.5	3.0
5	抱箍（羊角）	φ290	副	2	4.1	8.2
6	螺栓	M16×20	根	4	0.25	1.0
7	扁钢	−50×80	块	3	0.36	1.08
8	螺栓	M16×5	根	10		

说明：该图铁附件尺寸仅供参考，以实际设计为准。

图 7-9　熔断器支架图（ZB-1-09）

第 **8** 章 10kV柱上变压器台典型设计（方案ZB-2）

8.1 设计说明

8.1.1 总的部分

本典型设计为"客户受电工程典型设计"中对应的"10kV 柱上变压器台典型设计"部分，方案编号为"ZB-2"。

方案 ZB-1 对应 10kV 采用架空绝缘导线正面引下至杆上 400kVA 及以下变压器，高压熔断器正面安装；变压器低压侧电缆引至低压配电室。

8.1.1.1 适用范围

一般宜选用杆上式变压器，低压配电室方式，但有可能被水淹的区域不应选用低压配电室方式。

8.1.1.2 方案技术条件

本方案根据"10kV 柱上变压器台典型设计总体说明"确定的预定条件开展设计，方案组合说明见表 8-1。

表 8-1   **10kV 柱上变压器台 ZB-1 典型方案技术条件表**

序号	项目名称	内容
1	10kV 变压器	油浸式变压器，容量为 400kVA 及以下
2	0.4kV 出线回路数	低压配电室低压出线 1～4 回，全部采用电缆出线
3	无功补偿	100kVA 以下变压器无无功补偿，其他按变压器容量的 10%～30% 补偿，按无功需量自动投切
4	主要设备选型	变压器采用低损耗、全密封、油浸式变压器，并采用防盗措施，10kV 选用跌落式熔断器。 0.4kV 选用带塑壳断路器的低压综合配电箱或低压开关柜
5	设备短路电流水平	10kV 设备短路电流水平按 12.5/16kA 考虑

续表

序号	项目名称	内容
6	防雷接地	10kV 小电流接地系统接地电阻不大于 4Ω，当采用大电流接系统时，保护接地和工作接地需分开设置，若保护接地与工作接地共用接地系统时，需结合工程实际情况，考虑土壤条件等因素进行校验。 变压器高压侧须安装避雷器，多雷区低压侧应安装避雷器；接地体采用长寿命的镀锌扁钢；接地电阻、跨步电压和接触电压应满足有关规程要求
7	土建部分	基础砖混结构
8	站址基本条件	按海拔高度≤1000m；环境温度：−30～+40℃；最热月平均最高温度 35℃；国家标准 Ⅲ 级污秽区设计；日照强度（风速 0.5m/s）0.1W/cm²；地震烈度按 7 度设计，地震加速度为 0.1g，地震特征周期为 0.35s；设计风速 30m/s，站址标高高于 50 年一遇洪水水位和历史最高内涝水位，不考虑防洪措施；设计土壤电阻率为不大于 100Ω·m；地基承载力特征值 $f_{ak}=150$kPa，无地下水无影响；地基土及地下水对钢材、混凝土无腐蚀作用

8.1.2 电力系统部分

本典设按照给定的变压器进行设计，在实际工程中，需要根据实地情况具体设计选择电杆高度。

本典型设计不涉及系统继电保护专业、系统通信专业、系统远动专业的具体内容，在实际工程中，根据需要具体设计。

10kV 设备短路电流水平按 12.5/16kA 考虑。

高压侧采用跌落式熔断器，低压侧采用塑壳断路器。

8.1.3 电气一次部分

8.1.3.1 短路电流及主要电气设备、导体选择

（1）变压器。

型式：节能型、无载调压、三相两绕组油浸式变压器；

容量：400kVA 及以下；

阻抗电压：$U_k\% = 4$；

额定电压：10 ± 5（2×2.5）$\%/0.4$kV；

接线组别：Dyn11；

冷却方式：自冷式。

（2）10kV 侧选用跌落式熔断器，10kV 避雷器采用金属氧化物避雷器。

（3）户内低压配电柜：选用低压固定式开关柜，一般配置四路出线开关或具备漏电保护功能的塑壳断路器和无功自动补偿柜。

（4）低压无功补偿柜：选用无功自动补偿型式，低压电力电容器采用智能自愈式、免维护、无污染、环保型。电容补偿按变压器容量的 10%～30% 补偿，100kVA 以下无无功补偿。

（5）导体选择。根据短路电流水平为 16kA，按发热条件校验，10kV 架空绝缘线选用 JKLYJ-10-1×50mm² 绝缘导线；380V 架空绝缘线选用 JKRYJ-1-1×300mm²，电缆选用 YJV-0.6/1-4×185mm² 和 YJV-0.6/1-4×120mm² 电缆。

（6）电杆采用非预应力混凝土杆，杆高选用 15m 及以下，并可根据现场实际情况选择电杆高度。

（7）线路金具按"节能型、绝缘型"原则选用。

（8）变压器台架承重按照 400kVA 变压器重量考虑设计。

8.1.3.2 基础

方案中所有混凝土杆的埋深及底盘的规格均按预定条件选定，若土质与设计条件差别较大可根据实际情况作适当调整。

8.1.3.3 绝缘配合及过电压保护

电气设备的绝缘配合，参照 GB/T 50064—2014《交流电气装置的过电压保护和绝缘配合设计规范》确定的原则进行。

（1）金属氧化物避雷器按 GB 11032—2010《交流无间隙金属氧化物避雷器》中的规定进行选择。

（2）过电压保护。采用交流无间隙金属氧化物避雷器进行过电压保护，避雷器按照国家标准选择，设备绝缘水平按国家标准要求执行。

（3）接地。配电变压器均装设避雷器，并应尽量靠近变压器，其接地引下线应与变压器二次侧中性点及变压器的金属外壳相连接。在多雷区应在变压器二次侧装设避雷器。

（4）中性点直接接地的低压绝缘线中性线，应在电源点接地，TN-C 系统在干线和分支线的终端处，应将中性线重复接地，且接地点不应少于三处；TT 系统的应装设漏电总保护器。接地体宜敷设成围绕变压器的闭合环形，设 2 根及以上垂直接地极，接地体的埋深不应小于 0.6m，且不应接近煤气管道及输水管道。接地线与杆上需接地的部件必须接触良好。

8.1.3.4 电气设备布置

电气平面布置力求紧凑合理，出线方便，减少占地面积，节省投资，根据本方案的建设规模，低压设备采用低压开关柜时，应设专用配电室一间，低压设备布置在室内，其建设规模为宽 3.5m，长 5m 的配电室一间。

8.1.4 土建部分

8.1.4.1 概述

（1）站址场地概述。

1）站址宜按正方向布置，采用建筑坐标系；

2）土建按最终规模设计；

3）设定场地设计为同一标高；

4）洪涝水位：站址标高高于 50 年一遇洪水水位和历史最高内涝水位，不考虑防洪措施。

（2）设计的原始资料。

站区地震动峰值加速度按 0.1g 考虑，地震作用按 7 度抗震设防烈度进行设计，地震特征周期为 0.35s，设计风速 30m/s，地基承载力特征值 $f_{ak} = 150$kPa；地基土及地下水对钢材、混凝土无腐蚀作用；海拔 1000m 及以下。

（3）主要建筑材料。

1）现浇或预制钢筋混凝土结构。混凝土：C25、C30 用于一般现浇或预制钢筋混凝土结构及基础；C15 用于混凝土垫层。钢筋：HPB235 级、HRB335 级、HRB400 级。

2）钢材：Q235、Q345。螺栓：4.8 级、6.8 级、8.8 级。

8.1.4.2 总平面布置

本站总平面布置根据生产工艺、运输、防火、防爆、环境保护和施工等方面要求，按最终规模对站区的建构筑物、管线及道路进行统筹安排，合理布置，工艺流程顺畅，考虑机械作业通道和空间，检修维护方便，有利于施工，便于扩建。同时要考虑有效的防水、排水、通风、防潮、防小动物与隔声等措施。

8.1.4.3　结构设计

建筑物的抗震设防类别按 DL/T 5218—2012《220～750kV 变电站设计技术规程》8.3.2.1 条执行。安全等级采用二级，结构重要性系数为 1.0。

设计基本加速度为 0.1g，按 7 度抗震设防烈度进行设计，地震特征周期为 0.35s。

主要建构筑物、基础采用框架或砖混结构。混凝土强度等级采用 C25，钢材采用 HPB235、HRB335 级钢。

根据假定地质条件，建筑物采用条形基础。

8.1.4.4　排水、消防、通风、环境保护及其他

排水：宜采用自流式有组织排水，设置集水井汇集雨水，经地下设置的排水暗管，有组织将水排至附近市政雨水管网中。

消防：采用化学灭火方式，宜采用 S 型气溶胶技术。

通风：采用自然进风，自然排风。

环保：变压器噪声对周围环境的影响应符合 GB 3096—2008《声环境质量标准》的规定和要求。

警示牌：警示牌上标有"高压危险、禁止攀登"字样，悬挂在变压器散热片上。

8.2　主要设备及材料清册

方案 ZB-1 主要设备材料清册见表 8-2。

表 8-2　方案 ZB-2 主要设备材料清册（杆上变压器高压架空绝缘导线引下和低压配电室方案）

序号	名称	型号及规格	单位	数量	备注
1	油浸式配电变压器	400kVA 及以下； 10±5（2×2.5）%/0.4kV； Dyn11；U_k%=4	台	1	

续表

序号	名称	型号及规格	单位	数量	备注
2	混凝土杆	$\varphi190\times15\text{m}$（非预应力杆）	根	1	可根据现场实际情况选择主杆高度
3	混凝土杆	$\varphi190\times15\text{m}$（非预应力杆）	根	1	可根据现场实际情况选择副杆高度
4	跌落式熔断器	100A	只	3	高压熔丝按变压器容量选择
5	避雷器	17/50kV	只	3	
6	低压综合配电柜	GGD2（改）	柜	2	带塑壳断路器或漏电保护器
7	低压无功补偿柜	GGD2（改）	柜	1	100kVA 及以上变压器按容量的 30% 补偿，100kVA 以下变压器按系统实际情况补偿
8	高压架空绝缘导线	JKLYJ-10-1×50	m	25	可按实际尺寸调整
9	低压电缆	2×（YJV-0.6/1-4×185）	m	20	可按配电室实际距离调整
10	低压电缆终端头	4×185	套	2	

8.3　设计图

方案 ZB-2 设计图清单详见表 8-3，图中标杆单位为 m。

表 8-3　方案 ZB-2 设计图清单

图序	图名	图纸编号
图 8-1	电气主接线图	ZB-2-01
图 8-2	15m 柱上变压器杆型图（绝缘导线引下式）	ZB-2-02
图 8-3	15m 物料清单（绝缘导线引下式）	ZB-2-03
图 8-4	12m 柱上变压器杆型图（绝缘导线引下式）	ZB-2-04
图 8-5	12m 物料清单（绝缘导线引下式）	ZB-2-05
图 8-6	接地体加工图	ZB-2-06
图 8-7	低压配电室 0.4kV 接线配置图	ZB-2-07
图 8-8	低压配电室电气平面布置图	ZB-2-08
图 8-9	低压配电室接地布置图	ZB-2-09
图 8-10	低压配电室地土建平面布置图	ZB-2-10
图 8-11	低压配电室土建立面、剖面布置图	ZB-2-11
图 8-12	熔断器支架图	ZB-2-12

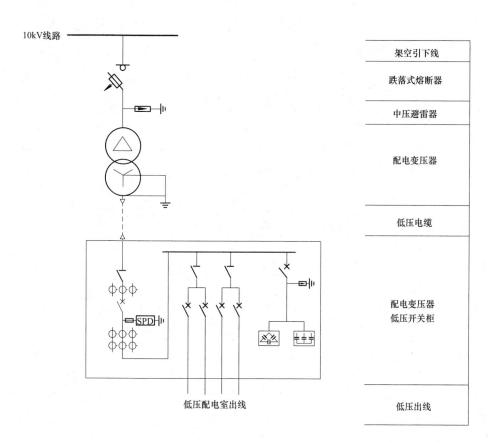

	架空引下线
	跌落式熔断器
	中压避雷器
	配电变压器
	低压电缆
	配电变压器低压开关柜
	低压出线

低压配电室出线

序号	名称	规格参数	单位	数量	备注
1	架空引下线	JKLYJ-10/1×50	m	25	根据杆高选择长度
2	跌落式熔断器	100A	只	3	
		熔丝	根	3	根据变压器容量选配
3	氧化锌避雷器	HY5WS5-17/50	只	3	
4	配电变压器	S11 及以上节能型变压器容量 315kVA	台	1	$10\pm2\times2.5\%(5\%)/0.4kV$ Dyn11 $U_k=4.0\%$
5	变压器低压侧出线	YJV-0.6/1-4×185	m	双根	
6	低压配电柜	GGD2	面	3	根据变压器容量选配
7	低压柜出线	YJV-0.6/1-4×120	m		根据实际选择长度

注：选择节能型变压器容量不宜大于 315kVA，临时用电不应大于 400kVA。

图 8-1　电气主接线图（ZB-2-01）

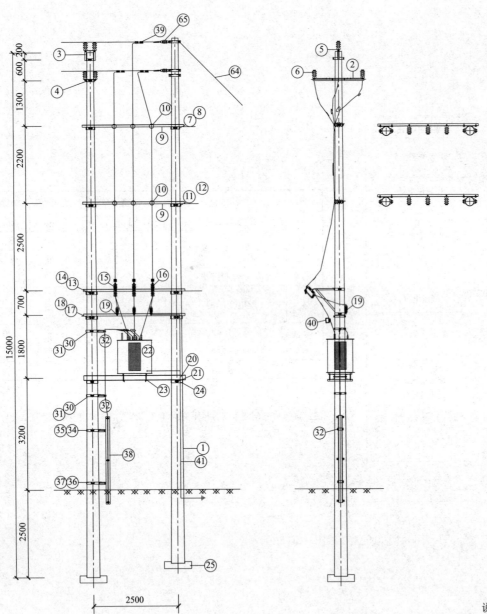

说明：当主杆为终端时，附杆埋深加30cm。

图 8-2　15m柱上变压器杆型图（绝缘导线引下式）（ZB-2-02）

编号	名称	型号	单位	数量	备注	编号	名称	型号	单位	数量	备注
1	电杆	190×15m×M	根	2		33	电缆卡抱		块	1	按实际情况选用
2	高压横担	HD6-1500	块	4		34	横担抱箍	HBG6-340	块	1	
3	双杆顶绝缘子架	SDM-190	副	2		35	抱箍	BG6-340	块	1	
4	横担抱箍	HBG6-210	块	4		36	横担抱箍	HBG6-360	块	1	
5	平连铁	LT6-350P	块	6		37	抱箍	BG6-360	块	1	
6	柱式绝缘子	R5ET105L	只	6		38	杆上电缆护管	DLHG-114A	副	2	
7	横担抱箍	HBG6-220	块	2		39	异型并沟线夹		副	6	
8	抱箍	BG6-220	块	2		40	验电接地环		副	3	
9	双杆熔丝具架		块	2		41	镀锌接地扁钢	—50mm×5mm	m	15	
10	柱式绝缘子	R5ET105L	只	6		42	高压绝缘线	JKLYJ-10/50	m	24	
11	横担抱箍	HBG6-260	块	2		43					
12	抱箍	BG6-260	块	2		44					
13	横担抱箍	HBG6-280	块	2		45	低压绝缘线	JKRYJ-1/300	m	10	
14	抱箍	BG6-280	块	2		46					
15	熔断器安装架		块	3		47	高压绝缘罩	10kV	只	3	
16	跌落式熔断器	100A	只	3		48	低压绝缘罩	1kV	只	4	
17	横担抱箍	HBG6-300	块	2		49	低压接线桩头	SBJ-1-M20	只	3	
18	抱箍	BG6-300	块	2		50	低压接线桩头	SBJ-1-M12	只	1	
						51	双头螺杆	M16×200	根	8	
19	避雷器	HY5WS5-17/50	台	3		52	螺栓	M16×45	件	74	
20	双杆支持架	〔14-3000	副	1	变压器、低压配电箱用	53	螺栓	M16×70	件	40	配螺母
21	双头螺杆	M20×400	根	4		54	螺母	M16	个	16	配螺母
22	变压器		台	1	按实际情况选用	55	垫圈	M16	个	260	
23	连接片	YB5-740J	块	4		56	螺栓	M10×40	件	6	
24	抱箍	BG8-320	块	4		57	螺栓	M14×40	件	4	
25	底盘	DP-6	块	2		58	垫圈	M14	个	8	
26						59	螺栓	M18×70	件	4	
27						60	垫圈	M18	个	8	
28						61	螺栓	M16×130	件	17	
29						62	螺栓	M12×40	件	2	
30	横担抱箍	HBG6-320	块	1		63	螺母	M20	个	16	
31	抱箍	BG6-320	块	1		64	拉线	GJ-70	组	1	
32	杆上电缆固定架	DLJ6-165	块	3		65	瓷拉棒绝缘子	SL-15/30	只	3	

图 8-3　15m 物料清单（绝缘导线引下式）（ZB-2-03）

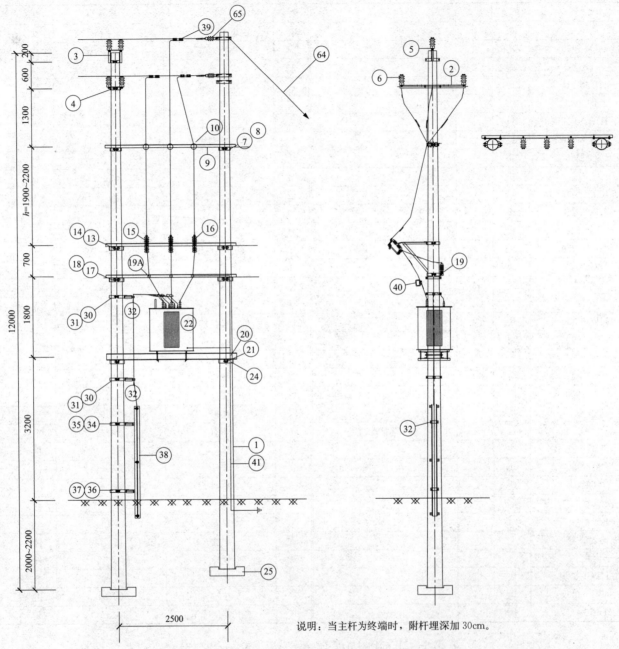

说明：当主杆为终端时，附杆埋深加 30cm。

图 8-4　12m 柱上变压器杆型图（绝缘导线引下式）（ZB-2-04）

编号	名称	型号	单位	数量	备注	编号	名称	型号	单位	数量	备注
1	电杆	190×12m×M	根	2		33	电缆卡抱		块	1	按实际情况选用
2	高压横担	HD6-1500	块	4		34	横担抱箍	HBG6-310	块	1	
3	双杆顶绝缘子架	SDM-190	副	2		35	抱箍	BG6-310	块	1	
4	横担抱箍	HBG6-210	块	4		36	横担抱箍	HBG6-330	块	1	
5	平连铁	LT6-350P	块	6		37	抱箍	BG6-330	块	1	
6	柱式绝缘子	R5ET105L	只	6		38	杆上电缆护管	DLHG-114A	副	2	
7	横担抱箍	HBG6-220	块	2		39	异型并沟线夹		副	6	
8	抱箍	BG6-220	块	2		40	验电接地环		副	3	
9	双杆熔丝具架		块	2		41	镀锌接地扁钢	—50mm×5mm	m	20	
10	柱式绝缘子	R5ET105L	只	3		42	高压绝缘线	JKLYJ-10/50	m	30	
11						43					
12						44					
13	横担抱箍	HBG6-260	块	2		45	低压绝缘线	JKRYJ-1/300	m	10	
14	抱箍	BG6-260	块	2		46					
15	熔丝具安装架	RJ7-260	块	3		47	高压绝缘罩	10kV	只	3	
16	跌落式熔丝具	100A	只	3		48	低压绝缘罩	1kV	只	4	
17	横担抱箍	HBG6-260	块	2		49	低压接线桩头	SBJ-1-M20	只	3	
18	抱箍	BG6-260	块	2		50	低压接线桩头	SBJ-1-M12	只	3	
19	避雷器	HY5WS5-17/50	台	3		51	双头螺杆	M16×200	根	8	
20	变压器双杆支持架	〔14-3000	副	1		52	螺栓	M16×45	件	74	
21	双头螺杆	M20×400	根	4		53	螺栓	M16×70	件	40	配螺母
22	变压器		台	1	按实际情况选用	54	螺母	M16	个	16	配螺母
23	连接片	YB5-740J	块	4		55	垫圈	M16	个	260	
24	抱箍	BG8-300	块	4		56	螺栓	M10×40	件	6	
25	底盘	DP-6	块	2		57	螺栓	M14×40	件	4	
26	低压综合配电箱		台	1	按实际情况选用	58	垫圈	M14	个	8	
27	低压电缆出线支架	ZJ5-800	副	1		59	螺栓	M18×70	件	4	
28	连接片	YB5-460P	块	2		60	垫圈	M18	个	8	
29	蝶式绝缘子	ED-1	只	8		61	螺栓	M16×130	件	17	
30	横担抱箍	HBG6-300	块	2		62	螺栓	M12×40	件	2	
31	抱箍	BG6-300	块	2		63	螺母	M20	个	8	
32	杆上电缆固定架	DLJ6-165	块	3		64	拉线	GJ-70	组	2	
						65	瓷拉棒绝缘子	SL-15/30	只	3	

图 8-5　12m 物料清单（绝缘导线引下式）（ZB-2-05）

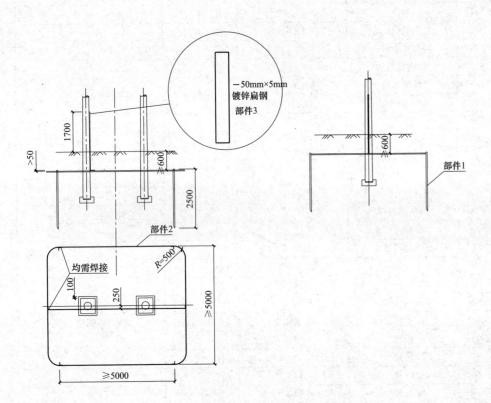

材 料 表

序号	名称	规格	单位	数量	质量（kg）	备注
部件 1	角钢	$\angle 63mm \times 6mm\ L=2500mm$	根	4	57.21	接地极角钢
部件 2	扁钢	$-50mm \times 5mm$	m	35	68.6	接地扁钢
部件 3	扁钢	$-50mm \times 5mm$	件	1	29.4	镀锌扁钢

说明：1. 接地体及接地引下线均做热镀锌处理。

2. 接地装置的连接均采用焊接，焊接长度应满足规程要求。

3. 镀锌扁钢用于连接避雷器、变压器外壳、低压配电箱外壳，沿电杆内侧敷设。

4. 在雷雨季干燥时，要求接地电阻值实测不大于下列数值：变压器容量 100kVA 及以下者为 10Ω，100kVA 以上者为 4Ω，否则应增加接地极以达到以上要求。

5. 此接地体材料及工作量根据地域差别，接地极长度和数量、接地扁铁长度，接地引上线长度在满足接地电阻条件下可做调整。

图 8-6 接地体加工图（ZB-2-06）

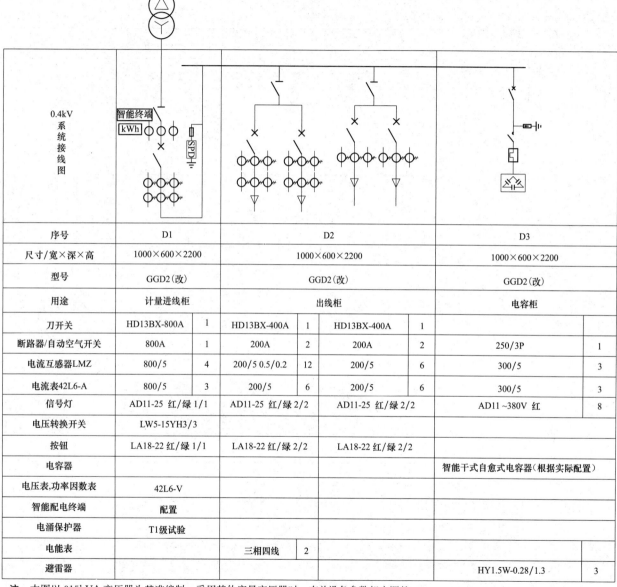

序号	D1		D2		D3	
尺寸/宽×深×高	1000×600×2200		1000×600×2200		1000×600×2200	
型号	GGD2(改)		GGD2(改)		GGD2(改)	
用途	计量进线柜		出线柜		电容柜	
刀开关	HD13BX-800A	1	HD13BX-400A	1	HD13BX-400A 1	
断路器/自动空气开关	800A	1	200A	2	200A 2	250/3P	1
电流互感器LMZ	800/5	4	200/5 0.5/0.2	12	200/5 6	300/5	3
电流表42L6-A	800/5	3	200/5	6	200/5 6	300/5	3
信号灯	AD11-25 红/绿 1/1		AD11-25 红/绿 2/2		AD11-25 红/绿 2/2	AD11~380V 红	8
电压转换开关	LW5-15YH3/3					
按钮	LA18-22 红/绿 1/1		LA18-22 红/绿 2/2		LA18-22 红/绿 2/2		
电容器						智能干式自愈式电容器(根据实际配置)
电压表,功率因数表	42L6-V					
智能配电终端	配置					
电涌保护器	T1级试验					
电能表			三相四线	2		
避雷器						HY1.5W-0.28/1.3	3

注 本图以315kVA变压器为基准编制，采用其他容量变压器时，有关设备参数相应调整。

图 8-7 低压配电室 0.4kV 接线配置图 (ZB-2-07)

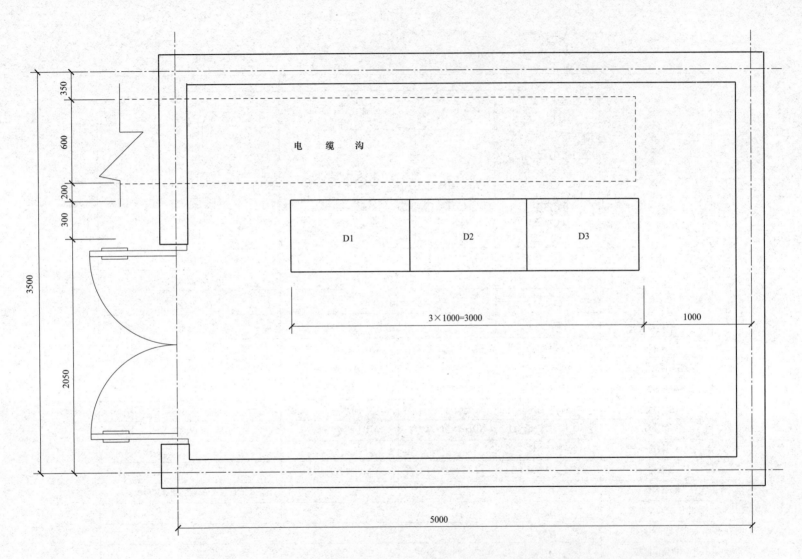

电 缆 沟

D1

D2

D3

3×1000=3000

1000

350

600

200

300

2050

3500

5000

说明：1. 本方案为315kVA配变低压开关柜平面布置图。

2. 0.4kV 开关柜排列长度根据制造厂家具体柜型尺寸调整。

图 8-8 低压配电室电气平面布置图（ZB-2-08）

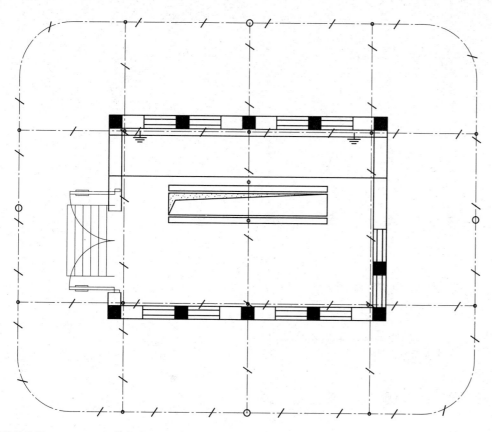

说明：1. 水平接地采用—50mm×5mm 镀锌扁钢，长约85m。

2. 电缆沟通长接地采用—50mm×5mm 镀锌扁钢，长约20m。

3. 垂直接地极采用∠50mm×5mm 镀锌角钢制成，长度为2.5m。

4. 配电装置室内工作接地带采用—50mm×5mm 镀锌扁钢沿墙明敷一圈，距室内地坪＋300mm，离墙间隙20mm，过门入地暗敷两头上翘与沿墙明敷接地连接。

5. 接地装置的接地电阻应≤4Ω，对于土壤电阻率高的地区，如电阻实测值不满足要求，应增加垂直接地极及水平接地体的长度，直到符合要求为止。如开关站采用建筑物的基础做接地极且主体建筑接地电阻＜1Ω，可不另设人工接地。

6. 接地装置的施工应满足（GB 50169—2006）《电气装置安装工程 接地装置施工及验收规范》的规定。

7. 接地网、电缆支架、预埋钢管等所有铁件均需作镀锌处理。

8. 开关柜基础槽钢应不少于两点与主接地网连接。

9. 接地网应与建筑物土筋电气连接。

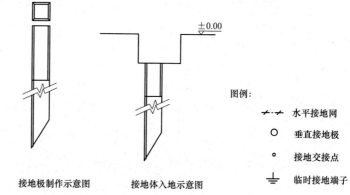

接地极制作示意图　　接地体入地示意图

图例：

⌇⋅⌇ 水平接地网

○ 垂直接地极

∘ 接地交接点

⏚ 临时接地端子

图 8-9　低压配电室接地布置图（ZB-2-09）

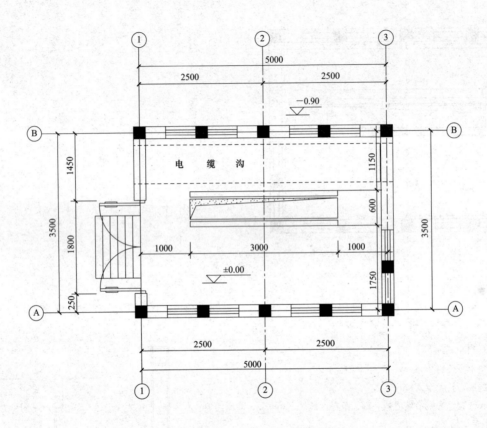

图 8-10　低压配电室地土建平面布置图（ZB-2-10）

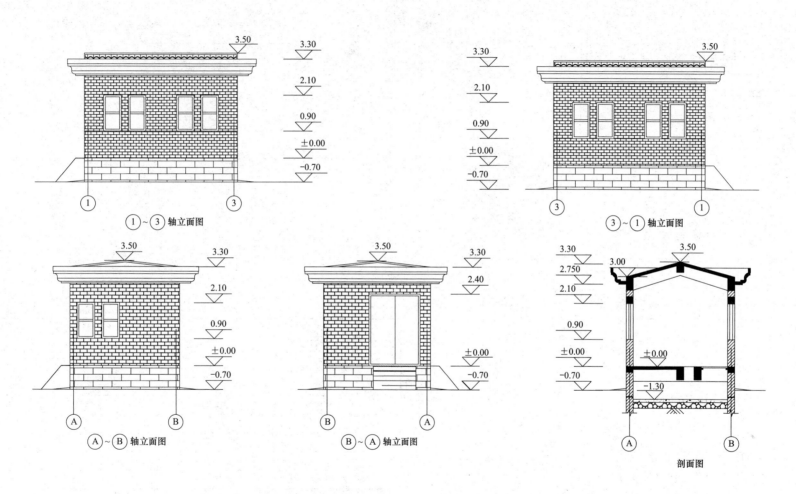

图 8-11 低压配电室土建立面、剖面布置图（ZB-2-11）

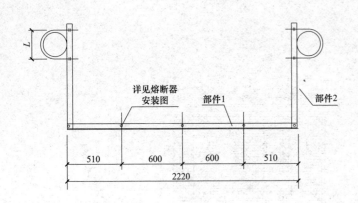

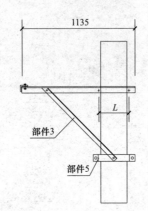

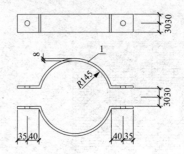

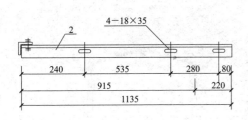

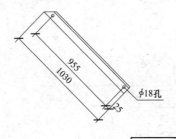

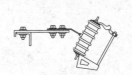

编号	名称	型号及规格	单位	数量	单个质量	合重
1	熔断器横担	L63×6　l=2220	根	1	12.7	12.7
2	熔断器横担	L63×6　l=1135	根	2	6.5	13
3	托架	L50×5　l=1030	根	2	3.9	7.8
4	U型抱箍	U16-280	副	2	1.5	3.0
5	抱箍（羊角）	φ290	副	2	4.1	8.2
6	螺栓	M16×20	根	4	0.25	1.0
7	扁钢	—50×80	块	3	0.36	1.0
	螺栓	M16×5		10		

说明：该图铁附件尺寸仅供参考，以实际设计为准。

图 8-12　熔断器支架图（ZB-2-12）

第四篇

10kV箱式变电站典型设计

第 9 章 10kV箱式变电站典型设计总体说明

9.1 技术原则概述

9.1.1 设计对象

10kV 箱式变电站典型设计的对象布置在户外的 10kV 箱式变电站。按设备型式为欧式。

10kV 箱式变电站指由 10kV 开关设备、电力变压器、低压开关设备、电能计量设备、无功补偿设备、辅助设备和联结件等元件组成的成套配电设备，这些元件在工厂内被预先组装在一个或几个箱壳内，用来从 10kV 系统向 0.4kV 系统输送电能。

9.1.2 运行管理模式

10kV 箱式变电站典型设计按无人值班设计。

9.1.3 设计范围

10kV 箱式变电站典型设计的设计范围是 10kV 箱式变电站以内的电气及土建部分，与之有关的防火、通风、防洪、防潮、防尘、防毒、防小动物和降噪等设施。

本典型设计不涉及系统通信专业、系统远动专业的具体内容，在实际工程中，需要根据配电站系统情况具体设计。

本典型设计预留配电自动化设备安装位置，选择可实现电动操作的电气设备，配置基本的信息取样设备和接口。配电自动化远景实施方案，应结合 10kV 箱式变电站的电气二次、远动、调度等专业，根据区域规划和技术政策综合确定。

9.1.4 设计深度

10kV 箱式变电站典型设计的设计深度为施工图深度。

9.1.5 假定条件

海拔高度：≤1000m；

环境温度：−30～+40℃；

最热月平均最高温度：35℃；

污秽等级：Ⅲ级；

日照强度（风速 0.5m/s）：0.1W/cm²；

地震烈度：按 7 度设计，地震加速度为 0.1g，地震特征周期为 0.35s；

洪涝水位：站址标高高于 50 年一遇洪水水位和历史最高内涝水位，不考虑防洪措施；

设计土壤电阻率：不大于 100Ωm；

相对湿度：在 25℃时，空气相对湿度不超过 95％，月平均不超过 90％。

地基：地基承载力特征值取 f_{ak}=150kPa，无地下水影响.

腐蚀：地基土及地下水对钢材、混凝土无腐蚀作用。

9.2 电气一次部分

9.2.1 基本参数

额定电压　高压侧：10kV；

低压侧：0.4kV；

高压侧设备最高电压：12kV。

9.2.2 主变压器容量

根据 10kV 箱式变电站结构特点及使用环境，本典型设计采用的主变压器容量为 1250kVA 及以下，具体为 200～315、400～630、800～1250kVA 三种基本形式。

9.2.3 电气主接线

10kV采用单母线接线方式，0.4kV侧全部采用单母线接线方式。

9.2.4 进出线规模

环网型10kV箱式变电站：2回进线，1回出线。

终端型10kV箱式变电站：1回10kV进线。

根据主变压器容量：0.4kV可相应设置4～12个出线单元。

9.2.5 设备短路电流水平

10kV电压等级设备短路电流水平为20kA。

负荷开关熔断器组合电器额定短路开断电流不小于31.5kA。

0.4kV电压等级设备短路电流水平为30kA及以上。

9.2.6 主要电气设备选择

主要电设备选择按照可用寿命期内综合优化原则：选择免检修、少维护、使用方便的电气设备，其性能应能满足高可靠性、技术先进、模块化的要求。为了适应箱式变电站负荷增长的需求，变压器按容量划分成子模块，在实际工程中可分步实施。其他配电装置按最终规模一次建成，避免重复投资。

9.2.6.1 主变压器

变压器选用低损耗、全密封、油浸式变压器，结合配电台区负荷性质和运行特点，依据DL/T 985中总费用（TOC）方法判断其寿命期内综合经济性，并按照经济负荷率进行合理选用，结合配变台区负荷性质和运行环境推广使用非晶变压器，城区或供电半径较小地区的箱式变压器额定变比采用10.5kV±5（2×2.5)％/0.4kV；郊区或供电半径较大，变压器布置在线路末端的箱式变压器额定变比采用10kV±5（2×2.5)％/0.4kV，接线组别宜采用Dyn11。

9.2.6.2 10kV负荷开关

（1）环网型：进出线采用负荷开关（气体绝缘或固体绝缘开关柜），至变压器单元采用负荷开关＋熔断器（气体绝缘或固体绝缘开关柜），熔断器采用撞针式熔断器。

（2）终端型：进线采用负荷开关（气体绝缘或固体绝缘开关柜）；至变压器单元采用负荷开关＋熔断器（气体绝缘或固体绝缘开关柜），熔断器采用撞针式熔断器。

9.2.6.3 电缆附件

根据负荷开关的类型选择电缆附件，额定电流在630A及以下，应满足热稳定要求。

9.2.6.4 0.4kV配电装置

10kV箱式变电站应设置0.4kV总进线断路器，总进线断路器宜采用框架式，配电子脱扣器，电子脱扣器具备良好的电磁屏蔽性能和耐温性能，一般不设失压脱扣。10kV箱式变电站出线采用空气断路器、挂接开关或低压柜组屏，空气断路器应根据使用环境配热磁脱扣或电子脱扣，断路器开断时应保证零飞弧。低压进线侧应装设带通信接口的配电智能终端和T1级电涌保护器。

9.2.6.5 无功补偿装置

无功补偿容量按照主变容量的10％～30％进行配置。电容补偿装置应设置在箱体内部。电容应选用干式智能自愈型电容器，考虑散热要求，单台电容器容量不宜大于20kvar，采用动态自动补偿方式，按三相、单相混合补偿方式。

9.2.7 设备布置

10kV箱式变电站（欧式）：品字型或目字型。

品字型结构正前方设置高、低压室，后方设置变压器室。目字型结构两侧设置高、低压室中间设置变压器室。

9.2.8 防雷、接地及过电压保护

9.2.8.1 防雷

10kV箱式变电站周围有较高的建筑物时，可不单独考虑防雷设施。若设置在较为空旷的区域，则要根据现场的实际情况考虑增加防雷设施。

9.2.8.2 过电压保护

电气设备的绝缘配合，参照GB/T 50064—2014《交流电气装置的过电压保

护和绝缘配合设计规范》确定的原则进行。金属氧化物避雷器按 GB 11032—2010《交流无间隙金属氧化物避雷器》的规定进行选择。

当进出线电缆为从电线杆上进线或出线时,为防止线路侵入的雷电波过电压,需在 10kV 进、出线侧和 0.4kV 母线安装避雷器,避雷器宜装设在进出线线路电杆上。当进出线为全电缆时避雷器宜安装在上级出线柜内。

9.2.8.3 接地

10kV 箱式变电站接地网以水平敷设的接地体为主,垂直接地极为辅,联合构成复合式人工接地装置。接地网建成后需实测总接地电阻值,应满足相关规程规范的要求,否则应采用措施,使之达到规程要求。箱中所有电气设备外壳、电缆支架、预埋件均应与接地网可靠连接,凡焊接处均应作防腐处理。接地体采用热镀锌材料。

9.2.9 其他要求

10kV 箱式变电站 10kV 进出线应加装接地及短路故障指示器,有条件时还可实现远传。

9.3 电气二次部分

9.3.1 保护

(1) 10kV 箱式变电站 10kV 侧采用负荷开关+熔断器组合电器,实现反时限过流保护。

(2) 低压侧断路器采用自身保护,总进线断路器不设失压脱扣。

9.3.2 "五防"连锁

10kV 箱式变电站的高压侧和低压侧均应装门,门上应有把手、锁、暗闩,门的开启角度不得小于 90°。高压侧应满足防止误合(分)断路器,防止带电拉(合)隔离开关,防止带电挂接地线,防止有接地线送电,防止误入带电间隔的五防要求。在无电压信号指示时,方能对带电部分进行检修。高低压侧门打开后,宜设照明装置,确保操作检修的安全。

9.3.3 计量

箱式变电站计量表计的装设执行国家电网公司计量规程规定,根据《电能计费装置技术管理规程》《电力装置的电测量仪表装置设计规范》(GB/T50063—2008),500kVA 及以上,采用高压计量,高压侧设计量柜,选三相三线电能表进口关口表两块,配置负荷控制装置一套。

9.4 土建部分

9.4.1 概述

(1) 站址场地。

1) 站址应接近负荷中心,满足低压供电半径要求。

2) 站址宜按正方向布置,采用建筑坐标系。

3) 设定场地设计为同一标高。

4) 洪涝水位:站址标高高于 50 年一遇洪水水位和历史最高内涝水位,不考虑防洪措施。

(2) 设计的原始资料。站区地震动峰值加速度按 0.1g 考虑,地震作用按 7 度抗震设防烈度进行设计,地震特征周期为 0.35s,设计风速 30m/s,地基承载力特征值 $f_{ak}=150$kPa;地基土及地下水对钢材、混凝土无腐蚀作用;海拔 1000m 及以下。

9.4.2 结构与基础

(1) 10kV 箱式变电站的抗震设防烈度按 7 度设计,设计基本地震加速度值为 0.10g,按 0.35s 考虑特征周期,非 7 度地震烈度区及不满足上述条件的地区,应根据所址所处地区地震烈度验算,设计基本地震加速度值,设计地震分组,进行必要的调整。

(2) 基础一般高于地坪面 10cm。

(3) 各地区地基承载力变化较大,具体工程应根据其地质报告完成基础设计,尽量考虑采用天然地基,必要时可结合当地经验采用人工地基。工程设计中应考虑地基抗液化措施。

(4) 主要建筑材料。

1）混凝土：C25 用于一般现浇或预制钢筋混凝土结构及基础；C15 用于混凝土垫层。

2）钢筋：HP235 级、HRB335 级。

3）钢材：Q235、Q345。

4）螺栓：4.8 级、6.8 级、8.8 级。

（5）基础浇筑时应预留进出线管道，管径根据电缆截面确定。

（6）10kV 箱式变电站电缆进出口应使用防水和防火材料进行封堵，封堵应密实可靠。

9.5　技术条件和设计分工

10kV 箱式变电站一般用于配电室建设改造困难、临时用电的情况，典型设计模块共 3 个方案，模块组合见表 9-1。

表 9-1　　　　　　　　　　　　　　　　　　　　　　　　**10kV 箱式变电站典型设计技术方案组合**

模块编号	变压器容量及选型（kVA）		电气主接线和进出线	主要设备选择	短路电流（kA）	无功补偿
XB-1	200 250 315	200～315（S11 及以上节能型油浸式变压器）	高压侧：线变组接线或单母线接线，1 进 1 出。 低压侧：4～6 回出线	高压侧：环网柜，进线真空或 SF₆ 负荷开关，出线真空或 SF₆ 负荷开关＋熔断器； 低压侧：固定柜，空气断路器； 计量：设低压计量，表计安装于计量箱	不小于 20kA	按 10%～30% 变压器容量补偿，按无功需量自动投切
XB-2	400 500 630	400～630（S11 及以上节能型油浸式变压器）	高压侧：单母线，1 进 1 出（1 进 2 出可选）。 低压侧：4～8 回出线	高压侧：环网柜，进线真空或 SF₆ 负荷开关，出线真空或 SF₆ 负荷开关＋熔断器； 低压侧：固定柜，空气断路器； 计量：设高压计量，表计安装于计量箱	不小于 20kA	按 10%～30% 变压器容量补偿，按无功需量自动投切
XB-3	800 1000 1250	800～1250（SCB12 干式变压器）	高压侧：单母线，1 进 1 出（1 进 2 出可选）。 低压侧：4～12 回出线	高压侧：固定柜，进出线断路器； 低压侧：固定柜，进线智能断路器； 计量：设高压计量，表计就地安装于开关柜	不小于 20kA	按 10%～30% 变压器容量补偿，按无功需量自动投切

第 10 章　10kV箱式变电站典型设计（方案XB-1）

10.1　总的部分

10.1.1　设计对象

本典型设计为 10kV 欧式箱式变电站 200～315kVA，方案编号为 XB-1。

10kV 箱式变电站指由 10kV 开关设备、电力变压器、低压开关设备、电能计量设备、无功补偿设备、辅助设备和联结件等元件组成的成套配电设备，这些元件在工厂内被预先组装在一个或几个箱壳内，用来从 10kV 系统向 0.4kV 系统输送电能。

10.1.2　运行管理模式

10kV 箱式变电站典型设计按无人值班设计。

10.1.3　设计范围

10kV 箱式变电站典型设计的设计范围是 10kV 箱式变电站以内的电气及土建部分，与之有关的防火、通风、防洪、防潮、防尘、防毒、防小动物和降噪等设施。

本典型设计不涉及系统通信专业、系统远动专业的具体内容，在实际工程中，需要根据配电站系统情况具体设计。

本典型设计预留配电自动化设备安装位置，选择可实现电动操作的电气设备，配置基本的信息取样设备和接口。配电自动化远景实施方案，应结合 10kV 箱式变电站的电气二次、远动、调度等专业，根据区域规划和技术政策综合确定。

10.1.4　设计深度

10kV 箱式变电站典型设计的设计深度为施工图深度。

10.1.5　假定条件

海拔高度：≤1000 m；

环境温度：−30～+40℃；

最热月平均最高温度：35℃；

污秽等级：Ⅲ级；

日照强度（风速 0.5m/s）：0.1W/cm²；

地震烈度：按 7 度设计，地震加速度为 0.1g，地震特征周期为 0.35s；

洪涝水位：站址标高高于 50 年一遇洪水水位和历史最高内涝水位，不考虑防洪措施；

设计土壤电阻率：不大于 100Ωm；

相对湿度：在 25℃时，空气相对湿度不超过 105％，月平均不超过 100％。

地基：地基承载力特征值取 f_{ak}=150kPa，无地下水影响。

腐蚀：地基土及地下水对钢材、混凝土无腐蚀作用。

10.2　电气一次部分

10.2.1　基本参数

额定电压　高压侧：10kV；

低压侧：0.4kV；

高压侧设备最高电压：12kV。

10.2.2　主变压器容量

本典型设计采用的主变压器容量为 200、250、315kVA。

10.2.3　电气主接线

10kV采用单母线接线方式。0.4kV侧全部采用单母线接线方式。

10.2.4　进出线规模

高压侧：线变组接线或单母线接线，1进1出。

低压侧：4-6回进出线。

10.2.5　设备短路电流水平

10kV电压等级设备短路电流水平为20kA。

负荷开关熔断器组合电器额定短路开断电流不小于31.5kA。

0.4kV电压等级设备短路电流水平为30kA及以上。

10.2.6　主要电气设备选择

主要电设备选择按照可用寿命期内综合优化原则：选择免检修、少维护、使用方便的电气设备，其性能应能满足高可靠性、技术先进、模块化的要求。为了适应箱式变电站负荷增长的需求，变压器按容量划分成子模块，在实际工程中可分步实施。其他配电装置按最终规模一次建成，避免重复投资。

10.2.6.1　主变压器

变压器选用低损耗、全密封、油浸式变压器，结合配电台区负荷性质和运行特点，依据DL/T 985—2012《配电变压器能效技术经济评价导则》中总费用（TOC）方法判断其寿命期内综合经济性，并按照经济负荷率进行合理选用，结合配电变压器台区负荷性质和运行环境推广使用非晶变压器，城区或供电半径较小地区的箱式变压器额定变比采用10.5kV±5（2×2.5)%/0.4kV；郊区或供电半径较大，变压器布置在线路末端的箱式变压器额定变比采用10kV±5（2×2.5)%/0.4kV，接线组别宜采用Dyn11。

10.2.6.2　10kV负荷开关

（1）环网型：进出线采用负荷开关（气体绝缘或固体绝缘开关柜）；至变压器单元采用负荷开关＋熔断器（气体绝缘或固体绝缘开关柜），熔断器采用撞针式熔断器。

（2）终端型：进线采用负荷开关（气体绝缘或固体绝缘开关柜）；至变压器单元采用负荷开关＋熔断器（气体绝缘或固体绝缘开关柜），熔断器采用撞针式熔断器。

10.2.6.3　电缆附件

根据负荷开关的类型选择电缆附件，额定电流在630A及以下，应满足热稳定要求。

10.2.6.4　0.4kV配电装置

10kV箱式变电站应设置0.4kV总进线断路器，总进线断路器宜采用框架式，配电子脱扣器，电子脱扣器具备良好的电磁屏蔽性能和耐温性能，一般不设失压脱扣。10kV箱式变电站出线采用空气断路器、挂接开关或低压柜组屏，空气断路器应根据使用环境配热磁脱扣或电子脱扣，断路器开断时应保证零飞弧。低压进线侧应装设带通讯接口的配电智能终端和T1级电涌保护器。

10.2.6.5　无功补偿装置

无功补偿容量按照主变容量的10%～30%进行配置。电容补偿装置应设置在箱体内部。电容应选用干式智能自愈型电容器，考虑散热要求，单台电容器容量不宜大于20kvar，采用动态自动补偿方式，按三相、单相混合补偿方式。

10.2.7　设备布置

10kV欧式箱变：品字型或目字型。

品字型结构正前方设置高、低压室，后方设置变压器室。目字型结构两侧设置高、低压室中间设置变压器室。

10.2.8　防雷、接地及过电压保护

10.2.8.1　防雷

10kV箱式变电站周围有较高的建筑物时，可不单独考虑防雷设施。若设置在较为空旷的区域，则要根据现场的实际情况考虑增加防雷设施。

10.2.8.2　过电压保护

电气设备的绝缘配合，参照GB/T 50064—2014《交流电气装置的过电压保护和绝缘配合设计规范》确定的原则进行。金属氧化物避雷器按GB 11032—

2010《交流无间隙金属氧化物避雷器》的规定进行选择。

当进出线电缆为从电线杆上进线或出线时，为防止线路侵入的雷电波过电压，需在10kV进、出线侧和0.4kV母线安装避雷器，避雷器宜装设在进出线线路电杆上。当进出线为全电缆时避雷器宜安装在上级出线柜内。

10.2.8.3 接地

10kV箱式变电站接地网以水平敷设的接地体为主，垂直接地极为辅，联合构成复合式人工接地装置。接地网建成后需实测总接地电阻值，应满足相关规程规范的要求，否则应采用措施，使之达到规程要求。箱中所有电气设备外壳、电缆支架、预埋件均应与接地网可靠连接，凡焊接处均应作防腐处理。接地体采用热镀锌材料。

10.2.9 其他要求

10kV箱式变电站10kV进出线应加装接地及短路故障指示器，有条件时还可实现远传。

10.3 电气二次部分

10.3.1 保护

（1）10kV箱式变电站10kV侧采用负荷开关＋熔断器组合电器，实现反时限过流保护。

（2）低压侧断路器采用自身保护，总进线断路器不设失压脱扣。

10.3.2 "五防"连锁

10kV箱式变电站的高压侧和低压侧均应装门，门上应有把手、锁、暗闩，门的开启角不得小于90°。高压侧应满足防止误合（分）断路器，防止带电拉（合）隔离开关，防止带电挂接地线，防止有接地线送电，防止误入带电间隔的五防要求。在无电压信号指示时，方能对带电部分进行检修。高低压侧门打开后，宜设照明装置，确保操作检修的安全。

10.3.3 计量

箱式变电站计量表计的装设执行国家电网公司计量规程规定，根据《电能计费装置技术管理规程》、《电力装置的电测量仪表装置设计规范》（GB/T50063—2008），500kVA及以上，采用高压计量，高压侧设计量柜，选三相三线电能表进口关口表两块，配置负荷控制装置一套。

10.4 土建部分

10.4.1 概述

（1）站址场地。

1）站址应接近负荷中心，满足低压供电半径要求。

2）站址宜按正方向布置，采用建筑坐标系。

3）设定场地设计为同一标高。

4）洪涝水位：站址标高高于50年一遇洪水水位和历史最高内涝水位，不考虑防洪措施。

（2）设计的原始资料。站区地震动峰值加速度按0.1g考虑，地震作用按7度抗震设防烈度进行设计，地震特征周期为0.35s，设计风速30m/s，地基承载力特征值 $f_{ak}=150\text{kPa}$；地基土及地下水对钢材、混凝土无腐蚀作用；海拔1000m及以下。

10.4.2 结构与基础

（1）10kV箱式变电站的抗震设防烈度按7度设计，设计基本地震加速度值为0.10g，按0.35s考虑特征周期，非7度地震烈度区及不满足上述条件的地区，应根据所址所处地区地震烈度验算，设计基本地震加速度值，设计地震分组，进行必要的调整。

（2）基础一般高于地坪面10cm。

（3）各地区地基承载力变化较大，具体工程应根据其地质报告完成基础设计，尽量考虑采用天然地基，必要时可结合当地经验采用人工地基。工程设计中应考虑地基抗液化措施。

（4）主要建筑材料。

1）混凝土：C25用于一般现浇或预制钢筋混凝土结构及基础；C15用于混凝土垫层。

2）钢筋：HP235级、HRB335级。

3）钢材：Q235、Q345。

4）螺栓：4.8级、6.8级、8.8级。

（5）基础浇筑时应预留进出线管道，管径根据电缆截面确定。

（6）10kV箱式变电站电缆进出口应使用防水和防火材料进行封堵，封堵应密实可靠。

10.5 技术条件和设计分工

模块组合见表10-1。设计图清单见表10-2。

表 10-1　　　10kV 箱式变电站典型设计 XB-1 方案技术组合

序号	项目名称	内容
1	变压器容量及选型（kVA）	200～315（S11 及以上节能型油浸式变压器）
2	电气主接线和进出线	高压侧：线变组接线或单母线接线，1 进 1 出。 低压侧：4～6 回出线

续表

序号	项目名称	内容
3	主要设备选择	高压侧：环网柜，进线真空或 SF$_6$ 负荷开关，出线真空或 SF$_6$ 负荷开关＋熔断器； 低压侧：固定柜，空气断路器； 计量：可选择高、低压计量，宜选用高压计量，表计安装于计量箱
4	短路电流（kA）	不小于 20kA
5	无功补偿	按 10%～30%变压器容量补偿，按无功需量自动投切

表 10-2　　　设 计 图 清 单

图序	图名	图纸编号
图 10-1	电气主接线图（200、250、315kVA）	XB-1-1-1
图 10-2	10kV 系统配置图（315kVA）	XB-1-1-2
图 10-3	0.4kV 系统配置图（315kVA）	XB-1-1-3

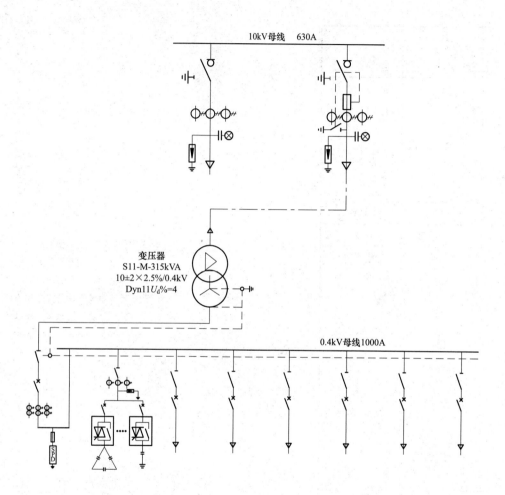

说明：当用于 200、250kVA 时，0.4kV 母线电流分别为 400A、500A。

图 10-1　电气主接线图（200、250、315kVA）（XB-1-1-1）

间隔编号		1G	2G	3G
用　途		进出线柜	计量	变压器
10kV母线　630A		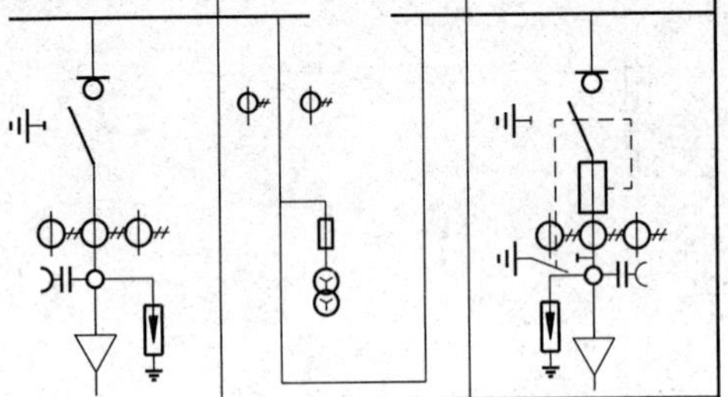		
10kV系统图				
负荷开关	额定电压	12 kV		12 kV
	额定电流	630A		125A
	额定短路电流	20kA		31.5kA
面板嵌入式故障显示器	锂电池供电			
	远传接点			
	短路整定电流600A			
	单相接地整定电流30A	1组	1组	
	自动复位时间8h			
	加热除湿装置	1套	1套	1套
	熔断器（底座/熔丝）			125/31.5A
	电流互感器			
	电压互感器		供电公司配置	
	电能表			
	负荷控制终端		1	
	带电显示器	1组	1组	1组
	避雷器	1组		1组

说明：1. 采用弹簧储能手动操作机构，可升级为电动操作机构。

　　　2. 预留三动合三动断开关辅助触点。

　　　3. 符合五防要求，具有寿命期后气体回收分解的环保承诺。

　　　4. 避雷器、电流互感器安装和选型，根据相关规范、运行分析和要求确定。

　　　5. 共箱式气体绝缘柜预留馈线自动化终端小室。

　　　6. 安装地海拔高度大于1000m时，定货时提出，须调整柜内气体压力。

图 10-2　10kV 系统配置图（315kVA）（XB-1-1-2）

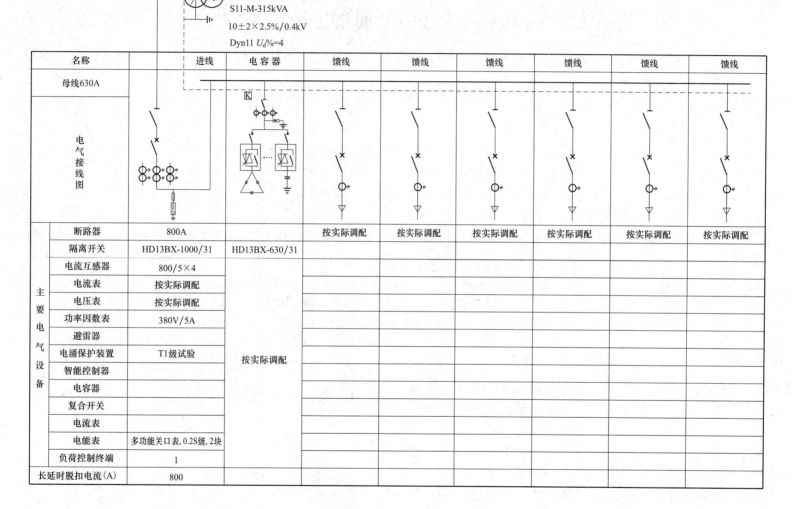

变压器
S11-M-315kVA
10±2×2.5%/0.4kV
Dyn11 U_d%=4

名称		进线	电容器	馈线	馈线	馈线	馈线	馈线	馈线
母线630A									
电气接线图									
主要电气设备	断路器	800A		按实际调配	按实际调配	按实际调配	按实际调配	按实际调配	按实际调配
	隔离开关	HD13BX-1000/31	HD13BX-630/31						
	电流互感器	800/5×4							
	电流表	按实际调配							
	电压表	按实际调配							
	功率因数表	380V/5A							
	避雷器								
	电涌保护装置	T1级试验	按实际调配						
	智能控制器								
	电容器								
	复合开关								
	电流表								
	电能表	多功能关口表,0.2S级,2块							
	负荷控制终端	1							
长延时脱扣电流(A)		800							

说明：1. 0.4kV侧总断路器：智能脱扣器选用无触点连续可调数显型。0.4kV馈线保护：馈线断路器脱扣器可选择热电磁式脱扣器。均不设失压保护。

2. 总断路器长延时脱扣宜按变压器额定电流整定。馈线长延时脱扣可根据电缆长期允许电流和上下级配合要求进行调整。

3. 低压可采用低压柜组屏形式或挂接开关，计量表计设备安装于专用计量箱内。

4. 电容器采用干式自愈式，采用分补与共补混合方式或共补方式。

图 10-3 0.4kV 系统配置图（315kVA）（XB-1-1-3）

第 11 章　10kV箱式变电站典型设计（方案XB-2）

11.1　总的部分

11.1.1　设计对象

本典型设计为 10kV 欧式箱式变电站 400～630kVA 设计，方案编号为 XB-2。

10kV 箱式变电站指由 10kV 开关设备、电力变压器、低压开关设备、电能计量设备、无功补偿设备、辅助设备和联结件等元件组成的成套配电设备，这些元件在工厂内被预先组装在一个或几个箱壳内，用来从 10kV 系统向 0.4kV 系统输送电能。

11.1.2　运行管理模式

10kV 箱式变电站典型设计按无人值班设计。

11.1.3　设计范围

10kV 箱式变电站典型设计的设计范围是 10kV 箱式变电站以内的电气及土建部分，与之有关的防火、通风、防洪、防潮、防尘、防毒、防小动物和降噪等设施。

本典型设计不涉及系统通信专业、系统远动专业的具体内容，在实际工程中，需要根据配电站系统情况具体设计。

本典型设计预留配电自动化设备安装位置，选择可实现电动操作的电气设备，配置基本的信息取样设备和接口。配电自动化远景实施方案，应结合 10kV 箱式变电站的电气二次、远动、调度等专业，根据区域规划和技术政策综合确定。

11.1.4　设计深度

10kV 箱式变电站典型设计的设计深度为施工图深度。

11.1.5　假定条件

海拔高度：≤1000m；

环境温度：−30～＋40℃；

最热月平均最高温度：35℃；

污秽等级：Ⅲ级；

日照强度（风速 0.5m/s）：0.1 W/cm²；

地震烈度：按 7 度设计，地震加速度为 0.1g，地震特征周期为 0.35s；

洪涝水位：站址标高高于 50 年一遇洪水水位和历史最高内涝水位，不考虑防洪措施；

设计土壤电阻率：不大于 100Ωm；

相对湿度：在 25℃时，空气相对湿度不超过 105%，月平均不超过 100%；

地基：地基承载力特征值取 f_{ak}＝150kPa，无地下水影响。

腐蚀：地基土及地下水对钢材、混凝土无腐蚀作用。

11.2　电气一次部分

11.2.1　基本参数

额定电压　高压侧：10kV；

低压侧：0.4kV；

高压侧设备最高电压：12kV。

11.2.2　主变压器容量

本典型设计采用的主变压器容量为 400、500、630kVA。

11.2.3　电气主接线

10kV采用单母线接线方式。0.4kV侧全部采用单母线接线方式。

11.2.4　进出线规模

高压侧：线变组接线或单母线接线，1进1出。

低压侧：4-8回进出线。

11.2.5　设备短路电流水平

10kV电压等级设备短路电流水平为20kA。

负荷开关熔断器组合电器额定短路开断电流不小于31.5kA。

0.4kV电压等级设备短路电流水平为30kA及以上。

11.2.6　主要电气设备选择

主要电设备选择按照可用寿命期内综合优化原则：选择免检修、少维护、使用方便的电气设备，其性能应能满足高可靠性、技术先进、模块化的要求。为了适应箱式变电站负荷增长的需求，变压器按容量划分成子模块，在实际工程中可分步实施。其他配电装置按最终规模一次建成，避免重复投资。

11.2.6.1　主变压器

变压器选用低损耗、全密封、油浸式变压器，结合配电台区负荷性质和运行特点，依据DL/T 985—2012中总费用（TOC）方法判断其寿命期内综合经济性，并按照经济负荷率进行合理选用，结合配变台区负荷性质和运行环境推广使用非晶变压器，城区或供电半径较小地区的箱式变压器额定变比采用10.5kV±5（2×2.5）%/0.4kV；郊区或供电半径较大，变压器布置在线路末端的箱式变压器额定变比采用10kV±5（2×2.5）%/0.4kV，接线组别宜采用Dyn11。

11.2.6.2　10kV负荷开关

（1）环网型：进出线采用负荷开关（气体绝缘或固体绝缘开关柜）；至变压器单元采用负荷开关＋熔断器（气体绝缘或固体绝缘开关柜），熔断器采用撞针式熔断器。

（2）终端型：进线采用负荷开关（气体绝缘或固体绝缘开关柜）；至变压器单元采用负荷开关＋熔断器（气体绝缘或固体绝缘开关柜），熔断器采用撞针式熔断器。

11.2.6.3　电缆附件

根据负荷开关的类型选择电缆附件，额定电流在630A及以下，应满足热稳定要求。

11.2.6.4　0.4kV配电装置

10kV箱式变电站应设置0.4kV总进线断路器，总进线断路器宜采用框架式，配电子脱扣器，电子脱扣器具备良好的电磁屏蔽性能和耐温性能，一般不设失压脱扣。10kV箱式变电站出线采用空气断路器、挂接开关或低压柜组屏，空气断路器应根据使用环境配热磁脱扣或电子脱扣，断路器开断时应保证零飞弧。低压进线侧应装设带通讯接口的配电智能终端和T1级电涌保护器。

11.2.6.5　无功补偿装置

无功补偿容量按照主变容量的10%～30%进行配置。电容补偿装置应设置在箱体内部。电容应选用干式智能自愈型电容器，考虑散热要求，单台电容器容量不宜大于20kvar，采用动态自动补偿方式，按三相、单相混合补偿方式。

11.2.7　设备布置

10kV欧式箱式变电站：品字型或目字型。

品字型结构正前方设置高、低压室，后方设置变压器室。目字型结构两侧设置高、低压室中间设置变压器室。

11.2.8　防雷、接地及过电压保护

11.2.8.1　防雷

10kV箱式变电站周围有较高的建筑物时，可不单独考虑防雷设施。若设置在较为空旷的区域，则要根据现场的实际情况考虑增加防雷设施。

11.2.8.2　过电压保护

电气设备的绝缘配合，参照GB/T 50064—2014《交流电气装置的过电压保

护和绝缘配合设计规范》确定的原则进行。金属氧化物避雷器按 GB 11032—2010《交流无间隙金属氧化物避雷器》的规定进行选择。

当进出线电缆为从电线杆上进线或出线时，为防止线路侵入的雷电波过电压，需在 10kV 进、出线侧和 0.4kV 母线安装避雷器，避雷器宜装设在进出线线路电杆上。当进出线为全电缆时避雷器宜安装在上级出线柜内。

11.2.8.3　接地

10kV 箱式变电站接地网以水平敷设的接地体为主，垂直接地极为辅，联合构成复合式人工接地装置。接地网建成后需实测总接地电阻值，应满足相关规程规范的要求，否则应采用措施，使之达到规程要求。箱中所有电气设备外壳、电缆支架、预埋件均应与接地网可靠连接，凡焊接处均应作防腐处理。接地体采用热镀锌材料。

11.2.9　其他要求

10kV 箱式变电站 10kV 进出线应加装接地及短路故障指示器，有条件时还可实现远传。

11.3　电气二次部分

11.3.1　保护

(1) 10kV 箱式变电站 10kV 侧采用负荷开关＋熔断器组合电器，实现反时限过流保护。

(2) 低压侧断路器采用自身保护，总进线断路器不设失压脱扣。

11.3.2　"五防"连锁

10kV 箱式变电站的高压侧和低压侧均应装门，门上应有把手、锁、暗闩，门的开启角不得小于 90°。高压侧应满足防止误合（分）断路器，防止带电拉（合）隔离开关，防止带电挂接地线，防止有接地线送电，防止误入带电间隔的五防要求。在无电压讯号指示时，方能对带电部分进行检修。高低压侧门打开后，宜设照明装置，确保操作检修的安全。

11.3.3　计量

箱式变电站计量表计的装设执行国家电网公司计量规程规定，根据《电能计费装置技术管理规程》、《电力装置的电测量仪表装置设计规范》（GB/T 50063—2008），500kVA 及以上，采用高压计量，高压侧设计量柜，选三相三线电能表进口关口表二块，配置负荷控制装置一套。

11.4　土建部分

11.4.1　概述

(1) 站址场地。

1) 站址应接近负荷中心，满足低压供电半径要求。

2) 站址宜按正方向布置，采用建筑坐标系。

3) 设定场地设计为同一标高。

4) 洪涝水位：站址标高高于 50 年一遇洪水水位和历史最高内涝水位，不考虑防洪措施。

(2) 设计的原始资料。站区地震动峰值加速度按 0.1g 考虑，地震作用按 7 度抗震设防烈度进行设计，地震特征周期为 0.35s，设计风速 30m/s，地基承载力特征值 f_{ak}＝150kPa；地基土及地下水对钢材、混凝土无腐蚀作用；海拔 1000m 及以下。

11.4.2　结构与基础

(1) 10kV 箱式变电站的抗震设防烈度按 7 度设计，设计基本地震加速度值为 0.10g，按 0.35s 考虑特征周期，非 7 度地震烈度区及不满足上述条件的地区，应根据所址所处地区地震烈度验算，设计基本地震加速度值，设计地震分组，进行必要的调整。

(2) 基础一般高于地坪面 10cm。

(3) 各地区地基承载力变化较大，具体工程应根据其地质报告完成基础设计，尽量考虑采用天然地基，必要时可结合当地经验采用人工地基。工程设计中应考虑地基抗液化措施。

(4) 主要建筑材料。

1）混凝土：C25 用于一般现浇或预制钢筋混凝土结构及基础；C15 用于混凝土垫层。

2）钢筋：HP235 级、HRB335 级。

3）钢材：Q235、Q345。

4）螺栓：4.8 级、6.8 级、8.8 级。

（5）基础浇筑时应预留进出线管道，管径根据电缆截面确定。

（6）10kV 箱式变电站电缆进出口应使用防水和防火材料进行封堵，封堵应密实可靠。

11.5　技术条件和设计分工

模块组合见表 11-1，设计图清单见表 11-2。

表 11-1　10kV 箱式变电站典型设计 XB-2 方案技术组合

序号	项目名称	内容
1	变压器容量及选型（kVA）	400～630（S11 及以上节能型油浸式变压器）
2	电气主接线和进出线	高压侧：单母线，1 进 1 出（1 进 2 出可选）。 低压侧：4～8 回出线

续表

序号	项目名称	内容
3	主要设备选择	高压侧：环网柜，进线真空或 SF$_6$ 负荷开关，出线真空或 SF$_6$ 负荷开关＋熔断器； 低压侧：固定柜，空气断路器； 计量：设高压计量，表计安装于计量箱
4	短路电流（kA）	不小于 20kA
5	无功补偿	按 10％～30％变压器容量补偿，按无功需量自动投切

表 11-2　设　计　图　清　单

图序	图名	图纸编号
图 11-1	电气主接线图（400、500、630kVA）	XB-2-1-1
图 11-2	10kV 系统（400、500、630kVA）	XB-2-1-2
图 11-3	0.4kV 系统配置图（400、500、630kVA）	XB-2-1-3
图 11-4	电气平断布置图	XB-2-2-1
图 11-5	接地装置布置图	XB-2-2-2
图 11-6	设备基础平面图	XB-2-3-1
图 11-7	设备基础剖面图	XB-2-3-2

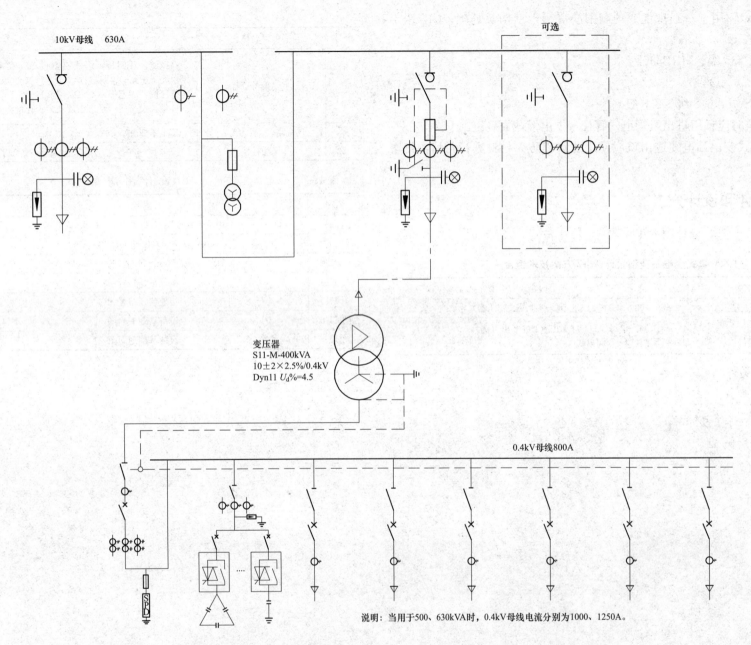

说明：当用于500、630kVA时，0.4kV母线电流分别为1000、1250A。

图 11-1　电气主接线图（400、500、630kVA）（XB-2-1-1）

间隔编号		1G	2G	3G	4G
用途		进出线柜	计量	变压器	进出线柜
10kV母线630A					
10kV系统图		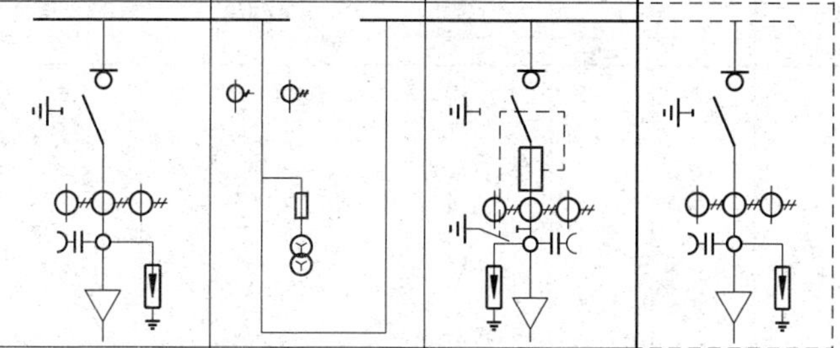			
负荷开关	额定电压	12 kV		12 kV	12 kV
	额定电流	630A		125A	630A
	额定短路电流	20kA		31.5kA	20kA
面板嵌入式故障显示器	锂电池供电				
	远传接点				
	短路整定电流600A				
	单相接地整定电流30A	1组	1组		1组
	自动复位时间8h				
加热除湿装置		1套	1套	1套	1套
熔断器（底座/熔丝）			XRNP-10/0.5，3	125/31.5A	
电流互感器			供电公司配置		
电压互感器					
电能表					
负荷控制终端			1		
带电显示器		1组	1组	1组	1组
避雷器		1组		1组	1组

图 11-2　10kV 系统（400、500、630kVA）（XB-2-1-2）

说明：1. 采用弹簧储能手动操作机构，可升级为电动操作机构。

2. 预留三动合三动断开关辅助触点。

3. 符合五防要求，具有寿命期后气体回收分解的环保承诺。

4. 避雷器、电流互感器安装和选型，根据相关规范、运行分析和要求确定。

5. 共箱式真空或 SF₆ 柜预留馈线自动化终端小室，计量表计设备安装于专用计量箱内。

6. 5G 进出线单元根据实际可选。

7. 当用于 500、630kVA 时，0.4kV 母线电流分别为 1000A、1250A。

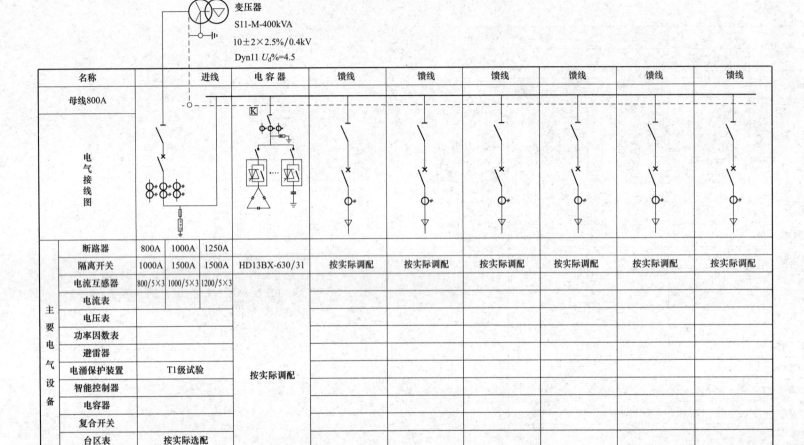

变压器
S11-M-400kVA
10±2×2.5%/0.4kV
Dyn11 U_d%=4.5

名称				进线	电容器	馈线	馈线	馈线	馈线	馈线	馈线
母线800A											
电气接线图											
主要电气设备	断路器	800A	1000A	1250A		按实际调配	按实际调配	按实际调配	按实际调配	按实际调配	按实际调配
	隔离开关	1000A	1500A	1500A	HD13BX-630/31						
	电流互感器	800/5×3	1000/5×3	1200/5×3							
	电流表										
	电压表										
	功率因数表										
	避雷器										
	电涌保护装置		T1级试验		按实际调配						
	智能控制器										
	电容器										
	复合开关										
	台区表		按实际选配								
长延时脱扣电流(A)		800	1000	1000							
主变容量(kVA)		400	500	630							

说明：1.0.4kV 侧总断路器：智能脱扣器选用无触点连续可调数显型。0.4kV 馈线保护：馈线断路器脱扣器可选择热电磁式脱扣器。均不设失压保护。

2. 总断路器长延时脱扣宜按变压器额定电流整定。馈线长延时脱扣可根据电缆长期允许电流和上下级配合要求进行调整。

3. 低压可采用低压柜组屏形式或挂接开关。

4. 电容器采用干式自愈式，采用分补与共补结合方式或共补方式。

5. 当用于 500、630kVA 时，0.4kV 母线电流分别为 1000、1250A。

图 11-3　0.4kV 系统配置图（400、500、630kVA）（XB-2-1-3）

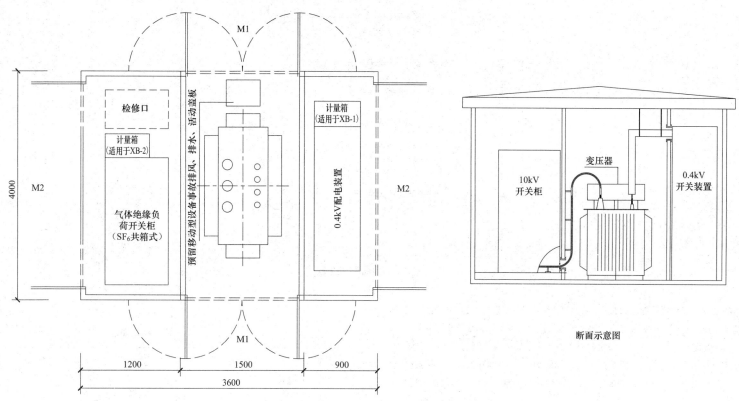

说明：1. 箱式变电站柜门需加斜加强筋，电缆出口处需加固定支架。

2. 箱式变电站尺寸仅供参考，施工时以设备制造商提供的数据为准。

3. 箱体采用非金属结构，门 M1、M2 外开 180°。

图 11-4　电气平断布置图（XB-2-2-1）

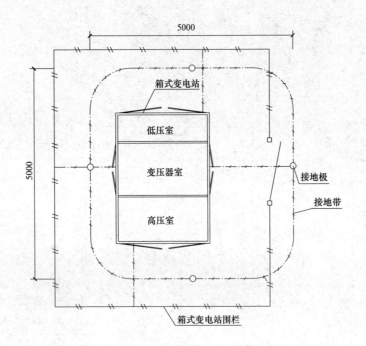

说明：1. 箱式变电站的接地风环绕箱式变电站布置，接地极与接地带连接处焊接，并作防腐处理。
设备外皮及主变压器中性点可靠接地。接地极顶端与接地带埋深距地面不少于 0.6m。

2. 接地装置的接地电阻应≤4Ω，对于土壤电阻率高的地区，如电阻实测值不满足要求，应
增加垂直接地极及水平接地体的长度，直到符合要求为止。如 10kV 为低电阻接地系统，
除接地装置的接地电阻应≤4Ω，另外配电变压器中性点的接地应与变压器的保护接地装
置分开（距离≥10m），可采用电缆引至网外，其接地电阻应≤4Ω。当不能分开时，则配
电变压器保护接地的接地电阻应＜0.5Ω。

材　料　表

序号	名称	型号	单位	数量	备注
1	接地极	∠50mm×50mm×5mm×2500mm	根	4	热镀锌
2	接地带	一50mm×5mm	m	40	热镀锌

图 11-5　接地装置布置图（XB-2-2-2）

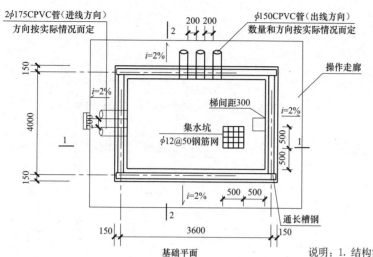

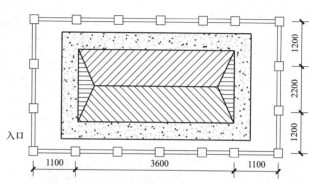

基础平面

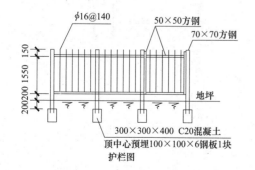

φ16@140　50×50方钢
70×70方钢
地坪
300×300×400 C20混凝土
顶中心预埋100×100×6钢板1块
护栏图

说明：1. 结构混凝土强度等级为C25，基础垫层混凝土强度等级为C15（厚度150）。外露部位贴瓷砖，规格、颜色与箱体配合协商。

2. 地基处理按实际情况采取措施。

3. 基础与围栏之间的地面铺设混凝土预制砖。

4. 箱体尺寸长×宽以供货厂家提供的尺寸为准。

5. 电缆进出线埋管方向和数量应按实际情况确定。

6. 爬梯位置应根据供货厂家提供的活动底板位置确定，钢爬梯涂刷红丹两道、面漆两道。

7. 通风窗采用2mm厚钢板冲压百叶窗，百叶窗孔隙不大于10mm。百叶窗外框为L25mm×25mm×4mm。

8. 护栏与箱体外壳间的距离确保箱体门打开≥90°。

9. 护栏门上加挂锁，并设防雨板，护栏现场焊接，钢护栏除锈后涂刷红丹两道、面漆料到，焊缝处做好防腐处理。

10. 基础与地板及箱体基础与操作走廊基础间设置10mm宽的贯通变形沉降缝，采用24号镀锌铁皮、聚苯泡沫、沥青麻丝、沥青砂浆、密封材料填充封堵。

11. 所有线管穿混凝土结构处设置防水套管，套管与线管间填充沥青麻丝、防水材料密封。

图 11-6　设备基础平面图（XB-2-3-1）

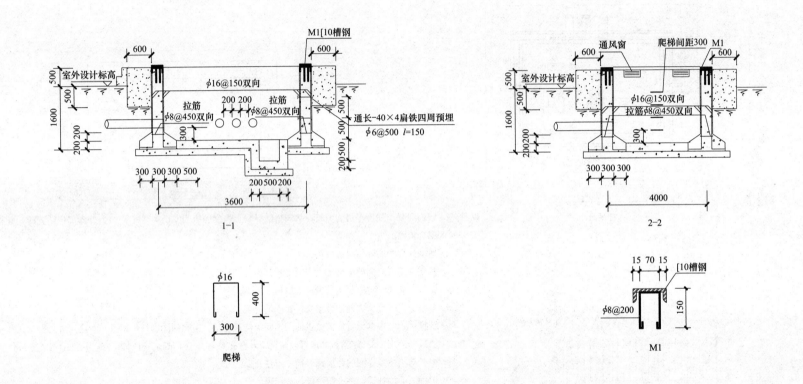

图 11-7 设备基础剖面图（XB-2-3-2）

第 12 章　10kV箱式变电站典型设计（方案XB-3）

12.1　总的部分

12.1.1　设计对象

本典型设计为 10kV 欧式箱式变电站 800～1250kVA，方案编号为 XB-3。

10kV 箱式变电站指由 10kV 开关设备、电力变压器、低压开关设备、电能计量设备、无功补偿设备、辅助设备和联结件等元件组成的成套配电设备，这些元件在工厂内被预先组装在一个或几个箱壳内，用来从 10kV 系统向 0.4kV 系统输送电能。

12.1.2　运行管理模式

10kV 箱式变电站典型设计按无人值班设计。

12.1.3　设计范围

10kV 箱式变电站典型设计的设计范围是 10kV 箱式变电站以内的电气及土建部分，与之有关的防火、通风、防洪、防潮、防尘、防毒、防小动物和降噪等设施。

本典型设计不涉及系统通信专业、系统远动专业的具体内容，在实际工程中，需要根据配电站系统情况具体设计。

本典型设计预留配电自动化设备安装位置，选择可实现电动操作的电气设备，配置基本的信息取样设备和接口。配电自动化远景实施方案，应结合 10kV 箱式变电站的电气二次、远动、调度等专业，根据区域规划和技术政策综合确定。

12.1.4　设计深度

10kV 箱式变电站典型设计的设计深度为施工图深度。

12.1.5　假定条件

海拔高度：≤1000m；

环境温度：-30～+40℃；

最热月平均最高温度：35℃；

污秽等级：Ⅲ级；

日照强度（风速 0.5m/s）：0.1W/cm²；

地震烈度：按 7 度设计，地震加速度为 0.1g，地震特征周期为 0.35s；

洪涝水位：站址标高高于 50 年一遇洪水水位和历史最高内涝水位，不考虑防洪措施；

设计土壤电阻率：不大于 100Ωm；

相对湿度：在 25℃时，空气相对湿度不超过 105％，月平均不超过 100％。

地基：地基承载力特征值取 f_{ak}＝150kPa，无地下水影响。

腐蚀：地基土及地下水对钢材、混凝土无腐蚀作用。

12.2　电气一次部分

12.2.1　基本参数

额定电压　高压侧：10kV。

低压侧：0.4kV。

高压侧设备最高电压：12kV。

12.2.2　主变压器容量

本典型设计采用的主变压器容量为 800、1000、1250kVA。

12.2.3　电气主接线

10kV 采用单母线接线方式。0.4kV 侧全部采用单母线接线方式。

12.2.4　进出线规模

高压侧：线变组接线或单母线接线，1 进 1 出（1 进 2 出可选）。

低压侧：4-12 回进出线。

12.2.5　设备短路电流水平

10kV 电压等级设备短路电流水平为 20kA。

负荷开关熔断器组合电器额定短路开断电流不小于 31.5kA。

0.4kV 电压等级设备短路电流水平为 30kA 及以上。

12.2.6　主要电气设备选择

主要电设备选择按照可用寿命期内综合优化原则：选择免检修、少维护、使用方便的电气设备，其性能应能满足高可靠性、技术先进、模块化的要求。为了适应箱式变电站负荷增长的需求，变压器按容量划分成子模块，在实际工程中可分步实施。其他配电装置按最终规模一次建成，避免重复投资。

12.2.6.1　主变压器

变压器选用低损耗、全密封、油浸式变压器，结合配电台区负荷性质和运行特点，依据 DL/T 985—2012 中总费用（TOC）方法判断其寿命期内综合经济性，并按照经济负荷率进行合理选用，结合配电变压器台区负荷性质和运行环境推广使用非晶变压器，城区或供电半径较小地区的箱式变压器额定变比采用 10.5kV±5（2×2.5）%/0.4kV；郊区或供电半径较大，变压器布置在线路末端的箱式变压器额定变比采用 10kV±5（2×2.5）%/0.4kV，接线组别宜采用 Dyn11。

12.2.6.2　10kV 负荷开关

（1）环网型：进出线采用负荷开关（气体绝缘或固体绝缘开关柜）；至变压器单元采用负荷开关＋熔断器（气体绝缘或固体绝缘开关柜），熔断器采用撞针式熔断器。

（2）终端型：进线采用负荷开关（气体绝缘或固体绝缘开关柜）；至变压器单元采用负荷开关＋熔断器（气体绝缘或固体绝缘开关柜），熔断器采用撞针式熔断器。

12.2.6.3　电缆附件

根据负荷开关的类型选择电缆附件，额定电流在 630A 及以下，应满足热稳定要求。

12.2.6.4　0.4kV 配电装置

10kV 箱式变电站应设置 0.4kV 总进线断路器，总进线断路器宜采用框架式，配电子脱扣器，电子脱扣器具备良好的电磁屏蔽性能和耐温性能，一般不设失压脱扣。10kV 箱式变电站出线采用空气断路器、挂接开关或低压柜组屏，空气断路器应根据使用环境配热磁脱扣或电子脱扣，断路器开断时应保证零飞弧。低压进线侧应装设带通信接口的配电智能终端和 T1 级电涌保护器。

12.2.6.5　无功补偿装置

无功补偿容量按照主变压器容量的 10%～30% 进行配置。电容补偿装置应设置在箱体内部。电容应选用干式智能自愈型电容器，考虑散热要求，单台电容器容量不宜大于 20kvar，采用动态自动补偿方式，按三相、单相混合补偿方式。

12.2.7　设备布置

10kV 欧式箱式变电站：品字型或目字型。

品字型结构正前方设置高、低压室，后方设置变压器室。目字型结构两侧设置高、低压室中间设置变压器室。

12.2.8　防雷、接地及过电压保护

12.2.8.1　防雷

10kV 箱式变电站周围有较高的建筑物时，可不单独考虑防雷设施。若设置在较为空旷的区域，则要根据现场的实际情况考虑增加防雷设施。

12.2.8.2　过电压保护

电气设备的绝缘配合，参照 GB/T 50064—2014《交流电气装置的过电压

保护和绝缘配合设计规范》确定的原则进行。金属氧化物避雷器按 GB 11032—2010《交流无间隙金属氧化物避雷器》的规定进行选择。

当进出线电缆为从电线杆上进线或出线时，为防止线路侵入的雷电波过电压，需在 10kV 进、出线侧和 0.4kV 母线安装避雷器，避雷器宜装设在进出线线路电杆上。当进出线为全电缆时避雷器宜安装在上级出线柜内。

12.2.8.3 接地

10kV 箱式变电站接地网以水平敷设的接地体为主，垂直接地极为辅，联合构成复合式人工接地装置。接地网建成后需实测总接地电阻值，应满足相关规程规范的要求，否则应采用措施，使之达到规程要求。箱中所有电气设备外壳、电缆支架、预埋件均应与接地网可靠连接，凡焊接处均应作防腐处理。接地体采用热镀锌材料。

12.2.9 其他要求

10kV 箱式变电站 10kV 进出线应加装接地及短路故障指示器，有条件时还可实现远传。

12.3 电气二次部分

12.3.1 保护

（1）10kV 箱式变电站 10kV 侧采用负荷开关＋熔断器组合电器，实现反时限过流保护。

（2）低压侧断路器采用自身保护，总进线断路器不设失压脱扣。

12.3.2 "五防"连锁

10kV 箱式变电站的高压侧和低压侧均应装门，门上应有把手、锁、暗闩，门的开启角不得小于 90°。高压侧应满足防止误合（分）断路器，防止带电拉（合）隔离开关，防止带电挂接地线，防止有接地线送电，防止误入带电间隔的五防要求。在无电压信号指示时，方能对带电部分进行检修。高低压侧门打开后，宜设照明装置，确保操作检修的安全。

12.3.3 计量

箱式变电站计量表计的装设执行国家电网公司计量规程规定，根据《电能计费装置技术管理规程》、《电力装置的电测量仪表装置设计规范》（GB/T 50063—2008），500kVA 及以上，采用高压计量，高压侧设计量柜，选三相三线电能表进口关口表二块，配置负荷控制装置一套。

12.4 土建部分

12.4.1 概述

（1）站址场地。

1）站址应接近负荷中心，满足低压供电半径要求。

2）站址宜按正方向布置，采用建筑坐标系。

3）设定场地设计为同一标高。

4）洪涝水位：站址标高高于 50 年一遇洪水水位和历史最高内涝水位，不考虑防洪措施。

（2）设计的原始资料。站区地震动峰值加速度按 0.1g 考虑，地震作用按 7 度抗震设防烈度进行设计，地震特征周期为 0.35s，设计风速 30m/s，地基承载力特征值 $f_{ak}=150kPa$；地基土及地下水对钢材、混凝土无腐蚀作用；海拔 1000m 及以下。

12.4.2 结构与基础

（1）10kV 箱式变电站的抗震设防烈度按 7 度设计，设计基本地震加速度值为 0.10g，按 0.35s 考虑特征周期，非 7 度地震烈度区及不满足上述条件的地区，应根据所址所处地区地震烈度验算，设计基本地震加速度值，设计地震分组，进行必要的调整。

（2）基础一般高于地坪面 10cm。

（3）各地区地基承载力变化较大，具体工程应根据其地质报告完成基础设计，尽量考虑采用天然地基，必要时可结合当地经验采用人工地基。工程设计中应考虑地基抗液化措施。

（4）主要建筑材料。

1）混凝土：C25 用于一般现浇或预制钢筋混凝土结构及基础；C15 用于混凝土垫层。

2）钢筋：HP235 级、HRB335 级。

3）钢材：Q235、Q345。

4）螺栓：4.8 级、6.8 级、8.8 级。

（5）基础浇筑时应预留进出线管道，管径根据电缆截面确定。

（6）10kV 箱式变电站电缆进出口应使用防水和防火材料进行封堵，封堵应密实可靠。

12.5 技术条件和设计分工

模块组合见表 12-1。设计图清单见表 12-2。

表 12-1   10kV 箱式变电站典型设计 XB-3 方案技术组合

序号	项目名称	内容
1	变压器容量及选型（kVA）	800~1250（S11 及以上节能型油浸式变压器）
2	电气主接线和进出线	高压侧：单母线，1 进 1 出（1 进 2 出可选）。 低压侧：4~12 回出线

续表

序号	项目名称	内容
3	主要设备选择	高压侧：固定柜，进出线断路器，也可选用负荷开关； 低压侧：固定柜，进线智能断路器； 计量：设高压计量，表计就地安装于开关柜
4	短路电流（kA）	不小于 20kA
5	无功补偿	按 10%~30%变压器容量补偿，按无功需量自动投切

表 12-2   设 计 图 清 单

图序	图名	图纸编号
图 12-1	电气主接线图（800~1250kVA）	XB-3-1-1
图 12-2	10kV 系统配置图（800~1250kVA）	XB-3-1-2
图 12-3	0.4kV 系统配置图（800~1250kVA）	XB-3-1-3
图 12-4	电气平面布置图	XB-3-2-1
图 12-5	接地装置布置图	XB-3-2-2
图 12-6	设备基础平面图	XB-3-3-1
图 12-7	设备基础剖面图	XB-3-3-2

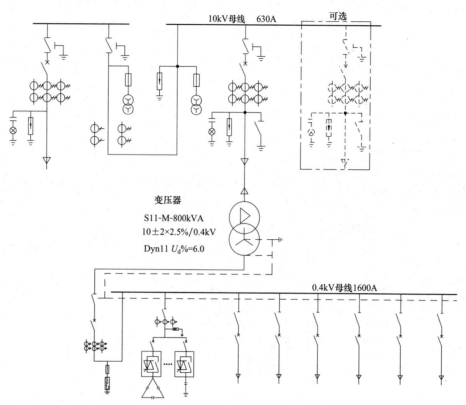

说明：当用于 1000、1250kVA 时，0.4kV 母线电流分别为 2000、2500A。

图 12-1　电气主接线图（800～1250kVA）（XB-3-1-1）

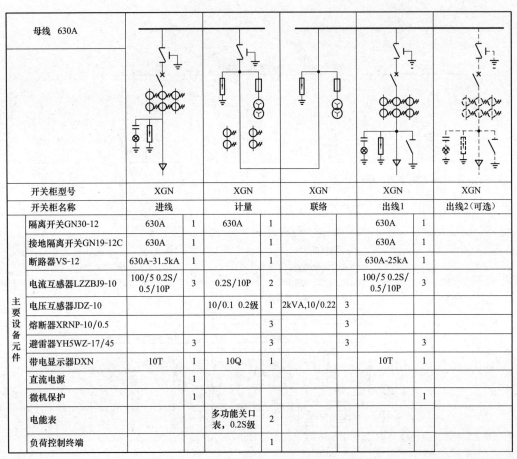

母线 630A						
开关柜型号	XGN		XGN		XGN	XGN	XGN
开关柜名称	进线		计量		联络	出线1	出线2(可选)
隔离开关GN30-12	630A	1	630A	1		630A	1
接地隔离开关GN19-12C	630A	1		1		630A	1
断路器VS-12	630A-31.5kA	1		1		630A-25kA	1
电流互感器LZZBJ9-10	100/5 0.2S/ 0.5/10P	3	0.2S/10P	2		100/5 0.2S/ 0.5/10P	3
电压互感器JDZ-10			10/0.1 0.2级	1	2kVA,10/0.22 3		
熔断器XRNP-10/0.5				3	3		
避雷器YH5WZ-17/45				3	3	3	3
带电显示器DXN	10T	1	10Q	1		10T	1
直流电源		1					
微机保护		1					1
电能表			多功能关口 表,0.2S级	2			
负荷控制终端				1			

主要设备元件（表左侧合并单元格）

说明：1. 采用弹簧储能手动操作机构，可升级为电动操动机构。

2. 符合五防要求，具有寿命期后气体回收分解的环保承诺。

3. 避雷器、电流互感器安装和选型，根据相关规范、运行分析和要求确定。

4. 共箱式真空或SF₆预留馈线自动化终端小室，计量表计设备就地安装于开关柜内。

5. 进出线2单元根据实际可选。

6. 当用于1000、1250kVA时，0.4kV母线电流分别为2000、2500A。

图 12-2　10kV系统配置图（800～1250kVA）（XB-3-1-2）

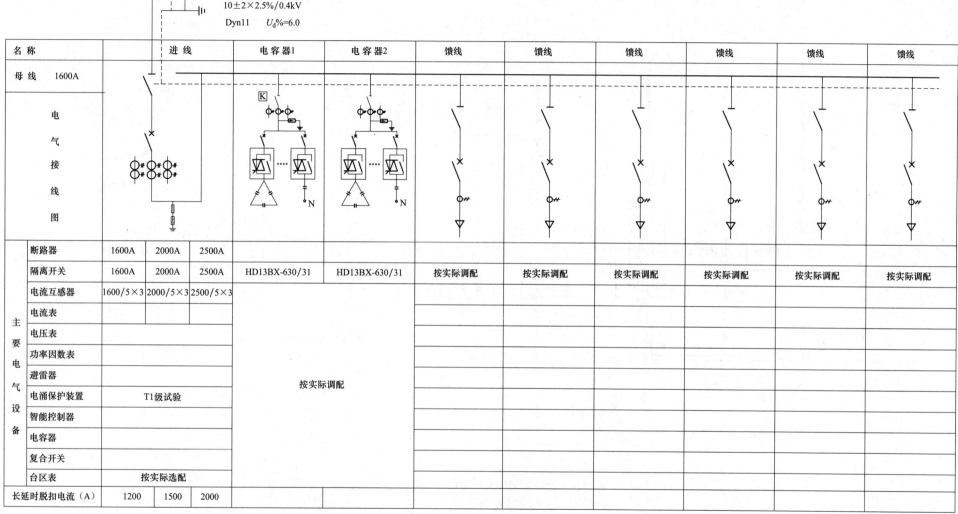

名　称				进　线			电容器1	电容器2	馈线	馈线	馈线	馈线	馈线	馈线
母　线　1600A														
电气接线图														
主要电气设备	断路器	1600A	2000A	2500A										
	隔离开关	1600A	2000A	2500A			HD13BX-630/31	HD13BX-630/31	按实际调配	按实际调配	按实际调配	按实际调配	按实际调配	按实际调配
	电流互感器	1600/5×3	2000/5×3	2500/5×3										
	电流表													
	电压表													
	功率因数表						按实际调配							
	避雷器													
	电涌保护装置	T1级试验												
	智能控制器													
	电容器													
	复合开关													
	台区表	按实际选配												
长延时脱扣电流（A）		1200	1500	2000										

说明：1. 0.4kV侧总断路器：智能脱扣器选用无触点连续可调数显型。0.4kV馈线保护：馈线断路器脱扣器可选择热电磁式脱扣器。均不设失压保护。

2. 总断路器长延时脱扣宜按变压器额定电流整定。馈线长延时脱扣可根据电缆长期允许电流和上下级配合要求进行调整。

3. 低压可采用低压柜组屏形式或挂接开关。

4. 当用于1000、1250kVA时，0.4kV母线电流分别为2000、2500A。

5. 电容器采用干式自愈式，采用分补与共补结合方式或共补方式。

图 12-3　0.4kV 系统配置图（800~1250kVA）（XB-3-1-3）

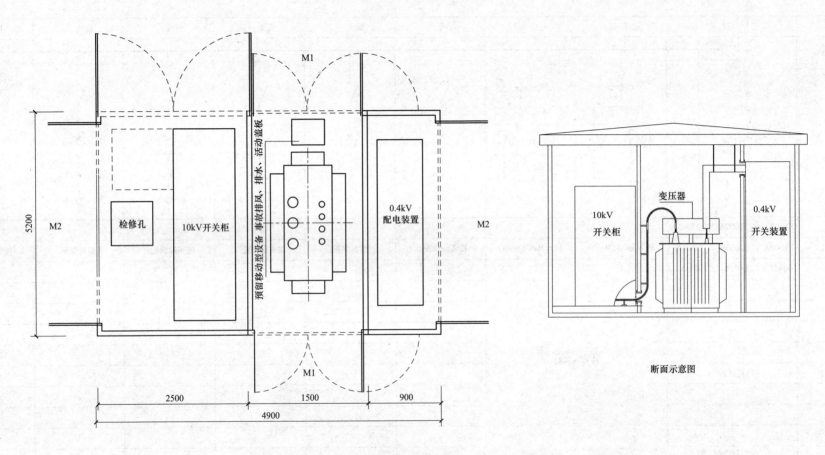

说明：1. 箱式变电站柜门需加斜加强筋，电缆出口处需加固定支架。

2. 箱式变电站尺寸仅供参考，施工时以设备制造商提供的数据为准。

3. 箱体采用非金属结构，门 M1、M2 外开 180°。

图 12-4 电气平面布置图（XB-3-2-1）

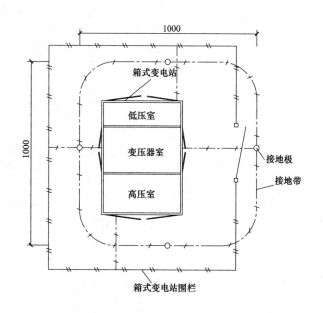

说明：1. 箱式变电站的接地网环绕箱式变电站布置，接地极与接地带连接处焊接，并作防腐处理。
设备外皮及主变压器中性点可靠接地。接地极顶端与接地带埋深距地面不少于0.6m。

2. 接地装置的接地电阻应≤4Ω，对于土壤电阻率高的地区，如电阻实测值不满足要求，应
增加垂直接地极及水平接地体的长度，直到符合要求为止。如10kV为低电阻接地系统，
除接地装置的接地电阻应≤4Ω，另外配电变压器中性点的接地应与变压器的保护接地装
置分开（距离≥10m），可采用电缆引至网外，其接地电阻应≤4Ω。当不能分开时，则配
电变压器保护接地的接地电阻应<0.5Ω。

材　料　表

序号	名称	型号	单位	数量	备注
1	接地极	∠50mm×50mm×5mm×2500mm	根	8	热镀锌
2	接地带	—50mm×5mm	m	200	热镀锌

图12-5　接地装置布置图（XB-3-2-2）

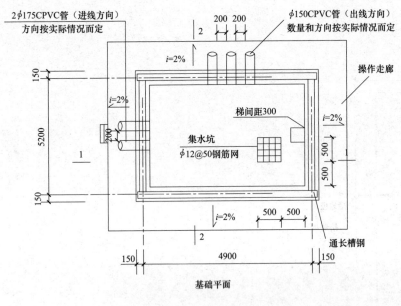

基础平面

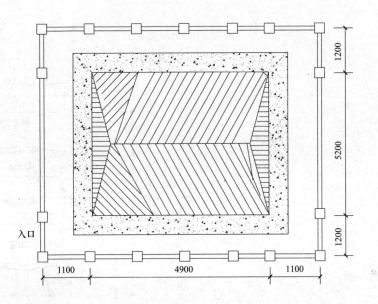

入口

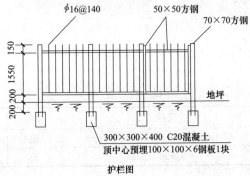

护栏图

说明：1. 结构混凝土强度等级为 C25，基础垫层混凝土强度等级为 C15（厚度 150）。外露部位贴瓷砖，规格、颜色与箱体配合协商。

2. 地基处理按实际情况采取措施。

3. 基础与围栏之间的地面铺设混凝土预制砖。

4. 箱体尺寸长×宽以供货厂家提供的尺寸为准。

5. 电缆进出线埋管方向和数量应按实际情况确定。

6. 爬梯位置应根据供货厂家提供的活动底板位置确定，钢爬梯涂刷红丹两道、面漆两道。

7. 通风窗采用 2mm 厚钢板冲压百叶窗，百叶窗孔隙不大于 10mm。百叶窗外框为 L25mm×25mm×4mm。

8. 护栏与箱体外壳间的距离确保箱体门打开≥90°。

9. 护栏门上加挂锁，并设防雨板，护栏现场焊接，钢护栏除锈后涂刷红丹两道、面漆料到，焊缝处做好防腐处理。

10. 基础与地板及箱体基础与操作走廊基础间设置 10mm 宽的贯通变形沉降缝，采用 24 号镀锌铁皮、聚苯泡沫、沥青麻丝、沥青砂浆、密封材料填充封堵。

11. 所有线管穿混凝土结构处设置防水套管，套管与线管间填充沥青麻丝、防水材料密封。

图 12-6　设备基础平面图（XB-3-3-1）

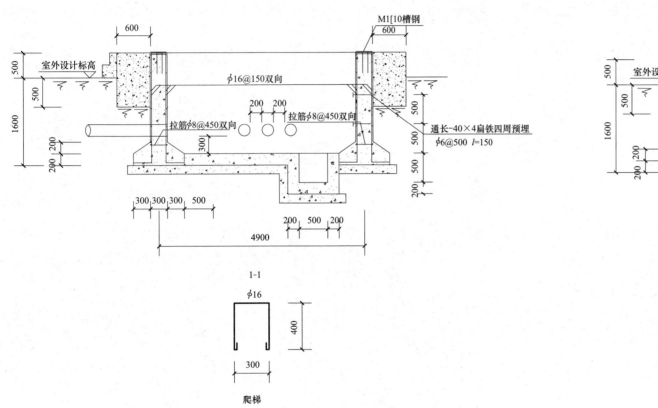

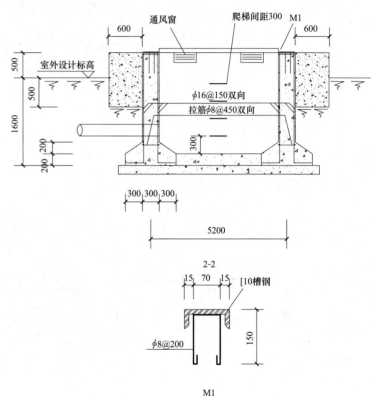

图 12-7 设备基础剖面图（XB-3-3-2）

第五篇

10kV配电室典型设计

第13章 10kV配电室典型设计总体说明

13.1 技术原则概述

13.1.1 设计对象

客户受电工程典型设计的设计对象为 10kV 客户受电用户户内配电室。

13.1.2 运行管理模式

10kV 配电室典型设计按无人值班设计。

13.1.3 设计范围

10kV 配电室典型设计的设计范围是配电室以内的电气设备、平面布置。

本典型设计不涉及系统通信专业、系统远动专业的具体内容，在实际工程中，需要根据配电室系统情况具体设计，可预留扩展接口。

13.1.4 设计深度

10kV 配电室典型设计的设计深度是电气一次专业初步设计、施工图深度。

13.1.5 假定条件

海拔高度：≤1000 m；

环境温度：−30～+40℃；

最热月平均最高温度：35℃；

污秽等级：Ⅲ级；

日照强度（风速 0.5m/s）：0.1 W/cm²；

地震烈度：按 7 度设计，地震加速度为 0.1g，地震特征周期为 0.35s；

洪涝水位：站址标高高于 50 年一遇洪水水位和历史最高内涝水位，不考虑防洪措施；

设计土壤电阻率：不大于 100Ωm；

相对湿度：在 25℃时，空气相对湿度不超过 95%，月平均不超过 90%。

地基：地基承载力特征值取 f_{ak}＝150kPa，无地下水影响。

腐蚀：地基土及地下水对钢材、混凝土无腐蚀作用。

13.2 技术方案模块编号

客户受电工程典型设计方案模块编号见表 13-1。

表 13-1　10kV 业扩配电室典型设计技术方案模块编号及方案名称

模块编号	方案名称
PB-1	10kV 单电源干式变压器 50～250kVA
PB-2	10kV 单电源干式变压器 315～2000kVA
PB-3	10kV 单电源两台干式变压器 100～2000kVA
PB-4	10kV 双电源两台干式变压器 100～2000kVA
PB-5	10kV 单电源油浸式变压器 50～250kVA
PB-6	10kV 单电源油浸式变压器 315～2000kVA
PB-7	10kV 单电源两台油浸式变压器 100～2000kVA
PB-8	10kV 双电源两台油浸式变压器 100～2000kVA（含发电机）

13.2.1 配电室方案划分的说明

10kV 配电室典型设计方案分类按电气主接线、10kV 进出线回路数、主要设备选用、设备布置进行划分。

13.2.1.1 电气主接线

10kV 母线可分单母线接线、单母线分段接线；0.4kV 母线可分为单母线接线和单母线分段接线及发电机接入。

13.2.1.2 进出线回路数

10kV 进线为 1—2 回，环出线根据实际需要配置，配出线为 1—2 回或

2—4回。

13.2.1.3　主要设备选择

中压侧可选用环网柜和中置柜。环网柜为空气负荷开关柜和SF_6负荷开关柜;断路器柜可选用真空断路器柜。低压侧可选用固定柜或抽屉式开关柜。主变压器应选用高效节能型油浸式变压器或干式变压器。

13.2.1.4　电气平面布置方式

设备布置方式可分为户内配电室和地下配电室两类。由于地下配电室指布置在地下建筑物内的配电室,其电气主接线、进出线回路数、设备布置等与户内站相同,仅设备选择、防洪防潮、通风排水等方面有区别,故将户内配电室和地下配电室方案合并。在使用说明中应明确若配电室布置在地下时需要采取的措施。

13.2.1.5　地下配电室的特殊要求

(1) 地下配电室如采用SF_6充气绝缘,应设置浓度报警仪,底部应加装强制排风装置,并抽排至室外地面。确保工作人员及周边人员的安全,留有备用电源接入的装置。

(2) 10kV地下配电室的净高度一般不小于3.6m;若有管道通风设备、电缆桥架或电缆沟,还需增加通风管道或电缆沟的高度。

(3) 10kV地下及半地下配电室没有无线信号覆盖时,应考虑有线通信方式。

13.2.2　10kV业扩配电室典型设计模块的基本使用原则

使用者可根据实际工程适用条件、前期工作确定的原则,从各典型设计方案中选择适合的方案作为配电室本体设计。

如参考典型设计方案不能满足实际工程要求,使用者可从参考方案中选取相应高低压方案重新组合拼接成合适的配电室设计方案。

13.3　电气一次部分

13.3.1　电气主接线

(1) 10kV配电室的电气主接线应根据配电室的规划容量,线路、变压器连接元件总数,设备选型等条件确定。

(2) 10kV采用单母线、单母线分段接线。

(3) 0.4kV采用单母线、单母分段接线和发电机接入。

(4) 10kV设备短路电流水平不小于20kA。

13.3.2　主要设备选择

13.3.2.1　10kV开关柜

10kV开关柜一般可选用环网柜和中置柜,具体技术要求如下:

(1) 开关柜操动机构一般采用弹簧储能机构。

(2) 开关柜根据环境条件不同可配置温湿度控制器。

(3) 进线柜额定电流为负荷开关630A及以下、断路器柜1250(630)A。

(4) 熔断器熔体额定电流根据变压器的额定容量选取。

(5) 进线负荷开关柜应配置电缆故障指示器。

(6) 所有开关柜体都应安装带电显示器,要求带二次对相孔。

(7) 进出线开关柜可根据线路的实际情况决定是否安装金属氧化物避雷器。

(8) 电缆头选择630A及以下电缆头,并应满足热稳定要求。

(9) 开关柜应具备"五防"闭锁功能。

(10) 开关机构可为手动及电动,一般采用弹簧储能机构。

13.3.2.2　变压器

(1) 变压器应选用高效节能环保型(低损耗低噪声)产品,接线组别宜采用Dyn11。

(2) 结合配电台区负荷性质和运行环境推广使用非晶合金变压器。

(3) 独立户内配电室可采用油浸式变压器及干式变压器;大楼建筑物非独立式或地下配电室应采用干式变压器。

(4) 城区或供电半径较小地区的变压器额定变比采用$10.5kV \pm 2 \times 2.5\%$。

13.3.2.3　低压开关柜

(1) 低压开关柜可选用固定式低压成套柜和抽屉式低压成套柜。

(2) 低压开关柜的进线和联络开关应选用框架断路器,要求有瞬时脱扣、短延时脱扣、长延时脱扣三段保护,宜采用分励脱扣器,一般不设置失压脱扣。出线开关选用框架断路器或塑壳断路器。

（3）低压配电进线总柜（箱）应配置带通信接口的配电智能终端和 T1 级电涌保护器。

13.3.2.4　无功补偿电容器柜

（1）无功补偿电容器柜应采用无功自动补偿方式。

（2）配电室内电容器组的容量为配电变压器容量的 30%。

（3）无功补偿电容器可按三相、单相混合补偿配置。

（4）低压电力电容器采用智能自愈式干式电容器，要求免维护、无污染、环保。

13.3.2.5　电气平面布置

10kV 单母线接线及两个独立的单母线采用单列布置，单母分段接线采用单列或双列布置；0.4kV 单母线或单母线分段接线一般按单列布置。

13.3.2.6　导体选择

根据短路电流水平，按发热及动稳定条件校验，10kV 主母线及进线间隔导体选 630A 及以下。10kV 开关柜与变压器高压侧连接电缆须按发热及动稳定条件校验选用。低压母线最大工作电流按变压器容量、发热及动热稳定条件计算决定。

13.3.2.7　防雷、接地及过电压保护

（1）防雷设计应满足 GB 50057—2010《建筑物防雷设计规范》的要求。

（2）采用交流无间隙金属氧化物避雷器进行过电压保护。

（3）配电室交流电气装置的接地应符合 DL/T 621—1997《交流电气装置的接地》要求。配电室采用水平和垂直接地的混合接地网。接地体的截面和材料选择应考虑热稳定和腐蚀的要求。配电室接地电阻、跨步电压和接触电压应满足有关规程要求。具体工程中如接地电阻不能满足要求，则需要采取降阻措施。

（4）电气装置过电压保护应满足 GB/T 50064—2014《交流电气装置的过电压保护和绝缘配合设计规范》要求。

13.3.2.8　站用电及照明

站用电、照明系统电源取自本站低压系统。

13.4　电气二次部分

13.4.1　二次设备布置方案

设配电智能终端或多功能电能表。所有二次设备布置在各自开关柜内。

13.4.2　保护及自动装置配置

元件保护配置原则如下：

（1）10kV 断路器进、出线柜设微机保护。

（2）主变压器出线柜内装设熔断器或断路器，用于变压器保护。

（3）低压侧短路和过载保护利用空气断路器自身具有的保护特性来实现。

13.4.3　电能计量

（1）配电室内根据实际需要配置电能计量装置，电能计量装置选用及配置应满足 DL/T 448—2000《电能计量装置技术管理规程》规程规定。

（2）计量柜或互感器柜的设置根据当地供电公司要求进行选择。

（3）计量二次回路不得接入与计量无关的设备。

13.4.4　配电自动化

预留配电自动化终端装置安装位置，用于中低压电网的各种远方监测、控制，配电室配置 DTU 终端，主要完成现场信息的采集处理及监控功能。

13.4.4.1　配电终端的构成及功能

（1）站所配电终端及其配套装置主要有：DTU（站所配电自动化终端）、电压互感器、后备电源、通信箱等。

（2）DTU 按照功能分为"三遥"终端和"二遥"终端，其中"二遥"终端又可分为基本型终端、标准型终端和动作型终端。DTU 装置功能和技术要求详见 Q/GDW 514—2013《配电自动化终端/子站功能规范》《配电自动化终端技术规范》和《配电自动化设备典型设计》。

（3）通信箱用于通信线缆的接入。

13.4.4.2　站所终端选型预留依据

本典型设计依据国家电网公司《配电网规划设计技术导则》及《配电自动

化规划设计技术指导原则》，根据供电区域，合理配置站所终端为"三遥"或"二遥"终端。

（1）配电室内"三遥"配电终端、通信设备和后备电源集成安装在 DTU 屏内，配电室应预留 DTU 屏安装空间。DTU 屏典型尺寸 800mm× 600mm× 2260mm 。

（2）接插件性能、技术指标及定义参见国家电网公司《配电自动化终端技术规范》和《配电自动化设备典型设计》。

（3）TA 二次额定电流选择 5A，根据负荷实际情况进行选配。

（4）储能电压、分合闸电压推荐采用额定 DC 220V、DC 110V 或 DC 48V。

13.4.4.3　配电自动配置要求

（1）配电自动化建设应以一次网架和设备为基础。

（2）配电自动化建设应满足相关国际、行业、企业标准及相关技术规范要求。

（3）配电自动化应与配电网建设改造同步设计、同步建设、同步投运，遵循"标准化设计，差异化实施"原则，充分利用现有设备资源，因地制宜地做好通信、信息等配电自动化配套建设。

（4）配电自动化系统应满足电力二次系统安全防护有关规定。

14.1　设计说明

14.1.1　总的部分

14.1.1.1　主要技术原则

本典型设计为"客户受电工程典型设计"中对应的"10kV 配电室典型设计"部分，方案编号为"PB-1"，"PB-1" 10kV 配电装置模块见表 14-1。

表 14-1　10kV 配电室典型设计模块表

模块编号	主要设备选择	变压器（kVA）	电气主接线和进出线回路数
PB-1-2	中压侧：环网柜 低压侧：固定柜	50～250kVA（SCB10 及以上高效节能型干式变压器）	中压侧：单母线；进线：1 回 低压侧：单母线；出线：2—8 回/实际需求为准
PB-1-2	中压侧：环网柜 低压侧：抽屉柜	50～250kVA（SCB10 及以上高效节能型干式变压器）	中压侧：单母线；进线：1 回 低压侧：单母线；出线：2—8 回/实际需求为准

方案 PB-1 主要技术原则：对应 10kV 采用 SF$_6$ 绝缘负荷开关柜，也可采用气体绝缘负荷开关柜或固体绝缘负荷开关柜，采用 10kV 电缆进出线，10kV 开关柜采用户内单列布置；0.4kV 低压柜采用固定式或抽屉式开关柜，进线总柜配置框架式断路器，出线柜一般采用塑壳断路器；0.4kV 低压无功补偿采用动态自动补偿方式，补偿容量按变压器容量的 30％配置，按三相、单相混合补偿；变压器选用节能环保型产品，可根据所供区域的负荷情况选用 1 台干式变压器，容量选用 50～250kVA 干式变压器。

14.1.1.2　方案技术条件

本方案根据"10kV 配电室典型设计总体说明"确定的预定条件开展设计，方案组合说明见表 14-2。

表 14-2　10kV 配电室典型设计 PB-1 方案技术条件表

序号	项目名称	内容
1	10kV 变压器	干式变压器，容量为 50～250kVA，本期 1 台
2	10kV 进出线回路数	本期规模 10kV 进线 1 回，1 回配出线，全部采用电缆进出线
3	电气主接线	10kV 本期采用单母线接线；0.4kV 本期采用单母线接线
4	无功补偿	本方案 0.4kV 电容器容量按每台变压器容量的 30％配置，可根据实际情况按变压器容量的 10％～40％作调整；采用动态自动补偿方式，按三相、单相混合补偿方式，配置配电变压器综合测控装置
5	设备短路电流水平	不小于 20kA
6	主要设备选型	10kV 选用 SF$_6$ 绝缘负荷开关柜、气体绝缘负荷开关柜或固体绝缘负荷开关柜。 进线间隔配置 1 组金属氧化物避雷器。 变压器按"节能型、环保型"原则选用；变压器容量为 50～250kVA。 0.4kV 低压开关柜采用固定式或抽屉式开关柜；进线总柜配置框架式断路器，出线柜开关一般采用塑壳断路器
7	布置方式	10kV 开关柜采用户内单列布置，0.4kV 开关柜采用户内单列布置；出线间隔采用电缆引出至变压器；变压器低压引出采用铜排、密集型母线或封闭母线
8	土建部分	基础砖混结构
9	通风	若 10kV 开关柜采用 SF$_6$ 负荷开关柜须装设轴流风机或其他强力通风装置，风口设置在室内底部；其他分室采用自然通风
10	消防	采用化学灭火器装置
11	站址基本条件	按地震动峰值加速度 0.1g，设计风速 30m/s，地基承载力特征值 f_{ak}＝150kPa，地下水无影响，非采暖区设计，假设场地为同一标高。海拔 1000m 及以下，国家标准Ⅲ级污秽区设计；当海拔超过 1000m 时，按国家有关规范进行修正

14.1.2　电力系统部分

本典型设计按照给定的规模进行设计，在实际工程中，需要根据配电室所处系统情况具体设计。

本典型设计不涉及系统继电保护专业、系统通信专业、系统远动专业的具体内容，在实际工程中，需要根据配电室系统情况具体设计。

14.1.3　电气一次部分

14.1.3.1　电气主接线

（1）10kV部分：单母线接线。

（2）0.4kV部分：单母线接线。

14.1.3.2　短路电流及主要电气设备、导体选择

（1）10kV设备短路电流水平：不小于20kA。

（2）主要电气设备选择。

1）10kV开关柜。10kV开关柜采用空气绝缘负荷开关柜、气体绝缘负荷开关柜或固体绝缘负荷开关柜。若采用SF₆开关设备，需采用独立的通风系统，将泄漏的SF₆气体排至安全地方。10kV开关柜主要设备选择结果见表14-3。

表 14-3　　　　　10kV 开关柜主要设备选择结果表

设备名称	型式及主要参数	备注
负荷开关	进、出线回路：630A，20kA；125A，31.5kA	
电流互感器	变压器回路：/5A	
避雷器	17/45kV	
主母线	630A	

2）变压器。变压器采用节能环保型（低损耗、低噪声）油浸式变压器。规格如下。

容量：50～250kVA；

接线组别：Dyn11；

电压额定变比：$10.5 \pm 2 \times 2.5\%/0.4kV$；

阻抗电压：$U_k\% = 4$。

3）0.4kV开关柜：0.4kV低压柜采用固定式或抽屉式开关柜。

4）无功补偿电容器柜。无功补偿电容器柜采用动态无功自动补偿型式，低压电力电容器采用智能自愈式、免维护、无污染、环保型。补偿容量按变压器容量的10%～40%配置。

5）导体选择。根据短路电流水平为20kA，按发热及动稳定条件校验，10kV主母线及进线间隔导体选择应满足额定电流需求。10kV开关柜与变压器高压侧连接电缆须按发热及动稳定条件校验选用。低压母线最大工作电流按630A考虑。

14.1.3.3　绝缘配合及过电压保护

电气设备的绝缘配合，参照GB/T 50064—2014《交流电气装置的过电压保护和绝缘配合设计规范》确定的原则进行。

（1）金属氧化物避雷器按GB 11032—2010《交流无间隙金属氧化物避雷器》中的规定进行选择。

（2）雷电过电压保护。采用金属氧化物避雷器作为雷电侵入波及内部过电压保护装置，施工图设计时根据中性点运行方式和需要，确定参数和安装。

（3）接地。本类型配电室接地按有关技术规程的要求设计，接地装置采用水平接地体与垂直接地体组成。接地网接地电阻应符合DL/T 621—1997《交流电气装置的接地》的规定。

具体工程中需按短路电流校验接地引下线及接地体截面，接地电阻、跨步电压和接触电压应满足有关规程要求；如接地电阻不能满足要求，则需要采取降阻措施。

14.1.3.4　电气设备布置

10kV配电装置采用空气绝缘负荷开关柜，也可采用气体绝缘负荷开关柜或固体绝缘负荷开关柜，采用单列布置，低压配电装置采用单列布置方式。

14.1.3.5　站用电及照明

（1）站用电。由于本方案10kV配电装置规模较小，故不设站用电柜，站用电源取自本站的低压母线。

（2）照明。工作照明采用荧光灯、LED灯、节能灯，事故照明采用应急灯。

14.1.3.6　电缆设施及防火措施

电缆敷设通道应满足电缆转弯半径要求。

电缆敷设采用支架上敷设、穿管敷设方式，并满足防火要求；在柜下方及电缆沟进出口采用耐火材料封堵。

14.1.4　电气二次部分

14.1.4.1　二次设备布置方案

所有二次设备布置在各自开关柜小室内。

14.1.4.2　保护及自动装置配置

保护配置原则如下：

（1）10k 进线不设保护。

（2）主变压器一次柜内装设熔断器用于变压器保护。

（3）低压侧短路和过载保护利用空气断路器自身具有的保护特性来实现。

14.1.4.3　电能计量

本方案考虑电能计量装置，根据当地供电公司设置，10kV 进出线电能计量装置或者 0.4kV 计量装置，需按如下原则调整。

（1）电能计量装置选用及配置应满足 DL/T 448—2000《电能计量装置技术管理规程》规定。

（2）10kV 计量设置专用的 10kV 计量柜，设置计量专用二次绕组，用于电能计量。

（3）0.4kV 计量装置装于低压进线柜内，设置计量专用二次绕组，用于电能计量。

14.2　主要设备及材料清册

方案 PB-1-1 主要设备材料见表 14-4；方案 PB-1-2 主要设备材料见表 14-5。

表 14-4　　　　方案 PB-1-1 电气主要设备材料表

序号	名称	型号及规格	单位	数量	备注
1	变压器	10kV 干式变压器-200kVA-10/0.4	台	1	
2	10kV 进线柜	环网柜	台	1	
3	10kV 馈线柜	环网柜	台	1	
4	0.4kV 进线柜	GGD2	台	1	
5	0.4kV 电容柜	GGD2	台	1	

续表

序号	名称	型号及规格	单位	数量	备注
6	0.4kV 出线柜	GGD2	台	2	
7	10kV 电缆	ZC-YJV22-8.7/15-3×50	m	12	
8	10kV 电缆套头	与高压电缆配套	套	2	
9	接地扁钢	−50×5	m	150	
10	垂直接地极	∠50×50×5，$L=2500$	根	6	

表 14-5　　　　方案 PB-1-2 电气主要设备材料表

序号	名称	型号	单位	数量	备注
1	变压器	干式-200-10/0.4	台	1	
2	10kV 进线柜（提升柜）	环网柜	台	1	
3	10kV 馈线柜	环网柜	台	1	
4	0.4kV 进线柜	GCS	台	1	
5	0.4kV 电容柜	GCS	台	1	
6	0.4kV 出线柜	GCS	台	2	
7	10kV 电缆	ZC-YJV22-8.7/15-3×50	m	12	
8	10kV 电缆套头	与高压电缆配套	套	2	
9	接地扁钢	−50×5	m	150	
10	垂直接地极	∠50×50×5，$L=2500$	根	6	

14.3　使用说明

14.3.1　概述

本方案根据典型设计导则确定的假定条件进行基本组合设计，10kV 开关柜以 SF$_6$ 绝缘负荷开关柜为基本模块，技术参数及布置形式同样适用于气体绝缘负荷开关柜或固体绝缘负荷开关柜，变压器以单台 50～250kVA 为基本模块，具体工程设计时根据实际情况适当调整使用。

在使用典型设计文件时，要根据实际情况，在安全可靠、投资合理、标准统一、运行高效的设计原则。

14.3.1.1　方案简述说明

本方案对应于 10kV 采用单母线接线，0.4kV 采用单母线接线，1 台变压器，容量为 50～250kVA。10kV 开关柜选用空气绝缘负荷开关柜、气体绝缘负荷开关柜或固体绝缘负荷开关柜，变压器选用干式，低压柜采用固定式成套柜的组合方案；当低压柜采用抽屉式成套柜时可与其他配电室的 0.4kV 配电装置模块进行拼接；电容柜补偿容量按变压器容量的 30% 配置。

本说明书为"10kV 配电室典型设计"内容使用说明，对应方案编号为"PB-1"。

14.3.1.2　基本方案

（1）基本方案说明。10kV 采用单母线接线，0.4kV 采用单母线接线，设置 1 台变压器规模。

（2）基本使用方法。PB-1-1 为单台主变压器容量为 200kVA，PB-1-2 单台主变压器容量为 200kVA。

14.3.2　电气一次部分

14.3.2.1　电气主接线

10kV 采用单母线接线，0.4kV 采用单母线接线。

14.3.2.2　主设备选择

10kV 开关柜选用空气绝缘负荷开关柜、气体绝缘负荷开关柜或固体绝缘

负荷开关柜；变压器选用节能环保型干式变压器；低压柜采用固定式成套柜；电容柜补偿容量按变压器容量的 30% 配置。

14.3.2.3　电气平面布置

10kV 开关柜采用空气绝缘负荷开关柜、气体绝缘负荷开关柜或固体绝缘负荷开关柜，采用户内单列布置；0.4kV 配电装置采用户内单列布置。

14.4　设计图

方案 PB-1-1 设计图清单详见表 14-6。

表 14-6　　　　　　　**方案 PB-1-1 设计图清单**

图序	图名	图纸编号
图 14-1	电气主接线图	PB-1-1-D1-01
图 14-2	10kV 系统配置接线图	PB-1-1-D1-02
图 14-3	0.4kV 系统配置接线图	PB-1-1-D1-03
图 14-4	电气平面布置图	PB-1-1-D1-04
图 14-5	电气断面图	PB-1-1-D1-05
图 14-6	接地装置布置图	PB-1-1-D1-06

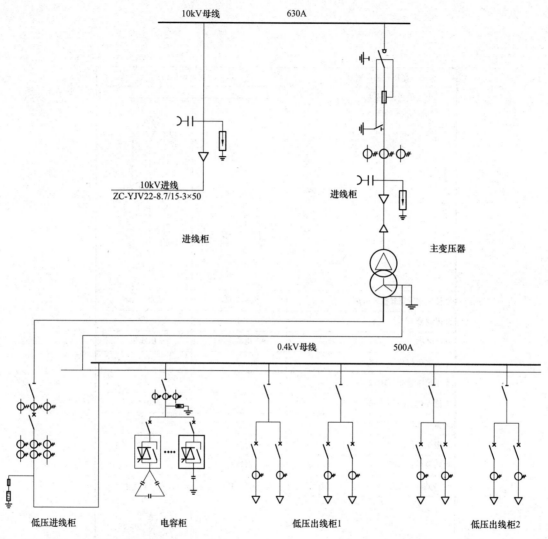

10kV母线　　630A

10kV进线
ZC-YJV22-8.7/15-3×50

进线柜

进线柜

主变压器

0.4kV母线　　500A

低压进线柜　　　　　电容柜　　　　　低压出线柜1　　　　　低压出线柜2

说明：1. 本图适用于单电源进线一台（50～250）kVA 业扩工程电气主接线图。

　　　2. 在实际应用中可根据具体工程情况做适当调解。

　　　3. 本方案采用低压侧计量。

　　　4. 中压柜可用真空负荷开关柜或 SF_6 负荷开关柜。

图 14-1　电气主接线图（PB-1-1-D1-01）

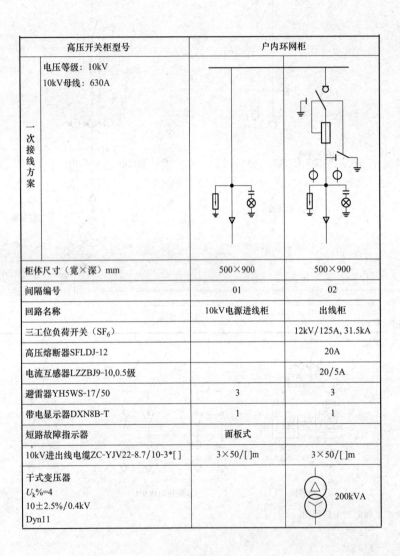

高压开关柜型号	户内环网柜	
电压等级：10kV 10kV母线：630A		
一次接线方案		
柜体尺寸（宽×深）mm	500×900	500×900
间隔编号	01	02
回路名称	10kV电源进线柜	出线柜
三工位负荷开关（SF₆）		12kV/125A, 31.5kA
高压熔断器SFLDJ-12		20A
电流互感器LZZBJ9-10,0.5级		20/5A
避雷器YH5WS-17/50	3	3
带电显示器DXN8B-T	1	1
短路故障指示器	面板式	
10kV进出线电缆ZC-YJV22-8.7/10-3*[ ]	3×50/[ ]m	3×50/[ ]m
干式变压器 $U_k\%=4$ 10±2.5%/0.4kV Dyn11		200kVA

图 14-2　10kV 系统配置接线图（PB-1-1-D1-02）

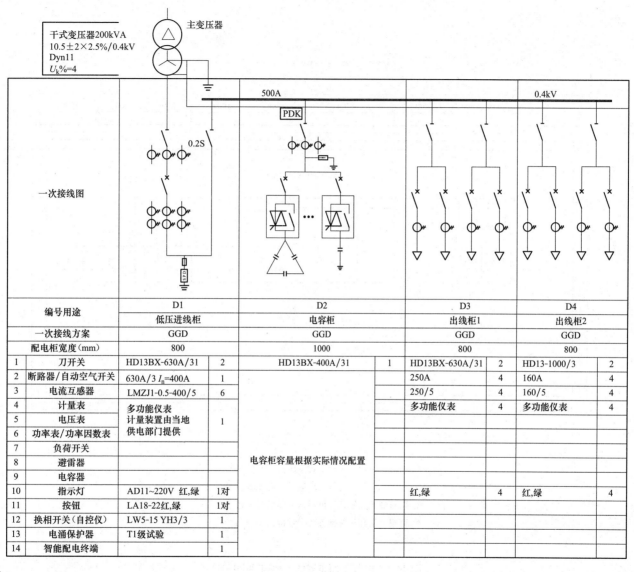

	编号用途	D1		D2		D3		D4	
		低压进线柜		电容柜		出线柜1		出线柜2	
	一次接线方案	GGD		GGD		GGD		GGD	
	配电柜宽度(mm)	800		1000		800		800	
1	刀开关	HD13BX-630A/31	2	HD13BX-400A/31	1	HD13BX-630A/31	2	HD13-1000/3	2
2	断路器/自动空气开关	630A/3 I_n=400A	1			250A	4	160A	4
3	电流互感器	LMZJ1-0.5-400/5	6			250/5	4	160/5	4
4	计量表	多功能仪表				多功能仪表	4	多功能仪表	4
5	电压表	计量装置由当地	1						
6	功率表/功率因数表	供电部门提供							
7	负荷开关								
8	避雷器			电容柜容量根据实际情况配置					
9	电容器								
10	指示灯	AD11~220V 红,绿	1对			红,绿	4	红,绿	4
11	按钮	LA18-22红,绿	1对						
12	换相开关(自控仪)	LW5-15 YH3/3	1						
13	电涌保护器	T1级试验	1						
14	智能配电终端		1						

说明：1. 所有型号仅作说明举例用。

2. 在实际应用中可根据具体工程情况做适当调解。

3. 出线根据用户实际负荷清单设置。

4. 低压进线总柜配置的电涌保护器应采用Ⅰ级试验的产品，电压保护水平值应小于或等于2.5kV，冲击电流值大于或等于12.5kA。

图 14-3　0.4kV 系统配置接线图（PB-1-1-D1-03）

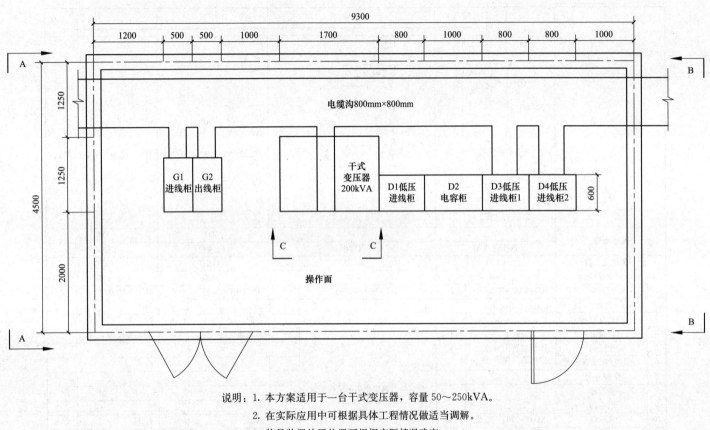

说明：1. 本方案适用于一台干式变压器，容量 50～250kVA。

2. 在实际应用中可根据具体工程情况做适当调解。

3. 信号装置放置位置可根据实际情况确定。

4. 可根据实际情况配置值班室位置。

图 14-4 电气平面布置图（PB-1-1-D1-04）

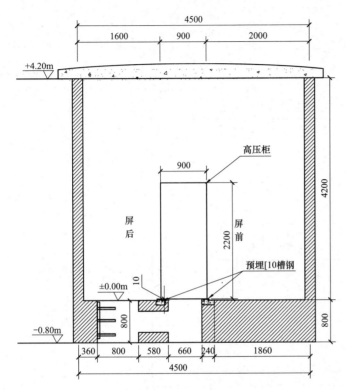

高压柜A-A断面图

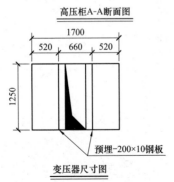

变压器尺寸图

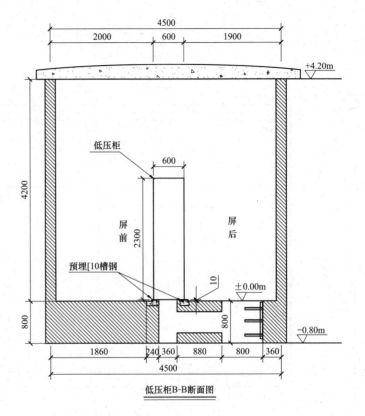

低压柜B-B断面图

说明：1. 做好预留孔洞的封盖措施。

2. 电缆，母线进出孔洞位置与建筑实际情况结合后定。

3. 本图仅为土建条件图，建筑专业设计应做好防水，防渗，通风，消防等措施。

4. 10 号槽钢预埋高出地坪 5～10mm。

5. 可根据实际情况配置值班室位置。

图 14-5 电气断面图（PB-1-1-D1-05）

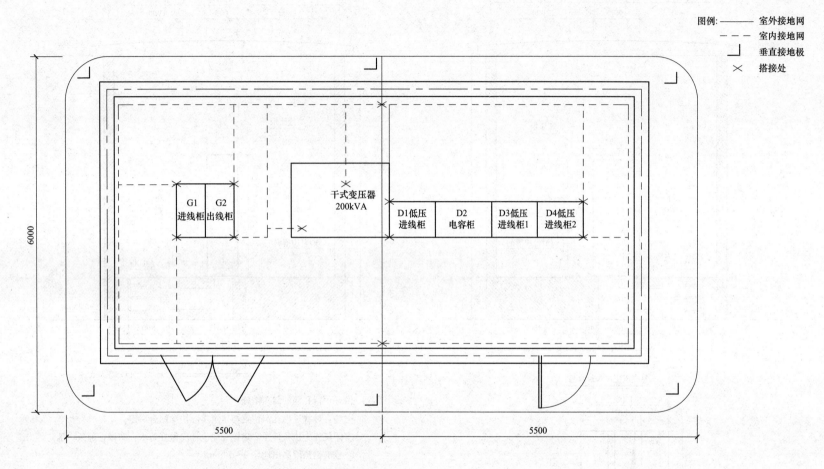

图例：
—— 室外接地网
- - - 室内接地网
⌐ 垂直接地极
✕ 搭接处

说明：1. 设备室四周设置接地干线，于离地 0.3m 处明敷，过门处敷设于地面粉刷层内。

2. 主要电气设备均要求采用两点接地方式。

3. 充分利用自然接地体在适当位置与公配房接地网相连。

4. 明敷的接地线表面应涂设 15～100mm 宽的绿色和黄色相间的条纹。

5. 接地线应采取防止机械损伤和化学腐蚀的措施，在引进建筑物的入口处，应设标志。

图 14-6 接地装置布置图（PB-1-1-D1-06）

表 14-7   方案 **PB-1-2** 设计图清单

图序	图名	图纸编号
图 14-7	电气主接线图	PB-1-2-D1-01
图 14-8	10kV 系统配置接线图	PB-1-2-D1-02
图 14-9	0.4kV 系统配置接线图	PB-1-2-D1-03
图 14-10	电气平面布置图	PB-1-2-D1-04
图 14-11	电气断面图	PB-1-2-D1-05
图 14-12	接地装置布置图	PB-1-2-D1-06

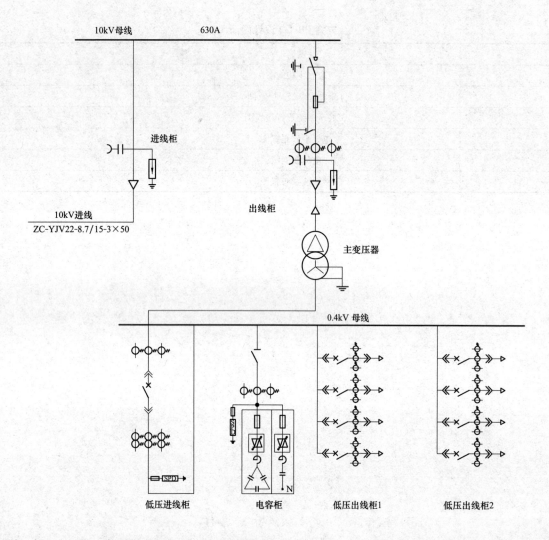

图 14-7　电气主接线图（PB-1-2-D1-01）

说明：1. 本图适用于单电源进线一台 50～250kVA 变压器业扩工程电气一次主接线图。

　　　2. 在实际应用中可根据具体工程情况做适当调解。

　　　3. 本方案采用低压侧计量。

　　　4. 中压柜可用真空负荷开关柜或 SF₆ 负荷开关柜。

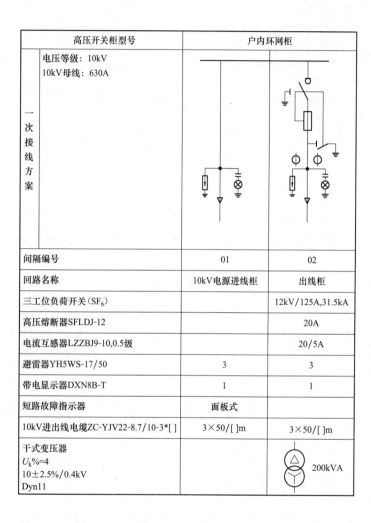

高压开关柜型号	户内环网柜	
一次接线方案	电压等级：10kV 10kV母线：630A	
间隔编号	01	02
回路名称	10kV电源进线柜	出线柜
三工位负荷开关(SF₆)		12kV/125A,31.5kA
高压熔断器SFLDJ-12		20A
电流互感器LZZBJ9-10,0.5级		20/5A
避雷器YH5WS-17/50	3	3
带电显示器DXN8B-T	1	1
短路故障指示器	面板式	
10kV进出线电缆ZC-YJV22-8.7/10-3*[ ]	3×50/[ ]m	3×50/[ ]m
干式变压器 U_k%=4 10±2.5%/0.4kV Dyn11		200kVA

图 14-8　10kV 系统配置接线图（PB-1-2-D1-02）

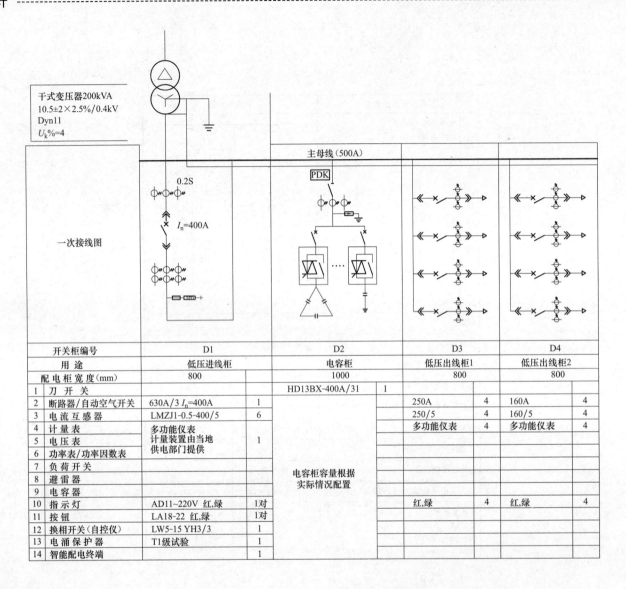

开关柜编号	D1		D2		D3		D4	
用途	低压进线柜		电容柜		低压出线柜1		低压出线柜2	
配电柜宽度(mm)	800		1000		800		800	
1　刀开关			HD13BX-400A/31	1				
2　断路器/自动空气开关	630A/3 I_n=400A	1			250A	4	160A	4
3　电流互感器	LMZJ1-0.5-400/5	6			250/5	4	160/5	4
4　计量表	多功能仪表				多功能仪表	4	多功能仪表	4
5　电压表	计量装置由当地	1						
6　功率表/功率因数表	供电部门提供							
7　负荷开关								
8　避雷器			电容柜容量根据					
9　电容器			实际情况配置					
10　指示灯	AD11~220V 红、绿	1对			红、绿	4	红、绿	4
11　按钮	LA18-22 红、绿	1对						
12　换相开关(自控仪)	LW5-15 YH3/3	1						
13　电涌保护器	T1级试验	1						
14　智能配电终端		1						

说明：1. 所有型号仅作说明举例用。

　　　2. 在实际应用中可根据具体工程情况做适当调解。

　　　3. 出线根据用户实际负荷清单设置。

　　　4. 低压进线总柜配置的电涌保护器应采用Ⅰ级试验的产品，电压保护水平值应小于或等于 2.5kV，冲击电流值大于或等于 12.5kA。

图 14-9　0.4kV 系统配置接线图（PB-1-2-D1-03）

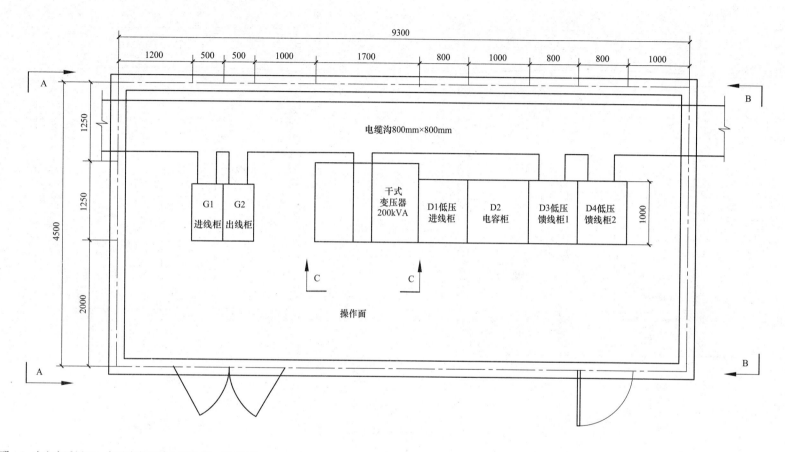

图 14-10 电气平面布置图（PB-1-2-D1-04）

说明：1. 本方案适用于一台干式变压器，容量 50～250kVA。

2. 在实际应用中可根据具体工程情况做适当调解。

3. 信号装置放置位置可根据实际情况确定。

4. 可根据实际情况配置值班室位置。

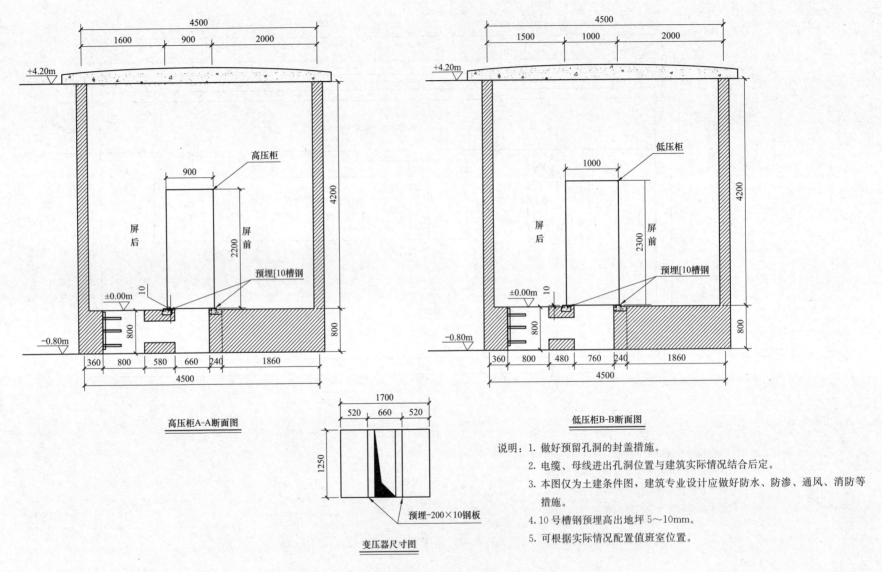

高压柜A-A断面图

变压器尺寸图

低压柜B-B断面图

说明：1. 做好预留孔洞的封盖措施。

2. 电缆、母线进出孔洞位置与建筑实际情况结合后定。

3. 本图仅为土建条件图，建筑专业设计应做好防水、防渗、通风、消防等措施。

4. 10号槽钢预埋高出地坪5~10mm。

5. 可根据实际情况配置值班室位置。

图14-11 电气断面图（PB-1-2-D1-05）

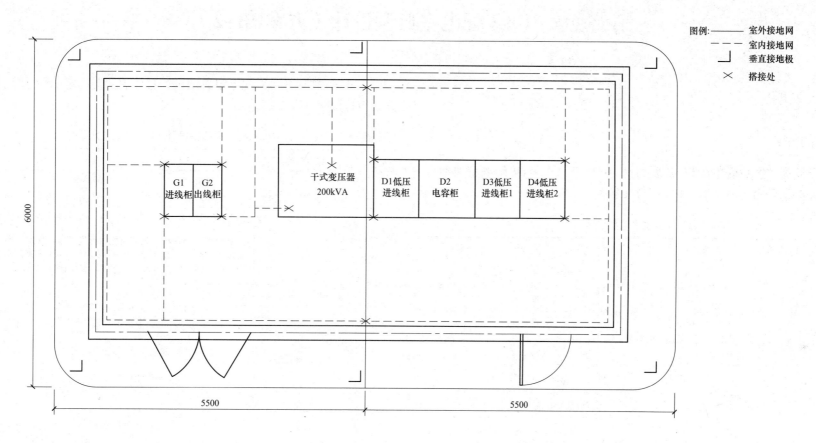

说明：1. 设备室四周设置接地干线，于离地 0.3m 处明敷，过门处敷设于地面粉刷层内。

　　　2. 主要电气设备均要求采用两点接地方式。

　　　3. 充分利用自然接地体在适当位置与公配房接地网相连。

　　　4. 明敷的接地线表面应涂设 15～100mm 宽的绿色和黄色相间的条纹。

　　　5. 接地线应采取防止机械损伤和化学腐蚀的措施，在引进建筑物的入口处，应设标志。

图 14-12　接地装置布置图（PB-1-2-D1-06）

第15章 10kV配电室典型设计（方案PB-2）

15.1 设计说明

15.1.1 总的部分

本典型设计为"客户受电工程典型设计"中对应的"10kV配电室典型设计"部分，方案编号为"PB-2"，"PB-2"10kV配电装置模块见表15-1。

表 15-1　10kV配电室典型设计模块表

模块编号	主要设备选择	变压器（kVA）	电气主接线和进出线回路数
PB-2-1	中压侧：环网柜 低压侧：固定柜	315～1250kVA （SCB10及以上高效节能型干式变压器）	中压侧：单母线；进线：1回 低压侧：单母线；出线：2—8回/实际情况为准
PB-2-2	中压侧：环网柜 低压侧：抽屉柜	315～1250kVA （SCB10及以上高效节能型干式变压器）	中压侧：单母线；进线：1回 低压侧：单母线；出线：2—8回/实际情况为准
PB-2-3	中压侧：中置柜 低压侧：固定柜	800～2000kVA （SCB10及以上高效节能型干式变压器）	中压侧：单母线；进线：1回 低压侧：单母线；出线：6—12回/实际情况为准
PB-2-4	中压侧：中置柜 低压侧：抽屉柜	800～2000kVA （SCB10及以上高效节能型干式变压器）	中压侧：单母线；进线：1回 低压侧：单母线；出线：6—12回/实际情况为准

方案PB-2主要技术原则：对应10kV采用环网柜或中置柜，采用10kV电缆进出线，10kV开关柜采用户内单列布置；10kV开关柜采用负荷开关柜或中置柜，0.4kV低压柜采用固定式或抽屉式开关柜，进线总柜配置框架式断路器，出线柜一般采用塑壳断路器；0.4kV低压无功补偿采用动态自动补偿方式，补偿容量按变压器容量的30%配置，按三相、单相混合补偿；变压器选用节能环保型产品，可根据所供的负荷情况选用1台干式变压器，容量选用单台315～2000kVA干式变压器。

本方案根据"10kV配电室典型设计总体说明"确定的预定条件开展设计，方案组合说明见表15-2。

表 15-2　10kV配电室典型设计PB-2方案技术条件表

序号	项目名称	内容
1	10kV变压器	干式变压器，容量为315～2000kVA，本期1台
2	10kV进出线回路数	本期规模10kV进线1回，1回配出线，全部采用电缆进出线
3	电气主接线	10kV本期采用单母线接线；0.4kV本期采用单母线接线
4	无功补偿	本方案0.4kV电容器容量按每台变压器容量的30%配置，可根据实际情况按变压器容量的20%～30%作调整；采用动态自动补偿方式，按三相、单相混合补偿方式，配置配变综合测控装置
5	设备短路电流水平	不小于20kA
6	主要设备选型	10kV选用环网柜或中置柜，进线间隔配置1组金属氧化物避雷器。 变压器按"节能型、环保型"原则选用；变压器容量为315～2000kVA。 0.4kV低压开关柜采用固定式或抽屉式开关柜；进线总柜配置框架式断路器，出线柜开关一般采用塑壳断路器
7	布置方式	10kV开关柜采用户内单列布置，0.4kV开关柜采用户内单列布置；出线间隔采用电缆引出至变压器；变压器低压引出采用铜排、密集型母线或封闭母线
8	土建部分	基础砖混结构
9	通风	若10kV开关柜采用SF$_6$负荷开关柜须装设轴流风机或其他强力通风装置，风口设置在室内底部；其他分室采用自然通风
10	消防	采用化学灭火器装置
11	站址基本条件	按地震动峰值加速度0.1g，设计风速30m/s，地基承载力特征值$f_{ak}=150$kPa，地下水无影响，非采暖区设计，假设场地为同一标高。按海拔1000m及以下，国标Ⅲ级污秽区设计；当海拔超过1000m时，按国家有关规范进行修正

15.1.2　电力系统部分

本典型设计按照给定的规模进行设计，在实际工程中，需要根据配电室所处系统情况具体设计。

本典型设计不涉及系统继电保护专业、系统通信专业、系统远动专业的具体内容，在实际工程中，需要根据配电室系统情况具体设计。

15.1.3　电气一次部分

15.1.3.1　电气主接线

（1）10kV部分：单母线接线。

（2）0.4kV部分：单母线接线。

15.1.3.2　短路电流及主要电气设备、导体选择

（1）10kV设备短路电流水平：不小于20kA。

（2）主要电气设备选择。

1）10kV开关柜。10kV开关柜采用空气绝缘负荷开关柜、气体绝缘负荷开关柜、固体绝缘负荷开关柜、中置柜。若采用SF_6开关设备，需采用独立的通风系统，将泄漏的SF_6气体排至安全地方。

10kV开关柜主要设备选择结果见表15-3。

表15-3　　　　　　10kV开关柜主要设备选择结果表

设备名称	型式及主要参数	备注
断路器	630A/25kA，1250A/31.5kA	
负荷开关	进、出线回路：630A，20kA；125A，31.5kA	
电流互感器	变压器回路：/5A	
避雷器	17/45kV	
主母线	630A	

2）变压器。变压器采用节能环保型干式变压器。规格如下。

容量：315～2000kVA；

接线组别：Dyn11；

电压额定变比：10.5±2×2.5%/0.4kV；

阻抗电压：$U_k\% = 4～6$。

3）0.4kV开关柜：0.4kV低压柜采用固定式或抽屉式开关柜。

4）无功补偿电容器柜。无功补偿电容器柜采用动态无功自动补偿型式，低压电力电容器采用智能自愈式、免维护、无污染、环保型。补偿容量按变压器容量的10%～40%配置。

5）导体选择。根据短路电流水平为20kA/25kA/31.5kA，按发热及动稳定条件校验，10kV主母线及进线间隔导体选择应满足额定电流需求。10kV开关柜与变压器高压侧连接电缆须按发热及动稳定条件校验选用。低压母线最大工作电流按4000A考虑。

15.1.3.3　绝缘配合及过电压保护

电气设备的绝缘配合，参照GB/T 50064—2014《交流电气装置的过电压保护和绝缘配合设计规范》确定的原则进行。

（1）金属氧化物避雷器按GB 11032—2010《交流无间隙金属氧化物避雷器》中的规定进行选择。

（2）雷电过电压保护。采用金属氧化物避雷器作为雷电侵入波及内部过电压保护装置，施工图设计时根据中性点运行方式和需要，确定参数和安装。

（3）接地。本类型配电室接地按有关技术规程的要求设计，接地装置采用水平接地体与垂直接地体组成。接地网接地电阻应符合DL/T 621—1997《交流电气装置的接地》的规定。

具体工程中需按短路电流校验接地引下线及接地体截面，接地电阻、跨步电压和接触电压应满足有关规程要求；如接地电阻不能满足要求，则需要采取降阻措施。

15.1.3.4　电气设备布置

10kV配电装置采用空气绝缘负荷开关柜，也可采用气体绝缘负荷开关柜或固体绝缘负荷开关柜，采用单列布置，低压配电装置采用单列布置方式。

15.1.3.5　站用电及照明

（1）站用电。由于本方案10kV配电装置规模较小，故不设站用电柜，站用电源取自本站的低压母线。

（2）照明。工作照明采用荧光灯、LED灯、节能灯，事故照明采用应急灯。

15.1.3.6　电缆设施及防火措施

电缆敷设通道应满足电缆转弯半径要求。

电缆敷设采用支架上敷设、穿管敷设方式，并满足防火要求；在柜下方及电缆沟进出口采用耐火材料封堵。

15.1.4 电气二次部分

15.1.4.1 二次设备布置方案

所有二次设备布置在各自开关柜小室内。

15.1.4.2 保护及自动装置配置

保护配置原则如下：

（1）10kV 进线负荷开关不设保护，10kV 断路器设置微机综合保护装置。

（2）主变压器一次柜内装设熔断器用于变压器保护。

（3）低压侧短路和过载保护利用空气断路器自身具有的保护特性来实现。

15.1.4.3 电能计量

本方案考虑电能计量装置设置，若根据当地供电公司设置 10kV 进出线电能计量装置或者 0.4kV 计量装置，需按如下原则调整：

（1）电能计量装置选用及配置应满足 DL/T 448—2000《电能计量装置技术管理规程》规定。

（2）10kV 计量设置专用的 10kV 计量柜，设置计量专用二次绕组，用于电能计量。

（3）0.4kV 计量装置装于低压进线柜内，设置计量专用二次绕组，用于电能计量。

15.2 主要设备及材料清册

方案 PB-2-1 主要设备材料见表 15-4；方案 PB-2-2 主要设备材料见表 15-5，方案 PB-2-3 主要设备材料见表 15-6，方案 PB-2-4 主要设备材料见表 15-7。

表 15-4　　　　　　方案 PB-2-1 电气主要设备材料表

序号	名称	型号	单位	数量	备注
1	变压器	干式变压器-500-10/0.4	台	1	
2	10kV 进线柜（提升柜）	环网柜	台	1	
3	10kV 计量柜	环网柜	台	1	

续表

序号	名称	型号	单位	数量	备注
4	10kV 馈线柜	环网柜	台	1	
5	0.4kV 进线柜	GCS	台	1	
6	0.4kV 电容柜	GCS	台	1	
7	0.4kV 出线柜	GCS	台	2	
8	10kV 电缆	ZC-YJV22-8.7/15-3×50	m	12	
9	10kV 电缆套头	与高压电缆配套	套	2	
10	接地扁钢	—50×5	m	150	
11	垂直接地极	∠50×50×5，$L=2500$mm	根	6	

表 15-5　　　　　　方案 PB-2-2 电气主要设备材料表

序号	名称	型号	单位	数量	备注
1	变压器	干式-1000-10/0.4	台	1	
2	10kV 进线柜	KYN28A-12	台	1	
3	10kV 计量柜	KYN28A-12	台	1	
4	10kV 馈线柜	KYN28A-12	台	1	
5	10kV 母线 PT 柜	KYN28A-12	台	1	
6	0.4kV 进线柜	GGD3	台	1	
7	0.4kV 电容柜	GGD3	台	1	
8	0.4kV 出线柜	GGD3	台	2	
9	10kV 电缆	ZC-YJV22-8.7/15-3×70	m	12	
10	10kV 电缆套头	与高压电缆配套	套	2	
11	控制电缆	ZR-KVV-0.5-4×2.5	m	80	
12	直流电源屏	63AH	套	1	
13	接地扁钢	—50×5	m	150	
14	垂直接地极	∠50×50×5，$L=2500$	根	8	

表 15-6　　　　　　方案 PB-2-3 电气主要设备材料表

序号	名称	型号	单位	数量	备注
1	变压器	干式-1000-10/0.4	台	1	
2	10kV 进线柜	KYN28A-12	台	1	
3	10kV 计量柜	KYN28A-12	台	1	
4	10kV 馈线柜	KYN28A-12	台	1	

续表

序号	名称	型号	单位	数量	备注
5	10kV 母线 PT 柜	KYN28A-12	台	1	
6	0.4kV 进线柜	GGD3	台	1	
7	0.4kV 电容柜	GGD3	台	1	
8	0.4kV 出线柜	GGD3	台	2	
9	10kV 电缆	ZC-YJV22-8.7/15-3×70	m	12	
10	10kV 电缆套头	与高压电缆配套	套	2	
11	控制电缆	ZR-KVV-0.5-4×2.5	m	80	
12	直流电源屏	63AH	套	1	
13	接地扁钢	−50×5	m	150	
14	垂直接地极	∠50×50×5，L=2500	根	8	

表 15-7　　　　方案 PB-2-4 电气主要设备材料表

序号	名称	型号	单位	数量	备注
1	变压器	干式-1600-10/0.4	台	1	
2	10kV 进线柜	KYN28A-12	台	1	
3	10kV 计量柜	KYN28A-12	台	1	
4	10kV 馈线柜	KYN28A-12	台	1	
5	10kV 母线 PT 柜	KYN28A-12	台	1	
6	0.4kV 进线柜	GCS	台	1	
7	0.4kV 电容柜	GCS	台	1	
8	0.4kV 出线柜	GCS	台	2	
9	10kV 电缆	ZC-YJV22-8.7/15-3×120	m	12	
10	10kV 电缆套头	与高压电缆配套	套	2	
11	控制电缆	ZR-KVV-0.5-4×2.5	m	80	
12	直流电源屏	63AH	套	1	
13	接地扁钢	−50×5	m	150	
14	垂直接地极	∠50×50×5，L=2500	根	8	

15.3　使用说明

15.3.1　概述

本方案根据典型设计导则确定的假定条件进行基本组合设计，10kV 开关

柜以环网柜或中置柜为基本模块，变压器以单台 315～2000kVA 为基本方案，具体工程设计时根据实际情况适当调整使用。

在使用典型设计文件时，要根据实际情况，在安全可靠、投资合理、标准统一、运行高效的设计原则。

15.3.1.1　方案简述说明

本方案对应于 10kV 采用单母线接线，0.4kV 采用单母线接线，1 台变压器，容量为 315～2000kVA。10kV 开关柜选用环网柜或中置柜，变压器选用干式，低压柜采用固定式成套柜的组合方案；当低压柜采用抽屉式成套柜时可与其他配电室的 0.4kV 配电装置模块进行拼接；电容柜补偿容量按变压器容量的 30% 配置，可根据系统实际情况选择。

本说明书为 "10kV 配电室典型设计" 内容使用说明，对应方案编号为 "PB-2"。

15.3.1.2　基本方案

（1）基本方案说明。10kV 采用单母线接线，0.4kV 采用单母线接线，设置 1 台变压器规模。

（2）基本使用方法。PB-2-1 为单台主变压器容量为 500kVA，PB-2-2 为单台主变压器容量为 500kVA。

PB-2-3 为单台主变压器容量为 1000kVA，PB-2-4 为单台主变压器容量为 1600kVA。

15.3.2　电气一次部分

15.3.2.1　电气主接线

10kV 采用单母线接线，0.4kV 采用单母线接线。

15.3.2.2　主设备选择

10kV 开关柜选用环网柜或中置柜；变压器选用节能环保型干式变压器；低压柜采用固定式成套柜；电容柜补偿容量按变压器容量的 30% 配置，可根据系统实际情况选择。

15.3.2.3　电气平面布置

10kV 开关柜采用环网柜或中置柜，采用户内单列布置；0.4kV 配电装置

采用户内单列布置。

15.4　设计图

方案 PB-2-1 设计图清单详见表 15-8，方案 PB-2-2 设计图清单详见表 15-9，方案 PB-2-3 设计图清单详见表 15-10，方案 PB-2-4 设计图清单详见表 15-11。

表 15-8　　　　　方案 PB-2-1 设计图清单

图序	图名	图纸编号
图 15-1	电气主接线图	PB-2-1-D1-01
图 15-2	10kV 系统配置接线图	PB-2-1-D1-02
图 15-3	0.4kV 系统配置接线图	PB-2-1-D1-03
图 15-4	电气平面布置图	PB-2-1-D1-04
图 15-5	电气断面图	PB-2-1-D1-05
图 15-6	接地装置布置图	PB-2-1-D1-06

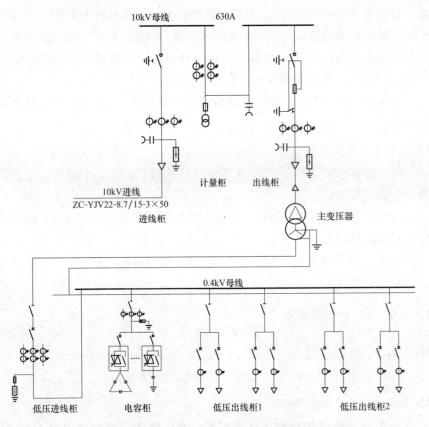

说明：1. 本图适用于单电源进线一台（315～630）kVA 变压器业扩工程电气一次主接线图。

　　　2. 在实际应用中可根据具体工程情况做适当调解。

　　　3. 中压计量柜位置可在进线柜前或柜后设置。

图 15-1　电气主接线图（PB-2-1-D1-01）

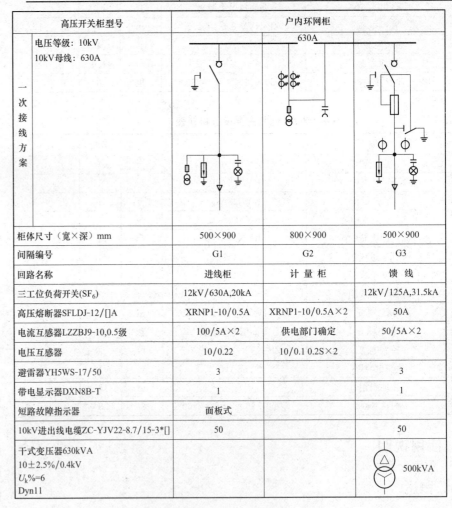

高压开关柜型号	户内环网柜		
电压等级：10kV 10kV母线：630A			
柜体尺寸（宽×深）mm	500×900	800×900	500×900
间隔编号	G1	G2	G3
回路名称	进线柜	计量柜	馈线
三工位负荷开关(SF₆)	12kV/630A,20kA		12kV/125A,31.5kA
高压熔断器SFLDJ-12/[]A	XRNP1-10/0.5A	XRNP1-10/0.5A×2	50A
电流互感器LZZBJ9-10,0.5级	100/5A×2	供电部门确定	50/5A×2
电压互感器	10/0.22	10/0.1 0.2S×2	
避雷器YH5WS-17/50	3		3
带电显示器DXN8B-T	1		1
短路故障指示器	面板式		
10kV进出线电缆ZC-YJV22-8.7/15-3*[]	50		50
干式变压器630kVA 10±2.5%/0.4kV $U_k\%=6$ Dyn11			500kVA

图 15-2　10kV 系统配置接线图（PB-2-1-D1-02）

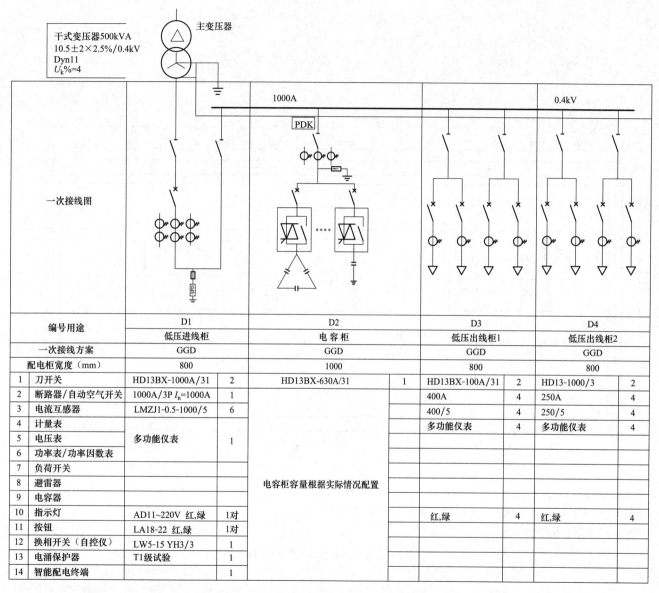

编号用途		D1		D2		D3		D4	
		低压进线柜		电容柜		低压出线柜1		低压出线柜2	
一次接线方案		GGD		GGD		GGD		GGD	
配电柜宽度（mm）		800		1000		800		800	
1	刀开关	HD13BX-1000A/31	2	HD13BX-630A/31	1	HD13BX-100A/31	2	HD13-1000/3	2
2	断路器/自动空气开关	1000A/3P I_n=1000A	1			400A	4	250A	4
3	电流互感器	LMZJ1-0.5-1000/5	6			400/5	4	250/5	4
4	计量表	多功能仪表	1			多功能仪表	4	多功能仪表	4
5	电压表								
6	功率表/功率因数表								
7	负荷开关								
8	避雷器			电容柜容量根据实际情况配置					
9	电容器								
10	指示灯	AD11~220V 红,绿	1对			红,绿	4	红,绿	4
11	按钮	LA18-22 红,绿	1对						
12	换相开关（自控仪）	LW5-15 YH3/3	1						
13	电涌保护器	T1级试验	1						
14	智能配电终端		1						

说明：1. 本图为低压配置图典型设计，配电装置按1×500kVA设计。实际应用中应结合具体工作情况作调整。

2. 所有型号仅作举例说明用。

3. 出线根据用户实际负荷清单设置。

图 15-3 0.4kV 系统配置接线图（PB-2-1-D1-03）

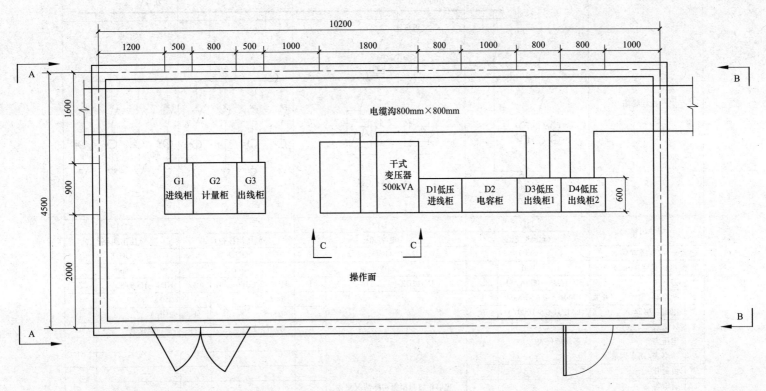

说明：1. 本方案适用于 1 台干式变压器，容量 1×（315～630）kVA。

　　　2. 本方案为典型设计，应用时可根据实际情况作调整。

　　　3. 可根据实际情况配置值班室位置。

图 15-4　电气平面布置图（PB-2-1-D1-04）

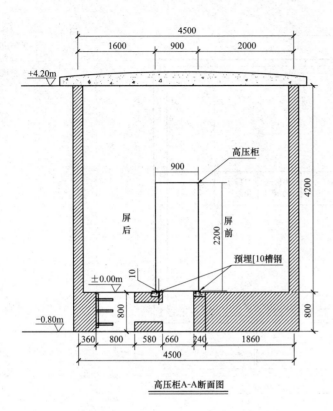

高压柜A-A断面图

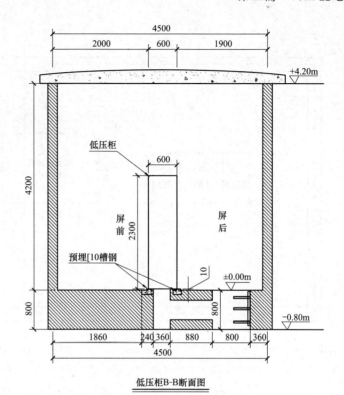

低压柜B-B断面图

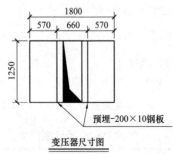

变压器尺寸图

说明：1. 做好预留孔洞的封盖措施。

2. 电缆、母线进出孔洞位置与建筑实际情况结合后定。

3. 本图为土建条件图，建筑专业设计应做好防水、防渗、通风、消防等措施。

4. 10 号槽钢预埋高出地坪 5～10mm。

图 15-5 电气断面图（PB-2-1-D1-05）

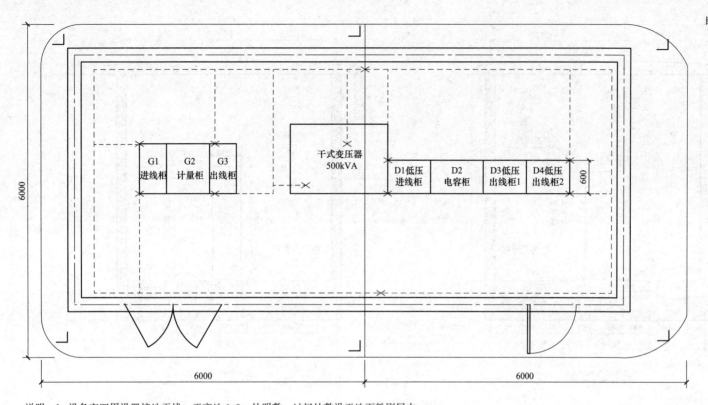

说明：1. 设备室四周设置接地干线，于离地 0.3m 处明敷，过门处敷设于地面粉刷层内。

　　　2. 主要电气设备均要求采用两点接地方式。

　　　3. 充分利用自然接地体在适当位置与公配房接地网相连。

　　　4. 明敷的接地线表面应涂设 15～100mm 宽的绿色和黄色相间的条纹。

　　　5. 接地线应采取防止机械损伤和化学腐蚀的措施，在引进建筑物的入口处，应设标志。

图 15-6　接地装置布置图（PB-2-1-D1-06）

表 15-9　　　　　　　　　　　　　　　　　　　　　　方案 PB-2-2 设计图清单

图序	图名	图纸编号
图 15-7	电气主接线图	PB-2-2-D1-01
图 15-8	10kV 系统配置接线图	PB-2-2-D1-02
图 15-9	0.4kV 系统配置接线图	PB-2-2-D1-03
图 15-10	电气平面布置图	PB-2-2-D1-04
图 15-11	电气断面图	PB-2-2-D1-05
图 15-12	接地装置布置图	PB-2-2-D1-06

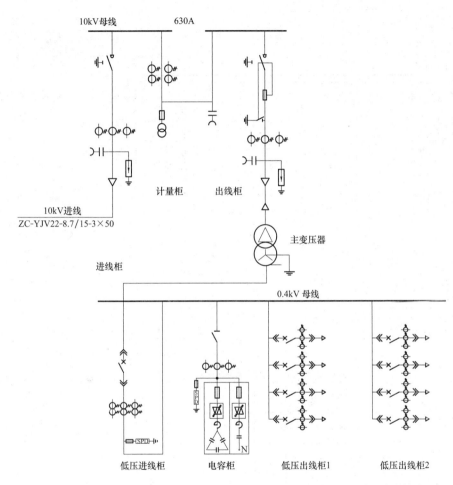

说明：1. 本图适用于单电源进线一台（315～630）kVA变压器业扩工程电气一次主接线图。

2. 在实际应用中可根据具体工程情况做适当调解。

3. 中压计量柜位置可在进线柜前或柜后设置。

图 15-7　电气主接线图（PB-2-2-D1-01）

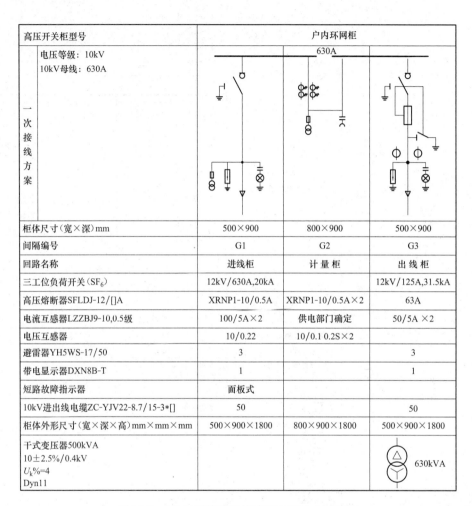

高压开关柜型号		户内环网柜		
电压等级：10kV 10kV母线：630A		630A		
柜体尺寸（宽×深）mm		500×900	800×900	500×900
间隔编号		G1	G2	G3
回路名称		进线柜	计量柜	出线柜
三工位负荷开关(SF₆)		12kV/630A,20kA		12kV/125A,31.5kA
高压熔断器SFLDJ-12/[]A		XRNP1-10/0.5A	XRNP1-10/0.5A×2	63A
电流互感器LZZBJ9-10,0.5级		100/5A×2	供电部门确定	50/5A ×2
电压互感器		10/0.22	10/0.1 0.2S×2	
避雷器YH5WS-17/50		3		3
带电显示器DXN8B-T		1		1
短路故障指示器		面板式		
10kV进出线电缆ZC-YJV22-8.7/15-3*[]		50		50
柜体外形尺寸（宽×深×高）mm×mm×mm		500×900×1800	800×900×1800	500×900×1800
干式变压器500kVA 10±2.5%/0.4V U_k%=4 Dyn11				630kVA

图 15-8　10kV系统配置接线图（PB-2-2-D1-02）

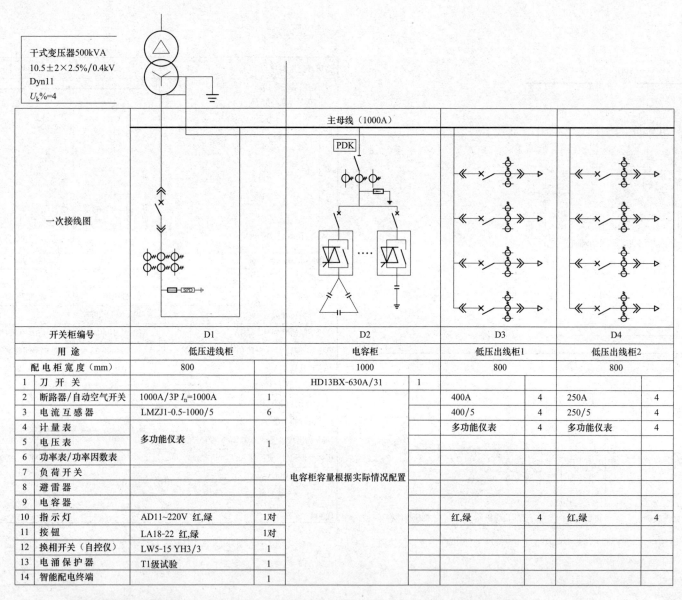

开关柜编号	D1		D2		D3		D4	
用　途	低压进线柜		电容柜		低压出线柜1		低压出线柜2	
配电柜宽度（mm）	800		1000		800		800	
1　刀 开 关			HD13BX-630A/31	1				
2　断路器/自动空气开关	1000A/3P I_n=1000A	1			400A	4	250A	4
3　电流互感器	LMZJ1-0.5-1000/5	6			400/5	4	250/5	4
4　计 量 表	多功能仪表	1			多功能仪表	4	多功能仪表	4
5　电 压 表								
6　功率表/功率因数表								
7　负 荷 开 关			电容柜容量根据实际情况配置					
8　避 雷 器								
9　电 容 器								
10　指 示 灯	AD11~220V 红,绿	1对			红,绿	4	红,绿	4
11　按 钮	LA18-22 红,绿	1对						
12　换相开关（自控仪）	LW5-15 YH3/3	1						
13　电 涌 保 护 器	T1级试验	1						
14　智能配电终端		1						

说明：1. 本图为低压配置图典型设计，配电装置按1×500kVA设计。实际应用中应结合具体工作情况作调整。

　　　2. 所有型号仅作举例说明用。

　　　3. 出线根据用户实际负荷清单设置。

图15-9　0.4kV系统配置接线图（PB-2-2-D1-03）

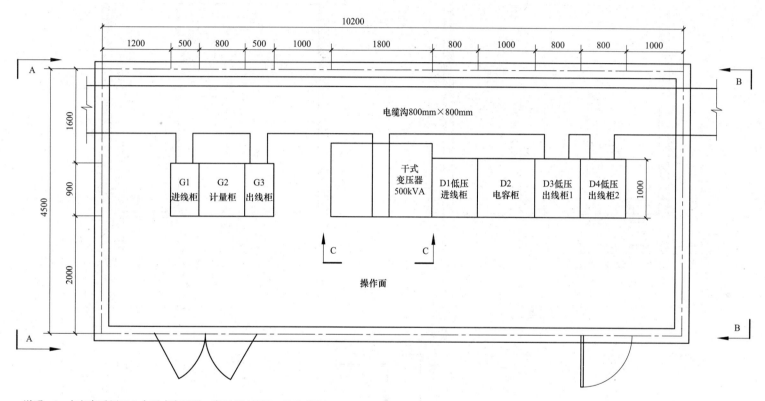

说明：1. 本方案适用于 1 台干式变压器，容量 1×（315～630）kVA。

2. 本方案为典型设计，应用时可根据实际情况作调整。

3. 信号装置放置位置可根据实际确定。

4. 可根据实际情况配置值班室位置。

图 15-10　电气平面布置图（PB-2-2-D1-04）

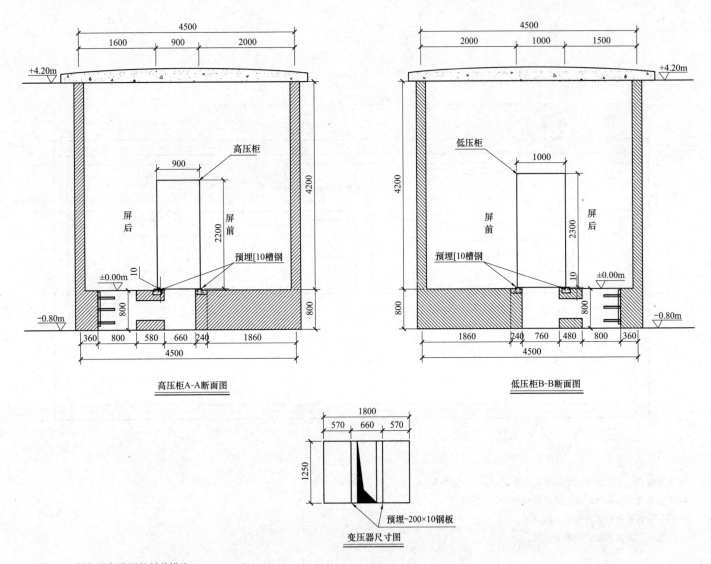

高压柜A-A断面图

低压柜B-B断面图

变压器尺寸图

说明：1. 做好预留孔洞的封盖措施。

2. 电缆，母线进出孔洞位置与建筑实际情况结合后定。

3. 本图为土建条件图，建筑专业设计应做好防水，防渗，通风，消防等措施。

4. 10 号槽钢预埋高出地坪 5～10mm。

图 15-11　电气断面图（PB-2-2-D1-05）

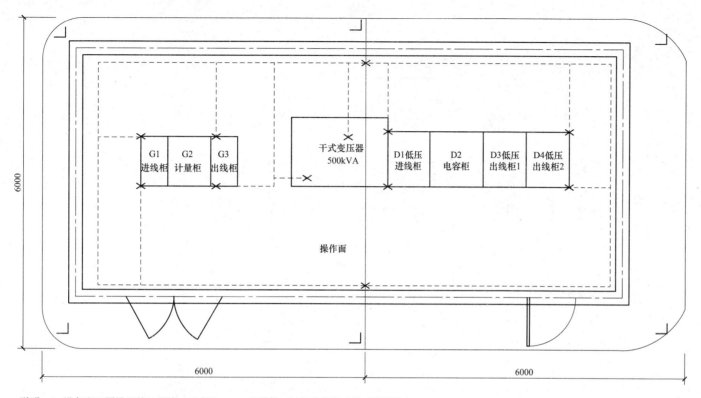

图例：——— 室外接地网
---- 室内接地网
⌐ 垂直接地极
✕ 搭接处

说明：1. 设备室四周设置接地干线，于离地 0.3m 处明敷，过门处敷设于地面粉刷层内。

2. 主要电气设备均要求采用两点接地方式。

3. 充分利用自然接地体在适当位置与公配房接地网相连。

4. 明敷的接地线表面应涂设 15～100mm 宽的绿色和黄色相间的条纹。

5. 接地线应采取防止机械损伤和化学腐蚀的措施，在引进建筑物的入口处，应设标志。

图 15-12　接地装置布置图（PB-2-2-D1-06）

表 15-10　　　　　　　　　　　　　　　　　　方案 PB-2-3 设计图清单

图序	图名	图纸编号
图 15-13	电气主接线图	PB-2-3-D1-01
图 15-14	10kV 系统配置接线图	PB-2-3-D1-02
图 15-15	0.4kV 系统配置接线图	PB-2-3-D1-03
图 15-16	电气平面布置图	PB-2-3-D1-04
图 15-17	电气断面图	PB-2-3-D1-05
图 15-18	接地装置布置图	PB-2-3-D1-06

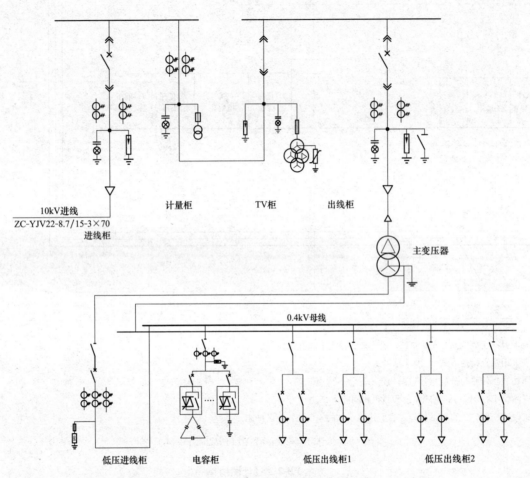

说明：1. 本图适用于单电源进线一台（800～2000）kVA 变压器业扩工程电气一次主接线图。

2. 在实际应用中可根据具体工程情况做适当调解。

3. 中压计量柜位置可在进线柜前或柜后设置。

图 15-13　电气主接线图（PB-2-3-D1-01）

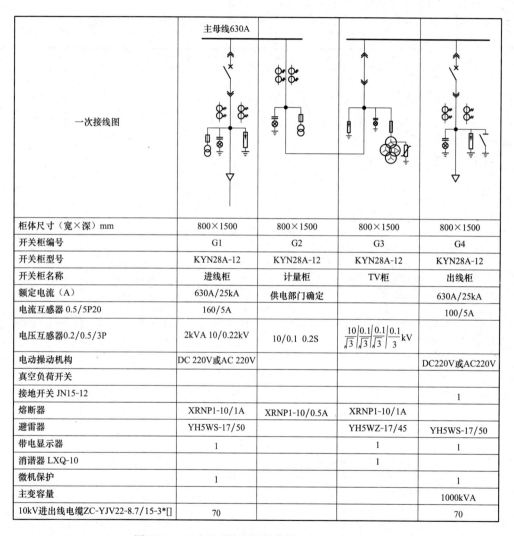

	主母线630A			
一次接线图				
柜体尺寸（宽×深）mm	800×1500	800×1500	800×1500	800×1500
开关柜编号	G1	G2	G3	G4
开关柜型号	KYN28A-12	KYN28A-12	KYN28A-12	KYN28A-12
开关柜名称	进线柜	计量柜	TV柜	出线柜
额定电流（A）	630A/25kA	供电部门确定		630A/25kA
电流互感器 0.5/5P20	160/5A			100/5A
电压互感器0.2/0.5/3P	2kVA 10/0.22kV	10/0.1 0.2S	$\dfrac{10}{\sqrt{3}}\Big\vert\dfrac{0.1}{\sqrt{3}}\Big\vert\dfrac{0.1}{\sqrt{3}}\Big\vert\dfrac{0.1}{3}$ kV	
电动操动机构	DC 220V或AC 220V			DC220V或AC220V
真空负荷开关				
接地开关 JN15-12				1
熔断器	XRNP1-10/1A	XRNP1-10/0.5A	XRNP1-10/1A	
避雷器	YH5WS-17/50		YH5WZ-17/45	YH5WS-17/50
带电显示器	1		1	1
消谐器 LXQ-10			1	
微机保护	1			1
主变容量				1000kVA
10kV进出线电缆ZC-YJV22-8.7/15-3*[]	70			70

图 15-14　10kV 系统配置接线图（PB-2-3-D1-02）

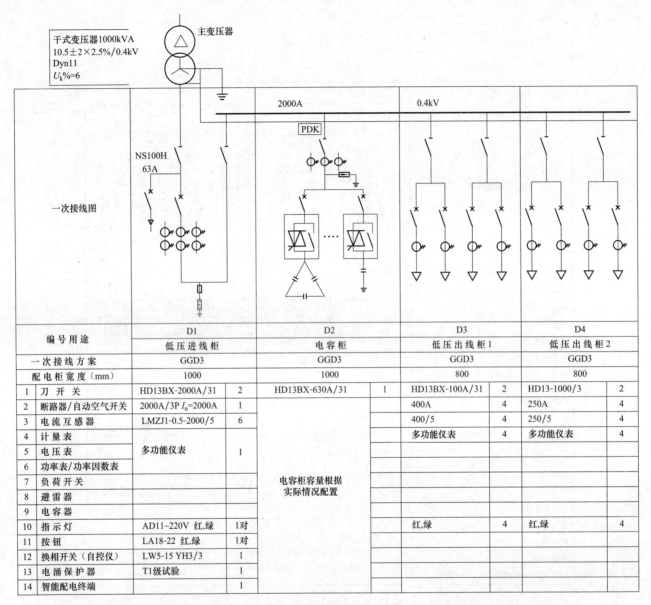

编号用途		D1		D2		D3		D4	
		低压进线柜		电容柜		低压出线柜1		低压出线柜2	
一次接线方案		GGD3		GGD3		GGD3		GGD3	
配电柜宽度（mm）		1000		1000		800		800	
1	刀 开 关	HD13BX-2000A/31	2	HD13BX-630A/31	1	HD13BX-100A/31	2	HD13-1000/3	2
2	断路器/自动空气开关	2000A/3P I_n=2000A	1			400A	4	250A	4
3	电流互感器	LMZJ1-0.5-2000/5	6			400/5	4	250/5	4
4	计 量 表					多功能仪表	4	多功能仪表	4
5	电 压 表	多功能仪表	1						
6	功率表/功率因数表								
7	负 荷 开 关			电容柜容量根据 实际情况配置					
8	避 雷 器								
9	电 容 器								
10	指 示 灯	AD11~220V 红,绿	1对			红,绿	4	红,绿	4
11	按 钮	LA18-22 红,绿	1对						
12	换相开关（自控仪）	LW5-15 YH3/3	1						
13	电涌保护器	T1级试验	1						
14	智能配电终端		1						

说明：1. 本图为低压配置图典型设计，配电装置按1×1000kVA设计。实际应用中应结合具体工作情况作调整。

2. 所有型号仅作举例说明用。

3. 出线根据用户实际负荷清单设置。

图 15-15 0.4kV 系统配置接线图（PB-2-3-D1-03）

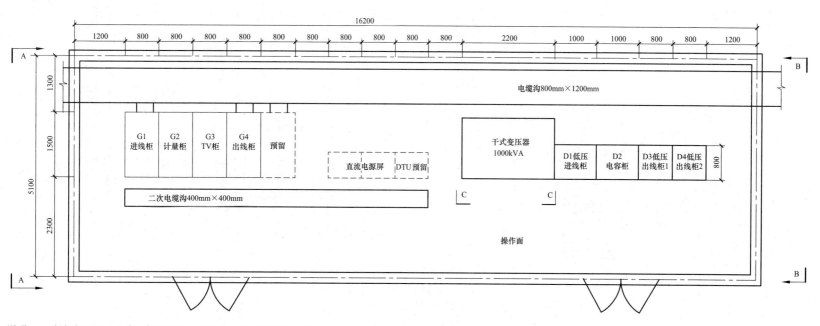

说明：1. 本方案适用于1台干式变压器，容量1×(800×2000) kVA。

　　　2. 本方案为典型设计，应用时可根据实际情况作调整。

　　　3. 直流电源屏可根据实际情况配置；信号装置放置位置可根据实际确定。

　　　4. 可根据实际情况配置值班室位置。

图 15-16　电气平面布置图（PB-2-3-D1-04）

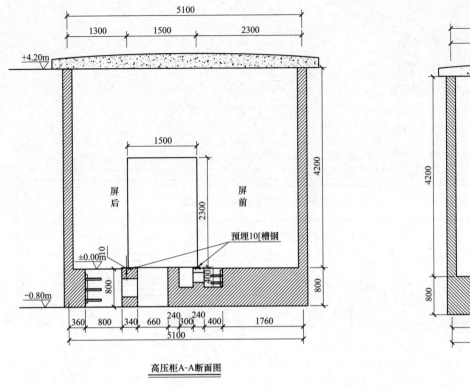

高压柜A-A断面图

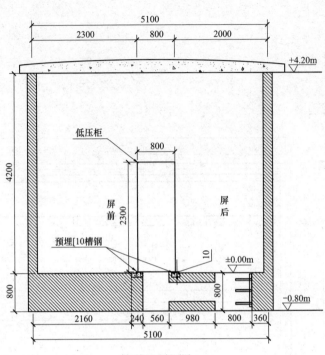

低压柜B-B断面图

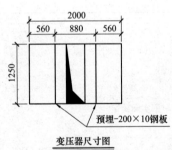

变压器尺寸图

说明：1. 做好预留孔洞的封盖措施。

2. 电缆、母线进出孔洞位置与建筑实际情况结合后定。

3. 本图为土建条件图，建筑专业设计应做好防水、防渗、通风、消防等措施。

4. 10 号槽钢预埋高出地坪 5～10mm。

图 15-17　电气断面图（PB-2-3-D1-05）

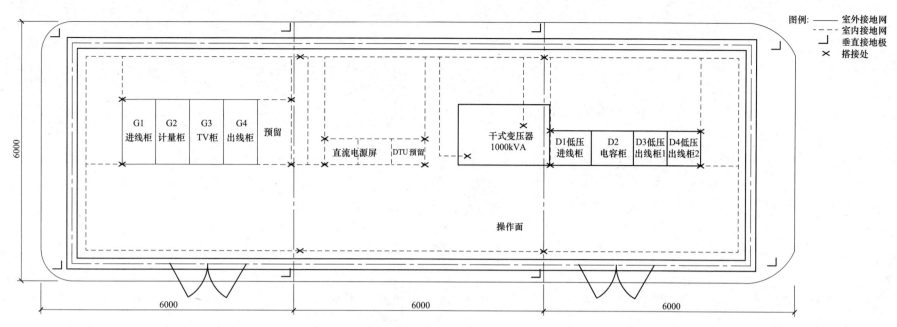

说明：1. 设备室四周设置接地干线，于离地 0.3m 处明敷，过门处敷设于地面粉刷层内。

2. 主要电气设备均要求采用两点接地方式。

3. 充分利用自然接地体在适当位置与公配房接地网相连。

4. 明敷的接地线表面应涂设 15～100mm 宽的绿色和黄色相间的条纹。

5. 接地线应采取防止机械损伤和化学腐蚀的措施，在引进建筑物的入口处，应设标志。

图 15-18　接地装置布置图（PB-2-3-D1-06）

表 15-11　　　　　　　　　　　　　　　　　**方案 PB-2-4 设计图清单**

图序	图名	图纸编号
图 15-19	电气主接线图	PB-2-4-D1-01
图 15-20	10kV 系统配置接线图	PB-2-4-D1-02
图 15-21	0.4kV 系统配置接线图	PB-2-4-D1-03
图 15-22	电气平面布置图	PB-2-4-D1-04
图 15-23	电气断面图	PB-2-4-D1-05
图 15-24	接地装置布置图	PB-2-4-D1-06

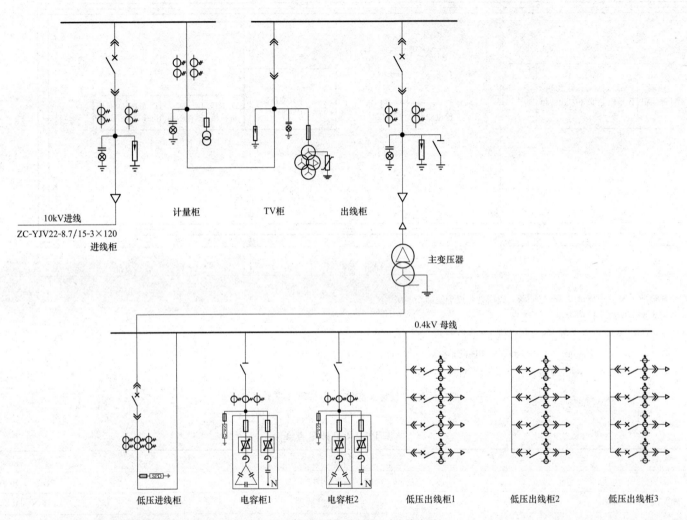

10kV进线
ZC-YJV22-8.7/15-3×120
进线柜

计量柜

TV柜

出线柜

主变压器

0.4kV 母线

低压进线柜

电容柜1

电容柜2

低压出线柜1

低压出线柜2

低压出线柜3

说明：1. 本图适用于单电源进线一台（800~2000）kVA 变压器业扩工程电气一次主接线图。

2. 在实际应用中可根据具体工程情况做适当调解。

3. 中压计量柜位置可在进线柜前或柜后设置。

图 15-19　电气主接线图（PB-2-4-D1-01）

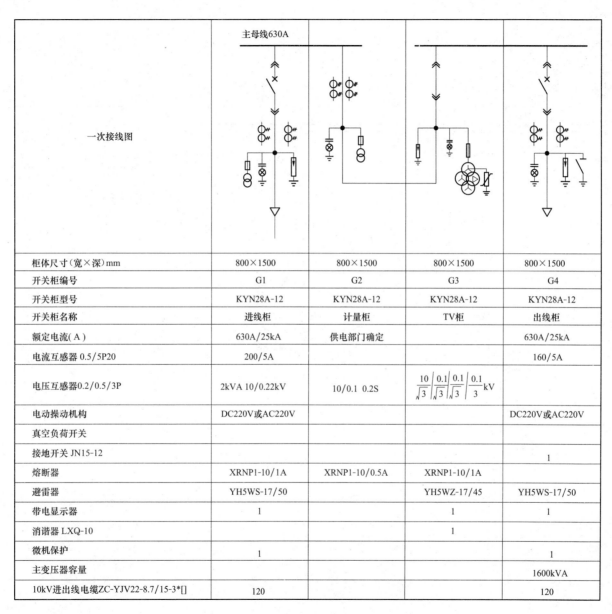

一次接线图				
柜体尺寸(宽×深)mm	800×1500	800×1500	800×1500	800×1500
开关柜编号	G1	G2	G3	G4
开关柜型号	KYN28A-12	KYN28A-12	KYN28A-12	KYN28A-12
开关柜名称	进线柜	计量柜	TV柜	出线柜
额定电流(A)	630A/25kA	供电部门确定		630A/25kA
电流互感器 0.5/5P20	200/5A			160/5A
电压互感器0.2/0.5/3P	2kVA 10/0.22kV	10/0.1 0.2S	$\frac{10}{\sqrt{3}}\left|\frac{0.1}{\sqrt{3}}\right|\frac{0.1}{\sqrt{3}}\left|\frac{0.1}{3}\right.$kV	
电动操动机构	DC220V或AC220V			DC220V或AC220V
真空负荷开关				
接地开关 JN15-12				1
熔断器	XRNP1-10/1A	XRNP1-10/0.5A	XRNP1-10/1A	
避雷器	YH5WS-17/50		YH5WZ-17/45	YH5WS-17/50
带电显示器	1		1	1
消谐器 LXQ-10			1	
微机保护	1			1
主变压器容量				1600kVA
10kV进出线电缆ZC-YJV22-8.7/15-3*[]	120			120

图 15-20　10kV 系统配置接线图（PB-2-4-D1-02）

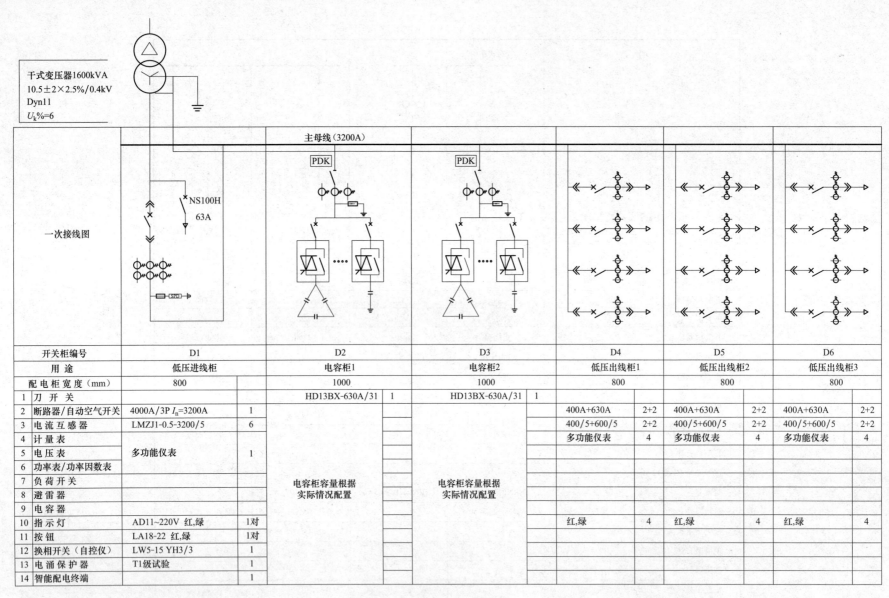

开关柜编号	D1		D2		D3		D4		D5		D6	
用　途	低压进线柜		电容柜1		电容柜2		低压出线柜1		低压出线柜2		低压出线柜3	
配电柜宽度（mm）	800		1000		1000		800		800		800	
1　刀 开 关			HD13BX-630A/31	1	HD13BX-630A/31	1						
2　断路器/自动空气开关	4000A/3P I_n=3200A	1					400A+630A	2+2	400A+630A	2+2	400A+630A	2+2
3　电流互感器	LMZJ1-0.5-3200/5	6					400/5+600/5	2+2	400/5+600/5	2+2	400/5+600/5	2+2
4　计量表							多功能仪表	4	多功能仪表	4	多功能仪表	4
5　电压表	多功能仪表	1										
6　功率表/功率因数表												
7　负荷开关			电容柜容量根据 实际情况配置		电容柜容量根据 实际情况配置							
8　避雷器												
9　电容器												
10　指示灯	AD11~220V 红,绿	1对					红,绿	4	红,绿	4	红,绿	4
11　按 钮	LA18-22 红,绿	1对										
12　换相开关（自控仪）	LW5-15 YH3/3	1										
13　电涌保护器	T1级试验	1										
14　智能配电终端		1										

说明：1. 本图为低压配置图典型设计，配电装置按 1×1600kVA 设计。实际应用中应结合具体工作情况作调整。

2. 所有型号仅作举例说明用。

3. 出线根据用户实际负荷清单设置。

图 15-21　0.4kV 系统配置接线图（PB-2-4-D1-03）

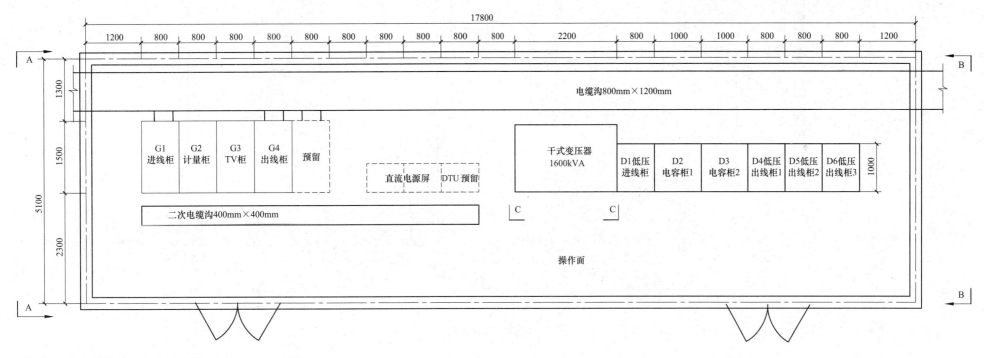

说明：1. 本方案适用于1台干式变压器，容量800～2000kVA。

2. 本方案为典型设计，应用时可根据实际情况作调整。

3. 直流电源屏可根据实际情况确定；信号装置放置位置可根据实际确定。

4. 可根据实际情况配置值班室位置。

图15-22 电气平面布置图（PB-2-4-D1-04）

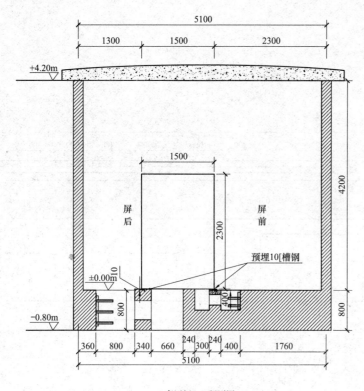

高压柜A-A断面图

低压柜B-B断面图

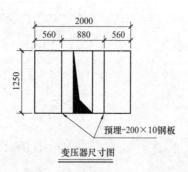

预埋-200×10钢板

变压器尺寸图

说明：1. 做好预留孔洞的封盖措施。

2. 电缆、母线进出孔洞位置与建筑实际情况结合后定。

3. 本图为土建条件图，建筑专业设计应做好防水、防渗、通风、消防等措施。

4. 10 号槽钢预埋高出地坪 10mm。

图 15-23　电气断面图（PB-2-4-D1-05）

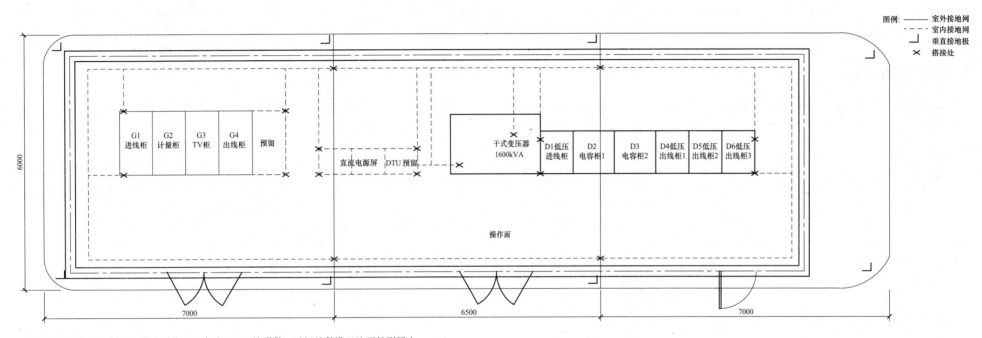

图例：
—— 室外接地网
---- 室内接地网
▔ 垂直接地极
✕ 搭接处

说明：1. 设备室四周设置接地干线，于离地 0.3m 处明敷，过门处敷设于地面粉刷层内。

2. 主要电气设备均要求采用两点接地方式。

3. 充分利用自然接地体在适当位置与公配房接地网相连。

4. 明敷的接地线表面应涂设 15～100mm 宽的绿色和黄色相间的条纹。

5. 接地线应采取防止机械损伤和化学腐蚀的措施，在引进建筑物的入口处，应设标志。

图 15-24 接地装置布置图（PB-2-4-D1-06）

16.1 设计说明

16.1.1 总的部分

本典型设计为"客户受电工程典型设计"中对应的"10kV 配电室典型设计"部分，方案编号为"PB-3"，"PB-3"10kV 配电装置模块见表 16-1。

表 16-1　　　　"PB-3"10kV 配电室典型设计模块表

模块编号	主要设备选择	变压器（kVA）	电气主接线和进出线回路数
PB-3-1	中压侧：环网柜 低压侧：固定柜	100～1250kVA （SCB10 及以上高效节能型干式变压器）	中压侧：单母线；进线：1 回低压侧：单母线；出线：2—8 回/实际需求为准
PB-3-2	中压侧：环网柜 低压侧：抽屉柜	100～1250kVA （SCB10 及以上高效节能型干式变压器）	中压侧：单母线；进线：1 回低压侧：单母线；出线：2—8 回/实际需求为准
PB-3-3	中压侧：中置柜 低压侧：固定柜	800～2000kVA （SCB10 及以上高效节能型干式变压器）	中压侧：单母线；进线：1 回低压侧：单母线；出线：4—8 回/实际需求为准
PB-3-4	中压侧：中置柜 低压侧：抽屉柜	800～2000kVA （SCB10 及以上高效节能型干式变压器）	中压侧：单母线；进线：1 回低压侧：单母线；出线：6—12 回/实际需求为准

16.1.1.1 方案 PB-3 主要技术原则

对应 10kV 采用环网柜或中置柜，采用 10kV 电缆进出线，10kV 开关柜采用户内单列布置；10kV 开关柜采用环网柜或中置柜，0.4kV 低压柜采用固定式或抽屉式开关柜，进线总柜配置框架式断路器，出线柜一般采用塑壳断路器；0.4kV 低压无功补偿采用动态自动补偿方式，补偿容量按变压器容量的 10%～40%配置，按三相、单相混合补偿；变压器选用节能环保型产品，选用 2 台干式变压器，容量选用 100～2000kVA 干式变压器。

16.1.1.2 方案技术条件

本方案根据"10kV 配电室典型设计总体说明"确定的预定条件开展设计，方案组合说明见表 16-2。

表 16-2　　　　10kV 配电室典型设计"PB-3"方案技术条件表

序号	项目名称	内容
1	10kV 变压器	干式变压器，容量为 100～2000kVA，本期 2 台
2	10kV 进出线回路数	本期规模 10kV 进线 1 回，2 回配出线，全部采用电缆进出线
3	电气主接线	10kV 本期采用单母线接线；0.4kV 本期采用单母线分段接线
4	无功补偿	本方案 0.4kV 电容器容量按每台变压器容量的 30%配置，可根据实际情况按变压器容量的 20%～30%作调整；采用动态自动补偿方式，按三相、单相混合补偿方式，配置配变综合测控装置
5	设备短路电流水平	不小于 20kA
6	主要设备选型	10kV 选用环网柜或中置柜。 变压器按"节能型、环保型"原则选用；变压器容量为 100～2000kVA。 0.4kV 低压开关柜采用固定式或抽屉式开关柜；进线总柜配置框架式断路器，出线柜开关一般采用塑壳断路器
7	布置方式	10kV 开关柜采用户内单列布置，0.4kV 开关柜采用户内单列布置；出线间隔采用电缆引出至变压器；变压器低压引出采用铜排、密集型母线或封闭母线
8	土建部分	基础砖混结构
9	通风	若 10kV 开关柜采用 SF$_6$ 负荷开关柜须装设轴流风机或其他强力通风装置，风口设置在室内底部；其他分室采用自然通风
10	消防	采用化学灭火器装置
11	站址基本条件	按地震动峰值加速度 0.1g，设计风速 30m/s，地基承载力特征值 $f_{ak}=150$kPa，地下水无影响，非采暖区设计，假设场地为同一标高。按海拔 1000m 及以下，国标Ⅲ级污秽区设计；当海拔超过 1000m 时，按国家有关规范进行修正

16.1.2　电力系统部分

本典型设计按照给定的规模进行设计，在实际工程中，需要根据配电室所处系统情况具体设计。

本典型设计不涉及系统继电保护专业、系统通信专业、系统远动专业的具体内容，在实际工程中，需要根据配电室系统情况具体设计。

16.1.3　电气一次部分

16.1.3.1　电气主接线

（1）10kV部分：单母线接线。

（2）0.4kV部分：单母线分段接线。

16.1.3.2　短路电流及主要电气设备、导体选择

（1）10kV设备短路电流水平：不小于20kA。

（2）主要电气设备选择。

1）10kV开关柜。10kV开关柜采用环网柜或中置柜。若采用SF$_6$开关设备，需采用独立的通风系统，将泄漏的SF$_6$气体排至安全地方。

10kV开关柜主要设备选择结果见表16-3。

表16-3　　　　10kV开关柜主要设备选择结果表

设备名称	型式及主要参数	备注
断路器	630A/25kA，1250A/31.5kA	
负荷开关	进、出线回路：630A，20kA；125A，31.5kA	
电流互感器	变压器回路：/5A	
避雷器	17/45kV	
主母线	630A	

2）变压器。变压器采用节能环保型（低损耗、低噪声）油浸式变压器。规格如下：

容量：100～2000kVA；

接线组别：Dyn11；

电压额定变比：10.5±2×2.5%/0.4kV；

阻抗电压：U_k%=4～6。

3）0.4kV开关柜：0.4kV低压柜采用固定式或抽屉式开关柜。

4）无功补偿电容器柜。无功补偿电容器柜采用动态无功自动补偿型式，低压电力电容器采用智能自愈式、免维护、无污染、环保型。补偿容量按变压器容量的20%～30%配置。

5）导体选择。根据短路电流水平为20kA/25kA，按发热及动稳定条件校验，10kV主母线及进线间隔导体选择应满足额定电流需求。10kV开关柜与变压器高压侧连接电缆须按发热及动稳定条件校验选用。低压母线最大工作电流按4000A考虑。

16.1.3.3　绝缘配合及过电压保护

电气设备的绝缘配合，参照GB/T 50064—2014《交流电气装置的过电压保护和绝缘配合设计规范》确定的原则进行。

（1）金属氧化物避雷器按GB 11032—2010《交流无间隙金属氧化物避雷器》中的规定进行选择。

（2）雷电过电压保护。采用金属氧化物避雷器作为雷电侵入波及内部过电压保护装置，施工设计时根据中性点运行方式和需要，确定参数和安装。

（3）接地。本类型配电室接地按有关技术规程的要求设计，接地装置采用水平接地体与垂直接地体组成。接地网接地电阻应符合DL/T 621—1997《交流电气装置的接地》的规定。

具体工程中需按短路电流校验接地引下线及接地体截面，接地电阻、跨步电压和接触电压应满足有关规程要求；如接地电阻不能满足要求，则需要采取降阻措施。

16.1.3.4　电气设备布置

10kV配电装置环网柜或中置柜，采用单列布置，低压配电装置采用单列布置方式。

16.1.3.5　站用电及照明

（1）站用电。由于本方案10kV配电装置规模较小，故不设站用电柜，站用电源取自本站的低压母线。

（2）照明。工作照明采用荧光灯、LED灯、节能灯，事故照明采用应急灯。

16.1.3.6　电缆设施及防火措施

电缆敷设通道应满足电缆转弯半径要求。

电缆敷设采用支架上敷设、穿管敷设方式，并满足防火要求；在柜下方及电缆沟进出口采用耐火材料封堵。

16.1.4　电气二次部分

16.1.4.1　二次设备布置方案

所有二次设备布置在各自开关柜小室内。

16.1.4.2　保护及自动装置配置

保护配置原则如下：

（1）10kV进线负荷开关不设保护，10kV断路器设置微机综合保护装置。

（2）主变压器一次柜内装设熔断器用于变压器保护。

（3）低压侧短路和过载保护利用空气断路器自身具有的保护特性来实现。

16.1.4.3　电能计量

本方案考虑电能计量装置设置，若根据当地供电公司设置10kV进出线电能计量装置或者0.4kV计量装置，需按如下原则调整：

（1）电能计量装置选用及配置应满足DL/T 448—2000《电能计量装置技术管理规程》规定。

（2）10kV计量设置专用的10kV计量柜，设置计量专用二次绕组，用于电能计量。

（3）0.4kV计量装置装于低压进线柜内，设置计量专用二次绕组，用于电能计量。

16.2　主要设备及材料

方案PB-3-1主要设备材料见表16-4，方案PB-3-2主要设备材料见表16-5，方案PB-3-3主要设备材料见表16-6，方案PB-3-4主要设备材料见表16-7。

表16-4　　　　方案PB-3-1电气主要设备材料表

序号	名称	型号	单位	数量	备注
1	变压器	干式-630-10/0.4	台	2	
2	10kV进线柜	环网柜	台	1	
3	10kV计量柜	环网柜	台	1	
4	10kV出线柜	环网柜	台	2	

续表

序号	名称	型号	单位	数量	备注
5	0.4kV进线柜	GGD2	台	2	
6	0.4kV电容柜	GGD2	台	2	
7	0.4kV出线柜	GGD2	台	4	
8	联络柜	GGD2	台	1	
9	10kV电缆	ZC-YJV22-8.7/15-3×50	m	30	
10	10kV电缆套头	与高压电缆配套	套	4	
11	接地扁钢	—50×5	m	150	
12	垂直接地极	∠50×50×5, L=2500	根	8	

表16-5　　　　方案PB-3-2电气主要设备材料表

序号	名称	型号	单位	数量	备注
1	变压器	干式-630-10/0.4	台	2	
2	10kV进线柜	环网柜	台	1	
3	10kV计量柜	环网柜	台	1	
4	10kV出线柜	环网柜	台	2	
5	0.4kV进线柜	GCS	台	2	
6	0.4kV电容柜	GCS	台	2	
7	0.4kV出线柜	GCS	台	4	
8	联络柜	GCS	台	1	
9	10kV电缆	ZC-YJV22-8.7/15-3×50	m	30	
10	10kV电缆套头	与高压电缆配套	套	4	
11	接地扁钢	—50×5	m	150	
12	垂直接地极	∠50×50×5, L=2500	根	8	

表16-6　　　　方案PB-3-3电气主要设备材料表

序号	名称	型号	单位	数量	备注
1	变压器	干式-1000-10/0.4	台	2	
2	10kV进线柜	KYN28A-12	台	1	
3	10kV计量柜	KYN28A-12	台	1	
4	10kV母线PT柜	KYN28A-12	台	1	
5	10kV出线柜	KYN28A-12	台	2	
6	0.4kV进线柜	GDD3	台	2	
7	0.4kV电容柜	GDD3	台	2	
8	0.4kV出线柜	GDD3	台	4	
9	联络柜	GDD3	台	1	
10	10kV电缆	ZC-YJV22-8.7/15-3×70	m	30	
11	10kV电缆套头	与高压电缆配套	套	4	
12	直流电源屏	63AH	套	1	
13	接地扁钢	—50×5	m	150	
14	垂直接地极	∠50×50×5, L=2500	根	8	

表 16-7　　　　　　　　　　方案 PB-3-4 电气主要设备材料表

序号	名称	型号	单位	数量	备注
1	变压器	干式-1600-10/0.4	台	2	
2	10kV 进线柜	KYN28A-12	台	1	
3	10kV 计量柜	KYN28A-12	台	1	
4	10kV 母线 PT 柜	KYN28A-12	台	2	
5	10kV 出线柜	KYN28A-12	台	1	
6	0.4kV 进线柜	GCS	台	2	
7	0.4kV 电容柜	GCS	台	4	
8	0.4kV 出线柜	GCS	台	6	
9	0.4kV 联络柜	GCS	台	1	
10	10kV 电缆	ZC-YJV22-8.7/15-3×120	m	30	
11	10kV 电缆套头	与高压电缆配套	套	4	
12	直流电源屏	63AH	套	1	
13	0.4kV 封闭母桥线	3200A	m	18	
14	接地扁钢	−50×5	m	200	
15	垂直接地极	∠50×50×5，L=2500	根	10	

16.3　使用说明

16.3.1　概述

本方案根据典型设计导则确定的假定条件进行基本组合设计，10kV 开关柜以环网柜及中置柜为基本模块，技术参数及布置形式同样适用于气体绝缘负荷开关柜或固体绝缘负荷开关柜，变压器以 2 台 100～2000kVA 为基本方案，具体工程设计时根据实际情况适当调整使用。

在使用典型设计文件时，要根据实际情况，在安全可靠、投资合理、标准统一、运行高效的设计原则。

16.3.1.1　方案简述说明

本方案对应于 10kV 采用单母线接线，0.4kV 采用单母线分段接线，2 台变压器，容量为 100～2000kVA。10kV 开关柜选用环网柜或中置柜，变压器选用干式变压器，低压柜采用固定式成套柜的组合方案；当低压柜采用抽屉式成套柜时可与其他配电室的 0.4kV 配电装置模块进行拼接；电容柜补偿容量按变压器容量的 30％配置，可根据系统实际情况选择。

本说明书为"10kV 配电室典型设计"内容使用说明，对应方案编号为"PB-3"。

16.3.1.2　基本方案

（1）基本方案说明。10kV 采用单母线接线，0.4kV 采用单母线分段接线，设置 2 台变压器规模。

（2）基本使用方法。

1）PB-3-1 为 2 台主变压器容量为 630kVA，PB-3-2 为 2 台主变压器容量为 630kVA。

2）PB-3-3 为 2 台主变压器容量为 1000kVA，PB-3-4 为 2 台主变压器容量为 1600kVA。

16.3.2　电气一次部分

16.3.2.1　电气主接线

10kV 采用单母线接线，0.4kV 采用单母线分段接线。

16.3.2.2　主设备选择

10kV 开关柜选用环网柜或中置柜；变压器选用节能环保型干式变压器；低压柜采用固定式成套柜；电容柜补偿容量按变压器容量的 30％配置。

16.3.2.3　电气平面布置

10kV 开关柜采用环网柜或中置柜，采用户内单列布置；0.4kV 配电装置采用户内单列布置。

16.4　设计图

方案 PB-3-1 设计图清单详见表 16-8，方案 PB-3-2 设计图清单详见表 16-9，方案 PB-3-3 设计图清单详见表 16-10，方案 PB-3-4 设计图清单详见表 16-11。

表 16-8　　　　　　　　方案 PB-3-1 设计图清单

图序	图名	图纸编号
图 16-1	电气主接线图	PB-3-1-D1-01
图 16-2	10kV 系统配置接线图	PB-3-1-D1-02
图 16-3	0.4kV 系统配置接线图	PB-3-1-D1-03
图 16-4	电气平面布置图	PB-3-1-D1-04
图 16-5	电气断面图	PB-3-1-D1-05
图 16-6	接地装置布置图	PB-3-1-D1-06

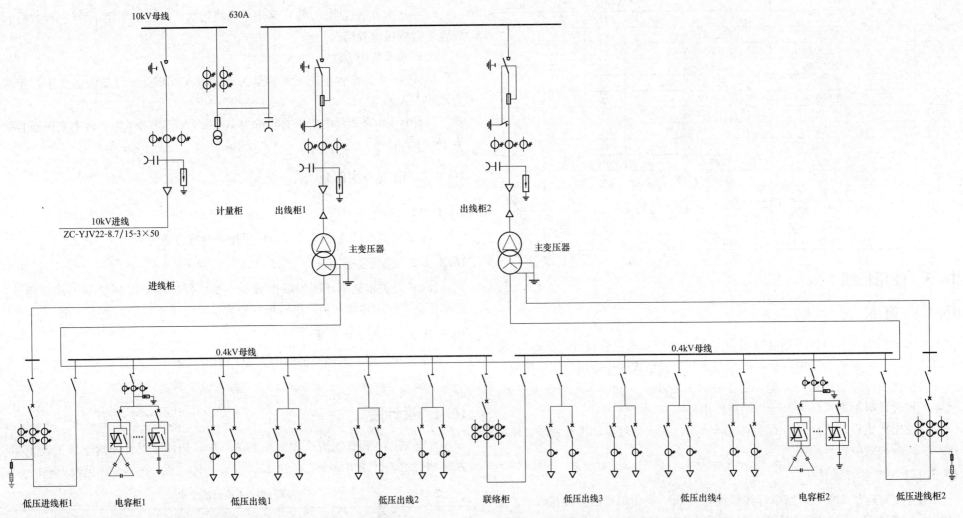

10kV母线　　630A

10kV进线
ZC-YJV22-8.7/15-3×50

计量柜　　出线柜1　　　　　　　出线柜2

主变压器　　　　主变压器

进线柜

0.4kV母线　　　　　　　　　　　　　0.4kV母线

低压进线柜1　　电容柜1　　　低压出线1　　　低压出线2　　　联络柜　　　低压出线3　　　低压出线4　　　电容柜2　　低压进线柜2

说明：1. 本图适用于单电源进线两台（100-630）kVA 变压器业扩工程电气一次主接线图。

2. 在实际应用中可根据具体工程情况做适当调解。

3. 中压计量柜位置可在进线柜前或柜后设置。

图 16-1　电气主接线图（PB-3-1-D1-01）

高压开关柜型号	户内环网柜			
电压等级：10kV 10kV母线：630A	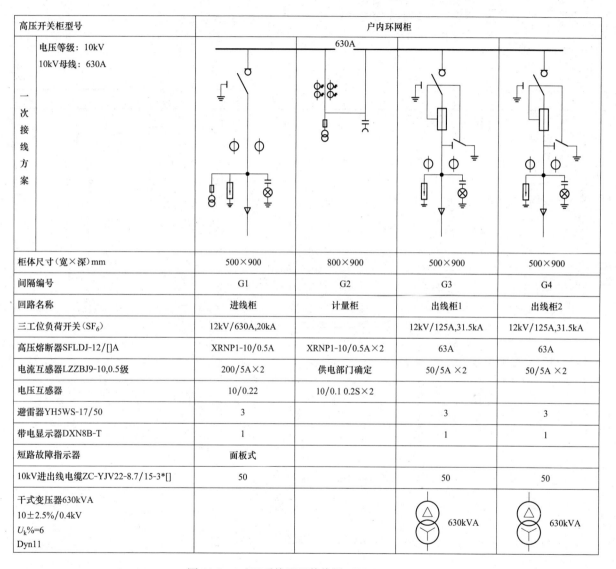			
一次接线方案				
柜体尺寸（宽×深）mm	500×900	800×900	500×900	500×900
间隔编号	G1	G2	G3	G4
回路名称	进线柜	计量柜	出线柜1	出线柜2
三工位负荷开关（SF6）	12kV/630A,20kA		12kV/125A,31.5kA	12kV/125A,31.5kA
高压熔断器SFLDJ-12/[]A	XRNP1-10/0.5A	XRNP1-10/0.5A×2	63A	63A
电流互感器LZZBJ9-10,0.5级	200/5A×2	供电部门确定	50/5A ×2	50/5A ×2
电压互感器	10/0.22	10/0.1 0.2S×2		
避雷器YH5WS-17/50	3		3	3
带电显示器DXN8B-T	1		1	1
短路故障指示器	面板式			
10kV进出线电缆ZC-YJV22-8.7/15-3*[]	50		50	50
干式变压器630kVA 10±2.5%/0.4kV $U_k\%=6$ Dyn11			630kVA	630kVA

图 16-2 10kV 系统配置接线图（PB-3-1-D1-02）

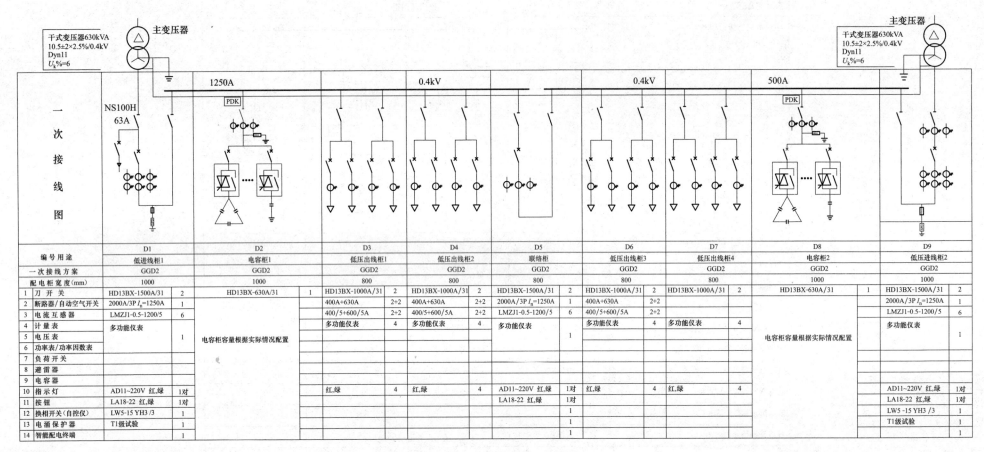

干式变压器630kVA 10.5±2×2.5%/0.4kV Dyn11 $U_k\%=6$ 　主变压器　　　　　　　　　　　　主变压器 干式变压器630kVA 10.5±2×2.5%/0.4kV Dyn11 $U_k\%=6$

一次接线图

NS100H 63A　　PDK　　1250A　　　　0.4kV　　　　　　0.4kV　　　500A　　PDK

编号用途	D1	D2	D3	D4	D5	D6	D7	D8	D9
用途	低进线柜1	电容柜1	低压出线柜1	低压出线柜2	联络柜	低压出线柜3	低压出线柜4	电容柜2	低压进线柜2
一次接线方案	GGD2	GGD2	GGD2	GGD2	GGD2	GGD2	GGD2	GGD2	GGD2
配电柜宽度(mm)	1000	1000	800	800	800	800	800	1000	1000
1 刀开关	HD13BX-1500A/31　2	HD13BX-630A/31　1	HD13BX-1000A/31　2	HD13BX-1000A/31　2	HD13BX-1500A/31　2	HD13BX-1000A/31　2	HD13BX-1000A/31　2	HD13BX-630A/31　1	HD13BX-1500A/31　2
2 断路器/自动空气开关	2000A/3P I_n=1250A　1		400A+630A　2+2	400A+630A　2+2	2000A/3P I_n=1250A　1	400A+630A　2+2			2000A/3P I_n=1250A　1
3 电流互感器	LMZJ1-0.5-1200/5　6		400/5+600/5A　2+2	400/5+600/5A　2+2	LMZJ1-0.5-1200/5　6	400/5+600/5A　2+2			LMZJ1-0.5-1200/5　6
4 计量表	多功能仪表		多功能仪表　4	多功能仪表　4	多功能仪表	多功能仪表　4	多功能仪表　4		多功能仪表
5 电压表	1				1				1
6 功率表/功率因数表									
7 负荷开关									
8 避雷器									
9 电容器		电容柜容量根据实际情况配置						电容柜容量根据实际情况配置	
10 指示灯	AD11~220V 红,绿　1对		红,绿　4	红,绿　4	AD11~220V 红,绿　1对	红,绿　4	红,绿　4		AD11~220V 红,绿　1对
11 按钮	LA18-22 红,绿　1对				LA18-22 红,绿　1对				LA18-22 红,绿　1对
12 换相开关(自控仪)	LW5-15 YH3/3　1				1				LW5 -15 YH3 /3　1
13 电涌保护器	T1级试验　1				1				T1级试验　1
14 智能配电终端	1				1				1

说明：1. 本图为低压配置图典型设计，配电装置按 2×630kVA 设计。实际应用中应结合具体工作情况作调整。

2. 所有型号仅作举例说明用。

3. 出线根据用户实际负荷清单设置。

图 16-3　0.4kV 系统配置接线图（PB-3-1-D1-03）

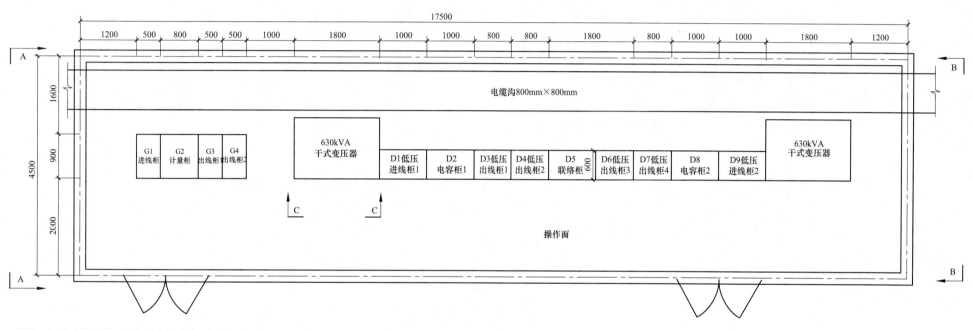

图 16-4　电气平面布置图（PB-3-1-D1-04）

说明：1. 本方案适用于 2 台干式变压器，容量 2×（100～630）kVA。

　　　2. 本方案为典型设计，应用时可根据实际情况作调整。

　　　3. 信号装置放置位置可根据实际确定。

　　　4. 可根据实际情况配置值班室位置。

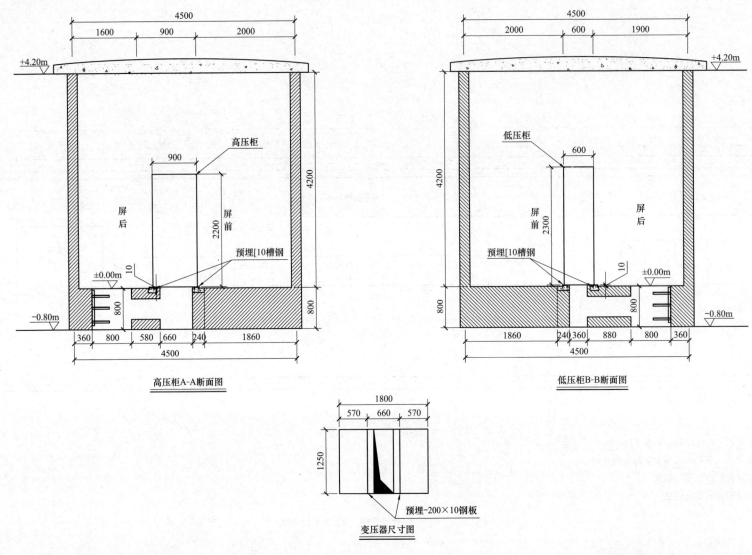

高压柜A-A断面图

低压柜B-B断面图

变压器尺寸图

说明：1. 做好预留孔洞的封盖措施。

2. 电缆、母线进出孔洞位置与建筑实际情况结合后定。

3. 本图为土建条件图，建筑专业设计应做好防水、防渗、通风、消防等措施。

4. 10 号槽钢预埋高出地坪 5～10mm。

图 16-5　电气断面图（PB-3-1-D1-05）

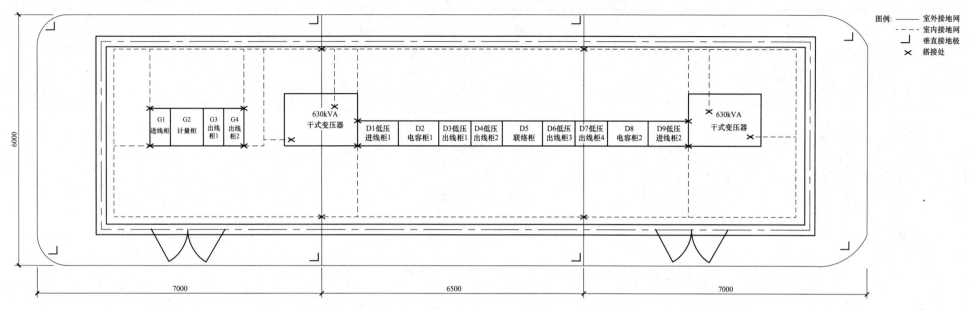

图例：
—— 室外接地网
---- 室内接地网
⌐ 垂直接地极
✕ 搭接处

说明：1. 设备室四周设置接地干线，于离地 0.3m 处明敷，过门处敷设于地面粉刷层内。

2. 主要电气设备均要求采用两点接地方式。

3. 充分利用自然接地体在适当位置与公配房接地网相连。

4. 明敷的接地线表面应涂设 15～100mm 宽的绿色和黄色相间的条纹。

5. 接地线应采取防止机械损伤和化学腐蚀的措施，在引进建筑物的入口处，应设标志。

图 16-6 接地装置布置图（PB-3-1-D1-06）

表 16-9   方案 PB-3-2 设计图清单

图序	图名	图纸编号
图 16-7	电气主接线图	PB-3-2-D1-01
图 16-8	10kV 系统配置接线图	PB-3-2-D1-02
图 16-9	0.4kV 系统配置接线图	PB-3-2-D1-03
图 16-10	电气平面布置图	PB-3-2-D1-04
图 16-11	电气断面图	PB-3-2-D1-05
图 16-12	接地装置布置图	PB-3-2-D1-06

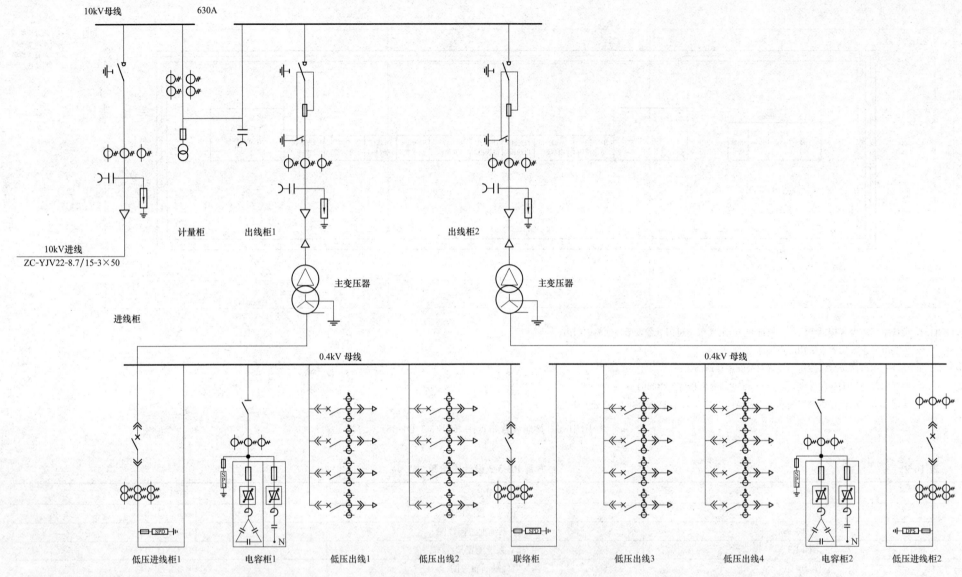

图 16-7　电气主接线图（PB-3-2-D1-01）

说明：1. 本图适用于单电源进线两台（100～630）kVA 变压器业扩工程电气一次主接线图。

2. 在实际应用中可根据具体工程情况做适当调解。

3. 中压计量柜位置可在进线柜前或柜后设置。

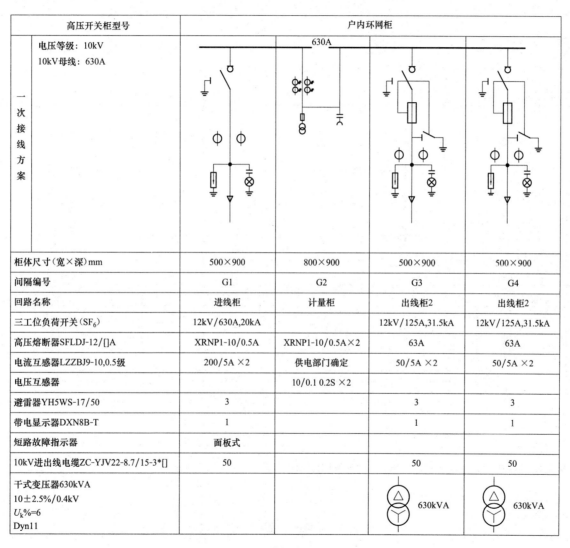

高压开关柜型号	户内环网柜			
电压等级：10kV 10kV母线：630A 一次接线方案				
柜体尺寸(宽×深)mm	500×900	800×900	500×900	500×900
间隔编号	G1	G2	G3	G4
回路名称	进线柜	计量柜	出线柜2	出线柜2
三工位负荷开关(SF₆)	12kV/630A,20kA		12kV/125A,31.5kA	12kV/125A,31.5kA
高压熔断器SFLDJ-12/[]A	XRNP1-10/0.5A	XRNP1-10/0.5A×2	63A	63A
电流互感器LZZBJ9-10,0.5级	200/5A×2	供电部门确定	50/5A×2	50/5A×2
电压互感器		10/0.1 0.2S×2		
避雷器YH5WS-17/50	3		3	3
带电显示器DXN8B-T	1		1	1
短路故障指示器	面板式			
10kV进出线电缆ZC-YJV22-8.7/15-3*[]	50		50	50
干式变压器630kVA 10±2.5%/0.4kV U_k%=6 Dyn11			630kVA	630kVA

图 16-8　10kV 系统配置接线图（PB-3-2-D1-02）

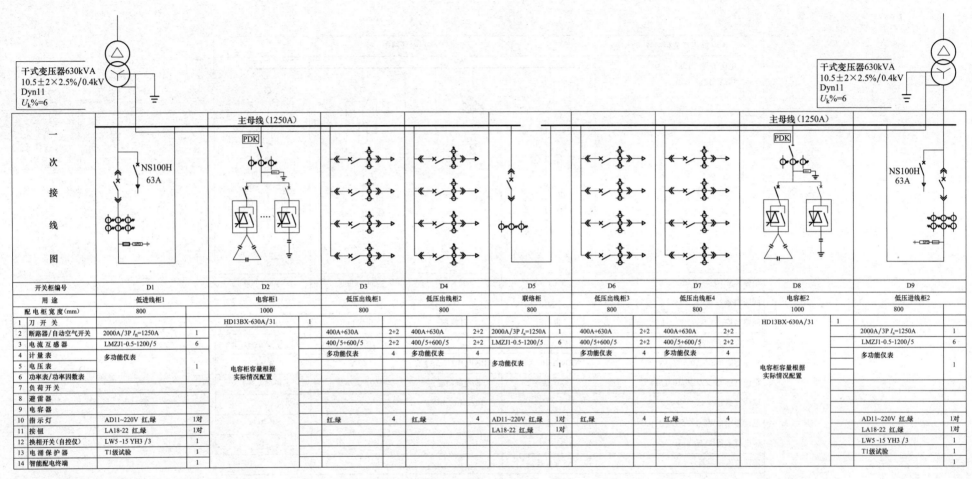

开关柜编号	D1		D2		D3		D4		D5		D6		D7		D8		D9	
用途	低进线柜1		电容柜1		低压出线柜1		低压出线柜2		联络柜		低压出线柜3		低压出线柜4		电容柜2		低压进线柜2	
配电柜宽度(mm)	800		1000		800		800		800		800		800		1000		800	
1 刀开关			HD13BX-630A/31	1											HD13BX-630A/31	1		
2 断路器/自动空气开关	2000A/3P I_n=1250A	1			400A+630A	2+2	400A+630A	2+2	2000A/3P I_n=1250A	1	400A+630A	2+2	400A+630A	2+2			2000A/3P I_n=1250A	1
3 电流互感器	LMZJ1-0.5-1200/5	6			400/5+600/5	2+2	400/5+600/5	2+2	LMZJ1-0.5-1200/5	6	400/5+600/5	2+2	400/5+600/5	2+2			LMZJ1-0.5-1200/5	6
4 计量表	多功能仪表				多功能仪表	4	多功能仪表	4	多功能仪表		多功能仪表	4	多功能仪表	4			多功能仪表	
5 电压表		1	电容柜容量根据实际情况配置							1					电容柜容量根据实际情况配置			1
6 功率表/功率因数表																		
7 负荷开关																		
8 避雷器																		
9 电容器																		
10 指示灯	AD11~220V 红,绿	1对			红,绿	4	红,绿	4	AD11~220V 红,绿	1对	红,绿	4	红,绿	4			AD11~220V 红,绿	1对
11 按钮	LA18-22 红,绿	1对							LA18-22 红,绿	1对							LA18-22 红,绿	1对
12 换相开关(自控仪)	LW5 -15 YH3 /3	1															LW5 -15 YH3 /3	1
13 电涌保护器	T1级试验	1															T1级试验	1
14 智能配电终端		1																1

说明：1. 本图为低压配置图典型设计，配电装置按 $2×630$kVA 设计。实际应用中应结合具体工作情况作调整。

2. 所有型号仅作举例说明用。

3. 出线根据用户实际负荷清单设置。

图 16-9 0.4kV 系统配置接线图 (PB-3-2-D1-03)

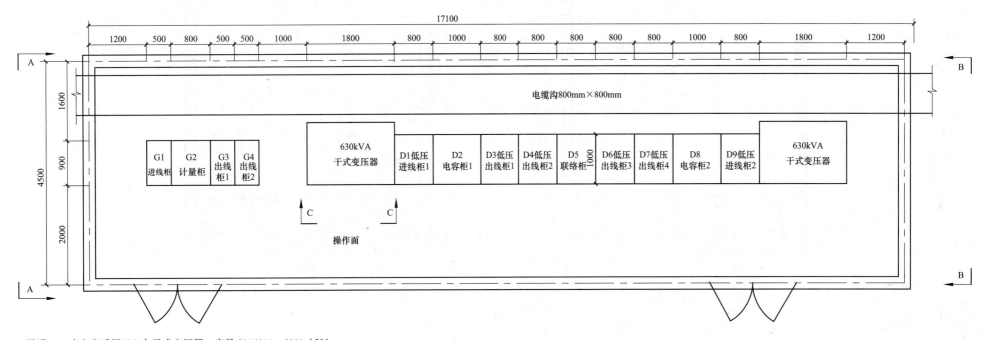

说明：1. 本方案适用于 2 台干式变压器，容量 2×(100~630) kVA。

2. 本方案为典型设计，应用时可根据实际情况作调整。

3. 信号装置放置位置可根据实际确定。

4. 可根据实际情况配置值班室位置。

图 16-10　电气平面布置图（PB-3-2-D1-04）

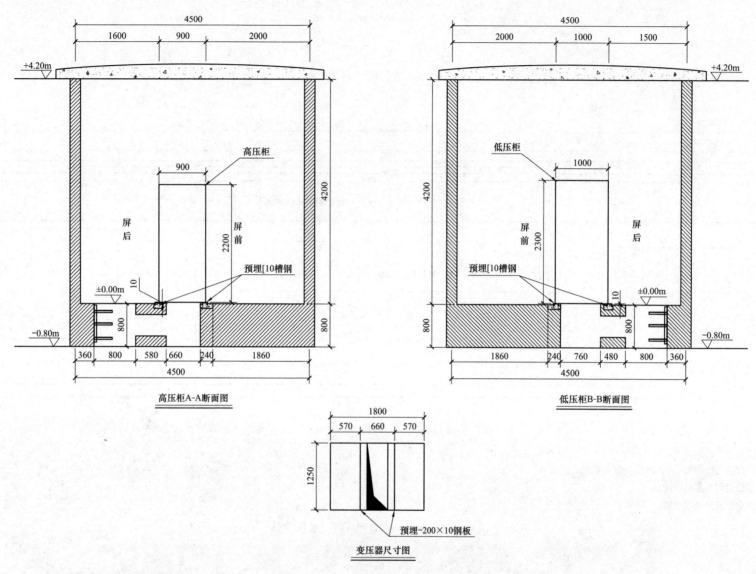

高压柜A-A断面图

低压柜B-B断面图

变压器尺寸图

说明：1. 做好预留孔洞的封盖措施。

2. 电缆、母线进出孔洞位置与建筑实际情况结合后定。

3. 本图为土建条件图，建筑专业设计应做好防水、防渗、通风、消防等措施。

4. 10 号槽钢预埋高出地坪 5～10mm。

图 16-11　电气断面图（PB-3-2-D1-05）

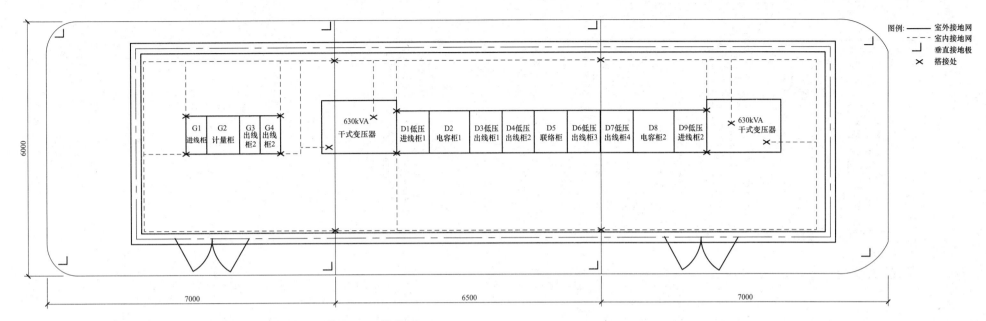

图例：
—— 室外接地网
---- 室内接地网
┐　垂直接地极
✕　搭接处

说明：1. 设备室四周设置接地干线，于离地 0.3m 处明敷，过门处敷设于地面粉刷层内。

2. 主要电气设备均要求采用两点接地方式。

3. 充分利用自然接地体在适当位置与公配房接地网相连。

4. 明敷的接地线表面应涂设 15～100mm 宽的绿色和黄色相间的条纹。

5. 接地线应采取防止机械损伤和化学腐蚀的措施，在引进建筑物的入口处，应设标志。

图 16-12　接地装置布置图（PB-3-2-D1-06）

表 16-10　　　　　　　　　　　　　　　　方案 PB-3-3 设计图清单

图序	图名	图纸编号
图 16-13	电气主接线图	PB-3-3-D1-01
图 16-14	10kV 系统配置接线图	PB-3-3-D1-02
图 16-15	0.4kV 系统配置接线图	PB-3-3-D1-03
图 16-16	电气平面布置图	PB-3-3-D1-04
图 16-17	电气断面图	PB-3-3-D1-05
图 16-18	接地装置布置图	PB-3-3-D1-06

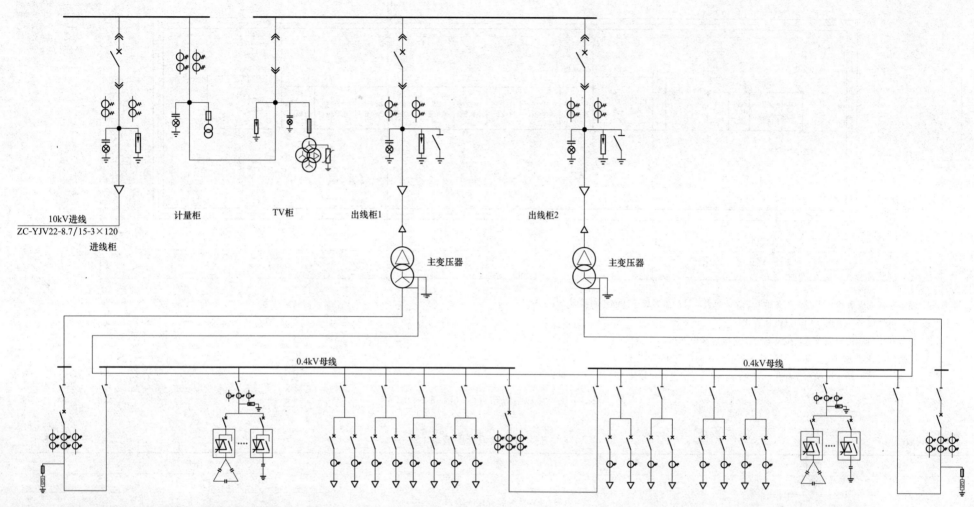

10kV进线
ZC-YJV22-8.7/15-3×120

进线柜

计量柜

TV柜

出线柜1

主变压器

出线柜2

主变压器

0.4kV母线

0.4kV母线

说明：1. 本图适用于单电源进线两台（800～2000）kVA 变压器业扩工程电气一次主接线图。

2. 在实际应用中可根据具体工程情况做适当调解。

3. 中压计量柜位置可在进线柜前或柜后设置。

图 16-13　电气主接线图（PB-3-3-D1-01）

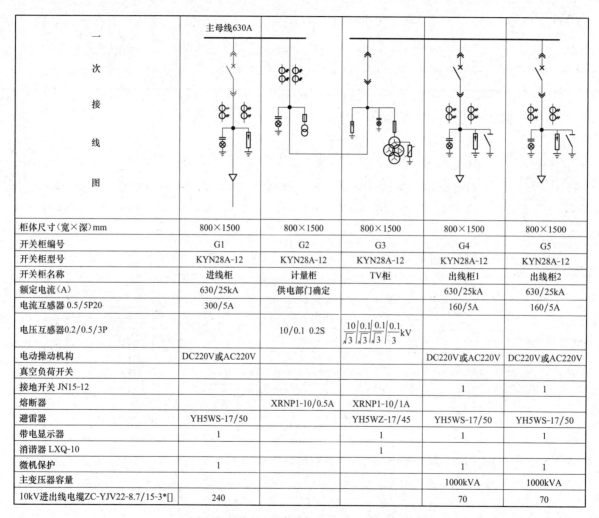

一次接线图	主母线630A				
柜体尺寸(宽×深)mm	800×1500	800×1500	800×1500	800×1500	800×1500
开关柜编号	G1	G2	G3	G4	G5
开关柜型号	KYN28A-12	KYN28A-12	KYN28A-12	KYN28A-12	KYN28A-12
开关柜名称	进线柜	计量柜	TV柜	出线柜1	出线柜2
额定电流(A)	630/25kA	供电部门确定		630/25kA	630/25kA
电流互感器 0.5/5P20	300/5A			160/5A	160/5A
电压互感器0.2/0.5/3P		10/0.1 0.2S	$\frac{10}{\sqrt{3}}\left|\frac{0.1}{\sqrt{3}}\right|\frac{0.1}{\sqrt{3}}\left|\frac{0.1}{3}\right.$kV		
电动操动机构	DC220V或AC220V			DC220V或AC220V	DC220V或AC220V
真空负荷开关					
接地开关 JN15-12				1	1
熔断器		XRNP1-10/0.5A	XRNP1-10/1A		
避雷器	YH5WS-17/50		YH5WZ-17/45	YH5WS-17/50	YH5WS-17/50
带电显示器	1		1	1	1
消谐器 LXQ-10			1		
微机保护	1			1	1
主变压器容量				1000kVA	1000kVA
10kV进出线电缆ZC-YJV22-8.7/15-3*[]	240			70	70

图 16-14　10kV 系统配置接线图 （PB-3-3-D1-02）

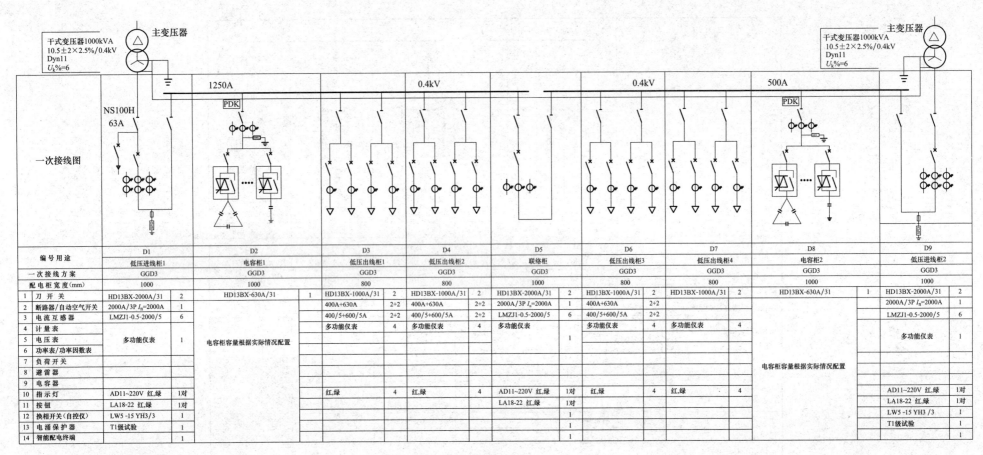

编号用途		D1	D2	D3	D4		D5	D6		D7	D8	D9	
		低压进线柜1	电容柜1	低压出线柜1	低压出线柜2		联络柜	低压出线柜3		低压出线柜4	电容柜2	低压进线柜2	
一次接线方案		GGD3	GGD3	GGD3	GGD3		GGD3	GGD3		GGD3	GGD3	GGD3	
配电柜宽度(mm)		1000	1000	800	800		1000	800		800	1000	1000	
1	刀 开 关	HD13BX-2000A/31	2	HD13BX-630A/31	1	HD13BX-1000A/31	1	HD13BX-1000A/31	2	HD13BX-2000A/31	2	HD13BX-1000A/31	2	HD13BX-1000A/31	2	HD13BX-630A/31	1	HD13BX-2000A/31	2
2	断路器/自动空气开关	2000A/3P I_n=2000A	1		400A+630A	2+2	400A+630A	2+2	2000A/3P I_n=2000A	1	400A+630A	2+2		2000A/3P I_n=2000A	6
3	电流互感器	LMZJ1-0.5-2000/5	6		400/5+600/5A	2+2	400/5+600/5A	2+2	LMZJ1-0.5-2000/5	6	400/5+600/5A	2+2		LMZJ1-0.5-2000/5	6
4	计量表	多功能仪表	1		多功能仪表	4	多功能仪表	4	多功能仪表		多功能仪表	4	多功能仪表		多功能仪表	1
5	电压表														
6	功率表/功率因数表									1					
7	负荷开关														
8	避雷器														
9	电容器														
10	指示灯	AD11~220V 红,绿	1对		红,绿	4	红,绿	4	AD11~220V 红,绿	1对	红,绿	4	AD11~220V 红,绿	1对
11	按钮	LA18-22 红,绿	1对						LA18-22 红,绿	1对			LA18-22 红,绿	1对
12	换相开关(自控仪)	LW5-15 YH3/3	1							1			LW5-15 YH3/3	1
13	电涌保护器	T1级试验	1							1			T1级试验	1
14	智能配电终端									1				

（注：D2电容柜栏："电容柜容量根据实际情况配置"；D8电容柜栏："电容柜容量根据实际情况配置"）

说明：1. 本图为低压配置图典型设计，配电装置按 2×1000kVA 设计。实际应用中应结合具体工作情况作调整。

2. 所有型号仅作举例说明用。

3. 出线根据用户实际负荷清单设置。

图 16-15 0.4kV 系统配置接线图（PB-3-3-D1-03）

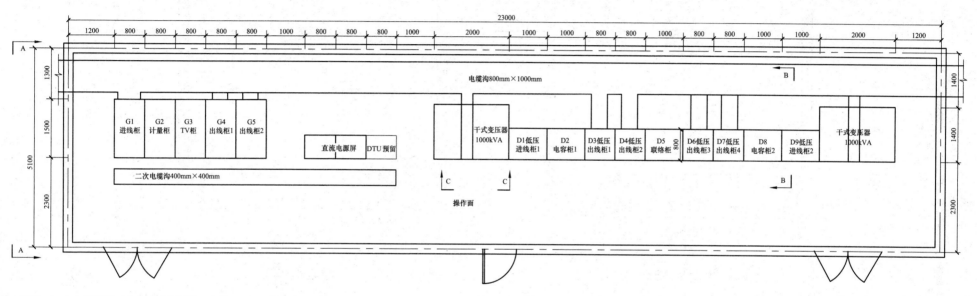

说明：1. 本方案适用于2台干式变压器，容量2×（800～2000）kVA。

2. 本方案为典型设计，应用时可根据实际情况作调整。

3. 直流电源屏可根据实际情况确定；信号装置放置位置可根据实际确定。

4. 可根据实际情况配置值班室位置。

图16-16　电气平面布置图（PB-3-3-D1-04）

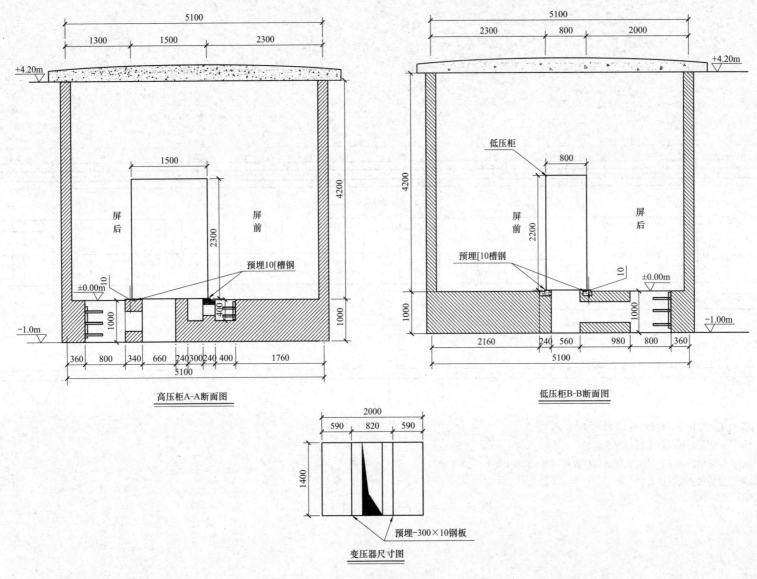

高压柜A-A断面图

低压柜B-B断面图

变压器尺寸图

说明：1. 做好预留孔洞的封盖措施。

2. 电缆、母线进出孔洞位置与建筑实际情况结合后定。

3. 本图为土建条件图，建筑专业设计应做好防水、防渗、通风、消防等措施。

4. 10号槽钢预埋高出地坪5～10mm。

图 16-17　电气断面图（PB-3-3-D1-05）

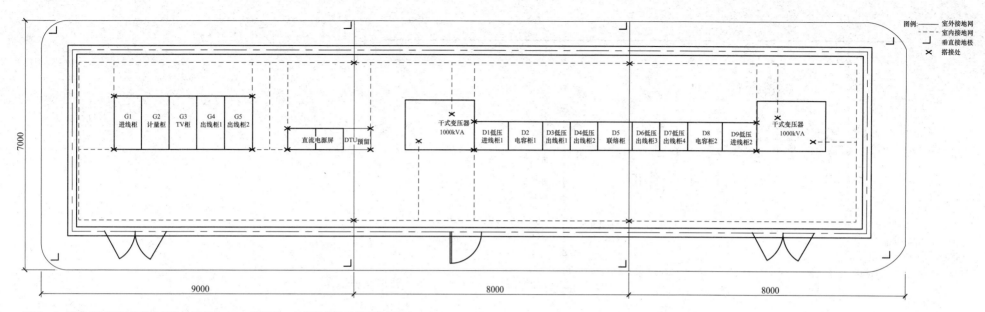

说明：1. 设备室四周设置接地干线，于离地 0.3m 处明敷，过门处敷设于地面粉刷层内。

2. 主要电气设备均要求采用两点接地方式。

3. 充分利用自然接地体在适当位置与公配房接地网相连。

4. 明敷的接地线表面应涂设 15～100mm 宽的绿色和黄色相间的条纹。

5. 接地线应采取防止机械损伤和化学腐蚀的措施，在引进建筑物的入口处，应设标志。

图 16-18　接地装置布置图（PB-3-3-D1-06）

表 16-11　　　　　　　　　　　　　　　　　　　**方案 PB-3-4 设计图清单**

图序	图名	图纸编号
图 16-19	电气主接线图	PB-3-4-D1-01
图 16-20	10kV 系统配置接线图	PB-3-4-D1-02
图 16-21	0.4kV 系统配置接线图	PB-3-4-D1-03
图 16-22	电气平面布置图	PB-3-4-D1-04
图 16-23	电气断面图	PB-3-4-D1-05
图 16-24	接地装置布置图	PB-3-4-D1-06

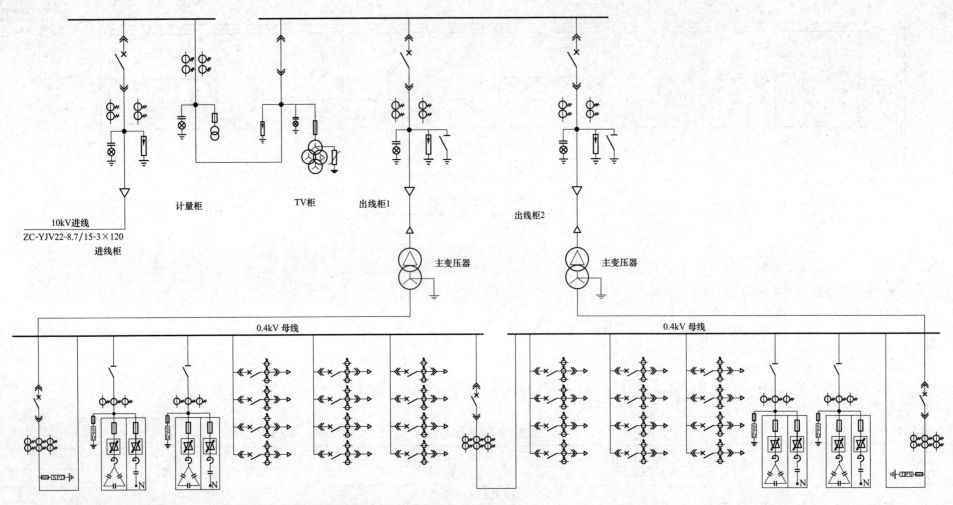

说明: 1. 本图适用于单电源进线两台（800～2000）kVA变压器业扩工程电气一次主接线图。

2. 在实际应用中可根据具体工程情况做适当调解。

3. 中压计量柜位置可在进线柜前或柜后设置。

图 16-19　电气主接线图（PB-3-4-D1-01）

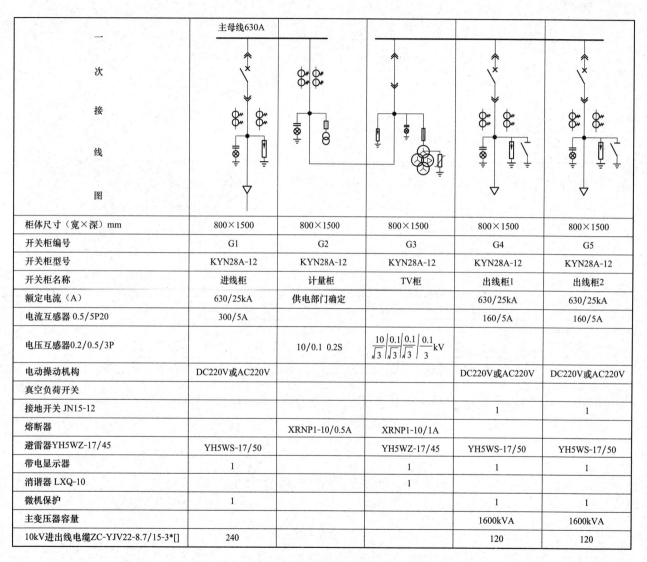

一次接线图	主母线630A				
柜体尺寸（宽×深）mm	800×1500	800×1500	800×1500	800×1500	800×1500
开关柜编号	G1	G2	G3	G4	G5
开关柜型号	KYN28A-12	KYN28A-12	KYN28A-12	KYN28A-12	KYN28A-12
开关柜名称	进线柜	计量柜	TV柜	出线柜1	出线柜2
额定电流（A）	630/25kA	供电部门确定		630/25kA	630/25kA
电流互感器 0.5/5P20	300/5A			160/5A	160/5A
电压互感器0.2/0.5/3P		10/0.1 0.2S	$\frac{10}{\sqrt{3}}\|\frac{0.1}{\sqrt{3}}\|\frac{0.1}{\sqrt{3}}\|\frac{0.1}{3}$kV		
电动操动机构	DC220V或AC220V			DC220V或AC220V	DC220V或AC220V
真空负荷开关					
接地开关 JN15-12				1	1
熔断器		XRNP1-10/0.5A	XRNP1-10/1A		
避雷器YH5WZ-17/45	YH5WS-17/50		YH5WZ-17/45	YH5WS-17/50	YH5WS-17/50
带电显示器	1		1	1	1
消谐器 LXQ-10			1		
微机保护	1			1	1
主变压器容量				1600kVA	1600kVA
10kV进出线电缆ZC-YJV22-8.7/15-3*[]	240			120	120

图 16-20 10kV 系统配置接线图 （PB-3-4-D1-02）

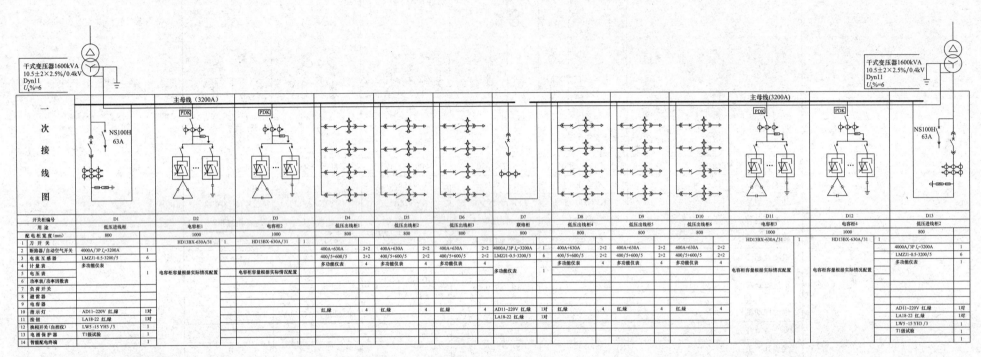

一次接线图

开关柜编号	D1	D2	D3	D4		D5		D6		D7	D8		D9		D10		D11	D12	D13
用途	低压进线柜	电容柜1	电容柜2	低压出线柜1		低压出线柜2		低压出线柜3		联络柜	低压出线柜4		低压出线柜5		低压出线柜6		电容柜3	电容柜4	低压进线柜2
配电柜宽度(mm)	800	1000	1000	800		800		800		800	800		800		800		1000	1000	800
1　刀开关		HD13BX-630A/31　1	HD13BX-630A/31　1														HD13BX-630A/31　1	HD13BX-630A/31　1	
2　断路器/自动空气开关	4000A/3P I_n=3200A　1			400A+630A	2+2	400A+630A	2+2	400A+630A	2+2	4000A/3P I_n=3200A　1	400A+630A	2+2	400A+630A	2+2	400A+630A	2+2			4000A/3P I_n=3200A　1
3　电流互感器	LMZJ1-0.5-3200/5　6			400/5+600/5	2+2	400/5+600/5	2+2	400/5+600/5	2+2	LMZJ1-0.5-3200/5　6	400/5+600/5	2+2	400/5+600/5	2+2	400/5+600/5	2+2			LMZJ1-0.5-3200/5　1
4　计量表	多功能仪表			多功能仪表	4	多功能仪表	4	多功能仪表	4		多功能仪表	4	多功能仪表	4	多功能仪表	4			多功能仪表
5　电压表	1	电容柜容量根据实际情况配置	电容柜容量根据实际情况配置							多功能仪表　1							电容柜容量根据实际情况配置	电容柜容量根据实际情况配置	
6　功率表/功率因数表																			
7　负荷开关																			
8　避雷器																			
9　电容器																			
10　指示灯	AD11~220V 红,绿　1对			红,绿	4	红,绿	4	红,绿	4	AD11~220V 红,绿　1对	红,绿	4	红,绿	4	红,绿	4			AD11~220V 红,绿　1对
11　按钮	LA18-22 红,绿　1对									LA18-22 红,绿　1对									LA18-22 红,绿　1对
12　换相开关(自控仪)	LW5 -15 YH3 /3　1																		LW5 -15 YH3 /3　1
13　电涌保护器	T1级试验　1																		T1级试验　1
14　智能配电终端																			

说明：1. 本图为低压配置图典型设计，配电装置按 2×1600kVA 设计。实际应用中应结合具体工作情况作调整。

　　　2. 所有型号仅作举例说明用。

　　　3. 出线根据用户实际负荷清单设置。

图 16-21　0.4kV 系统配置接线图（PB-3-4-D1-03）

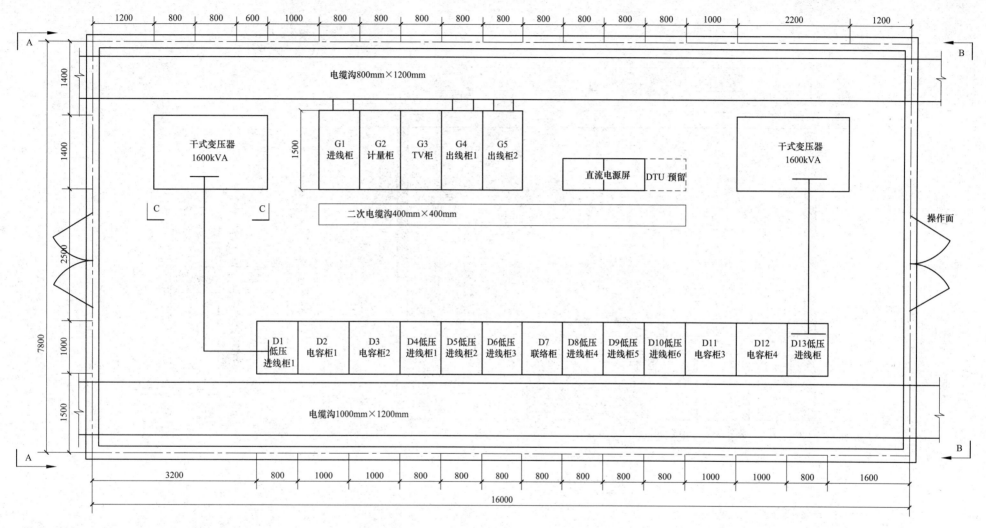

图 16-22 电气平面布置图（PB-3-4-D1-04）

说明：1. 本方案适用于 2 台干式变压器，容量 2×（800～2000）kVA。

2. 本方案为典型设计，应用时可根据实际情况作调整。

3. 直流电源屏可根据实际情况配置；信号装置放置位置可根据实际确定。

4. 可根据实际情况配置值班室位置。

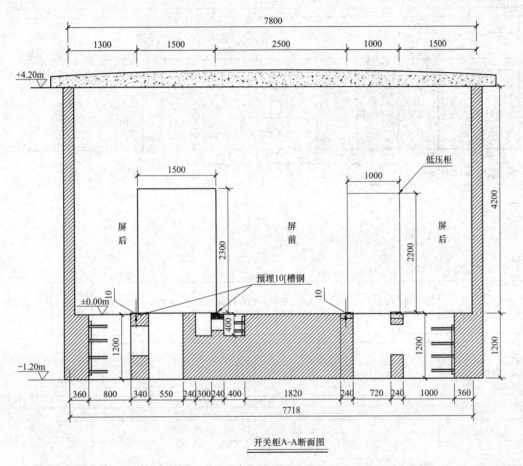

开关柜A-A断面图

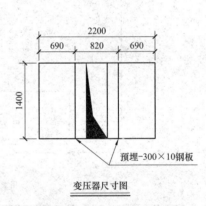

变压器尺寸图

说明：1. 做好预留孔洞的封盖措施。

2. 电缆、母线进出孔洞位置与建筑实际情况结合后定。

3. 本图为土建条件图，建筑专业设计应做好防水、防渗、通风、消防等措施。

4. 10号槽钢预埋高出地坪5~10mm。

图 16-23　电气断面图（PB-3-4-D1-05）

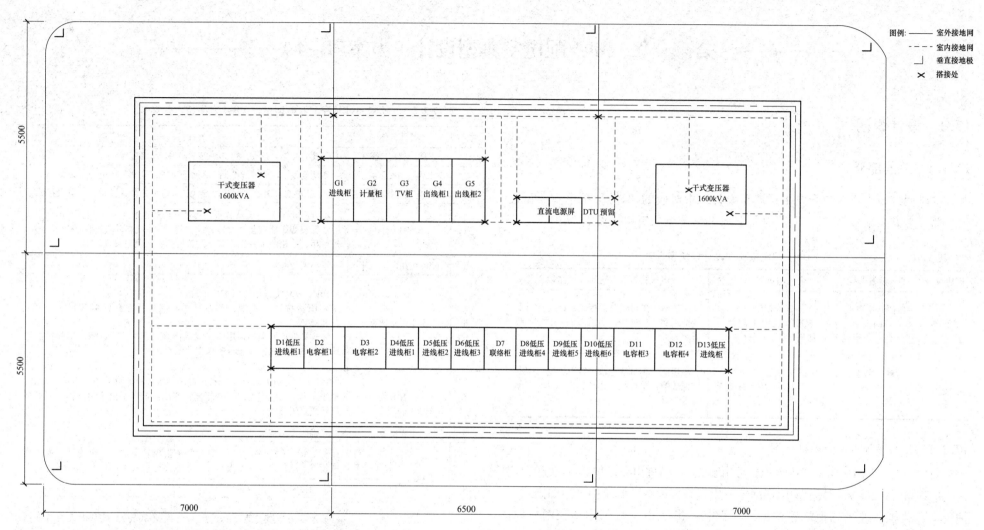

图例: —— 室外接地网
- - - 室内接地网
⌐ 垂直接地极
× 搭接处

说明: 1. 设备室四周设置接地干线，于离地 0.3m 处明敷，过门处敷设于地面粉刷层内。

2. 主要电气设备均要求采用两点接地方式。

3. 充分利用自然接地体在适当位置与公配房接地网相连。

4. 明敷的接地线表面应涂设 15～100mm 宽的绿色和黄色相间的条纹。

5. 接地线应采取防止机械损伤和化学腐蚀的措施，在引进建筑物的入口处，应设标志。

图 16-24 接地装置布置图（PB-3-4-D1-06）

第 17 章 10kV配电室典型设计（方案PB-4）

17.1 设计说明

17.1.1 总的部分

本典型设计为"客户受电工程典型设计"中对应的"10kV 配电室典型设计"部分，方案编号为"PB-4"，"PB-4"10kV 配电装置模块见表 17-1。

表 17-1   10kV 配电室典型设计模块表

模块编号	主要设备选择	变压器（kVA）	电气主接线和进出线回路数
PB-4-1	中压侧：中置柜/环网柜 低压侧：固定柜	100～2000kVA（SCB10 及以上高效节能型干式变压器）	中压侧：单母线分段接线；进线：2 回 低压侧：单母线；出线：2～8 回/实际需求为准
PB-4-2	中压侧：中置柜/环网柜 低压侧：抽屉柜	100～2000kVA（SCB10 及以上高效节能型干式变压器）	中压侧：单母线分段接线；进线：2 回 低压侧：单母线；出线：2～8 回/实际需求为准

17.1.1.1 方案 PB-4 主要技术原则

对应 10kV 采用环网柜或中置柜，采用 10kV 电缆进出线，10kV 开关柜采用户内单列布置；10kV 开关柜采用环网柜或中置柜，0.4kV 低压柜采用固定式或抽屉式开关柜，进线总柜配置框架式断路器，出线柜一般采用塑壳断路器；0.4kV 低压无功补偿采用动态自动补偿方式，补偿容量按变压器容量的 10％～40％配置，按三相、单相混合补偿；变压器选用节能环保型产品，可根据所供的负荷情况选用 2 台干式变压器，容量选用 100～2000kVA 干式变压器。

17.1.1.2 方案技术条件

本方案根据"10kV 配电室典型设计总体说明"确定的预定条件开展设计，方案组合说明见表 17-2。

表 17-2   10kV 配电室典型设计 PB-4 方案技术条件表

序号	项目名称	内容
1	10kV 变压器	干式变压器，容量为 100～2000kVA，本期 2 台
2	10kV 进出线回路数	本期规模 10kV 进线 2 回，2 回配出线，全部采用电缆进出线
3	电气主接线	10kV 本期采用单母线分段接线；0.4kV 本期采用单母线分段接线
4	无功补偿	本方案 0.4kV 电容器容量按每台变压器容量的 30％配置，可根据实际情况按变压器容量的 20％～30％作调整；采用动态自动补偿方式，按三相、单相混合补偿方式，配置配变综合测控装置
5	设备短路电流水平	不小于 20kA
6	主要设备选型	10kV 开光柜选用环网柜或中置柜。 变压器按"节能型、环保型"原则选用；变压器容量为 100～2000kVA。 0.4kV 低压开关柜采用固定式或抽屉式开关柜；进线总柜配置框架式断路器，出线柜开关一般采用塑壳断路器
7	布置方式	10kV 开关柜采用户内单列布置，0.4kV 开关柜采用户内单列布置；出线间隔采用电缆引出至变压器；变压器低压引出采用铜排、密集型母线或封闭母线
8	土建部分	基础砖混结构
9	通风	若 10kV 开关柜采用 SF$_6$ 负荷开关柜须装设轴流风机或其他强力通风装置，风口设置在室内底部；其他分室采用自然通风
10	消防	采用化学灭火器装置
11	站址基本条件	按地震动峰值加速度 0.1g，设计风速 30m/s，地基承载力特征值 f_{ak}＝150kPa，地下水无影响，非采暖区设计，假设场地为同一标高。 按海拔 1000m 及以下，国标Ⅲ级污秽区设计； 当海拔超过 1000m 时，按国家有关规范进行修正

17.1.2 电力系统部分

本典型设计按照给定的规模进行设计，在实际工程中，需要根据配电室所

处系统情况具体设计。

本典型设计不涉及系统继电保护专业、系统通信专业、系统远动专业的具体内容，在实际工程中，需要根据配电室系统情况具体设计。

17.1.3 电气一次部分

17.1.3.1 电气主接线

（1）10kV部分：单母线分段接线。

（2）0.4kV部分：单母线分段接线。

17.1.3.2 短路电流及主要电气设备、导体选择

（1）10kV设备短路电流水平：不小于20kA。

（2）主要电气设备选择：

1）10kV开关柜。10kV开关柜采用环网柜或中置柜。若采用SF₆开关设备，需采用独立的通风系统，将泄漏的SF₆气体排至安全地方。

10kV开关柜主要设备选择结果见表17-3。

表17-3 10kV开关柜主要设备选择结果表

设备名称	型式及主要参数	备注
断路器	630A/25kA，1250A/31.5kA	
负荷开关	进、出线回路：630A，20kA；125A，31.5kA	
电流互感器	变压器回路：/5A	
避雷器	17/45kV	
主母线	630A	

2）变压器。变压器采用干式变压器。规格如下。

容量：100～2000kVA；

接线组别：Dyn11；

电压额定变比：$10.5\pm2\times2.5\%/0.4kV$；

阻抗电压：$U_k\%=4\sim6$。

3）0.4kV开关柜。0.4kV低压柜采用固定式或抽屉式开关柜。

4）无功补偿电容器柜。无功补偿电容器柜采用动态无功自动补偿型式，低压电力电容器采用智能自愈式、免维护、无污染、环保型。补偿容量按变压器容量的10%～40%配置。

5）导体选择。根据短路电流水平为20kA/25kA，按发热及动稳定条件校验，10kV主母线及进线间隔导体选择应满足额定电流需求。10kV开关柜与变压器高压侧连接电缆须按发热及动稳定条件校验选用。低压母线最大工作电流按4000A考虑。

17.1.3.3 绝缘配合及过电压保护

电气设备的绝缘配合，参照GB/T 50064—2014《交流电气装置的过电压保护和绝缘配合设计规范》确定的原则进行。

（1）金属氧化物避雷器按GB 11032—2010《交流无间隙金属氧化物避雷器》中的规定进行选择。

（2）雷电过电压保护。采用金属氧化物避雷器作为雷电侵入波及内部过电压保护装置，施工图设计时根据中性点运行方式和需要，确定参数和安装。

（3）接地。本类型配电室接地按有关技术规程的要求设计，接地装置采用水平接地体与垂直接地体组成。接地网接地电阻应符合DL/T 621—1997《交流电气装置的接地》的规定。

具体工程中需按短路电流校验接地引下线及接地体截面，接地电阻、跨步电压和接触电压应满足有关规程要求；如接地电阻不能满足要求，则需要采取降阻措施。

17.1.3.4 电气设备布置

10kV配电装置采用环网柜或中置柜，采用单列布置，低压配电装置采用单列布置方式。

17.1.3.5 站用电及照明

（1）站用电。由于本方案10kV配电装置规模较小，故不设站用电柜，站用电源取自本站的低压母线。

（2）照明。工作照明采用荧光灯、LED灯、节能灯，事故照明采用应急灯。

17.1.3.6 电缆设施及防火措施

电缆敷设通道应满足电缆转弯半径要求。

电缆敷设采用支架上敷设、穿管敷设方式，并满足防火要求；在柜下方及电缆沟进出口采用耐火材料封堵。

17.1.4　电气二次部分

17.1.4.1　二次设备布置方案

所有二次设备布置在各自开关柜小室内。

17.1.4.2　保护及自动装置配置

保护配置原则如下：

（1）10kV 进线负荷开关不设保护，10kV 断路器设置微机综合保护装置。

（2）主变压器一次柜内装设熔断器用于变压器保护。

（3）低压侧短路和过载保护利用空气断路器自身具有的保护特性来实现。

17.1.4.3　电能计量

本方案考虑电能计量装置设置，若根据当地供电公司设置 10kV 进出线电能计量装置或者 0.4kV 计量装置，需按如下原则调整：

（1）电能计量装置选用及配置应满足 DL/T 448—2000《电能计量装置技术管理规程》规定。

（2）10kV 计量设置专用的 10kV 计量柜，设置计量专用二次绕组，用于电能计量。

（3）0.4kV 计量装置装于低压进线柜内，设置计量专用二次绕组，用于电能计量。

17.2　主要设备及材料清册

方案 PB-4-1 主要设备材料见表 17-4；方案 PB-4-2 主要设备材料见表 17-5。

表 17-4　　　　　　方案"PB-4-1"电气主要设备材料表

序号	名称	型号	单位	数量	备注
1	变压器	干式-1000-10/0.4	台	2	
2	10kV 进线柜	KYN28A-12	台	2	
3	10kV 计量柜	KYN28A-12	台	2	
4	10kV 出线柜	KYN28A-12	台	2	
5	10kV 母线 PT 柜	KYN28A-12	台	2	
6	10kV 母线分段柜	KYN28A-12	台	1	
7	10kV 隔离柜	KYN28A-12	台	1	

续表

序号	名称	型号	单位	数量	备注
8	0.4kV 进线柜	GGD2	台	2	
9	0.4kV 电容柜	GGD2	台	2	
10	0.4kV 出线柜	GGD2	台	4	
11	0.4kV 联络柜	GGD2	台	1	
12	10kV 电缆	ZC-YJV22-8.7/15-3×70	m	30	
13	10kV 电缆套头	与高压电缆配套	套	4	
14	直流电源屏	63AH	套	1	
15	接地扁钢	—50×5	m	200	
16	垂直接地极	∠50×50×5，$L=2500$	根	8	

表 17-5　　　　　　方案 PB-4-4 电气主要设备材料表

序号	名称	型号	单位	数量	备注
1	变压器	干式-1000-10/0.4	台	2	
2	10kV 进线柜	KYN28A-12	台	2	
3	10kV 计量柜	KYN28A-12	台	2	
4	10kV 出线柜	KYN28A-12	台	2	
5	10kV 母线 PT 柜	KYN28A-12	台	2	
6	10kV 母线分段柜	KYN28A-12	台	1	
7	10kV 母线隔离柜	KYN28A-12	台	1	
8	0.4kV 进线柜	GCS	台	2	
9	0.4kV 电容柜	GCS	台	2	
10	0.4kV 出线柜	GCS	台	4	
11	0.4kV 联络柜	GCS	台	1	
12	10kV 电缆	ZC-YJV22-8.7/15-3×120	m	30	
13	10kV 电缆套头	与高压电缆配套	套	4	
14	直流电源屏	63AH	套	1	
15	接地扁钢	—50×5	m	200	
16	垂直接地极	∠50×50×5，$L=2500$	根	8	

17.3　使用说明

17.3.1　概述

本方案根据典型设计导则确定的假定条件进行基本设计，10kV 开关柜以中置柜为基本模块,变压器以2台100~2000kVA为基本方案,具体工程设计时根据实际情况适当调整使用。

在使用典型设计文件时,要根据实际情况,在安全可靠、投资合理、标准统一、运行高效的设计原则。

17.3.1.1　方案简述说明

本方案对应于10kV采用单母线分段接线,0.4kV采用单母线分段接线,2台变压器,容量为100~2000kVA。10kV开关柜选用环网柜或中置柜,变压器选用干式变压器,低压柜采用固定式成套柜的组合方案;当低压柜采用抽屉式成套柜时可与其他配电室的0.4kV配电装置模块进行拼接;电容柜补偿容量按变压器容量的30%配置,可根据系统实际情况选择。

本说明书为"10kV配电室典型设计"内容使用说明,对应方案编号为"PB-4"。

17.3.1.2　基本方案

(1)基本方案说明。10kV采用单母线分段接线,0.4kV采用单母线分段接线,设置2台变压器规模。

(2)基本使用方法。"PB-4-1"2台主变压器容量为1000kVA,"PB-4-2"2台主变压器容量为1000kVA。

17.3.2　电气一次部分

17.3.2.1　电气主接线

10kV采用单母线分段接线,0.4kV采用单母线分段接线。

17.3.2.2　主设备选择

10kV开关柜选用中置柜;变压器选用节能环保型干式变压器;低压柜采用固定式成套柜;电容柜补偿容量按变压器容量的30%配置,可根据系统实际情况选择。

17.3.2.3　电气平面布置

10kV开关柜采用中置柜,采用户内单列布置;0.4kV配电装置采用户内单列布置。

17.4　设计图

方案PB-4-1设计图清单详见表17-6,方案PB-4-2设计图清单详见表17-7。

表17-6　　　　　方案PB-4-1设计图清单

图序	图名	图纸编号
图17-1	电气主接线图	PB-4-1-D1-01
图17-2	10kV系统配置接线图	PB-4-1-D1-02
图17-3	0.4kV系统配置接线图	PB-4-1-D1-03
图17-4	电气平面布置图	PB-4-1-D1-04
图17-5	电气断面图	PB-4-1-D1-05
图17-6	接地装置布置图	PB-4-1-D1-06

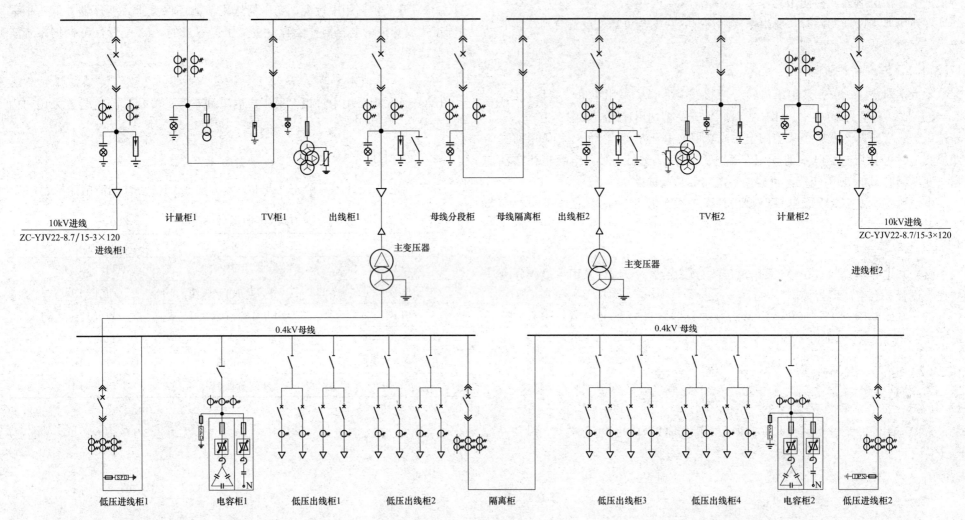

说明：1. 本图适用于双电源进线两台（100～2000）kVA 变压器业扩工程电气一次主接线图。

2. 在实际应用中可根据具体工程情况做适当调解。

3. 中压计量柜位置可在进线柜前或柜后设置。

图 17-1　电气主接线图（PB-4-1-D1-01）

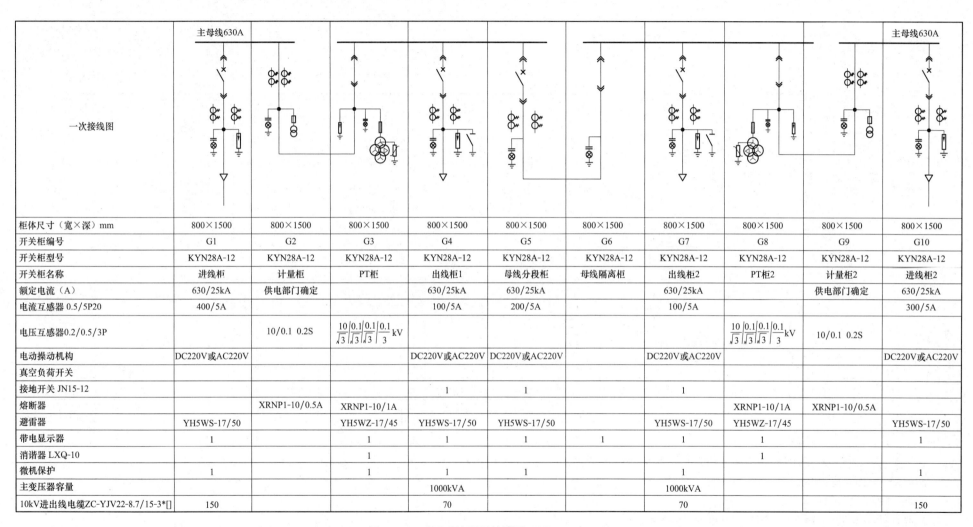

一次接线图										
柜体尺寸（宽×深）mm	800×1500	800×1500	800×1500	800×1500	800×1500	800×1500	800×1500	800×1500	800×1500	800×1500
开关柜编号	G1	G2	G3	G4	G5	G6	G7	G8	G9	G10
开关柜型号	KYN28A-12	KYN28A-12	KYN28A-12	KYN28A-12	KYN28A-12	KYN28A-12	KYN28A-12	KYN28A-12	KYN28A-12	KYN28A-12
开关柜名称	进线柜	计量柜	PT柜	出线柜1	母线分段柜	母线隔离柜	出线柜2	PT柜2	计量柜2	进线柜2
额定电流（A）	630/25kA	供电部门确定		630/25kA	630/25kA		630/25kA		供电部门确定	630/25kA
电流互感器 0.5/5P20	400/5A			100/5A	200/5A		100/5A			300/5A
电压互感器0.2/0.5/3P		10/0.1 0.2S	$\frac{10}{\sqrt{3}}\left|\frac{0.1}{\sqrt{3}}\right|\frac{0.1}{\sqrt{3}}\left|\frac{0.1}{3}\right.$ kV					$\frac{10}{\sqrt{3}}\left|\frac{0.1}{\sqrt{3}}\right|\frac{0.1}{\sqrt{3}}\left|\frac{0.1}{3}\right.$ kV	10/0.1 0.2S	
电动操动机构	DC220V或AC220V			DC220V或AC220V	DC220V或AC220V		DC220V或AC220V			DC220V或AC220V
真空负荷开关										
接地开关 JN15-12				1	1		1			
熔断器		XRNP1-10/0.5A	XRNP1-10/1A					XRNP1-10/1A	XRNP1-10/0.5A	
避雷器	YH5WS-17/50		YH5WZ-17/45	YH5WS-17/50	YH5WS-17/50		YH5WS-17/50	YH5WZ-17/45		YH5WS-17/50
带电显示器	1		1	1	1	1	1	1		1
消谐器 LXQ-10			1					1		
微机保护	1		1	1	1		1			1
主变压器容量				1000kVA			1000kVA			
10kV进出线电缆ZC-YJV22-8.7/15-3*[]	150			70			70			150

图 17-2　10kV 系统配置接线图（PB-4-1-D1-02）

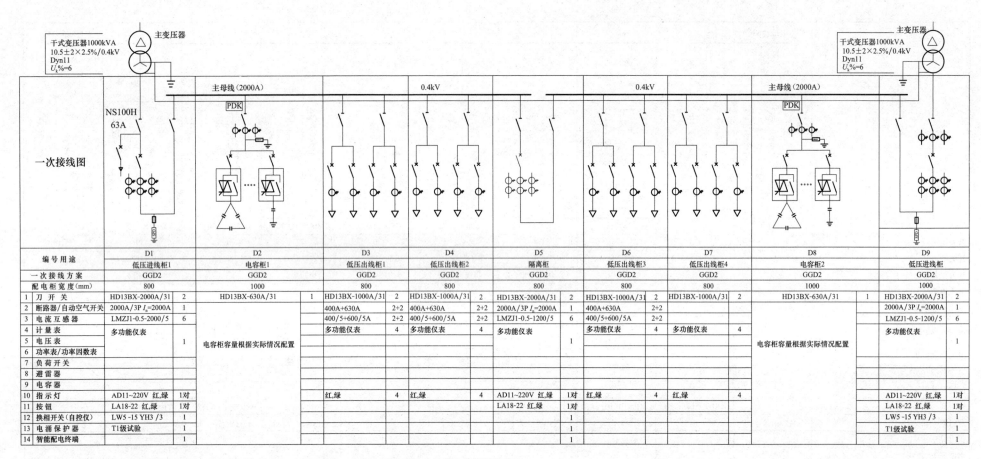

编号用途		D1		D2		D3		D4		D5		D6		D7		D8		D9	
		低压进线柜1		电容柜1		低压出线柜1		低压出线柜2		隔离柜		低压出线柜3		低压出线柜4		电容柜2		低压进线柜	
一次接线方案		GGD2		GGD2		GGD2		GGD2		GGD2		GGD2		GGD2		GGD2		GGD2	
配电柜宽度(mm)		800		1000		800		800		800		800		800		1000		1000	
1	刀 开 关	HD13BX-2000A/31	2	HD13BX-630A/31	1	HD13BX-1000A/31	2	HD13BX-1000A/31	2	HD13BX-2000A/31	2	HD13BX-1000A/31	2	HD13BX-1000A/31	2	HD13BX-630A/31	1	HD13BX-2000A/31	2
2	断路器/自动空气开关	2000A/3P I_n=2000A	1			400A+630A	2+2	400A+630A	2+2	2000A/3P I_n=2000A	1	400A+630A	2+2					2000A/3P I_n=2000A	1
3	电流互感器	LMZJ1-0.5-2000/5	6			400/5+600/5A	2+2	400/5+600/5A	2+2	LMZJ1-0.5-1200/5	6	400/5+600/5A	2+2					LMZJ1-0.5-1200/5	6
4	计量表	多功能仪表				多功能仪表	4	多功能仪表	4	多功能仪表		多功能仪表	4	多功能仪表	4			多功能仪表	
5	电压表		1	电容柜容量根据实际情况配置							1					电容柜容量根据实际情况配置			1
6	功率表/功率因数表																		
7	负荷开关																		
8	避雷器																		
9	电容器																		
10	指示灯	AD11~220V 红,绿	1对			红,绿	4	红,绿	4	AD11~220V 红,绿	1对	红,绿	4	红,绿	4			AD11~220V 红,绿	1对
11	按钮	LA18-22 红,绿	1对							LA18-22 红,绿	1对							LA18-22 红,绿	1对
12	换相开关(自控仪)	LW5 -15 YH3 /3	1								1							LW5 -15 YH3 /3	1
13	电涌保护器	T1级试验	1								1							T1级试验	1
14	智能配电终端		1								1								1

说明：1. 本图为低压配置图典型设计，配电装置按 2×1000kVA 设计。实际应用中应结合具体工作情况作调整。

　　　2. 所有型号仅作举例说明用。

　　　3. 出线根据用户实际负荷清单设置。

　　　4. 两个低压总柜断路器与联络柜断路器实行联锁（三锁二钥匙）。

图 17-3　0.4kV 系统配置接线图（PB-4-1-D1-03）

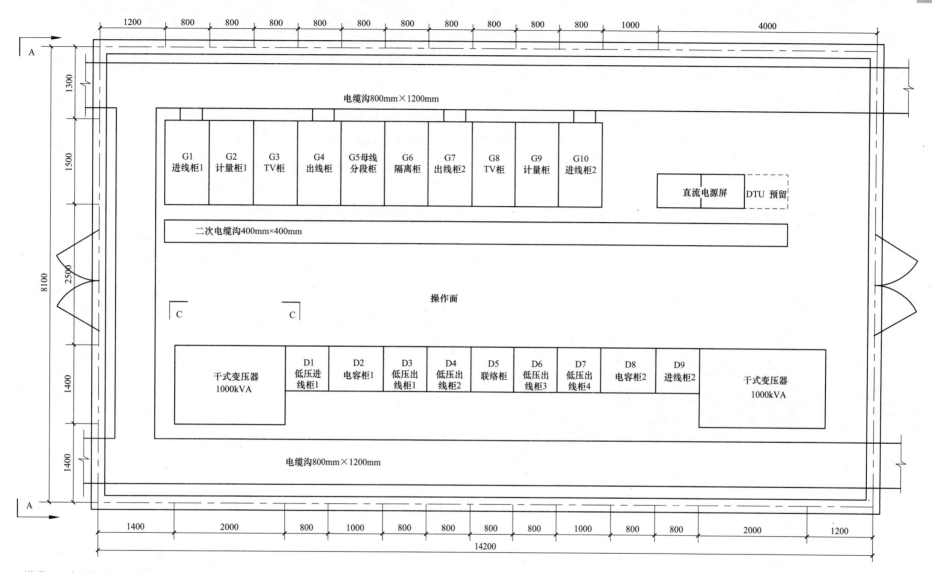

说明：1. 本方案适用于 2 台干式变压器，容量 2×（100～2000）kVA。

　　　2. 本方案为典型设计，应用时可根据实际情况作调整。

　　　3. 直流电源屏可根据实际情况配置；信号装置放置位置可根据实际确定。

　　　4. 可根据实际情况配置值班室位置。

图 17-4　电气平面布置图（PB-4-1-D1-04）

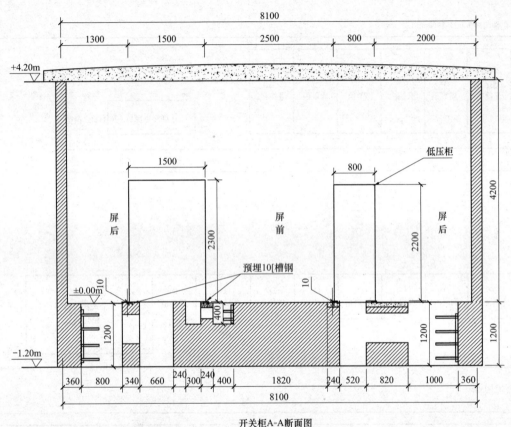

开关柜A-A断面图

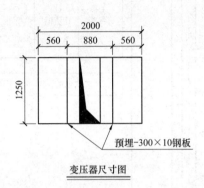

变压器尺寸图

说明：1. 做好预留孔洞的封盖措施。

2. 电缆、母线进出孔洞位置与建筑实际情况结合后定。

3. 本图为土建条件图，建筑专业设计应做好防水、防渗、通风、消防等措施。

4. 10 号槽钢预埋高出地坪 5～10mm。

图 17-5　电气断面图（PB-4-1-D1-05）

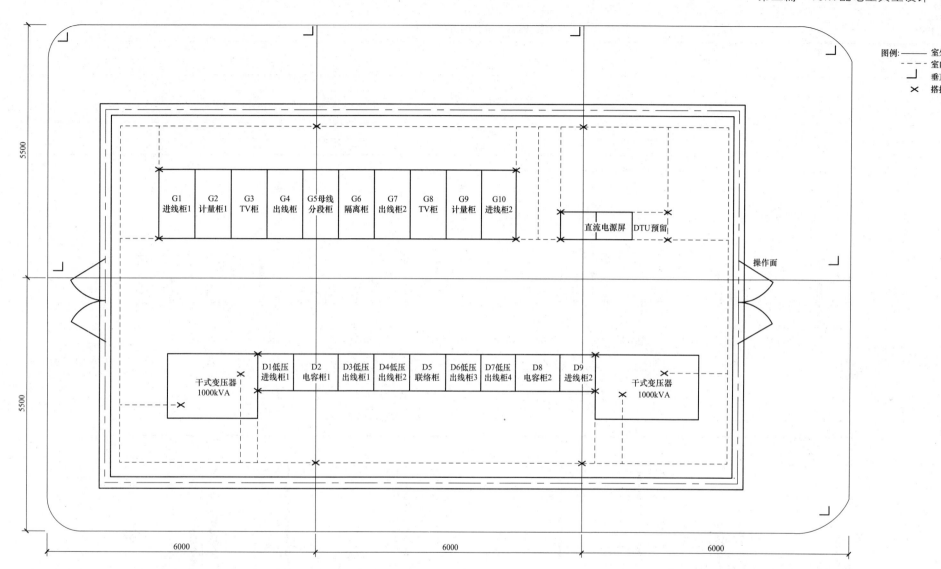

图例：—— 室外接地网
- - - 室内接地网
⌐ 垂直接地极
✕ 搭接处

图 17-6　接地装置布置图（PB-4-1-D1-06）

说明：1. 设备室四周设置接地干线，于离地 0.3m 处明敷，过门处敷设于地面粉刷层内。

2. 主要电气设备均要求采用两点接地方式。

3. 充分利用自然接地体在适当位置与公配房接地网相连。

4. 明敷的接地线表面应涂设 15～100mm 宽的绿色和黄色相间的条纹。

5. 接地线应采取防止机械损伤和化学腐蚀的措施，在引进建筑物的入口处，应设标志。

表 17-7　　　　　　　　　　　　　　　　　　　　　　方案 PB-4-2 设计图清单

图序	图名	图纸编号
图 17-7	电气主接线图	PB-4-2-D1-01
图 17-8	10kV 系统配置接线图	PB-4-2-D1-02
图 17-9	0.4kV 系统配置接线图	PB-4-2-D1-03
图 17-10	电气平面布置图	PB-4-2-D1-04
图 17-11	电气断面图	PB-4-2-D1-05
图 17-12	接地装置布置图	PB-4-2-D1-06

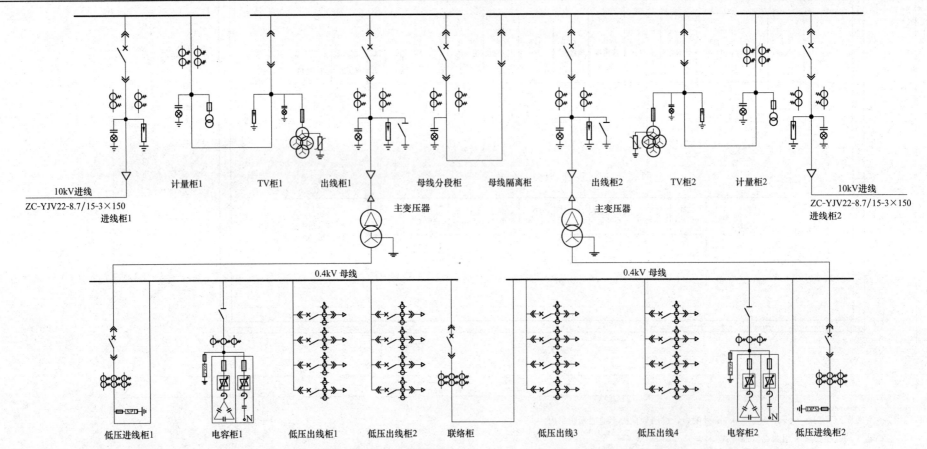

说明：1. 本图适用于双电源进线两台（100～2000）kVA 变压器业扩工程电气一次主接线图。

　　　2. 在实际应用中可根据具体工程情况做适当调解。

　　　3. 中压计量柜位置可在进线柜前或柜后设置。

图 17-7　电气主接线图（PB-4-2-D1-01）

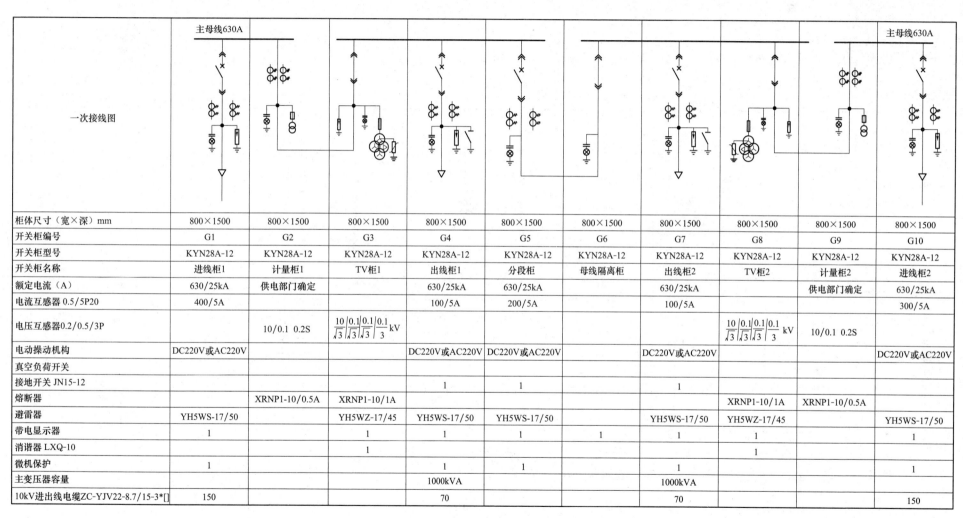

一次接线图										
柜体尺寸（宽×深）mm	800×1500	800×1500	800×1500	800×1500	800×1500	800×1500	800×1500	800×1500	800×1500	800×1500
开关柜编号	G1	G2	G3	G4	G5	G6	G7	G8	G9	G10
开关柜型号	KYN28A-12	KYN28A-12	KYN28A-12	KYN28A-12	KYN28A-12	KYN28A-12	KYN28A-12	KYN28A-12	KYN28A-12	KYN28A-12
开关柜名称	进线柜1	计量柜1	TV柜1	出线柜1	分段柜	母线隔离柜	出线柜2	TV柜2	计量柜2	进线柜2
额定电流（A）	630/25kA	供电部门确定		630/25kA	630/25kA		630/25kA		供电部门确定	630/25kA
电流互感器 0.5/5P20	400/5A			100/5A	200/5A		100/5A			300/5A
电压互感器0.2/0.5/3P		10/0.1 0.2S	$\frac{10}{\sqrt{3}}\left|\frac{0.1}{\sqrt{3}}\right|\frac{0.1}{\sqrt{3}}\left|\frac{0.1}{3}\right|$kV					$\frac{10}{\sqrt{3}}\left|\frac{0.1}{\sqrt{3}}\right|\frac{0.1}{\sqrt{3}}\left|\frac{0.1}{3}\right|$kV	10/0.1 0.2S	
电动操动机构	DC220V或AC220V			DC220V或AC220V	DC220V或AC220V		DC220V或AC220V			DC220V或AC220V
真空负荷开关										
接地开关 JN15-12				1	1		1			
熔断器		XRNP1-10/0.5A	XRNP1-10/1A					XRNP1-10/1A	XRNP1-10/0.5A	
避雷器	YH5WS-17/50		YH5WZ-17/45	YH5WS-17/50	YH5WS-17/50		YH5WS-17/50	YH5WZ-17/45		YH5WS-17/50
带电显示器	1		1	1	1	1	1	1		1
消谐器 LXQ-10			1					1		
微机保护	1			1	1		1			1
主变压器容量				1000kVA			1000kVA			
10kV进出线电缆ZC-YJV22-8.7/15-3*[]	150			70			70			150

图 17-8　10kV 系统配置接线图（PB-4-2-D1-02）

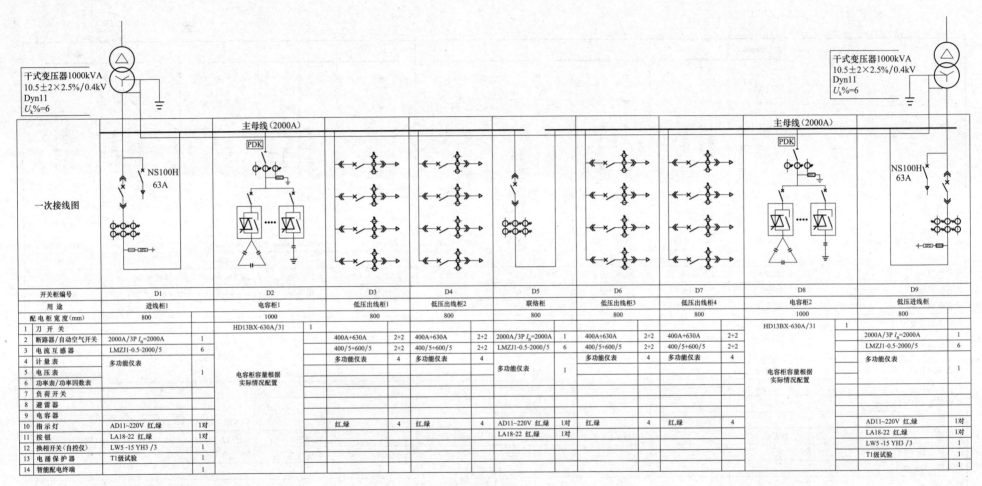

干式变压器1000kVA
10.5±2×2.5%/0.4kV
Dyn11
$U_k\%=6$

干式变压器1000kVA
10.5±2×2.5%/0.4kV
Dyn11
$U_k\%=6$

一次接线图

主母线（2000A）

主母线（2000A）

PDK

NS100H 63A

PDK

NS100H 63A

开关柜编号	D1		D2		D3		D4		D5		D6		D7		D8		D9	
用途	进线柜1		电容柜1		低压出线柜1		低压出线柜2		联络柜		低压出线柜3		低压出线柜4		电容柜2		低压进线柜	
配电柜宽度(mm)	800		1000		800		800		800		800		800		1000		800	
1 刀开关			HD13BX-630A/31	1											HD13BX-630A/31	1		
2 断路器/自动空气开关	2000A/3P I_n=2000A	1			400A+630A	2+2	400A+630A	2+2	2000A/3P I_n=2000A	1	400A+630A	2+2	400A+630A	2+2			2000A/3P I_n=2000A	1
3 电流互感器	LMZJ1-0.5-2000/5	6			400/5+600/5	2+2	400/5+600/5	2+2	LMZJ1-0.5-2000/5	6	400/5+600/5	2+2	400/5+600/5	2+2			LMZJ1-0.5-2000/5	6
4 计量表	多功能仪表				多功能仪表	4	多功能仪表	4			多功能仪表	4	多功能仪表	4			多功能仪表	
5 电压表			电容柜容量根据 实际情况配置						多功能仪表	1					电容柜容量根据 实际情况配置			
6 功率表/功率因数表																		
7 负荷开关																		
8 避雷器																		
9 电容																		
10 指示灯	AD11~220V 红,绿	1对			红,绿	4	红,绿	4	AD11~220V 红,绿	1对	红,绿	4	红,绿	4			AD11~220V 红,绿	1对
11 按钮	LA18-22 红,绿	1对							LA18-22 红,绿	1对							LA18-22 红,绿	1对
12 换相开关(自控仪)	LW5-15 YH3/3	1															LW5-15 YH3/3	1
13 电涌保护器	T1级试验	1															T1级试验	1
14 智能配电终端		1																1

说明：1. 本图为低压配置图典型设计，配电装置按 2×1000kVA 设计。实际应用中应结合具体工作情况作调整。

2. 所有型号仅作举例说明用。

3. 出线根据用户实际负荷清单设置。

4. 两个低压总柜断路器与联络柜断路器实行联锁（三锁二钥匙）。

图 17-9　0.4kV 系统配置接线图（PB-4-2-D1-03）

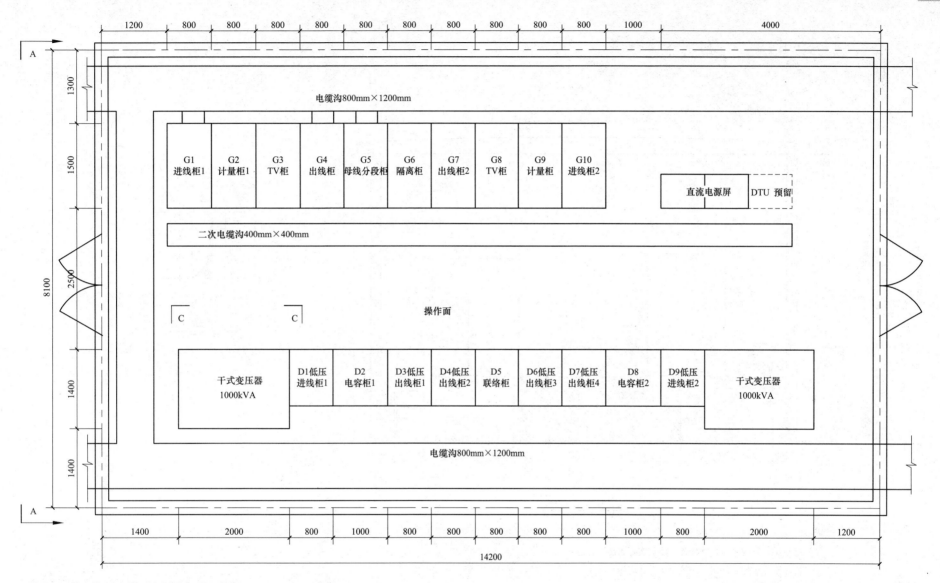

图 17-10　电气平面布置图（PB-4-2-D1-04）

说明：1. 本方案适用于 2 台干式变压器，容量 2×（100～2000）kVA。

2. 本方案为典型设计，应用时可根据实际情况作调整。

3. 直流电源屏可根据实际情况配置；信号装置放置位置可根据实际确定。

4. 可根据实际情况配置值班室位置。

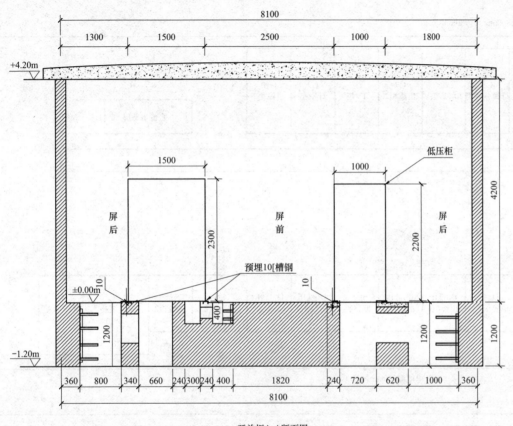

开关柜A-A断面图

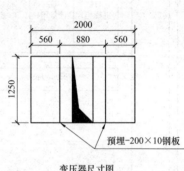

变压器尺寸图

说明: 1. 做好预留孔洞的封盖措施。

2. 电缆、母线进出孔洞位置与建筑实际情况结合后定。

3. 本图为土建条件图，建筑专业设计应做好防水、防渗、通风、消防等措施。

4. 10 号槽钢预埋高出地坪 5～10mm。

图 17-11　电气断面图（PB-4-2-D1-05）

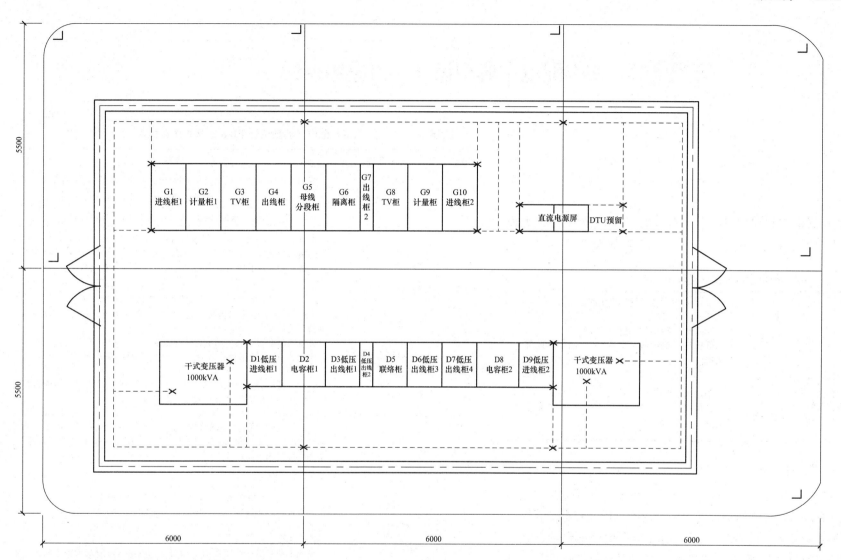

说明：1. 设备室四周设置接地干线，于离地 0.3m 处明敷，过门处敷设于地面粉刷层内。

2. 主要电气设备均要求采用两点接地方式。

3. 充分利用自然接地体在适当位置与公配房接地网相连。

4. 明敷的接地线表面应涂设 15～100mm 宽的绿色和黄色相间的条纹。

5. 接地线应采取防止机械损伤和化学腐蚀的措施，在引进建筑物的入口处，应设标志。

图 17-12　接地装置布置图（PB-4-2-D1-06）

第 18 章　10kV配电室典型设计（方案PB-5）

18.1　设计说明

18.1.1　总的部分

本典型设计为"客户受电工程典型设计"中对应的"10kV配电室典型设计"部分，方案编号为"PB-5"，"PB-5"10kV配电装置模块见表18-1。

表 18-1　　　　　10kV 配电室典型设计模块表

模块编号	主要设备选择	变压器（kVA）	电气主接线和进出线回路数
PB-5-1	中压侧：环网柜 低压侧：固定柜	50～250kVA （油浸式变压器）	中压侧：单母线；进线：1回 低压侧：单母线；出线：2—6回/实际需求为准
PB-5-2	中压侧：环网柜 低压侧：抽屉柜	50～250kVA （油浸式变压器）	中压侧：单母线；进线：1回 低压侧：单母线；出线：2—6回/实际需求为准

18.1.1.1　方案 PB-5 主要技术原则

对应10kV采用环网柜，采用10kV电缆进出线，10kV开关柜采用户内单列布置；0.4kV低压柜采用固定式或抽屉式开关柜，进线总柜配置框架式断路器，出线柜一般采用塑壳断路器；0.4kV低压无功补偿采用动态自动补偿方式，补偿容量按变压器容量的30%配置，按三相、单相混合补偿；变压器选用节能环保型产品，可根据所供区域的负荷情况选用1台油浸式变压器，根据消防要求，油浸式变压器应设置在独立式配电室内。

18.1.1.2　方案技术条件

本方案根据"10kV配电室典型设计总体说明"确定的预定条件开展设计，方案组合说明见表18-2。

表 18-2　　　　10kV 配电室典型设计 PB-5 方案技术条件表

序号	项目名称	内容
1	10kV 变压器	节能型全密封油浸式变压器，容量为50～250kVA，本期1台
2	10kV 进出线回路数	本期规模10kV进线1回，1回配出线，全部采用电缆进出线
3	电气主接线	10kV本期采用单母线接线；0.4kV本期采用单母线接线
4	无功补偿	本方案0.4kV电容器容量按每台变压器容量的30%配置，可根据实际情况按变压器容量的10%～40%作调整；采用动态自动补偿方式，按三相、单相混合补偿方式，配置配变综合测控装置
5	设备短路电流水平	不小于20kA
6	主要设备选型	10kV选用SF6绝缘负荷开关柜、气体绝缘负荷开关柜或固体绝缘负荷开关柜。 进线间隔配置1组金属氧化物避雷器。 变压器按"节能型、环保型"原则选用；变压器容量为50～250kVA。 0.4kV低压开关柜采用固定式或抽屉式开关柜；进线总柜配置框架式断路器，出线柜开关一般采用塑壳断路器
7	布置方式	10kV开关柜采用户内单列布置，0.4kV开关柜采用户内单列布置；出线间隔采用电缆引出至变压器；变压器低压引出采用铜排、密集型母线或封闭母线
8	土建部分	基础砖混结构
9	通风	若10kV开关柜采用SF₆负荷开关柜须装设轴流风机或其他强力通风装置，风口设置在室内底部；其他分室采用自然通风
10	消防	采用化学灭火器装置
11	站址基本条件	按地震动峰值加速度0.1g，设计风速30m/s，地基承载力特征值$f_{ak}=150$kPa，地下水无影响，非采暖区设计，假设场地为同一标高。按海拔1000m及以下，国标Ⅲ级污秽区设计。 当海拔超过1000m时，按国家有关规范进行修正

18.1.2　电力系统部分

本典型设计按照给定的规模进行设计，在实际工程中，需要根据配电室所

处系统情况具体设计。

本典型设计不涉及系统继电保护专业、系统通信专业、系统远动专业的具体内容，在实际工程中，需要根据配电室系统情况具体设计。

18.1.3　电气一次部分

18.1.3.1　电气主接线

（1）10kV部分：单母线接线。

（2）0.4kV部分：单母线接线。

18.1.3.2　短路电流及主要电气设备、导体选择

（1）10kV设备短路电流水平：不小于20kA。

（2）主要电气设备选择。

1）10kV开关柜。10kV开关柜采用环网柜。若采用SF_6开关设备，需采用独立的通风系统，将泄漏的SF_6气体排至安全地方。10kV开关柜主要设备选择结果见表18-3。

表18-3　　　　　　10kV开关柜主要设备选择结果表

设备名称	型式及主要参数
负荷开关	进、出线回路：630A，20kA；125A，31.5kA
电流互感器	变压器回路：/5A
避雷器	17/45kV
主母线	630A

2）变压器。变压器采用节能环保型（低损耗、低噪声）油浸式变压器。规格如下。

容量：50～250kVA；

接线组别：Dyn11；

电压额定变比：$10.5\pm2\times2.5\%/0.4kV$；

阻抗电压：$U_k\%=4$。

3）0.4kV开关柜。0.4kV低压柜采用固定式或抽屉式开关柜。

4）无功补偿电容器柜。无功补偿电容器柜采用动态无功自动补偿型式，低压电力电容器采用智能自愈式、免维护、无污染、环保型。补偿容量按变压

器容量的10%～30%配置。

5）导体选择。根据短路电流水平为20/25kA，按发热及动稳定条件校验，10kV主母线及进线间隔导体选择应满足额定电流需求。10kV开关柜与变压器高压侧连接电缆须按发热及动稳定条件校验选用。低压母线最大工作电流按630A考虑。

18.1.3.3　绝缘配合及过电压保护

电气设备的绝缘配合，参照GB/T 50064—2014《交流电气装置的过电压保护和绝缘配合设计规范》确定的原则进行。

（1）金属氧化物避雷器按GB 11032—2010《交流无间隙金属氧化物避雷器》中的规定进行选择。

（2）雷电过电压保护。采用金属氧化物避雷器作为雷电侵入波及内部过电压保护装置，施工图设计时根据中性点运行方式和需要，确定参数和安装。

（3）接地。本类型配电室接地按有关技术规程的要求设计，接地装置采用水平接地体与垂直接地体组成。接地网接地电阻应符合DL/T 621—1997《交流电气装置的接地》的规定。

具体工程中需按短路电流校验接地引下线及接地体截面，接地电阻、跨步电压和接触电压应满足有关规程要求；如接地电阻不能满足要求，则需要采取降阻措施。

18.1.3.4　电气设备布置

10kV配电装置采用环网柜，采用单列布置，低压配电装置采用单列布置方式。

18.1.3.5　站用电及照明

（1）站用电。由于本方案10kV配电装置规模较小，故不设站用电柜，站用电源取自本站的低压母线。

（2）照明。工作照明采用荧光灯、LED灯、节能灯，事故照明采用应急灯。

18.1.3.6　电缆设施及防火措施

电缆敷设通道应满足电缆转弯半径要求。

电缆敷设采用支架上敷设、穿管敷设方式，并满足防火要求；在柜下方及电缆沟进出口采用耐火材料封堵。

18.1.4　电气二次部分

18.1.4.1　二次设备布置方案

所有二次设备布置在各自开关柜小室内。

18.1.4.2　保护及自动装置配置

保护配置原则如下：

（1）10k 进线不设保护。

（2）主变压器一次柜内装设熔断器用于变压器保护。

（3）低压侧短路和过载保护利用空气断路器自身具有的保护特性来实现。

18.1.4.3　电能计量

本方案考虑电能计量装置设置，若根据当地供电公司设置 10kV 进出线电能计量装置或者 0.4kV 计量装置，需按如下原则调整：

（1）电能计量装置选用及配置应满足 DL/T 448—2000《电能计量装置技术管理规程》规定。

（2）10kV 计量设置专用的 10kV 计量柜，设置计量专用二次绕组，用于电能计量。

（3）0.4kV 计量装置装于低压进线柜内，设置计量专用二次绕组，用于电能计量。

18.2　主要设备及材料清册

方案 PB-5-1 主要设备材料见表 18-4，方案 PB-5-2 主要设备材料见表 18-5。

表 18-4　　　　　方案 PB-5-1 电气主要设备材料表

序号	名称	型号	单位	数量	备注
1	变压器	油浸式-200-10/0.4	台	1	
2	10kV 进线柜	环网柜	台	1	
3	10kV 出线柜	环网柜	台	1	
4	0.4kV 进线柜	GGD2	台	1	
5	0.4kV 电容柜	GGD2	台	1	
6	0.4kV 出线柜	GGD2	台	2	
7	10kV 电缆	ZC-YJV22-8.7/15-3×50	m	12	

续表

序号	名称	型号	单位	数量	备注
8	10kV 电缆套头	与高压电缆配套	套	2	
9	接地扁钢	−50×5	m	150	
10	垂直接地极	∠50×50×5，$L=2500$	根	6	

表 18-5　　　　　方案 PB-5-2 电气主要设备材料表

序号	名称	型号	单位	数量	备注
1	变压器	油浸式-200-10/0.4	台	1	
2	10kV 进线柜	环网柜	台	1	
3	10kV 馈线柜	环网柜	台	1	
4	0.4kV 进线柜	GCS	台	1	
5	0.4kV 电容柜	GCS	台	1	
6	0.4kV 出线柜	GCS	台	2	
7	10kV 电缆	ZC-YJV22-8.7/15-3×50	m	12	
8	10kV 电缆套头	与高压电缆配套	套	2	
9	接地扁钢	−50×5	m	150	
10	垂直接地极	∠50×50×5，$L=2500$	根	6	

18.3　使用说明

18.3.1　概述

本方案根据典型设计导则确定的假定条件进行基本组合设计，10kV 开关柜以 SF_6 绝缘负荷开关柜为基本模块，技术参数及布置形式同样适用于气体绝缘负荷开关柜或固体绝缘负荷开关柜，变压器以 50～250kVA 为基本模块，具体工程设计时根据实际情况适当调整使用。

在使用典型设计文件时，要根据实际情况，在安全可靠、投资合理、标准统一、运行高效的设计原则。

18.3.1.1　方案简述说明

本方案对应于 10kV 采用单母线接线，0.4kV 采用单母线接线，1 台变压器，容量为 50～250kVA。10kV 开关柜选用 SF_6 绝缘负荷开关开关柜，变压器选用油浸式变压器，低压柜采用固定式成套柜的组合方案；当低压柜采用抽屉式成套柜时可与其他配电室的 0.4kV 配电装置模块进行拼接；电容柜补偿容量按变压器容量的 30％配置，可根据系统实际情况选择。

本说明书为"10kV 配电室典型设计"内容使用说明，对应方案编号为"PB-5"。

18.3.1.2　基本方案

（1）基本方案说明。10kV 采用单母线接线，0.4kV 采用单母线接线，设置 1 台变压器规模。

（2）基本使用方法。"PB-5-1"为单台主变压器容量为 200kVA，"PB-5-2"单台主变压器容量为 200kVA。

18.3.2　电气一次部分

18.3.2.1　电气主接线

10kV 采用单母线接线，0.4kV 采用单母线接线。

18.3.2.2　主设备选择

10kV 开关柜选用空气绝缘负荷开关柜、气体绝缘负荷开关柜或固体绝缘负荷开关柜；变压器选用节能环保型干式变压器；低压柜采用固定式成套柜；电容柜补偿容量按变压器容量的 30％配置，可根据系统实际情况选择。

18.3.2.3　电气平面布置

10kV 开关柜采用空气绝缘负荷开关柜、气体绝缘负荷开关柜或固体绝缘负荷开关柜，采用户内单列布置；0.4kV 配电装置采用户内单列布置；油浸式变压器布置于独立的变压器室内。

18.4　设计图

方案 PB-5-1 设计图清单详见表 18-6，方案 PB-5-2 设计图清单详见表18-7。

表 18-6　　　　　　　方案 PB-5-1 设计图清单

图序	图名	图纸编号
图 18-1	电气主接线图	PB-5-1-D1-01
图 18-2	10kV 系统配置接线图	PB-5-1-D1-02
图 18-3	0.4kV 系统配置接线图	PB-5-1-D1-03
图 18-4	电气平面布置图	PB-5-1-D1-04
图 18-5	电气断面图	PB-5-1-D1-05
图 18-6	接地装置布置图	PB-5-1-D1-06

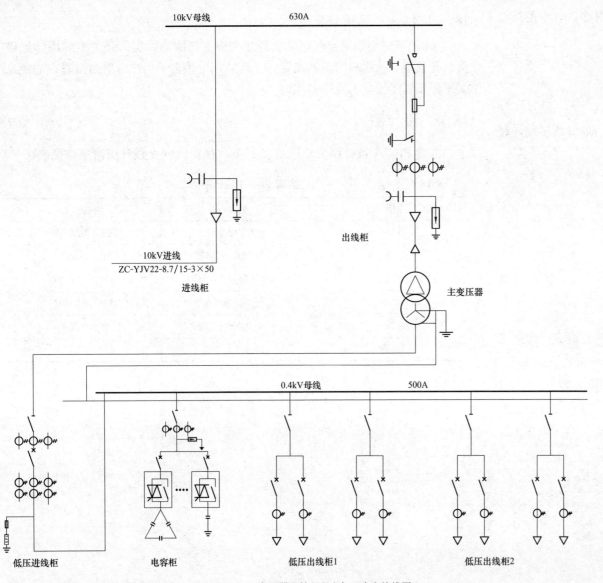

说明：1. 本图适用于单电源进线一台（50～250）kVA 变压器业扩工程电气一次主接线图。
　　　2. 在实际应用中可根据具体工程情况做适当调解。
　　　3. 本方案低压侧计量。

图 18-1　电气主接线图（PB-5-1-D1-01）

高压开关柜型号		户内环网柜	
电压等级：10kV 10kV母线：630A	一次接线方案		
柜体尺寸（宽×深）mm		500×900	500×900
间隔编号		G1	G2
回路名称		进线柜	出线柜
三工位负荷开关（SF₆）			12kV/125A,31.5kA
高压熔断器SFLDJ-12/[]A			20A
电流互感器LZZBJ9-10,0.5级			20/5A
避雷器YH5WS-17/50		3	3
带电显示器DXN8B-T		1	1
短路故障指示器		面板式	
10kV进出线电缆ZC-YJV22-8.7/10-3*[]		3×50/[]m	3×50/[]m
柜体外形尺寸（宽×深×高）mm			
油浸变压器 U_k%=4 10±2.5%/0.4kV Dyn11			200kVA

图 18-2　10kV 系统配置接线图（PB-5-1-D1-02）

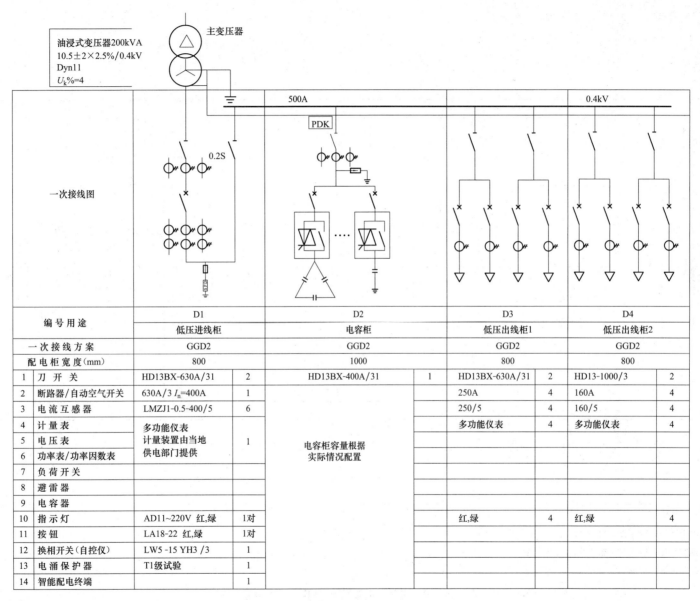

编 号 用 途		D1		D2		D3		D4	
		低压进线柜		电容柜		低压出线柜1		低压出线柜2	
一 次 接 线 方 案		GGD2		GGD2		GGD2		GGD2	
配 电 柜 宽 度(mm)		800		1000		800		800	
1	刀 开 关	HD13BX-630A/31	2	HD13BX-400A/31	1	HD13BX-630A/31	2	HD13-1000/3	2
2	断路器/自动空气开关	630A/3 I_n=400A	1			250A	4	160A	4
3	电 流 互 感 器	LMZJ1-0.5-400/5	6			250/5	4	160/5	4
4	计 量 表	多功能仪表 计量装置由当地 供电部门提供	1	电容柜容量根据 实际情况配置		多功能仪表	4	多功能仪表	4
5	电 压 表								
6	功率表/功率因数表								
7	负 荷 开 关								
8	避 雷 器								
9	电 容 器								
10	指 示 灯	AD11~220V 红、绿	1对			红,绿	4	红,绿	4
11	按 钮	LA18-22 红、绿	1对						
12	换相开关(自控仪)	LW5 -15 YH3 /3	1						
13	电 涌 保 护 器	T1级试验	1						
14	智能配电终端		1						

说明：1. 本图为低压配置图典型设计，配电装置按1×200kVA设计。实际应用中应结合具体工作情况作调整。

2. 所有型号仅作举例说明用。

3. 出线根据用户实际负荷清单设置。

图 18-3 0.4kV 系统配置接线图 (PB-5-1-D1-03)

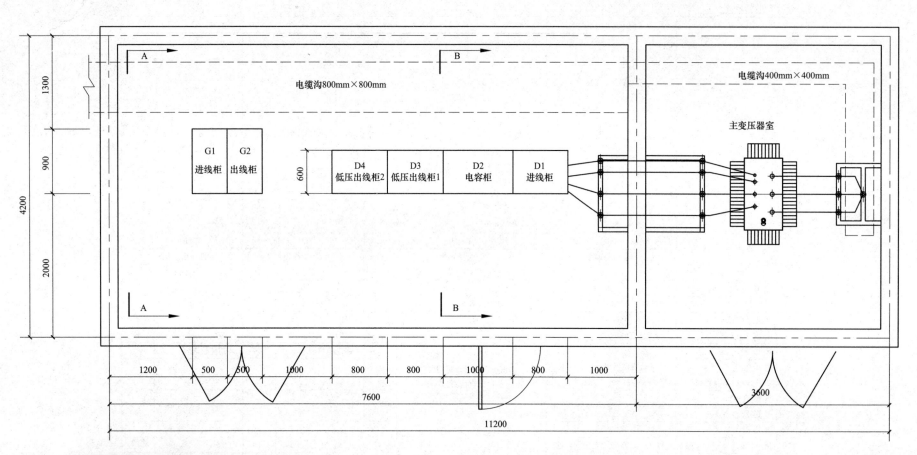

说明：1. 本方案适用于油浸式变压器，容量 1×（50~250）kVA。

2. 本方案为典型设计，应用时可根据实际情况作调整。

3. 信号装置放置位置可根据实际确定。

图 18-4　电气平面布置图（PB-5-1-D1-04）

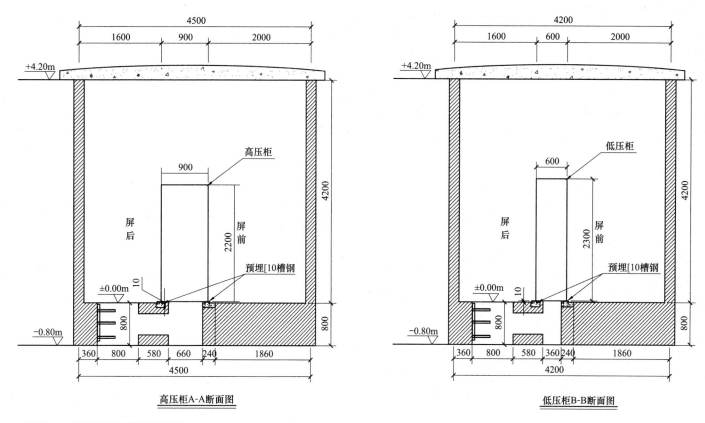

高压柜A-A断面图 低压柜B-B断面图

说明：1. 做好预留孔洞的封盖措施。

2. 电缆、母线进出孔洞位置与建筑实际情况结合后定。

3. 本图为土建条件图，建筑专业设计应做好防水、防渗、通风、消防等措施。

4. 10 号槽钢预埋高出地坪 5～10mm。

图 18-5 电气断面图（PB-5-1-D1-05）

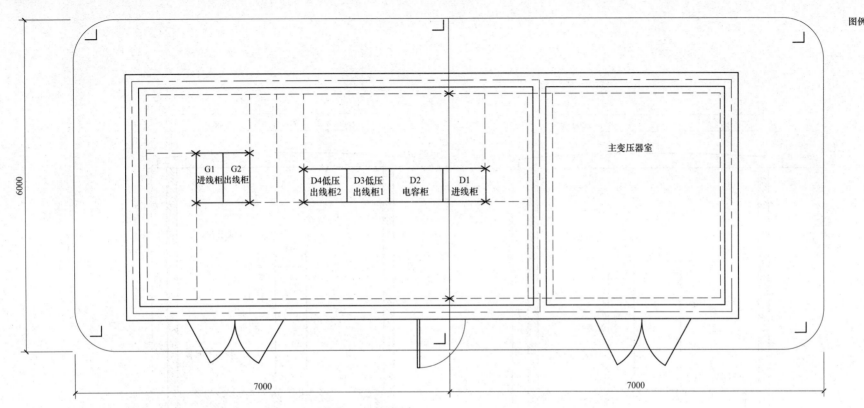

图例: ——— 室外接地网
- - - 室内接地网
⌐ 垂直接地极
× 搭接处

说明: 1. 设备室四周设置接地干线,于离地 0.3m 处明敷,过门处敷设于地面粉刷层内。

2. 主要电气设备均要求采用两点接地方式。

3. 充分利用自然接地体在适当位置与公配房接地网相连。

4. 明敷的接地线表面应涂设 15～100mm 宽的绿色和黄色相间的条纹。

5. 接地线应采取防止机械损伤和化学腐蚀的措施,在引进建筑物的入口处,应设标志。

图 18-6 接地装置布置图 (PB-5-1-D1-06)

表 18-7 方案 PB-5-2 设计图清单

图序	图名	图纸编号
图 18-7	电气主接线图	PB-5-2-D1-01
图 18-8	10kV 系统配置接线图	PB-5-2-D1-02
图 18-9	0.4kV 系统配置接线图	PB-5-2-D1-03
图 18-10	电气平面布置图	PB-5-2-D1-04
图 18-11	电气断面图	PB-5-2-D1-05
图 18-12	接地装置布置图	PB-5-2-D1-06

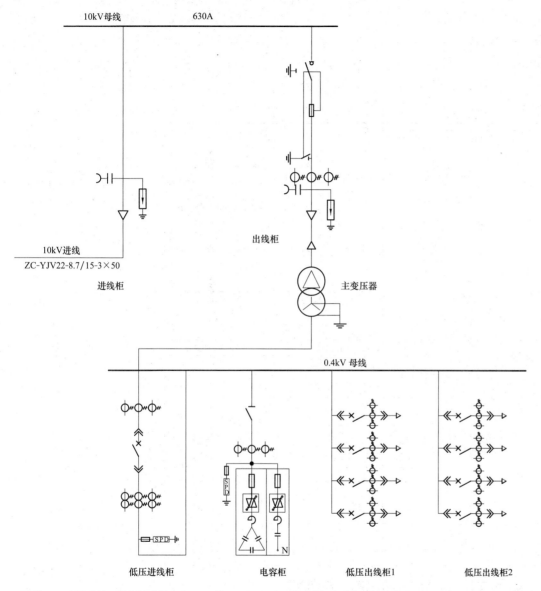

说明：1. 本图适用于单电源进线一台（50～250）kVA 变压器业扩工程电气一次主接线图。

2. 在实际应用中可根据具体工程情况做适当调解。

3. 本方案低压侧计量。

图 18-7　电气主接线图（PB-5-2-D1-01）

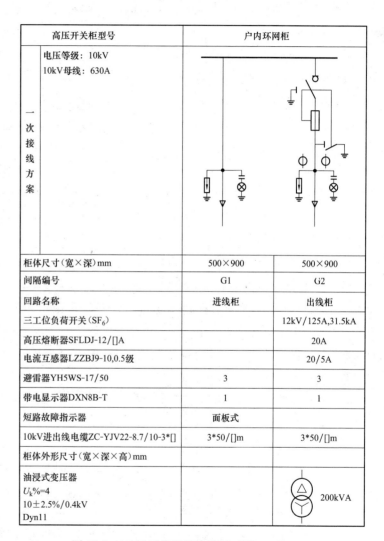

高压开关柜型号	户内环网柜	
电压等级：10kV 10kV母线：630A		
柜体尺寸（宽×深）mm	500×900	500×900
间隔编号	G1	G2
回路名称	进线柜	出线柜
三工位负荷开关（SF₆）		12kV/125A,31.5kA
高压熔断器SFLDJ-12/[]A		20A
电流互感器LZZBJ9-10,0.5级		20/5A
避雷器YH5WS-17/50	3	3
带电显示器DXN8B-T	1	1
短路故障指示器	面板式	
10kV进出线电缆ZC-YJV22-8.7/10-3*[]	3*50/[]m	3*50/[]m
柜体外形尺寸（宽×深×高）mm		
油浸式变压器 $U_k\%=4$ 10±2.5%/0.4kV Dyn11		200kVA

图 18-8　10kV 系统配置接线图（PB-5-2-D1-02）

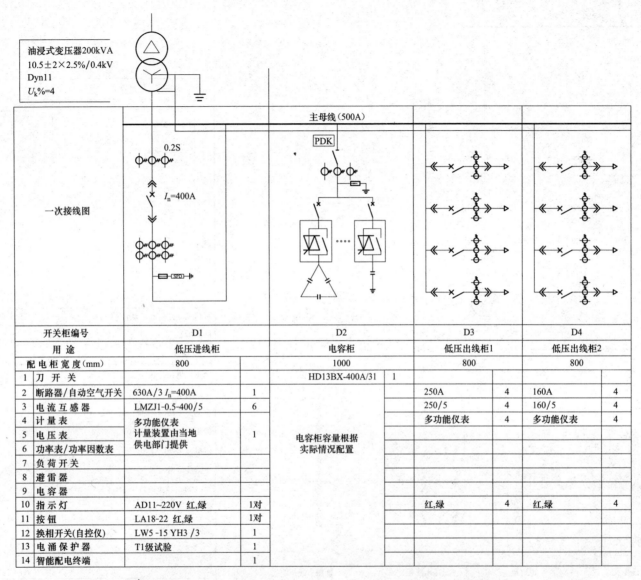

开关柜编号	D1		D2		D3		D4	
用　途	低压进线柜		电容柜		低压出线柜1		低压出线柜2	
配电柜宽度(mm)	800		1000		800		800	
1 刀　开　关			HD13BX-400A/31	1				
2 断路器/自动空气开关	630A/3 I_n=400A	1			250A	4	160A	4
3 电流互感器	LMZJ1-0.5-400/5	6			250/5	4	160/5	4
4 计量表	多功能仪表				多功能仪表	4	多功能仪表	4
5 电压表	计量装置由当地	1	电容柜容量根据					
6 功率表/功率因数表	供电部门提供		实际情况配置					
7 负荷开关								
8 避雷器								
9 电容器								
10 指示灯	AD11~220V 红,绿	1对			红,绿	4	红,绿	4
11 按钮	LA18-22 红,绿	1对						
12 换相开关(自控仪)	LW5-15 YH3/3	1						
13 电涌保护器	T1级试验	1						
14 智能配电终端		1						

说明：1. 本图为低压配置图典型设计，配电装置按 1×200kVA 设计。实际应用中应结合具体工作情况作调整。

2. 所有型号仅作举例说明用。

3. 出线根据用户实际负荷清单设置。

图 18-9　0.4kV 系统配置接线图（PB-5-2-D1-03）

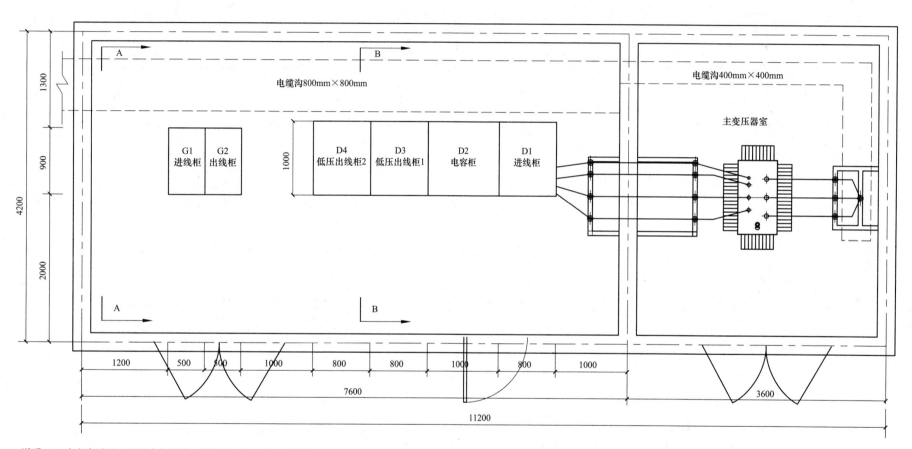

说明：1. 本方案适用于油浸式变压器，容量 1×（50～250）kVA。

　　　2. 本方案为典型设计，应用时可根据实际情况作调整。

　　　3. 信号装置放置位置可根据实际确定。

图 18-10　电气平面布置图（PB-5-2-D1-04）

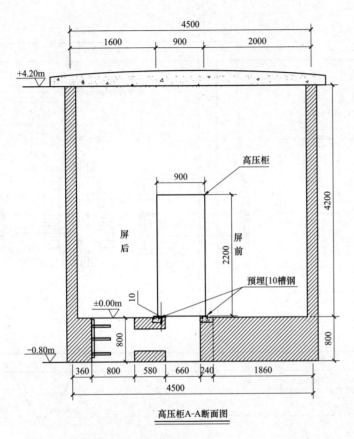

高压柜A-A断面图

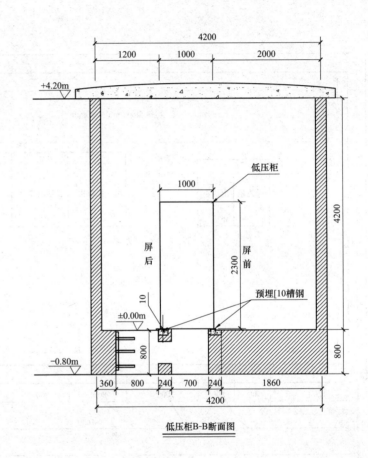

低压柜B-B断面图

说明：1. 做好预留孔洞的封盖措施。

　　　2. 电缆、母线进出孔洞位置与建筑实际情况结合后定。

　　　3. 本图为土建条件图，建筑专业设计应做好防水、防渗、通风、消防等措施。

　　　4. 10 号槽钢预埋高出地坪 5～10mm。

图 18-11　电气断面图（PB-5-2-D1-05）

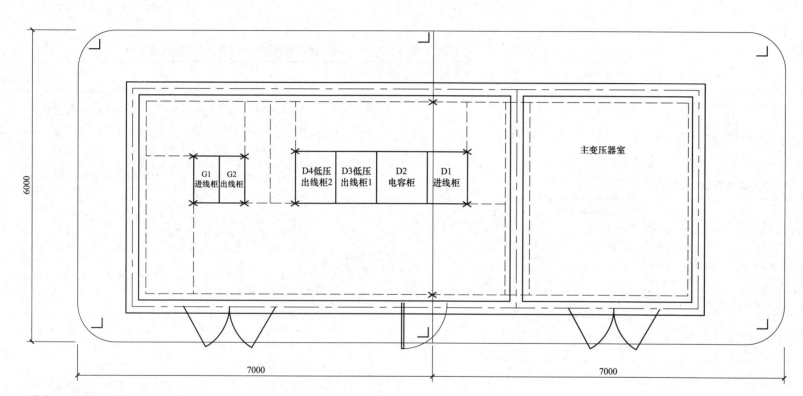

说明：1. 设备室四周设置接地干线，于离地0.3m处明敷，过门处敷设于地面粉刷层内。

2. 主要电气设备均要求采用两点接地方式。

3. 充分利用自然接地体在适当位置与公配房接地网相连。

4. 明敷的接地线表面应涂设15～100mm宽的绿色和黄色相间的条纹。

5. 接地线应采取防止机械损伤和化学腐蚀的措施，在引进建筑物的入口处，应设标志。

图18-12　接地装置布置图（PB-5-2-D1-06）

第 19 章　10kV配电室典型设计（方案PB-6）

19.1　设计说明

19.1.1　总的部分

本典型设计为"客户受电工程典型设计"中对应的"10kV 配电室典型设计"部分，方案编号为"PB-6"，，"PB-6"10kV 配电装置模块见表 19-1。

表 19-1　　　　　　　　10kV 配电室典型设计模块表

模块编号	主要设备选择	变压器（kVA）	电气主接线和进出线回路数
PB-6-1	中压侧：环网柜 低压侧：固定柜	315～630kVA （油浸变压器）	中压侧：单母线；进线：1 回 低压侧：单母线；出线：2—8 回/实际需求为准
PB-6-2	中压侧：环网柜 低压侧：抽屉柜	315～630kVA （油浸变压器）	中压侧：单母线；进线：1 回 低压侧：单母线；出线：4—8 回/实际需求为准
PB-6-3	中压侧：中置柜 低压侧：固定柜	800～2000kVA （油浸变压器）	中压侧：单母线；进线：1 回 低压侧：单母线；出线：4—8 回/实际需求为准
PB-6-4	中压侧：中置柜 低压侧：抽屉柜	800～2000kVA （油浸变压器）	中压侧：单母线；进线：1 回 低压侧：单母线；出线：6—12 回/实际需求为准

19.1.1.1　方案 PB-6 主要技术原则

对应 10kV 采用环网柜或中置柜，采用 10kV 电缆进出线，10kV 开关柜采用户内单列布置；0.4kV 低压柜采用固定式或抽屉式开关柜，进线总柜配置框架式断路器，出线柜一般采用塑壳断路器；0.4kV 低压无功补偿采用动态自动补偿方式，补偿容量按变压器容量的 10％～40％配置，按三相、单相混合补偿；变压器选用节能环保型产品，可根据所供区域的负荷情况选用 1 台油浸式变压器，根据消防要求，油浸式变压器应设置在独立式配电室内。

19.1.1.2　方案技术条件

本方案根据"10kV 配电室典型设计总体说明"确定的预定条件开展设计，方案组合说明见表 19-2。

表 19-2　　　　　　　10kV 配电室典型设计 PB-1 方案技术条件表

序号	项目名称	内容
1	10kV 变压器	节能型全密封油浸式变压器，容量为 315～2000kVA，本期 1 台
2	10kV 进出线回路数	本期规模 10kV 进线 1 回，1 回配出线，全部采用电缆进出线
3	电气主接线	10kV 本期采用单母线接线；0.4kV 本期采用单母线接线
4	无功补偿	本方案 0.4kV 容器器容量按每台变压器容量的 30％配置，可根据实际情况按变压器容量的 20％～30％作调整；采用动态自动补偿方式，按三相、单相混合补偿方式，配置配电变压器综合测控装置
5	设备短路电流水平	不小于 20kA
6	主要设备选型	10kV 选用环网柜或中置柜。 进线间隔配置 1 组金属氧化物避雷器。 变压器按"节能型、环保型"原则选用；变压器容量为 315～2000kVA。 0.4kV 低压开关柜采用固定式或抽屉式开关柜；进线总柜配置框架式断路器，出线柜开关一般采用塑壳断路器
7	布置方式	10kV 开关柜采用户内单列布置，0.4kV 开关柜采用户内单列布置；出线间隔采用电缆引出至变压器；变压器低压引出采用铜排、密集型母线或封闭母线
8	土建部分	基础砖混结构
9	通风	若 10kV 开关柜采用 SF$_6$ 负荷开关柜须装设轴流风机或其他强力通风装置，风口设置在室内底部；其他分室采用自然通风
10	消防	采用化学灭火器装置
11	站址基本条件	按地震动峰值加速度 0.1g，设计风速 30m/s，地基承载力特征值 f_{ak}=150kPa，地下水无影响，非采暖区设计，假设场地为同一标高。按海拔 1000m 及以下，国标Ⅲ级污秽区设计； 当海拔超过 1000m 时，按国家有关规范进行修正

19.1.2　电力系统部分

本典型设计按照给定的规模进行设计，在实际工程中，需要根据配电室所处系统情况具体设计。

本典型设计不涉及系统继电保护专业、系统通信专业、系统远动专业的具体内容，在实际工程中，需要根据配电室系统情况具体设计。

19.1.3　电气一次部分

19.1.3.1　电气主接线

（1）10kV部分：单母线接线。

（2）0.4kV部分：单母线接线。

19.1.3.2　短路电流及主要电气设备、导体选择

（1）10kV设备短路电流水平：不小于20kA。

（2）主要电气设备选择。

1）10kV开关柜。10kV开关柜采用环网柜或中置柜。若采用SF$_6$开关设备，需采用独立的通风系统，将泄漏的SF$_6$气体排至安全地方。10kV开关柜主要设备选择结果见表19-3。

表19-3　　　　　10kV开关柜主要设备选择结果表

设备名称	型式及主要参数	备注
断路器	630A，25kA；1250A，31.5kA	
负荷开关	进、出线回路：630A，20kA；125A，31.5kA	
电流互感器	变压器回路：/5A	
避雷器	17/45kV	
主母线	630A	

2）变压器。变压器采用节能环保型（低损耗、低噪声）油浸式变压器。规格如下。

容量：315～2000kVA；

接线组别：Dyn11；

电压额定变比：10.5±2×2.5%/0.4kV；

阻抗电压：$U_k\% = 4 \sim 6$。

3）0.4kV开关柜。0.4kV低压柜采用固定式或抽屉式开关柜。

4）无功补偿电容器柜。无功补偿电容器柜采用动态无功自动补偿型式，低压电力电容器采用智能自愈式、免维护、无污染、环保型。补偿容量按变压器容量的10%～40%配置。

5）导体选择。根据短路电流水平为20kA，按发热及动稳定条件校验，10kV主母线及进线间隔导体选择应满足额定电流需求。10kV开关柜与变压器

高压侧连接电缆须按发热及动稳定条件校验选用。低压母线最大工作电流按4000A考虑。

19.1.3.3　绝缘配合及过电压保护

电气设备的绝缘配合，参照GB/T 50064—2014《交流电气装置的过电压保护和绝缘配合设计规范》确定的原则进行。

（1）金属氧化物避雷器按GB 11032—2010《交流无间隙金属氧化物避雷器》中的规定进行选择。

（2）雷电过电压保护。采用金属氧化物避雷器作为雷电侵入波及内部过电压保护装置，施工图设计时根据中性点运行方式和需要，确定参数和安装。

（3）接地。本类型配电室接地按有关技术规程的要求设计，接地装置采用水平接地体与垂直接地体组成。接地网接地电阻应符合DL/T 621—1997《交流电气装置的接地》的规定。

具体工程中需按短路电流校验接地引下线及接地体截面，接地电阻、跨步电压和接触电压应满足有关规程要求；如接地电阻不能满足要求，则需要采取降阻措施。

19.1.3.4　电气设备布置

10kV配电装置采用中置柜或环网柜，采用单列布置，低压配电装置采用单列布置方式。

19.1.3.5　站用电及照明

（1）站用电。由于本方案10kV配电装置规模较小，故不设站用电柜，站用电源取自本站的低压母线。

（2）照明。工作照明采用荧光灯、LED灯、节能灯，事故照明采用应急灯。

19.1.3.6　电缆设施及防火措施

电缆敷设通道应满足电缆转弯半径要求。

电缆敷设采用支架上敷设、穿管敷设方式，并满足防火要求；在柜下方及电缆沟进出口采用耐火材料封堵。

19.1.4　电气二次部分

19.1.4.1　二次设备布置方案

所有二次设备布置在各自开关柜小室内。

19.1.4.2 保护及自动装置配置

保护配置原则如下：

(1) 10k 进线不设保护。

(2) 主变压器一次柜内装设熔断器用于变压器保护。

(3) 低压侧短路和过载保护利用空气断路器自身具有的保护特性来实现。

19.1.4.3 电能计量

本方案考虑电能计量装置设置，若根据当地供电公司设置 10kV 进出线电能计量装置或者 0.4kV 计量装置，需按如下原则调整：

(1) 电能计量装置选用及配置应满足 DL/T 448—2000《电能计量装置技术管理规程》规定。

(2) 10kV 计量设置专用的 10kV 计量柜，设置计量专用二次绕组，用于电能计量。

(3) 0.4kV 计量装置装于低压进线柜内，设置计量专用二次绕组，用于电能计量。

19.2 主要设备及材料清册

方案 PB-6-1 主要电气设备材料见表 19-4；方案 PB-6-2 主要电气设备材料见表 19-5；方案 PB-6-3 主要电气设备材料见表 19-6；方案 PB-6-4 主要电气设备材料见表 19-7。

表 19-4   方案 PB-6-1 主要电气设备材料表

序号	名称	型号	单位	数量	备注
1	变压器	油浸式-500-10/0.4	台	1	
2	10kV 进线柜	环网柜	台	1	
3	10kV 计量柜	环网柜	台	1	
4	10kV 出线柜	环网柜	台	1	
5	0.4kV 进线柜	GGD2	台	1	
6	0.4kV 电容柜	GGD2	台	1	
7	0.4kV 出线柜	GGD2	台	2	
8	10kV 电缆	ZC-YJV22-8.7/15-3×50	m	12	
9	10kV 电缆套头	与高压电缆配套	套	2	
10	接地扁钢	-50×5	m	150	
11	垂直接地极	∠50×50×5，L=2500	根	6	

表 19-5   方案 PB-6-2 主要电气设备材料表

序号	名称	型号	单位	数量	备注
1	变压器	油浸式-500-10/0.4	台	1	
2	10kV 进线柜	环网柜	台	1	
3	10kV 计量柜	环网柜	台	1	
4	10kV 出线柜	环网柜	台	1	
5	0.4kV 进线柜	GCS	台	1	
6	0.4kV 电容柜	GCS	台	1	
7	0.4kV 出线柜	GCS	台	2	
8	10kV 电缆	ZC-YJV22-8.7/15-3×50	m	12	
9	10kV 电缆套头	与高压电缆配套	套	2	
10	接地扁钢	-50×5	m	150	
11	垂直接地极	∠50×50×5，L=2500	根	6	

表 19-6   方案 PB-6-3 主要电气设备材料表

序号	名称	型号	单位	数量	备注
1	变压器	油浸式-1000-10/0.4	台	1	
2	10kV 进线柜	KYN28A-12	台	1	
3	10kV 计量柜	KYN28A-12	台	1	
4	10kV 出线柜	KYN28A-12	台	1	
5	10kV 母线 PT 柜	KYN28A-12	台	1	
6	0.4kV 进线柜	GDD3	台	1	
7	0.4kV 电容柜	GDD3	台	1	
8	0.4kV 出线柜	GDD3	台	2	
9	10kV 电缆	ZC-YJV22-8.7/15-3×70	m	12	
10	10kV 电缆套头	与高压电缆配套	套	2	
11	控制电缆	ZR-KVV-0.5-4×2.5	m	80	
12	直流电源屏	63AH	套	1	
13	接地扁钢	-50×5	m	150	
14	垂直接地极	∠50×50×5，L=2500	根	6	

表 19-7   方案 PB-6-4 主要电气设备材料表

序号	名称	型号	单位	数量	备注
1	变压器	油浸式-1600-10/0.4	台	1	
2	10kV 进线柜	KYN28A-12	台	1	
3	10kV 计量柜	KYN28A-12	台	1	

续表

序号	名称	型号	单位	数量	备注
4	10kV 出线柜	KYN28A-12	台	1	
5	10kV 母线 PT 柜	KYN28A-12	台	1	
6	0.4kV 进线柜	GCS	台	1	
7	0.4kV 电容柜	GCS	台	2	
8	0.4kV 出线柜	GCS	台	3	
9	10kV 电缆	ZC-YJV22-8.7/15-3×120	m	12	
10	10kV 电缆套头	与高压电缆配套	套	2	
11	控制电缆	ZR-KVV-0.5-4×2.5	m	80	
12	直流电源屏	63AH	套	1	
13	接地扁钢	−50×5	m	150	
14	垂直接地极	∠50×50×5，$L=2500$	根	6	

19.3　使用说明

19.3.1　概述

本方案根据典型设计导则确定的假定条件进行基本组合设计，10kV 开关柜以环网柜和中置柜为基本模块，技术参数及布置形式同样适用于气体绝缘负荷开关柜或固体绝缘负荷开关柜、断路器固定柜，变压器以 315～2000kVA 为基本模块，具体工程设计时根据实际情况适当调整使用。

在使用典型设计文件时，要根据实际情况，在安全可靠、投资合理、标准统一、运行高效的设计原则。

19.3.1.1　方案简述说明

本方案对应于 10kV 采用单母线接线，0.4kV 采用单母线接线，1 台变压器，容量为 315～2000kVA。10kV 开关柜选用环网柜或中置柜，变压器选用油浸式变压器，低压柜采用固定式成套柜的组合方案；当低压柜采用抽屉式成套柜时可与其他配电室的 0.4kV 配电装置模块进行拼接；电容柜补偿容量按变压器容量的 30% 配置，可根据系统实际情况选择。

本说明书为"10kV 配电室典型设计"内容使用说明，对应方案编号为"PB-6"。

19.3.1.2　基本方案

（1）基本方案说明。10kV 采用单母线接线，0.4kV 采用单母线接线，设置 1 台变压器规模。

（2）基本使用方法。

1）PB-5-1 为单台主变压器容量为 500kVA，PB-5-2 为单台主变压器容量为 500kVA。

2）PB-5-3 为单台主变压器容量为 1000kVA，PB-5-4 为单台主变压器容量为 1600kVA。

19.3.2　电气一次部分

19.3.2.1　电气主接线

10kV 采用单母线接线，0.4kV 采用单母线接线。

19.3.2.2　主设备选择

10kV 开关柜选用环网柜或中置柜；变压器选用节能环保型油浸式变压器；低压柜采用固定式成套柜；电容柜补偿容量按变压器容量的 30% 配置，可根据系统实际情况选择。

19.3.2.3　电气平面布置

10kV 开关柜采用环网柜或中置柜，采用户内单列布置；0.4kV 配电装置采用户内单列布置；油浸式变压器布置于独立的变压器室内。

19.4　设计图

方案 PB-6-1 设计图清单详见表 19-8，方案 PB-6-2 设计图清单详见表 19-9，方案 PB-6-3 设计图清单详见表 19-10，方案 PB-6-4 设计图清单详见表 19-11。

表 19-8　　　　　　　　　方案 PB-6-1 设计图清单

图序	图名	图纸编号
图 19-1	电气主接线图	PB-6-1-D1-01
图 19-2	10kV 系统配置接线图	PB-6-1-D1-02
图 19-3	0.4kV 系统配置接线图	PB-6-1-D1-03
图 19-4	电气平面布置图	PB-6-1-D1-04
图 19-5	电气断面图	PB-6-1-D1-05
图 19-6	接地装置布置图	PB-6-1-D1-06

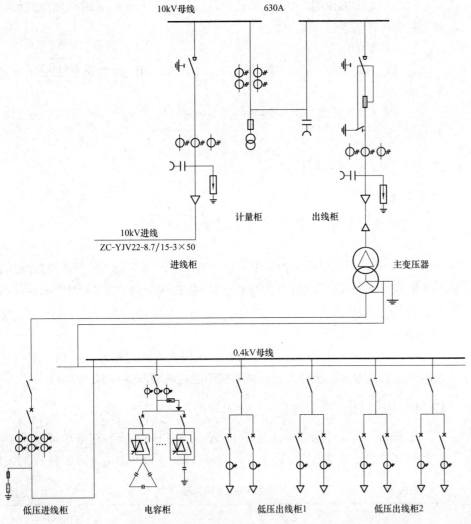

说明：1. 本图适用于单电源进线一台（315～630）kVA 变压器业扩工程电气一次主接线图。

2. 在实际应用中可根据具体工程情况做适当调解。

3. 中压柜可用真空负荷开关柜或 SF₆ 负荷开关柜。

图 19-1　电气主接线图（PB-6-1-D1-01）

高压开关柜型号	户内环网柜		
电压等级：10kV 10kV母线：630A	630A		
一次接线方案			
柜体尺寸（宽×深）mm	500×900	800×900	500×900
间隔编号	G1	G2	G3
回路名称	进线柜	计量柜	出线柜
三工位负荷开关(SF₆)	12kV/630A,20kA		12kV/125A,31.5kA
高压熔断器SFLDJ-12/[]A	XRNP1-10/0.5A	XRNP1-10/0.5A×2	50A
电流互感器LZZBJ9-10,0.5级	100/5A ×2	供电部门确定	50/5A ×2
电压互感器	10/0.22	10/0.1 0.2S ×2	
避雷器YH5WS-17/50	3		3
带电显示器DXN8B-T	1		1
短路故障指示器	面板式		
10kV进出线电缆ZC-YJV22-8.7/15-3*[]	50		50
油浸式变压器500kVA 10±2.5%/0.4kV Uₖ%=4 Dyn11			500kVA

图 19-2　10kV 系统配置接线图（PB-6-1-D1-02）

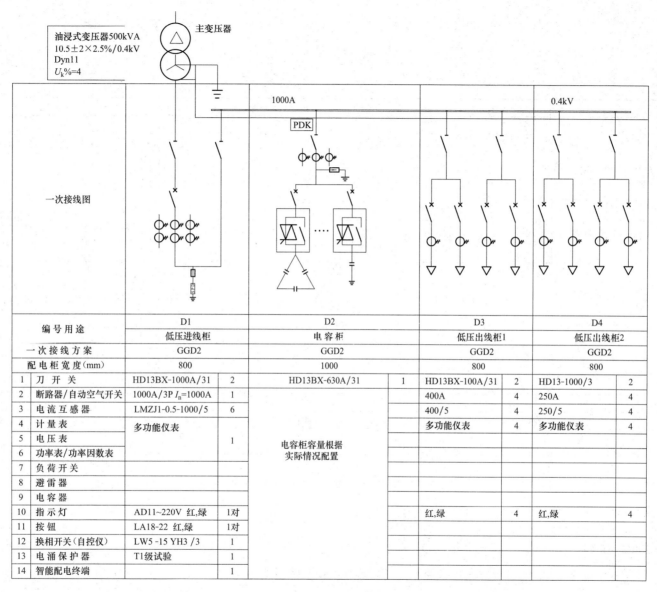

编号用途		D1		D2		D3		D4	
		低压进线柜		电容柜		低压出线柜1		低压出线柜2	
一次接线方案		GGD2		GGD2		GGD2		GGD2	
配电柜宽度(mm)		800		1000		800		800	
1	刀开关	HD13BX-1000A/31	2	HD13BX-630A/31	1	HD13BX-100A/31	2	HD13-1000/3	2
2	断路器/自动空气开关	1000A/3P I_n=1000A	1			400A	4	250A	4
3	电流互感器	LMZJ1-0.5-1000/5	6			400/5	4	250/5	4
4	计量表	多功能仪表				多功能仪表	4	多功能仪表	4
5	电压表		1	电容柜容量根据					
6	功率表/功率因数表			实际情况配置					
7	负荷开关								
8	避雷器								
9	电容器								
10	指示灯	AD11~220V 红,绿	1对			红,绿	4	红,绿	4
11	按钮	LA18-22 红,绿	1对						
12	换相开关(自控仪)	LW5 -15 YH3 /3	1						
13	电涌保护器	T1级试验	1						
14	智能配电终端		1						

说明：1. 本图为低压配置图典型设计，配电装置按 1×500kVA 设计。实际应用中应结合具体工作情况作调整。

2. 所有型号仅作举例说明用。

3. 出线根据用户实际负荷清单设置。

图 19-3　0.4kV 系统配置接线图（PB-6-1-D1-03）

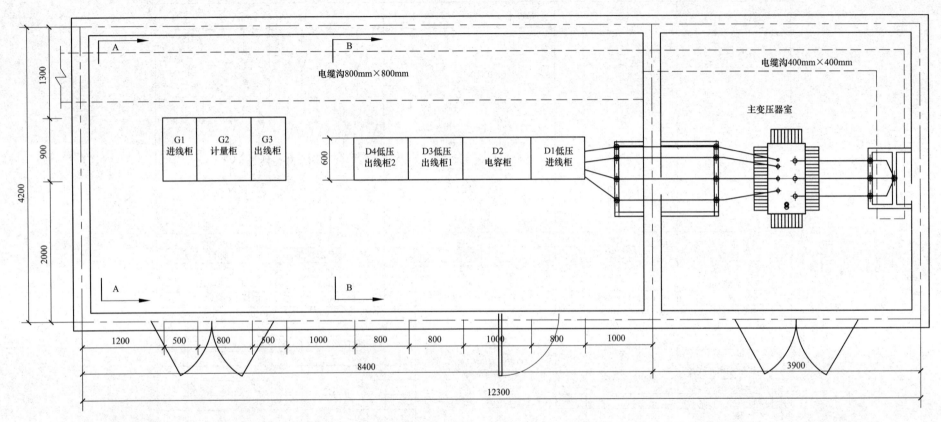

1300

900

2000

4200

A

B

电缆沟800mm×800mm

电缆沟400mm×400mm

主变压器室

| G1 进线柜 | G2 计量柜 | G3 出线柜 |

600

| D4低压 出线柜2 | D3低压 出线柜1 | D2 电容柜 | D1低压 进线柜 |

A

B

1200　500　800　800　1000　800　800　1000　800　1000

8400

12300

3900

说明：1. 本方案适用于油浸式变压器，容量 1×(315~630) kVA。

2. 本方案为典型设计，应用时可根据实际情况作调整。

3. 信号装置放置位置可根据实际确定。

图 19-4　电气平面布置图（PB-6-1-D1-04）

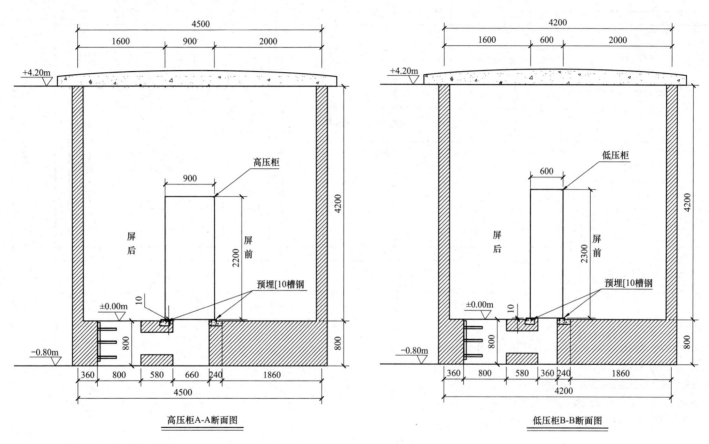

高压柜A-A断面图   低压柜B-B断面图

说明：1. 做好预留孔洞的封盖措施。

2. 电缆、母线进出孔洞位置与建筑实际情况结合后定。

3. 本图为土建条件图，建筑专业设计应做好防水、防渗、通风、消防等措施。

4. 10号槽钢预埋高出地坪5～10mm。

图 19-5 电气断面图（PB-6-1-D1-05）

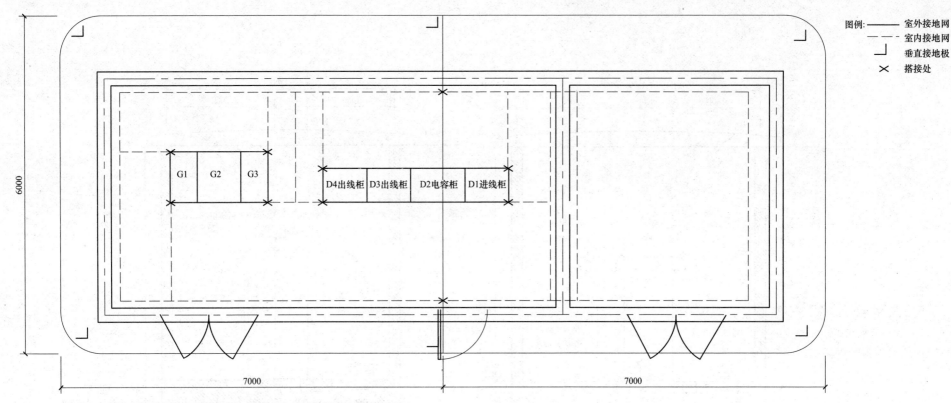

图例:
—————— 室外接地网
- - - - - - 室内接地网
⌐ 垂直接地极
× 搭接处

说明: 1. 设备室四周设置接地干线, 于离地 0.3m 处明敷, 过门处敷设于地面粉刷层内。

2. 主要电气设备均要求采用两点接地方式。

3. 充分利用自然接地体在适当位置与公配房接地网相连。

4. 明敷的接地线表面应涂设 15~100mm 宽的绿色和黄色相间的条纹。

5. 接地线应采取防止机械损伤和化学腐蚀的措施, 在引进建筑物的入口处, 应设标志。

图 19-6　接地装置布置图 (PB-6-1-D1-06)

表 19-9　　　　　　　　　　　　　　　　　方案 PB-6-2 设计图清单

图序	图名	图纸编号
图 19-7	电气主接线图	PB-6-2-D1-01
图 19-8	10kV 系统配置接线图	PB-6-2-D1-02
图 19-9	0.4kV 系统配置接线图	PB-6-2-D1-03
图 19-10	电气平面布置图	PB-6-2-D1-04
图 19-11	电气断面图	PB-6-2-D1-05
图 19-12	接地装置布置图	PB-6-2-D1-06

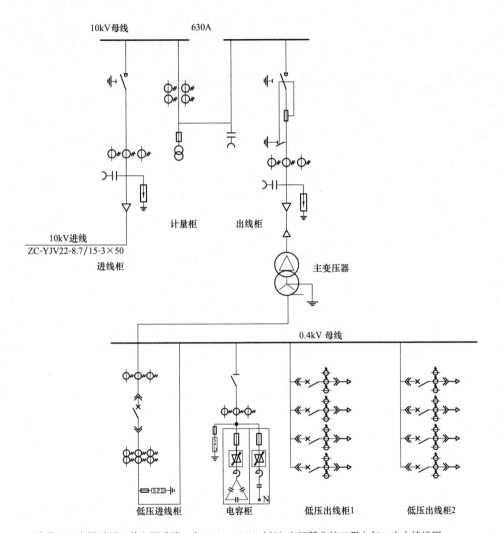

说明：1. 本图适用于单电源进线一台（315～630）kVA变压器业扩工程电气一次主接线图。

　　　2. 在实际应用中可根据具体工程情况做适当调解。

　　　3. 中压柜可用真空负荷开关柜或SF₆负荷开关柜。

图 19-7　电气主接线图（PB-6-2-D1-01）

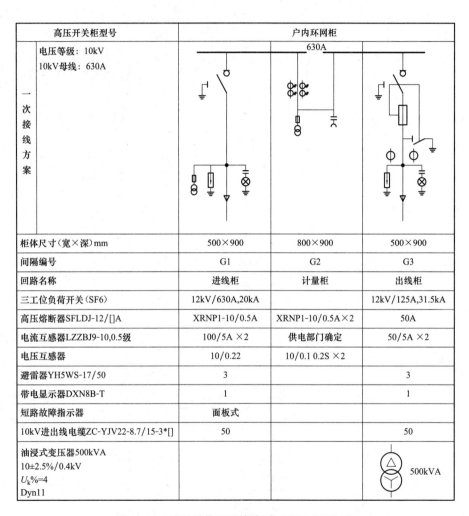

高压开关柜型号	户内环网柜		
电压等级：10kV　10kV母线：630A	630A		
一次接线方案			
柜体尺寸（宽×深）mm	500×900	800×900	500×900
间隔编号	G1	G2	G3
回路名称	进线柜	计量柜	出线柜
三工位负荷开关(SF6)	12kV/630A,20kA		12kV/125A,31.5kA
高压熔断器SFLDJ-12/[]A	XRNP1-10/0.5A	XRNP1-10/0.5A×2	50A
电流互感器LZZBJ9-10,0.5级	100/5A ×2	供电部门确定	50/5A ×2
电压互感器	10/0.22	10/0.1 0.2S ×2	
避雷器YH5WS-17/50	3		3
带电显示器DXN8B-T	1		1
短路故障指示器	面板式		
10kV进出线电缆ZC-YJV22-8.7/15-3*[]	50		50
油浸式变压器500kVA 10±2.5%/0.4kV $U_k\%=4$ Dyn11			500kVA

图 19-8　10kV 系统配置接线图（PB-6-2-D1-02）

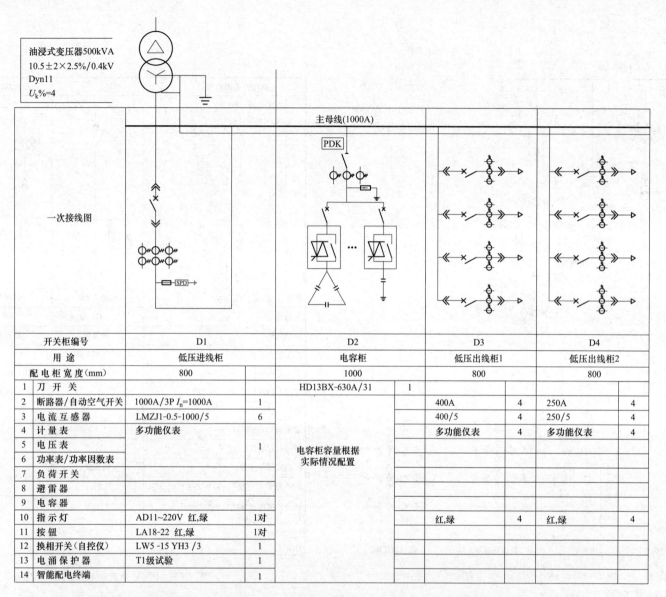

开关柜编号	D1		D2		D3		D4	
用　途	低压进线柜		电容柜		低压出线柜1		低压出线柜2	
配电柜宽度(mm)	800		1000		800		800	
1	刀 开 关		HD13BX-630A/31	1				
2	断路器/自动空气开关	1000A/3P I_n=1000A	1		400A	4	250A	4
3	电流互感器	LMZJ1-0.5-1000/5	6		400/5	4	250/5	4
4	计量表	多功能仪表			多功能仪表	4	多功能仪表	4
5	电压表		1					
6	功率表/功率因数表			电容柜容量根据				
7	负荷开关			实际情况配置				
8	避雷器							
9	电容器							
10	指示灯	AD11~220V 红,绿	1对		红,绿	4	红,绿	4
11	按钮	LA18-22 红,绿	1对					
12	换相开关(自控仪)	LW5 -15 YH3 /3	1					
13	电涌保护器	T1级试验	1					
14	智能配电终端		1					

说明：1. 本图为低压配置图典型设计，配电装置按1×500kVA设计。实际应用中应结合具体工作情况作调整。

　　　2. 所有型号仅作举例说明用。

　　　3. 出线根据用户实际负荷清单设置。

图 19-9　0.4kV 系统配置接线图（PB-6-2-D1-03）

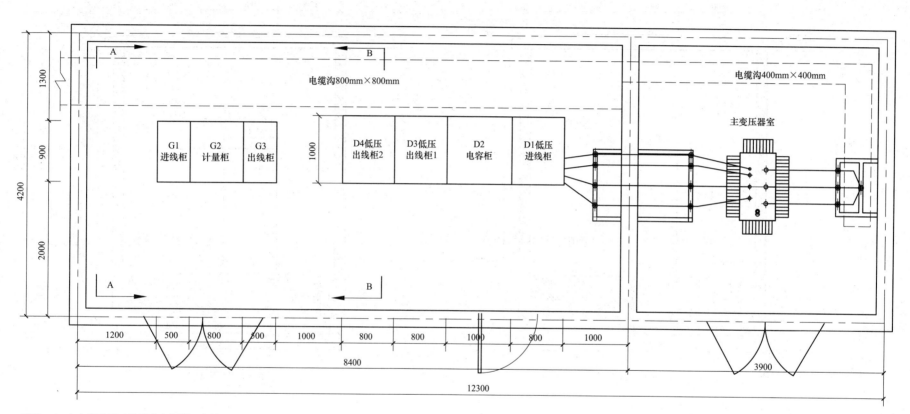

说明：1. 本方案适用于油浸式变压器，容量 1×（315～630）kVA。

2. 本方案为典型设计，应用时可根据实际情况作调整。

3. 信号装置放置位置可根据实际确定。

图 19-10 电气平面布置图（PB-6-2-D1-04）

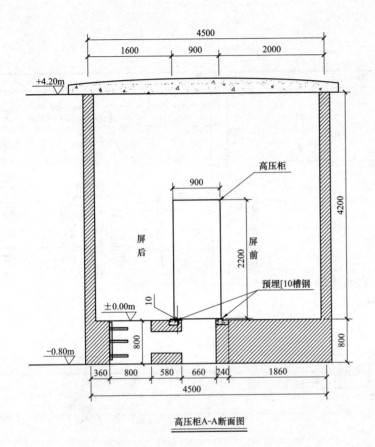

高压柜A-A断面图

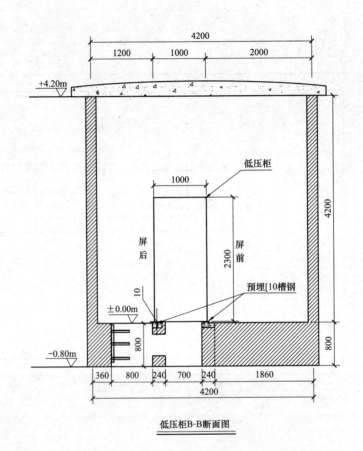

低压柜B-B断面图

说明：1. 做好预留孔洞的封盖措施。

2. 电缆、母线进出孔洞位置与建筑实际情况结合后定。

3. 本图为土建条件图，建筑专业设计应做好防水、防渗、通风、消防等措施。

4. 10号槽钢预埋高出地坪5～10mm。

图19-11　电气断面图（PB-6-2-D1-05）

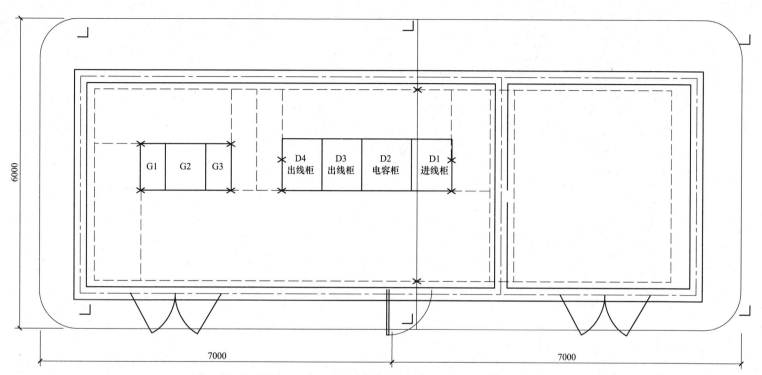

图例：————— 室外接地网
------ 室内接地网
⌐ 垂直接地极
✕ 搭接处

说明：1. 设备室四周设置接地干线，于离地 0.3m 处明敷，过门处敷设于地面粉刷层内。

2. 主要电气设备均要求采用两点接地方式。

3. 充分利用自然接地体在适当位置与公配房接地网相连。

4. 明敷的接地线表面应涂设 15～100mm 宽的绿色和黄色相间的条纹。

5. 接地线应采取防止机械损伤和化学腐蚀的措施，在引进建筑物的入口处，应设标志。

图 19-12 接地装置布置图（PB-6-2-D1-06）

表 19-10 方案 PB-6-3 设计图清单

图序	图名	图纸编号
图 19-13	电气主接线图	PB-6-3-D1-01
图 19-14	10kV 系统配置接线图	PB-6-3-D1-02
图 19-15	0.4kV 系统配置接线图	PB-6-3-D1-03
图 19-16	电气平面布置图	PB-6-3-D1-04
图 19-17	电气断面图	PB-6-3-D1-05
图 19-18	接地装置布置图	PB-6-3-D1-06

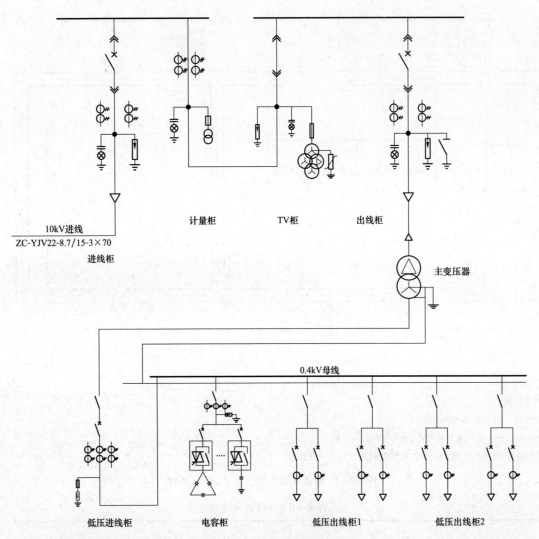

10kV进线
ZC-YJV22-8.7/15-3×70
进线柜

计量柜　　　TV柜　　　出线柜

主变压器

0.4kV母线

低压进线柜　　　电容柜　　　低压出线柜1　　　低压出线柜2

说明：1. 本图适用于单电源进线一台（800～2000）kVA变压器业扩工程电气一次主接线图。

2. 在实际应用中可根据具体工程情况做适当调解。

3. 中压柜可用真空负荷开关柜或SF$_6$负荷开关柜。

图 19-13　电气主接线图（PB-6-3-D1-01）

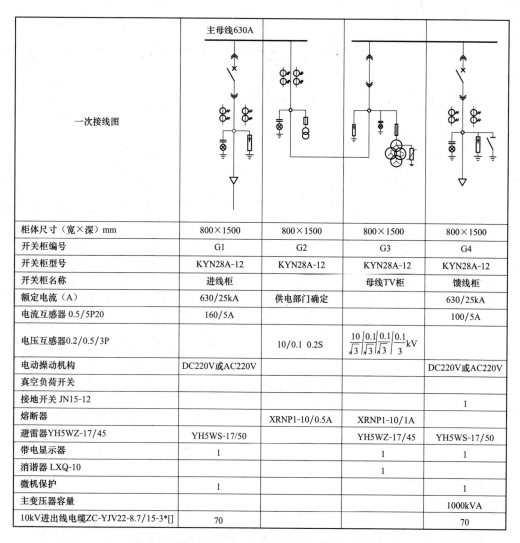

一次接线图	主母线630A			
柜体尺寸（宽×深）mm	800×1500	800×1500	800×1500	800×1500
开关柜编号	G1	G2	G3	G4
开关柜型号	KYN28A-12	KYN28A-12	KYN28A-12	KYN28A-12
开关柜名称	进线柜		母线TV柜	馈线柜
额定电流（A）	630/25kA	供电部门确定		630/25kA
电流互感器 0.5/5P20	160/5A			100/5A
电压互感器0.2/0.5/3P		10/0.1 0.2S	$\frac{10}{\sqrt{3}}\left|\frac{0.1}{\sqrt{3}}\right|\frac{0.1}{\sqrt{3}}\left|\frac{0.1}{3}\right.$kV	
电动操动机构	DC220V或AC220V			DC220V或AC220V
真空负荷开关				
接地开关 JN15-12				1
熔断器		XRNP1-10/0.5A	XRNP1-10/1A	
避雷器YH5WZ-17/45	YH5WS-17/50		YH5WZ-17/45	YH5WS-17/50
带电显示器	1		1	1
消谐器 LXQ-10			1	
微机保护	1			1
主变压器容量				1000kVA
10kV进出线电缆ZC-YJV22-8.7/15-3*[]	70			70

图 19-14 10kV 系统配置接线图 （PB-6-3-D1-02）

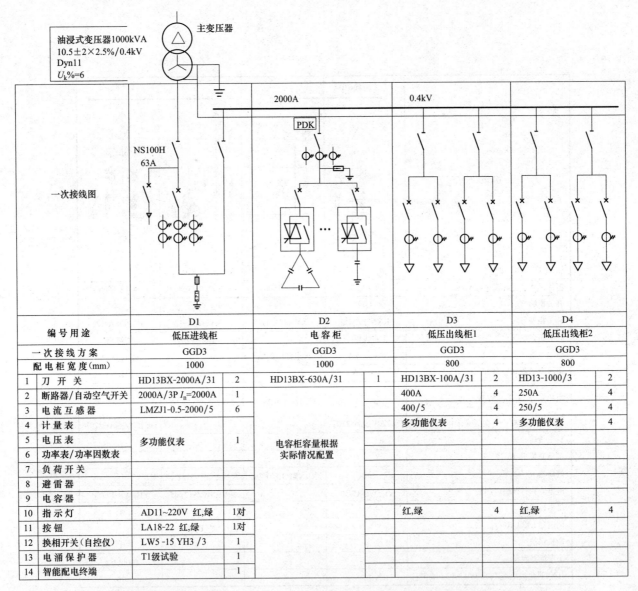

编号用途		D1		D2		D3		D4	
		低压进线柜		电容柜		低压出线柜1		低压出线柜2	
一次接线方案		GGD3		GGD3		GGD3		GGD3	
配电柜宽度(mm)		1000		1000		800		800	
1	刀 开 关	HD13BX-2000A/31	2	HD13BX-630A/31	1	HD13BX-100A/31	2	HD13-1000/3	2
2	断路器/自动空气开关	2000A/3P I_n=2000A	1			400A	4	250A	4
3	电流互感器	LMZJ1-0.5-2000/5	6			400/5	4	250/5	4
4	计 量 表					多功能仪表	4	多功能仪表	4
5	电 压 表	多功能仪表	1	电容柜容量根据					
6	功率表/功率因数表			实际情况配置					
7	负 荷 开 关								
8	避 雷 器								
9	电 容 器								
10	指 示 灯	AD11~220V 红,绿	1对			红,绿	4	红,绿	4
11	按 钮	LA18-22 红,绿	1对						
12	换相开关(自控仪)	LW5 -15 YH3 /3	1						
13	电 涌 保 护 器	T1级试验	1						
14	智能配电终端		1						

说明：1. 本图为低压配置图典型设计，配电装置按 1×1000kVA 设计。实际应用中应结合具体工作情况作调整。

　　　2. 所有型号仅作举例说明用。

　　　3. 出线根据用户实际负荷清单设置。

图 19-15　0.4kV 系统配置接线图（PB-6-3-D1-03）

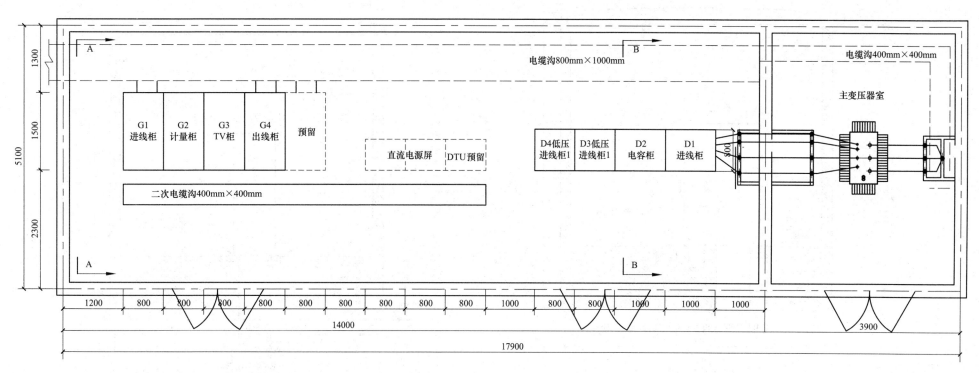

说明：1. 本方案适用于油浸式变压器，容量 1×（800～2000）kVA。

2. 本方案为典型设计，应用时可根据实际情况作调整。

3. 直流电源屏可依据实际情况配置；信号装置放置位置可根据实际确定。

图 19-16　电气平面布置图（PB-6-3-D1-04）

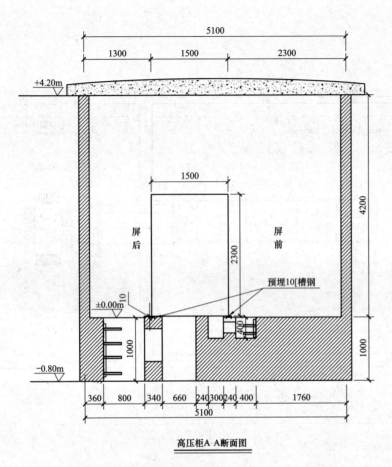

高压柜A-A断面图

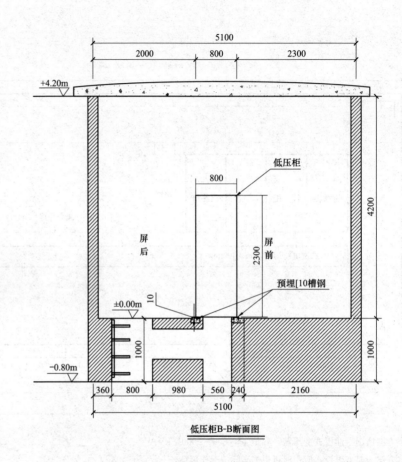

低压柜B-B断面图

说明：1. 做好预留孔洞的封盖措施。

2. 电缆、母线进出孔洞位置与建筑实际情况结合后定。

3. 本图为土建条件图，建筑专业设计应做好防水、防渗、通风、消防等措施。

4. 10 号槽钢预埋高出地坪 5～10mm。

图 19-17　电气断面图（PB-6-3-D1-05）

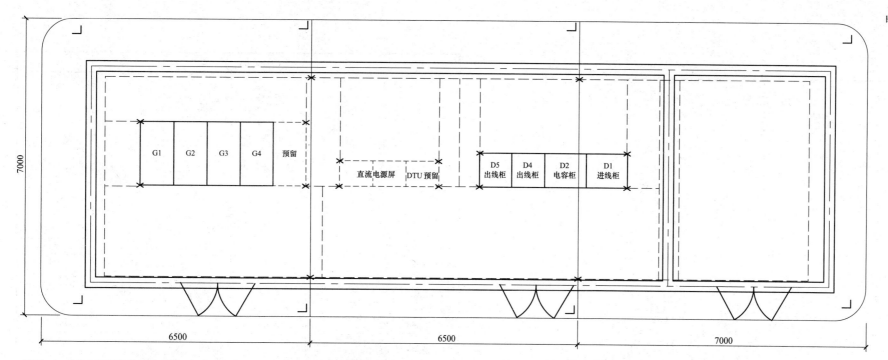

图例：
———— 室外接地网
———— 室内接地网
⌐ 垂直接地极
✕ 搭接处

| G1 | G2 | G3 | G4 | 预留 |

直流电源屏　DTU预留

| D5
出线柜 | D4
出线柜 | D2
电容柜 | D1
进线柜 |

7000

6500　　6500　　7000

说明：1. 设备室四周设置接地干线，于离地 0.3m 处明敷，过门处敷设于地面粉刷层内。

2. 主要电气设备均要求采用两点接地方式。

3. 充分利用自然接地体在适当位置与公配房接地网相连。

4. 明敷的接地线表面应涂设 15～100mm 宽的绿色和黄色相间的条纹。

5. 接地线应采取防止机械损伤和化学腐蚀的措施，在引进建筑物的入口处，应设标志。

图 19-18　接地装置布置图（PB-6-3-D1-06）

表 19-11　　　　　　　　　　　　　　　　　　　**方案 PB-6-4 设计图清单**

图序	图名	图纸编号
图 19-19	电气主接线图	PB-6-4-D1-01
图 19-20	10kV 系统配置接线图	PB-6-4-D1-02
图 19-21	0.4kV 系统配置接线图	PB-6-4-D1-03
图 19-22	电气平面布置图	PB-6-4-D1-04
图 19-23	电气断面图	PB-6-4-D1-05
图 19-24	接地装置布置图	PB-6-4-D1-06

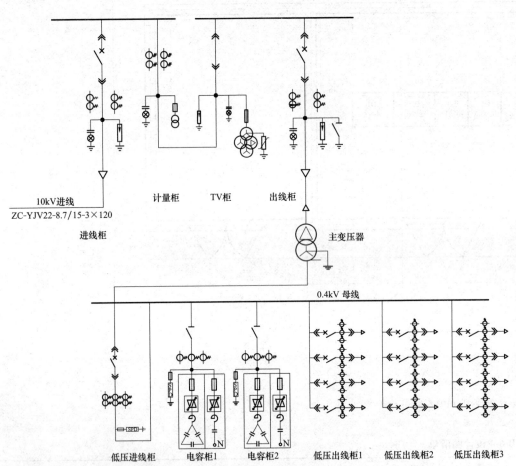

10kV进线
ZC-YJV22-8.7/15-3×120
进线柜 计量柜 TV柜 出线柜
主变压器
0.4kV 母线
低压进线柜 电容柜1 电容柜2 低压出线柜1 低压出线柜2 低压出线柜3

说明：1. 本图适用于单电源进线一台（800~2000）kVA 变压器业扩工程电气一次主接线图。

2. 在实际应用中可根据具体工程情况做适当调解。

3. 中压柜可用真空负荷开关柜或 SF₆ 负荷开关柜。

图 19-19 电气主接线图（PB-6-4-D1-01）

一次接线图	主母线630A			
柜体尺寸（宽×深）mm	800×1500	800×1500	800×1500	800×1500
开关柜编号	G1	G2	G3	G4
开关柜型号	KYN28A-12	KYN28A-12	KYN28A-12	KYN28A-12
开关柜名称	进线柜	计量柜	TV柜	馈线柜
额定电流（A）	630/25kA	供电部门确定		630/25kA
电流互感器 0.5/5P20	200/5A			160/5A
电压互感器0.2/0.5/3P		10/0.1 0.2S	$\frac{10}{\sqrt{3}}\left|\frac{0.1}{\sqrt{3}}\right|\frac{0.1}{\sqrt{3}}\left|\frac{0.1}{3}\right.$kV	
电动操动机构	DC220V或AC220V			DC220V或AC220V
真空负荷开关				
接地开关 JN15-12				1
熔断器		XRNP1-10/0.5A	XRNP1-10/1A	
避雷器YH5WZ-17/45	YH5WS-17/50		YH5WZ-17/45	YH5WS-17/50
带电显示器	1		1	1
消谐器 LXQ-10			1	
微机保护	1			1
主变压器容量				1600kVA
10kV进出线电缆ZC-YJV22-8.7/15-3*[]	120			120

图 19-20　10kV 系统配置接线图（PB-6-4-D1-02）

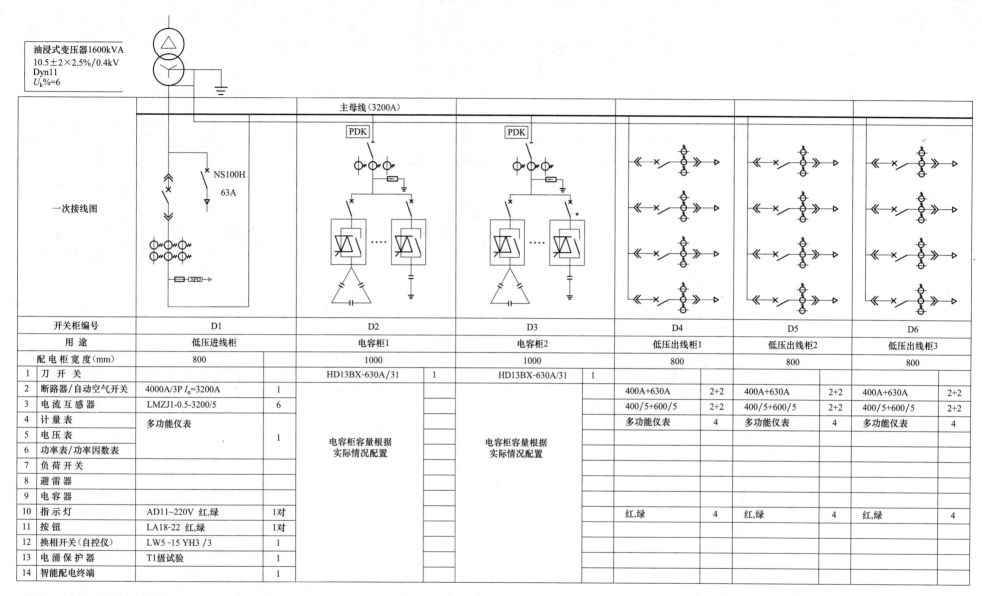

	开关柜编号	D1		D2		D3		D4		D5		D6	
	用 途	低压进线柜		电容柜1		电容柜2		低压出线柜1		低压出线柜2		低压出线柜3	
	配电柜宽度(mm)	800		1000		1000		800		800		800	
1	刀 开 关			HD13BX-630A/31	1	HD13BX-630A/31	1						
2	断路器/自动空气开关	4000A/3P I_n=3200A	1					400A+630A	2+2	400A+630A	2+2	400A+630A	2+2
3	电流互感器	LMZJ1-0.5-3200/5	6					400/5+600/5	2+2	400/5+600/5	2+2	400/5+600/5	2+2
4	计 量 表	多功能仪表						多功能仪表	4	多功能仪表	4	多功能仪表	4
5	电 压 表		1	电容柜容量根据 实际情况配置		电容柜容量根据 实际情况配置							
6	功率表/功率因数表												
7	负 荷 开 关												
8	避 雷 器												
9	电 容 器												
10	指 示 灯	AD11~220V 红、绿	1对					红、绿	4	红、绿	4	红、绿	4
11	按 钮	LA18-22 红、绿	1对										
12	换相开关(自控仪)	LW5 -15 YH3 /3	1										
13	电涌保护器	T1级试验	1										
14	智能配电终端		1										

说明：1. 本图为低压配置图典型设计，配电装置按1×1600kVA设计。实际应用中应结合具体工作情况作调整。

　　　2. 所有型号仅作举例说明用。

　　　3. 出线根据用户实际负荷清单设置。

图 19-21 0.4kV 系统配置接线图（PB-6-4-D1-03）

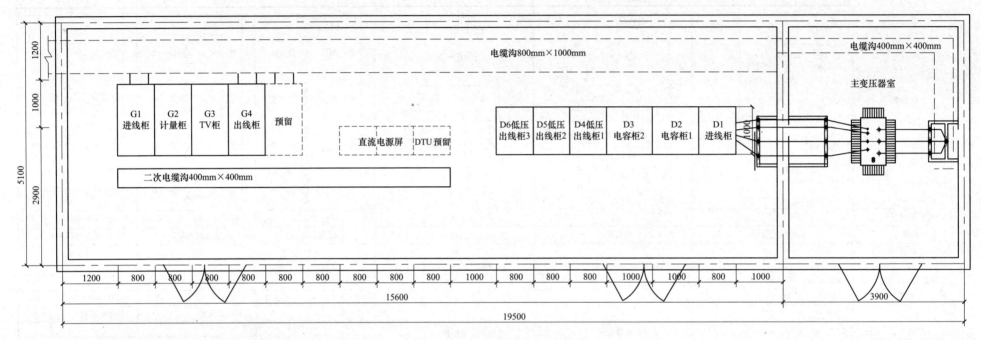

说明：1. 本方案适用于油浸式变压器，容量 1×（800～2000）kVA。

2. 本方案为典型设计，应用时可根据实际情况作调整。

3. 直流电源屏可根据实际情况配置；信号装置放置位置可根据实际确定。

图 19-22　电气平面布置图（PB-6-4-D1-04）

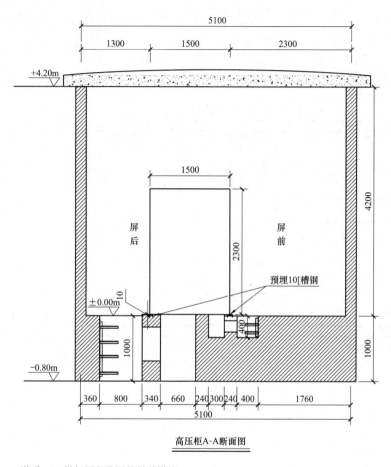

高压柜A-A断面图

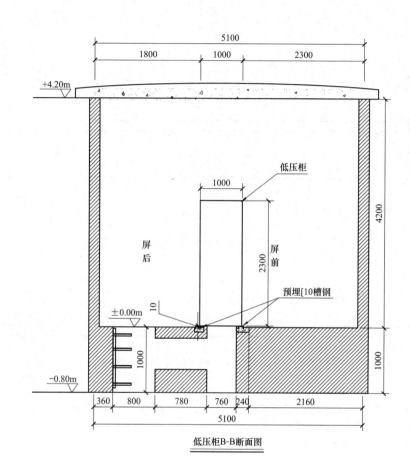

低压柜B-B断面图

说明：1. 做好预留孔洞的封盖措施。

2. 电缆、母线进出孔洞位置与建筑实际情况结合后定。

3. 本图为土建条件图，建筑专业设计应做好防水、防渗、通风、消防等措施。

4. 10号槽钢预埋高出地坪 5～10mm。

图 19-23　电气断面图（PB-6-4-D1-05）

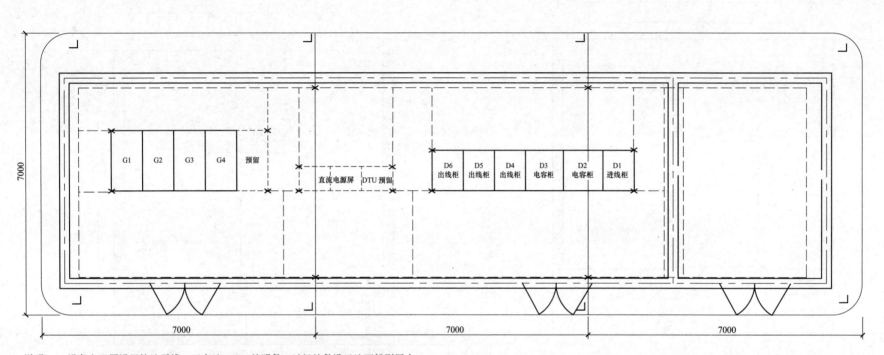

说明：1. 设备室四周设置接地干线，于离地 0.3m 处明敷，过门处敷设于地面粉刷层内。

2. 主要电气设备均要求采用两点接地方式。

3. 充分利用自然接地体在适当位置与公配房接地网相连。

4. 明敷的接地线表面应涂设 15～100mm 宽的绿色和黄色相间的条纹。

5. 接地线应采取防止机械损伤和化学腐蚀的措施，在引进建筑物的入口处，应设标志。

图 19-24　接地装置布置图（PB-6-4-D1-06）

第 **20** 章 10kV配电室典型设计（方案PB-7）

20.1 设计说明

20.1.1 总的部分

本典型设计为"客户受电工程典型设计"中对应的"10kV 配电室典型设计"部分，方案编号为"PB-7"，"PB-7"10kV 配电装置模块见表 20-1。

表 20-1　　　　　　　　10kV 配电室典型设计模块表

模块编号	主要设备选择	变压器（kVA）	电气主接线和进出线回路数
PB-7-1	中压侧：环网柜 低压侧：固定柜	100~630kVA （油浸式变压器）	中压侧：单接线；进线：1 回 低压侧：单母线；出线：2—4 回/实际需求为准
PB-7-2	中压侧：环网柜 低压侧：抽屉柜	100~630kVA （油浸式变压器）	中压侧：单接线；进线：1 回 低压侧：单母线分段；出线：4—8 回/实际需求为准
PB-7-3	中压侧：中置柜 低压侧：固定柜	800~2000kVA （油浸式变压器）	中压侧：单接线；进线：1 回 低压侧：单母线；出线：2—4 回/实际需求为准
PB-7-4	中压侧：中置柜 低压侧：抽屉柜	800~2000kVA （油浸式变压器）	中压侧：单接线；进线：1 回 低压侧：单母线；出线：4—8 回/实际需求为准

20.1.1.1 方案 PB-7 主要技术原则

对应 10kV 采用环网柜或中置柜，采用 10kV 电缆进出线，10kV 开关柜采用户内单列布置；0.4kV 低压柜采用固定式或抽屉式开关柜，进线总柜配置框架式断路器，出线柜一般采用塑壳断路器；0.4kV 低压无功补偿采用动态自动补偿方式，补偿容量按变压器容量的 10%～40%配置，按三相、单相混合补偿；变压器选用节能环保型产品，可根据所供区域的负荷情况选用 1 台油浸式变压器，根据消防要求，油浸式变压器应设置在独立式配电室内。

20.1.1.2 方案技术条件

本方案根据"10kV 配电室典型设计总体说明"确定的预定条件开展设计，方案组合说明见表 20-2。

表 20-2　　　　　10kV 配电室典型设计 PB-2 方案技术条件表

序号	项目名称	内容
1	10kV 变压器	节能型全密封油浸式变压器，容量为 50~250kVA，本期 1 台
2	10kV 进出线回路数	本期规模 10kV 进线 1 回，1 回配出线，全部采用电缆进出线
3	电气主接线	10kV 本期采用单母线接线；0.4kV 本期采用单母线接线
4	无功补偿	本方案 0.4kV 电容器容量按每台变压器容量的 30%配置，可根据实际情况按变压器容量的 20%～30%作调整；采用动态自动补偿方式，按三相、单相混合补偿方式，配置配电变压器综合测控装置
5	设备短路电流水平	不小于 20kA
6	主要设备选型	10kV 选用 SF$_6$ 绝缘负荷开关柜、气体绝缘负荷开关柜或固体绝缘负荷开关柜。进线柜配置三相干式电流互感器。 进线间隔配置 1 组金属氧化物避雷器。 变压器按"节能型、环保型"原则选用；变压器容量为 100~2000kVA。 0.4kV 低压开关柜采用固定式或抽屉式开关柜；进线总柜配置框架式断路器，出线柜开关一般采用塑壳断路器
7	布置方式	10kV 开关柜采用户内单列布置，0.4kV 开关柜采用户内单列布置；出线间隔采用电缆引出至变压器；变压器低压引出采用铜排、密集型母线或封闭母线
8	土建部分	基础砖混结构
9	通风	若 10kV 开关柜采用 SF$_6$ 负荷开关柜须装设轴流风机或其他强力通风装置，风口设置在室内底部；其他分室采用自然通风
10	消防	采用化学灭火器装置

续表

序号	项目名称	内容
11	站址基本条件	按地震动峰值加速度 0.1g，设计风速 30m/s，地基承载力特征值 $f_{ak}=150$kPa，地下水无影响，非采暖区设计，假设场地为同一标高。按海拔 1000m 及以下，国标Ⅲ级污秽区设计； 当海拔超过 1000m 时，按国家有关规范进行修正

20.1.2 电力系统部分

本典型设计按照给定的规模进行设计，在实际工程中，需要根据配电室所处系统情况具体设计。

本典型设计不涉及系统继电保护专业、系统通信专业、系统远动专业的具体内容，在实际工程中，需要根据配电室系统情况具体设计。

20.1.3 电气一次部分

20.1.3.1 电气主接线

(1) 10kV 部分：单母线接线。

(2) 0.4kV 部分：单母线分段接线。

20.1.3.2 短路电流及主要电气设备、导体选择

(1) 10kV 设备短路电流水平：不小于 20kA。

(2) 主要电气设备选择。

1) 10kV 开关柜。10kV 开关柜采用环网柜或中置柜。若采用 SF_6 开关设备，需采用独立的通风系统，将泄漏的 SF_6 气体排至安全地方。

10kV 开关柜主要设备选择结果见表 20-3。

表 20-3　　　　10kV 开关柜主要设备选择结果表

设备名称	型式及主要参数	备注
断路器	630A，25kA；1250A，31.5kA	
负荷开关	进、出线回路：630A，20kA；125A，31.5kA	
电流互感器	变压器回路：/5A	
避雷器	17/45kV	
主母线	630A	

2) 变压器。变压器采用节能环保型（低损耗、低噪声）油浸式变压器。规格如下。

容量：315～2000kVA；

接线组别：Dyn11；

电压额定变比：$10.5\pm2\times2.5\%/0.4$kV；

阻抗电压：$U_k\%=4\sim6$。

3) 0.4kV 开关柜：0.4kV 低压柜采用固定式或抽屉式开关柜。

4) 无功补偿电容器柜。无功补偿电容器柜采用动态无功自动补偿型式，低压电力电容器采用智能自愈式、免维护、无污染、环保型。补偿容量按变压器容量的 10%～40% 配置。

5) 导体选择。根据短路电流水平为 20kA，按发热及动稳定条件校验，10kV 主母线及进线间隔导体选择应满足额定电流需求。10kV 开关柜与变压器高压侧连接电缆须按发热及动稳定条件校验选用。低压母线最大工作电流按 4000A 考虑。

20.1.3.3 绝缘配合及过电压保护

电气设备的绝缘配合，参照 GB/T 50064—2014《交流电气装置的过电压保护和绝缘配合设计规范》确定的原则进行。

(1) 金属氧化物避雷器按 GB 11032—2010《交流无间隙金属氧化物避雷器》中的规定进行选择。

(2) 雷电过电压保护。采用金属氧化物避雷器作为雷电侵入波及内部过电压保护装置，施工图设计时根据中性点运行方式和需要，确定参数和安装。

(3) 接地。本类型配电室接地按有关技术规程的要求设计，接地装置采用水平接地体与垂直接地体组成。接地网接地电阻应符合 DL/T 621—1997《交流电气装置的接地》的规定。

具体工程中需按短路电流校验接地引下线及接地体截面，接地电阻、跨步电压和接触电压应满足有关规程要求；如接地电阻不能满足要求，则需要采取降阻措施。

20.1.3.4 电气设备布置

10kV 配电装置采用环网柜或中置柜，采用单列布置，低压配电装置采用单列布置方式。

20.1.3.5　站用电及照明

（1）站用电。由于本方案 10kV 配电装置规模较小，故不设站用电柜，站用电源取自本站的低压母线。

（2）照明。工作照明采用荧光灯、LED 灯、节能灯，事故照明采用应急灯。

20.1.3.6　电缆设施及防火措施

电缆敷设通道应满足电缆转弯半径要求。

电缆敷设采用支架上敷设、穿管敷设方式，并满足防火要求；在柜下方及电缆沟进出口采用耐火材料封堵。

20.1.4　电气二次部分

20.1.4.1　二次设备布置方案

所有二次设备布置在各自开关柜小室内。

20.1.4.2　保护及自动装置配置

保护配置原则如下：

（1）10kV 进线负荷开关不设保护，断路器设置微机综合保护装置。

（2）主变压器一次柜内装设熔断器用于变压器保护。

（3）低压侧短路和过载保护利用空气断路器自身具有的保护特性来实现。

20.1.4.3　电能计量

本方案考虑电能计量装置设置，若根据当地供电公司设置 10kV 进出线电能计量装置或者 0.4kV 计量装置，需按如下原则调整。

（1）电能计量装置选用及配置应满足 DL/T 448—2000《电能计量装置技术管理规程》规定。

（2）10kV 计量设置专用的 10kV 计量柜，设置计量专用二次绕组，用于电能计量。

（3）0.4kV 计量装置装于低压进线柜内，设置计量专用二次绕组，用于电能计量。

20.2　主要设备及材料清册

方案 PB-7-1 主要电气设备材料见表 20-4；方案 PB-7-2 主要电气设备材料

见表 20-5；方案 PB-7-3 主要电气设备材料见表 20-6；方案 PB-7-4 主要电气设备材料见表 20-7。

表 20-4　　方案 PB-7-1 主要电气设备材料表

序号	名称	型号	单位	数量	备注
1	变压器	油浸式-630-10/0.4	台	2	
2	10kV 进线柜	环网柜	台	1	
3	10kV 计量柜	环网柜	台	1	
4	10kV 出线柜	环网柜	台	2	
5	0.4kV 进线柜	GGD2	台	2	
6	0.4kV 电容柜	GGD2	台	2	
7	0.4kV 出线柜	GGD2	台	4	
8	0.4kV 联络柜	GGD2	台	1	
9	0.4kV 封闭母线桥	1250A	m	10	
10	10kV 电缆	ZC-YJV22-8.7/15-3×120	m	30	
11	10kV 电缆套头	与高压电缆配套	套	2	
12	接地扁钢	—50×5	m	150	
13	垂直接地极	∠50×50×5, L=2500	根	6	

表 20-5　　方案 PB-7-2 主要电气设备材料表

序号	名称	型号	单位	数量	备注
1	变压器	油浸式-630-10/0.4	台	2	
2	10kV 进线柜	环网柜	台	1	
3	10kV 计量柜	环网柜	台	1	
4	10kV 出线柜	环网柜	台	2	
5	0.4kV 进线柜	GCS	台	2	
6	0.4kV 电容柜	GCS	台	2	
7	0.4kV 出线柜	GCS	台	4	
8	0.4kV 联络柜	GCS	台	1	
9	0.4kV 封闭母线桥	1250A	m	10	
10	10kV 电缆	ZC-YJV22-8.7/15-3×120	m	30	
11	10kV 电缆套头	与高压电缆配套	套	2	
12	接地扁钢	—50×5	m	150	
13	垂直接地极	∠50×50×5, L=2500	根	6	

表 20-6　　方案 PB-7-3 主要电气设备材料表

序号	名称	型号	单位	数量	备注
1	变压器	油浸式-1000-10/0.4	台	2	
2	10kV 进线柜	KYN28A-12	台	1	
3	10kV 计量柜	KYN28A-12	台	1	

续表

序号	名称	型号	单位	数量	备注
4	10kV 出线柜	KYN28A-12	台	2	
5	10kV 母线 PT 柜	KYN28A-12	台	1	
6	0.4kV 进线柜	GGD3	台	2	
7	0.4kV 电容柜	GGD3	台	2	
8	0.4kV 出线柜	GGD3	台	4	
9	0.4kV 联络柜	GGD3	台	1	
10	0.4kV 封闭母线桥	2000A	m	10	
11	10kV 电缆	ZC-YJV22-8.7/15-3×120	m	30	
12	10kV 电缆套头	与高压电缆配套	套	2	
13	接地扁钢	－50×5	m	250	
14	垂直接地极	∠50×50×5，L=2500	根	10	
15	直流电源屏	63AH	套	1	

表 20-7　　　　方案 PB-7-4 主要电气设备材料表

序号	名称	型号	单位	数量	备注
1	变压器	油浸式-1600-10/0.4	台	2	
2	10kV 进线柜	KYN28A-12	台	1	
3	10kV 计量柜	KYN28A-12	台	1	
4	10kV 出线柜	KYN28A-12	台	2	
5	10kV 母线 PT 柜	KYN28A-12	台	1	
6	0.4kV 进线柜	GCS	台	2	
7	0.4kV 电容柜	GCS	台	4	
8	0.4kV 出线柜	GCS	台	6	
9	0.4kV 联络柜	GCS	台	1	
10	0.4kV 封闭母线桥	3200A	m	10	
11	10kV 电缆	ZC-YJV22-8.7/15-3×120	m	30	
12	10kV 电缆套头	与高压电缆配套	套	2	
13	接地扁钢	－50×5	m	250	
14	垂直接地极	∠50×50×5，L=2500	根	10	
15	直流电源屏	63AH	套	1	

20.3　使用说明

20.3.1　概述

本方案根据典型设计导则确定的假定条件进行基本组合设计，10kV 开关柜选环网柜或中置柜为基本模块，变压器以 100～2000kVA 为基本模块，具体工程设计时根据实际情况适当调整使用。

在使用典型设计文件时，要根据实际情况，遵循安全可靠、投资合理、标准统一、运行高效的设计原则。

20.3.1.1　方案简述说明

本方案对应于 10kV 采用单母线接线，0.4kV 采用单母线接线，2 台变压器，容量为 100～2000kVA。10kV 开关柜选用环网柜或中置柜，变压器选用油浸式变压器，低压柜采用固定式成套柜的组合方案；当低压柜采用抽屉式成套柜时可与其他配电室的 0.4kV 配电装置模块进行拼接；电容柜补偿容量按变压器容量的 30%配置，可根据系统实际情况选择。

本说明书为"10kV 配电室典型设计"内容使用说明，对应方案编号为"PB-7"。

20.3.1.2　基本方案

（1）基本方案说明。10kV 采用单母线接线，0.4kV 采用单母线接线，设置 2 台变压器规模。

（2）基本使用方法。

1）PB-7-1 为 2 台主变压器容量为 630kVA，PB-7-2 为 2 台主变压器容量为 630kVA。

2）PB-7-3 为 2 台主变压器容量为 1000kVA，PB-7-4 为 2 台主变压器容量为 1600kVA。

20.3.2　电气一次部分

20.3.2.1　电气主接线

10kV 采用单母线接线分段接线，0.4kV 采用单母线分段接线。

20.3.2.2　主设备选择

10kV 开关柜选用环网柜或中置柜；变压器选用节能环保型油浸式变压器；低压柜采用固定式成套柜；电容柜补偿容量按变压器容量的 30%配置，可根据系统实际情况选择。

20.3.2.3　电气平面布置

10kV 开关柜采用环网柜或中置柜，采用户内单列布置；0.4kV 配电装置采用户内单列布置；油浸式变压器布置于独立的变压器室内。

20.4　设计图

方案 PB-7-1 设计图清单详见表 20-8；方案 PB-7-2 设计图清单详见表 20-9；方案 PB-7-3 设计图清单详见表 20-10；方案 PB-7-4 设计图清单详见表 20-11。

表 20-8　　　　　　　**方案 PB-7-1 设计图清单**

图序	图名	图纸编号
图 20-1	电气主接线图	PB-7-1-D1-01
图 20-2	10kV 系统配置接线图	PB-7-1-D1-02
图 20-3	0.4kV 系统配置接线图	PB-7-1-D1-03
图 20-4	电气平面布置图	PB-7-1-D1-04
图 20-5	电气断面图	PB-7-1-D1-05
图 20-6	接地装置布置图	PB-7-1-D1-06

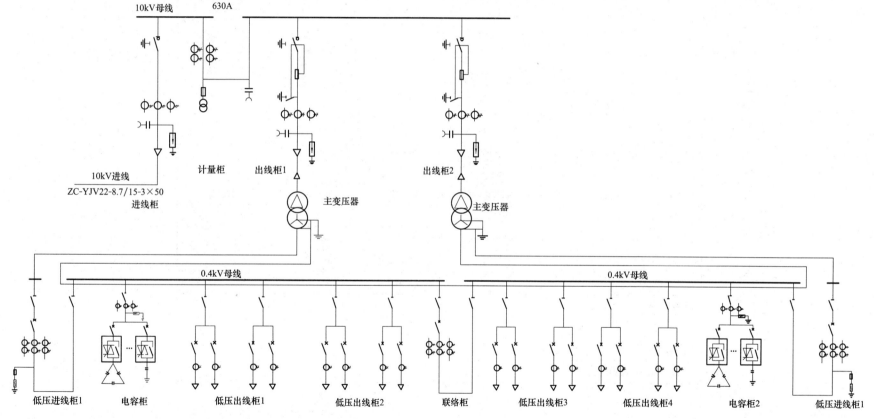

说明：1. 本图适用于单电源进线两台（100～630）kVA 变压器业扩工程电气一次主接线图。

2. 在实际应用中可根据具体工程情况做适当调解，具体配置详见各配置装置接线图。

3. 中压柜可用真空负荷开关柜或 SF_6 负荷开关柜。

图 20-1　电气主接线图（PB-7-1-D1-01）

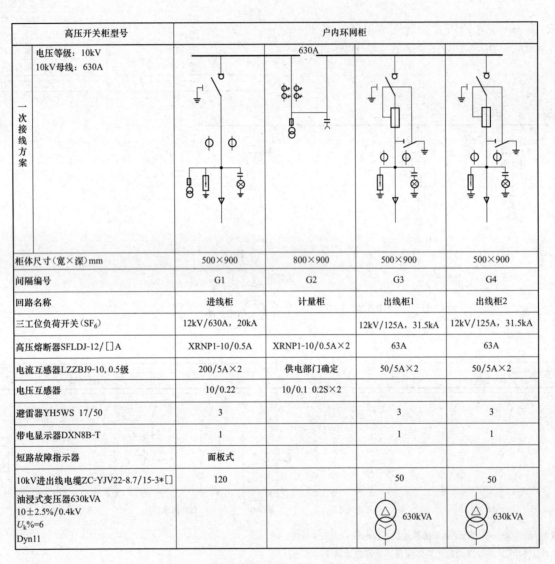

高压开关柜型号	户内环网柜			
电压等级：10kV 10kV母线：630A 一次接线方案		630A		
柜体尺寸（宽×深）mm	500×900	800×900	500×900	500×900
间隔编号	G1	G2	G3	G4
回路名称	进线柜	计量柜	出线柜1	出线柜2
三工位负荷开关（SF₆）	12kV/630A，20kA		12kV/125A，31.5kA	12kV/125A，31.5kA
高压熔断器SFLDJ-12/[ ]A	XRNP1-10/0.5A	XRNP1-10/0.5A×2	63A	63A
电流互感器LZZBJ9-10,0.5级	200/5A×2	供电部门确定	50/5A×2	50/5A×2
电压互感器	10/0.22	10/0.1　0.2S×2		
避雷器YH5WS　17/50	3		3	3
带电显示器DXN8B-T	1		1	1
短路故障指示器	面板式			
10kV进出线电缆ZC-YJV22-8.7/15-3*[ ]	120		50	50
油浸式变压器630kVA 10±2.5%/0.4kV $U_k\%=6$ Dyn11			630kVA	630kVA

图 20-2　10kV 系统配置接线图（PB-7-1-D1-02）

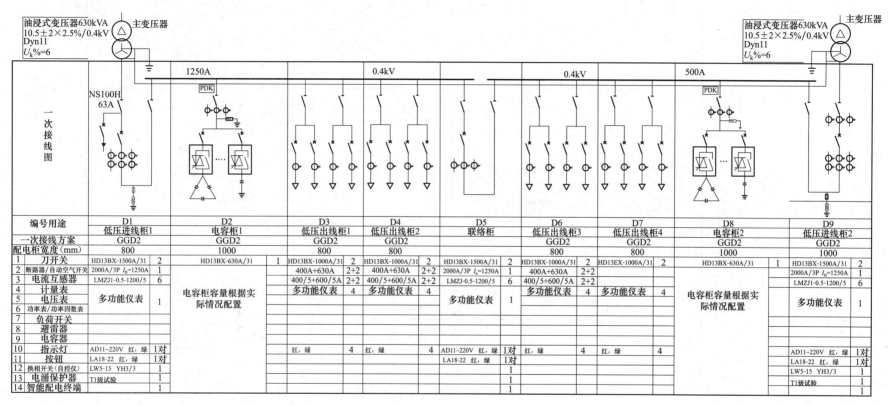

一次接线图

油浸式变压器630kVA
10.5±2×2.5%/0.4kV
Dyn11
$U_k\%=6$
主变压器

NS100H 63A
1250A　　0.4kV　　PDK

油浸式变压器630kVA
10.5±2×2.5%/0.4kV
Dyn11
$U_k\%=6$
主变压器

0.4kV　　500A　　PDK

编号	D1	D2	D3	D4	D5	D6	D7	D8	D9
用途	低压进线柜1	电容柜1	低压出线柜1	低压出线柜2	联络柜	低压出线柜3	低压出线柜4	电容柜2	低压进线柜2
一次接线方案	GGD2	GGD2	GGD2	GGD2		GGD2	GGD2	GGD2	GGD2
配电柜宽度(mm)	800	1000	800	800		800	800	1000	1000
1 刀开关	HD13BX-1500A/31　2	HD13BX-630A/31　1	HD13BX-1000A/31　2	HD13BX-1000A/31　2	HD13BX-1500A/31　2	HD13BX-1000A/31　2	HD13EX-1000A/31　2	HD13BX-630A/31　1	HD13BX-1500A/31　2
2 断路器/自动空气开关	2000A/3P I_n=1250A　1		400A+630A　2+2	400A+630A　2+2	2000A/3P I_n=1250A　1	400A+630A　2+2			2000A/3P I_n=1250A　1
3 电流互感器	LMZJ1-0.5-1200/5　6		400/5+600/5A　2+2	400/5+600/5A　2+2	LMZJ1-0.5-1200/5　6	400/5+600/5A　2+2			LMZJ1-0.5-1200/5　6
4 计量表	多功能仪表	电容柜容量根据实际情况配置	多功能仪表　4	多功能仪表　4	多功能仪表	多功能仪表　4	多功能仪表　4	电容柜容量根据实际情况配置	多功能仪表
5 电压表									
6 功率表/功率因数表	1				1				1
7 负荷开关									
8 避雷器									
9 电容器									
10 指示灯	AD11~220V 红，绿　1对		红，绿　4	红，绿　4	AD11~220V 红，绿　1对	红，绿　4	红，绿　4	AD11~220V 红，绿　1对	
11 按钮	LA18-22 红，绿　1对				LA18-22 红，绿　1对			LA18-22 红，绿　1对	
12 换相开关(自控仪)	LW5-15 YH3/3　1							LW5-15 YH3/3　1	
13 电涌保护器	T1级试验　1				1			T1级试验　1	
14 智能配电终端	1				1			1	

说明：1. 本图为低压配置图典型设计，配电装置按 2×630kVA 设计。实际应用中应结合具体工作情况作调整。

2. 所有型号仅作举例说明用。

3. 出线根据用户实际负荷清单设置。

4. 低压柜采用空气型母线联络。

5. 两个进线柜断路器与联络柜断路器实行联锁（三锁二钥匙）。

6. 变压器应设置温度保护。

图 20-3　0.4kV 系统配置接线图（PB-7-1-D1-03）

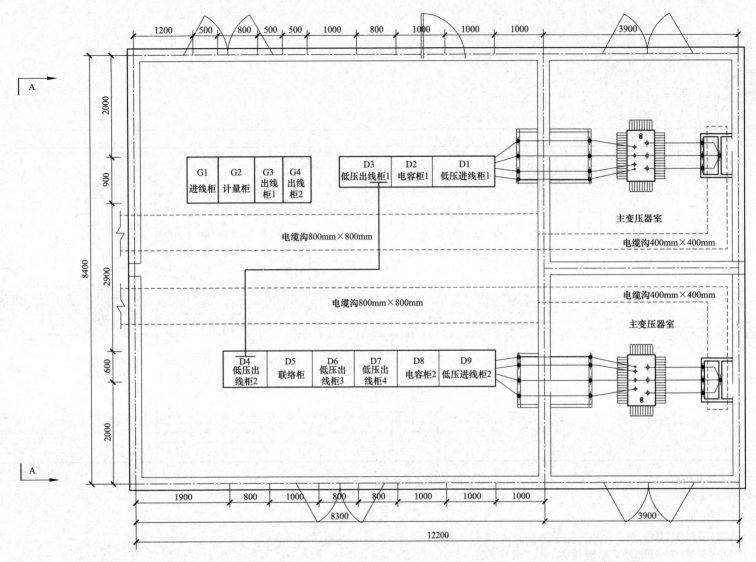

说明：1. 本方案适用于油浸式变压器，容量 2×(100～630) kVA。

2. 本方案为典型设计，应用时可根据实际情况作调整。

3. 信号装置放置位置可根据实际确定。

4. 高配房需设置值班室。

图 20-4 电气平面布置图（PB-7-1-D1-04）

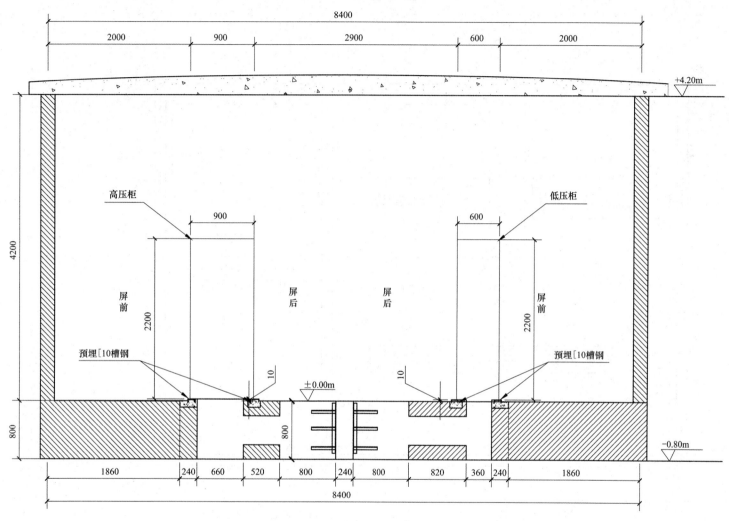

高低压柜A-A断面图

说明：1. 做好预留孔洞的封盖措施。

2. 电缆，母线进出孔洞位置与建筑实际情况结合后定。

3. 本图为土建条件图，建筑专业设计应做好防水，防渗，通风，消防等措施。

4. 10号槽钢预埋高出地坪5～10mm。

图 20-5 电气断面图（PB-7-1-D1-05）

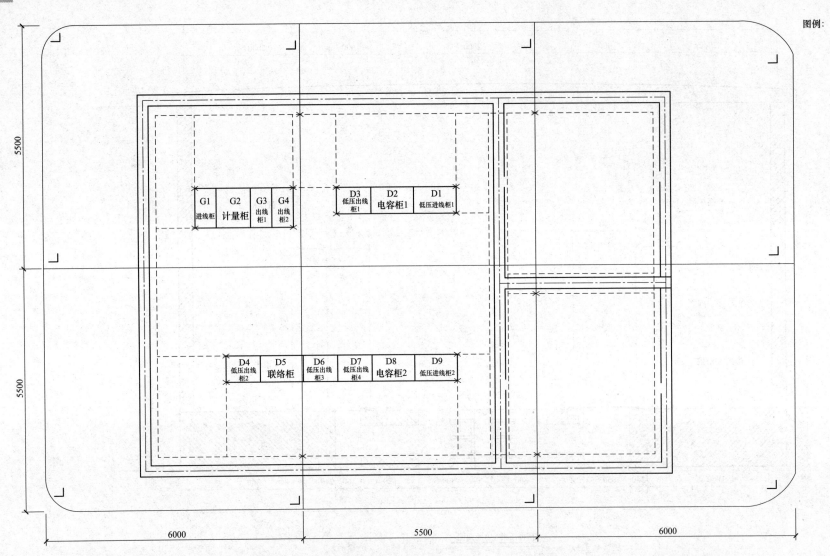

图例：
———— 室外接地网
- - - - 室内接地网
⌐ 垂直接地极
× 搭接处

| G1 进线柜 | G2 计量柜 | G3 出线柜1 | G4 出线柜2 |

| D3 低压出线柜1 | D2 电容柜1 | D1 低压进线柜1 |

| D4 低压出线柜2 | D5 联络柜 | D6 低压出线柜3 | D7 低压出线柜4 | D8 电容柜2 | D9 低压进线柜2 |

说明：1. 设备室四周设置接地干线，于离地 0.3m 处明敷，过门处敷设于地面粉刷层内。

2. 主要电气设备均要求采用两点接地方式。

3. 充分利用自然接地体在适当位置与公配房接地网相连。

4. 明敷的接地线表面应涂设 15～100mm 宽的绿色和黄色相间的条纹。

5. 接地线应采取防止机械损伤和化学腐蚀的措施，在引进建筑物的入口处，应设标志。

图 20-6 接地装置布置图（PB-7-1-D1-06）

表 20-9　　　　　　　　　　　　　　　　　　**方案 PB-1-2 设计图清单**

图序	图名	图纸编号
图 20-7	电气主接线图	PB-7-2-D1-01
图 20-8	10kV 系统配置接线图	PB-7-2-D1-02
图 20-9	0.4kV 系统配置接线图	PB-7-2-D1-03
图 20-10	电气平面布置图	PB-7-2-D1-04
图 20-11	电气断面图	PB-7-2-D1-05
图 20-12	接地装置布置图	PB-7-2-D1-06

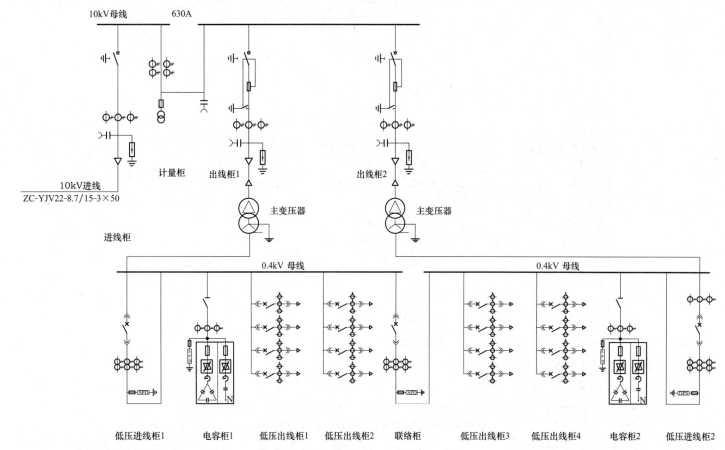

说明：1. 本图适用于单电源进线两台（100～630）kVA 变压器业扩工程电气一次主接线图。

　　　2. 在实际应用中可根据具体工程情况做适当调解，具体配置详见各配置装置接线图。

　　　3. 中压柜可用真空负荷开关柜或 SF$_6$ 负荷开关柜。

图 20-7　电气主接线图（PB-7-2-D1-01）

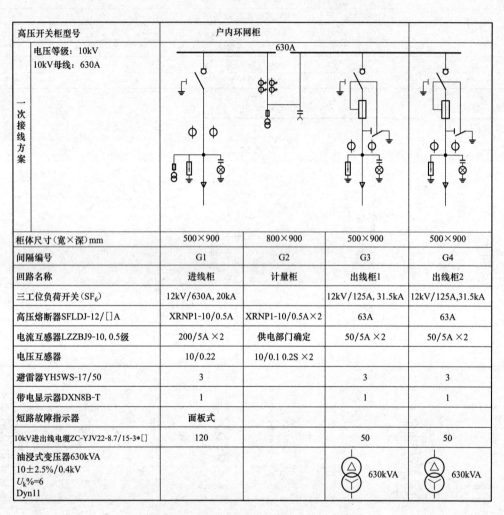

高压开关柜型号	户内环网柜			
电压等级：10kV 10kV母线：630A		630A		
一次接线方案				
柜体尺寸（宽×深）mm	500×900	800×900	500×900	500×900
间隔编号	G1	G2	G3	G4
回路名称	进线柜	计量柜	出线柜1	出线柜2
三工位负荷开关（SF₆）	12kV/630A, 20kA		12kV/125A, 31.5kA	12kV/125A, 31.5kA
高压熔断器SFLDJ-12/[ ]A	XRNP1-10/0.5A	XRNP1-10/0.5A×2	63A	63A
电流互感器LZZBJ9-10, 0.5级	200/5A ×2	供电部门确定	50/5A ×2	50/5A ×2
电压互感器	10/0.22	10/0.1 0.2S ×2		
避雷器YH5WS-17/50	3		3	3
带电显示器DXN8B-T	1		1	1
短路故障指示器	面板式			
10kV进出线电缆ZC-YJV22-8.7/15-3*[ ]	120		50	50
油浸式变压器630kVA 10±2.5%/0.4kV U_k%=6 Dyn11			630kVA	630kVA

图 20-8 10kV 系统配置接线图（PB-7-2-D1-02）

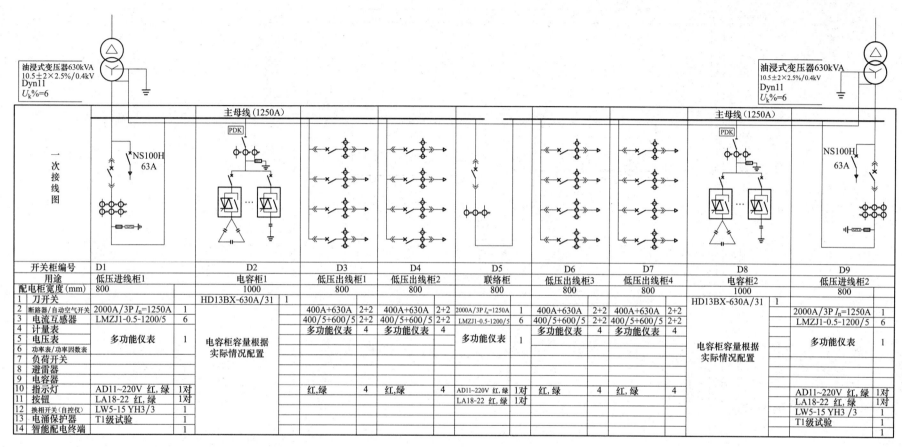

开关柜编号	D1		D2		D3		D4		D5		D6		D7		D8		D9	
用途	低压进线柜1		电容柜1		低压出线柜1		低压出线柜2		联络柜		低压出线柜3		低压出线柜4		电容柜2		低压进线柜2	
配电柜宽度(mm)	800		1000		800		800		800		800		800		1000		800	
1	刀开关		HD13BX-630A/31	1											HD13BX-630A/31	1		
2	断路器/自动空气开关	2000A/3P I_n=1250A	1			400A+630A	2+2	400A+630A	2+2	2000A/3P I_n=1250A	1	400A+630A	2+2	400A+630A	2+2			2000A/3P I_n=1250A	1
3	电流互感器	LMZJ1-0.5-1200/5	6			400/5+600/5	2+2	400/5+600/5	2+2	LMZJ1-0.5-1200/5	6	400/5+600/5	2+2	400/5+600/5	2+2			LMZJ1-0.5-1200/5	6
4	计量表	多功能仪表	1	电容柜容量根据实际情况配置		多功能仪表	4	多功能仪表	4	多功能仪表	1	多功能仪表	4	多功能仪表	4	电容柜容量根据实际情况配置		多功能仪表	1
5	电压表																		
6	功率表/功率因数表																		
7	负荷开关																		
8	避雷器																		
9	电容器																		
10	指示灯	AD11~220V 红,绿	1对			红,绿	4	红,绿	4	AD11~220V 红,绿	1对	红,绿	4	红,绿	4			AD11~220V 红,绿	1对
11	按钮	LA18-22 红,绿	1对							LA18-22 红,绿	1对							LA18-22 红,绿	1对
12	换相开关(自控仪)	LW5-15 YH3/3	1															LW5-15 YH3/3	1
13	电涌保护器	T1级试验	1															T1级试验	1
14	智能配电终端		1																1

说明：1. 本图为低压配置图典型设计，配电装置按 2×630kVA 设计。实际应用中应结合具体工作情况作调整。

　　　2. 所有型号仅作举例说明用。

　　　3. 出线根据用户实际负荷清单设置。

　　　4. 低压柜采用空气型母线联络。

　　　5. 两个进线柜断路器与联络柜断路器实行联锁（三锁二钥匙）。

　　　6. 变压器应设置温度保护。

图 20-9　0.4kV 系统配置接线图（PB-7-2-D1-03）

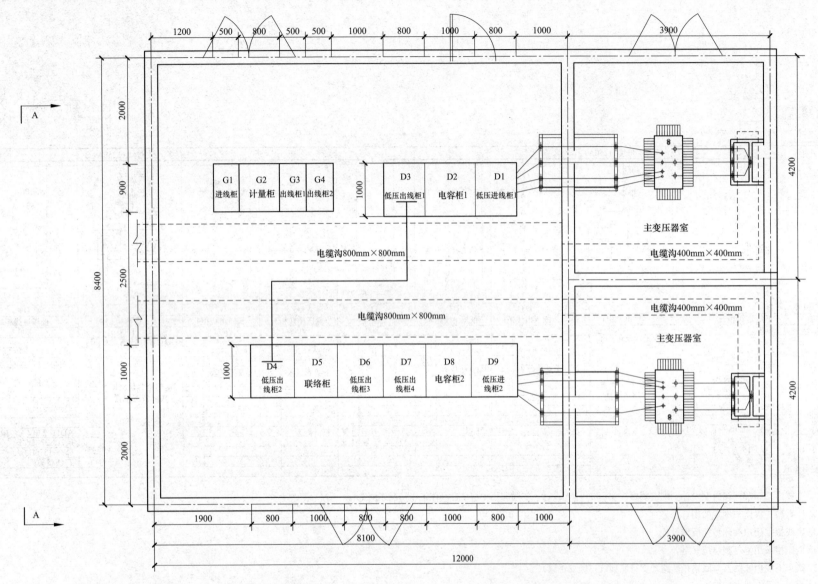

说明：1. 本方案适用于油浸式变压器，容量 2×（100～630）kVA。

2. 本方案为典型设计，应用时可根据实际情况作调整。

3. 信号装置放置位置可根据实际确定。

4. 高配房需设置值班室。

图 20-10　电气平面布置图（PB-7-2-D1-04）

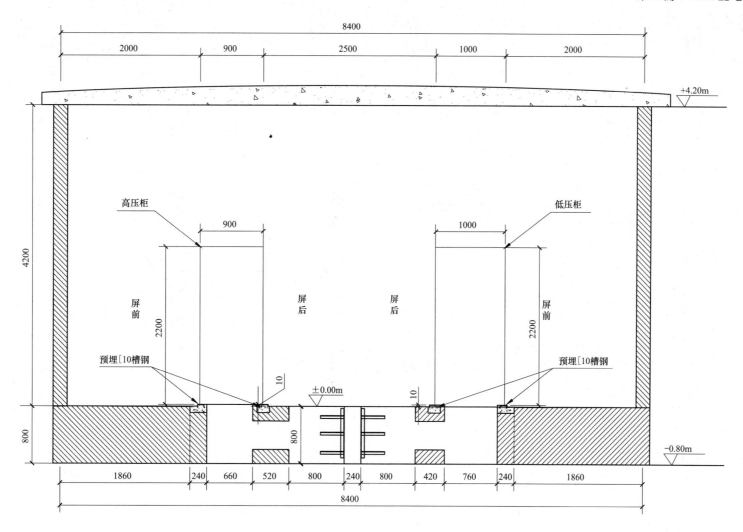

高低压柜A-A断面图

说明：1. 做好预留孔洞的封盖措施。

2. 电缆，母线进出孔洞位置与建筑实际情况结合后定。

3. 本图为土建条件图，建筑专业设计应做好防水，防渗，通风，消防等措施。

4. 10号槽钢预埋高出地坪5～10mm。

图 20-11　电气断面图（PB-7-2-D1-05）

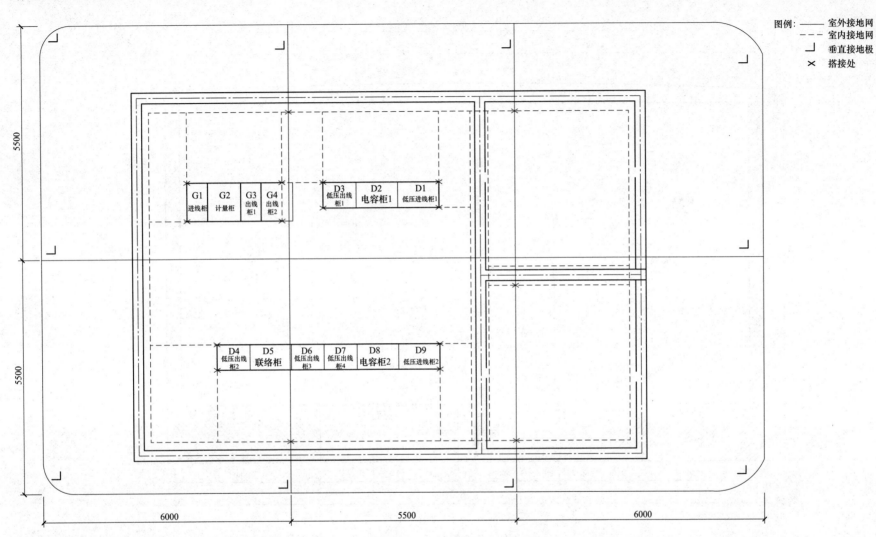

图例：
—— 室外接地网
---- 室内接地网
⌐ 垂直接地极
× 搭接处

说明：1. 设备室四周设置接地干线，于离地 0.3m 处明敷，过门处敷设于地面粉刷层内。

2. 主要电气设备均要求采用两点接地方式。

3. 充分利用自然接地体在适当位置与公配房接地网相连。

4. 明敷的接地线表面应涂设 15～100mm 宽的绿色和黄色相间的条纹。

5. 接地线应采取防止机械损伤和化学腐蚀的措施，在引进建筑物的入口处，应设标志。

图 20-12　接地装置布置图（PB-7-2-D1-06）

表 20-10　　　　　　　　　　　　　　　　　　　　　　　方案 PB-7-3 设计图清单

图序	图名	图纸编号
图 20-13	电气主接线图	PB-7-3-D1-01
图 20-14	10kV 系统配置接线图	PB-7-3-D1-02
图 20-15	0.4kV 系统配置接线图	PB-7-3-D1-03
图 20-16	电气平面布置图	PB-7-3-D1-04
图 20-17	电气断面图	PB-7-3-D1-05
图 20-18	接地装置布置图	PB-7-3-D1-06

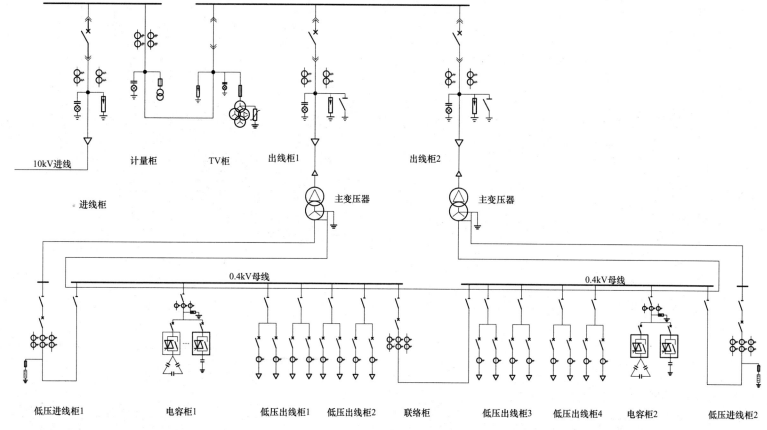

说明：1. 本图适用于单电源进线两台（800～2000）kVA 变压器业扩工程电气一次主接线图。

2. 在实际应用中可根据具体工程情况做适当调解，具体配置详见各配置装置接线图。

3. 中压计量柜位置可在进线柜前或柜后设置。

图 20-13　电气主接线图（PB-7-3-D1-01）

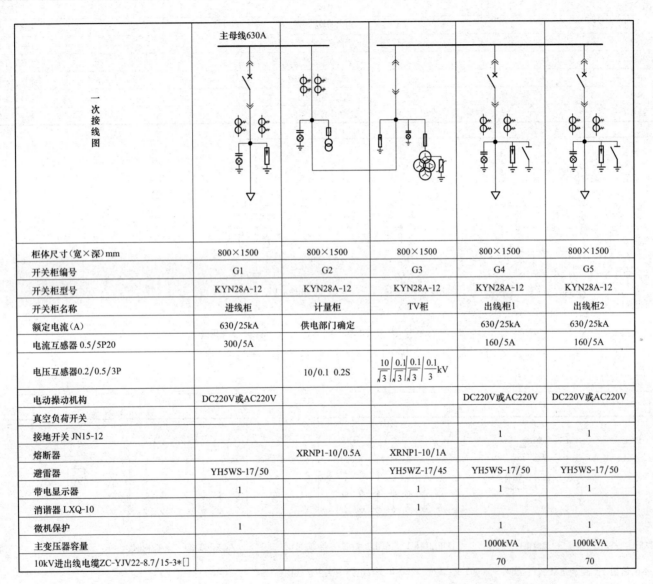

一次接线图					
柜体尺寸（宽×深）mm	800×1500	800×1500	800×1500	800×1500	800×1500
开关柜编号	G1	G2	G3	G4	G5
开关柜型号	KYN28A-12	KYN28A-12	KYN28A-12	KYN28A-12	KYN28A-12
开关柜名称	进线柜	计量柜	TV柜	出线柜1	出线柜2
额定电流（A）	630/25kA	供电部门确定		630/25kA	630/25kA
电流互感器 0.5/5P20	300/5A			160/5A	160/5A
电压互感器0.2/0.5/3P		10/0.1 0.2S	$\frac{10}{\sqrt{3}}\left|\frac{0.1}{\sqrt{3}}\right|\frac{0.1}{\sqrt{3}}\left|\frac{0.1}{3}\right.$ kV		
电动操动机构	DC220V或AC220V			DC220V或AC220V	DC220V或AC220V
真空负荷开关					
接地开关 JN15-12				1	1
熔断器		XRNP1-10/0.5A	XRNP1-10/1A		
避雷器	YH5WS-17/50		YH5WZ-17/45	YH5WS-17/50	YH5WS-17/50
带电显示器	1		1	1	1
消谐器 LXQ-10			1		
微机保护	1			1	1
主变压器容量				1000kVA	1000kVA
10kV进出线电缆ZC-YJV22-8.7/15-3*[]				70	70

图 20-14　10kV 系统配置接线图（PB-7-3-D1-02）

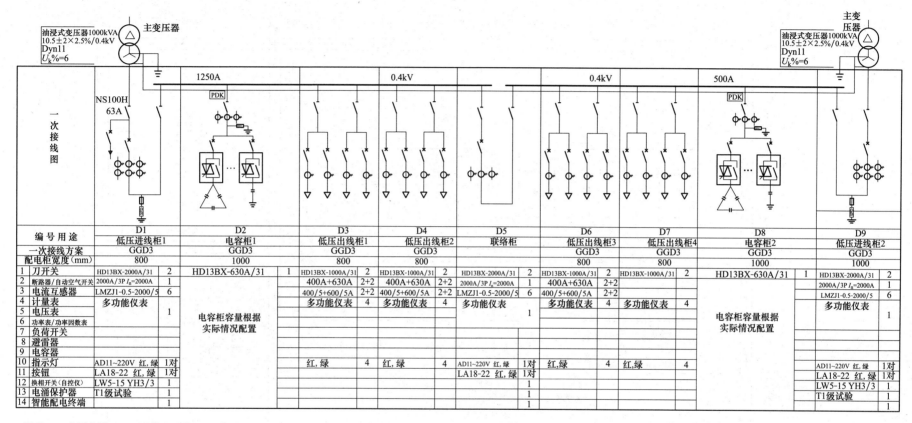

编号用途		D1	D2	D3	D4	D5	D6	D7	D8	D9
一次接线方案		低压进线柜1	电容柜1	低压出线柜1	低压出线柜2	联络柜	低压出线柜3	低压出线柜4	电容柜2	低压进线柜2
		GGD3	GGD3	GGD3	GGD3	GGD3	GGD3	GGD3	GGD3	GGD3
配电柜宽度(mm)		800	1000	800	800		800	800	1000	1000
1	刀开关	HD13BX-2000A/31 2	HD13BX-630A/31 1	HD13BX-1000A/31 2	HD13BX-1000A/31 2	HD13BX-2000A/31 2	HD13BX-1000A/31 2	HD13BX-1000A/31 2	HD13BX-630A/31 1	HD13BX-2000A/31 2
2	断路器/自动空气开关	2000A/3P I_n=2000A 1		400A+630A 2+2	400A+630A 2+2	2000A/3P I_n=2000A 1	400A+630A 2+2		2000A/3P I_n=2000A 1	
3	电流互感器	LMZJ1-0.5-2000/5 6		400/5+600/5A 2+2	400/5+600/5A 2+2	LMZJ1-0.5-2000/5 6	400/5+600/5A 2+2			LMZJ1-0.5-2000/5 6
4	计量表	多功能仪表		多功能仪表 4	多功能仪表 4	多功能仪表	多功能仪表 4	多功能仪表 4		多功能仪表
5	电压表		1							1
6	功率表/功率因数表					1				
7	负荷开关		电容柜容量根据 实际情况配置						电容柜容量根据 实际情况配置	
8	避雷器									
9	电容器									
10	指示灯	AD11~220V 红,绿 1对		红,绿 4	红,绿 4	AD11~220V 红,绿 1对	红,绿 4	红,绿 4	AD11~220V 红,绿 1对	
11	按钮	LA18-22 红,绿 1对				LA18-22 红,绿 1对			LA18-22 红,绿 1对	
12	换相开关(自控仪)					LW5-15 YH3/3 1			LW5-15 YH3/3 1	
13	电涌保护器					T1级试验 1			T1级试验 1	
14	智能配电终端					1				1

说明：1. 本图为低压配置图典型设计，配电装置按2×1000kVA设计。实际应用中应结合具体工作情况作调整。

2. 所有型号仅作举例说明用。

3. 出线根据用户实际负荷清单设置。

4. 低压柜采用空气型母线联络。

5. 两个进线柜断路器与联络柜断路器实行联锁（三锁二钥匙）。

6. 变压器应设置温度保护。

图 20-15 0.4kV 系统配置接线图（PB-7-3-D1-03）

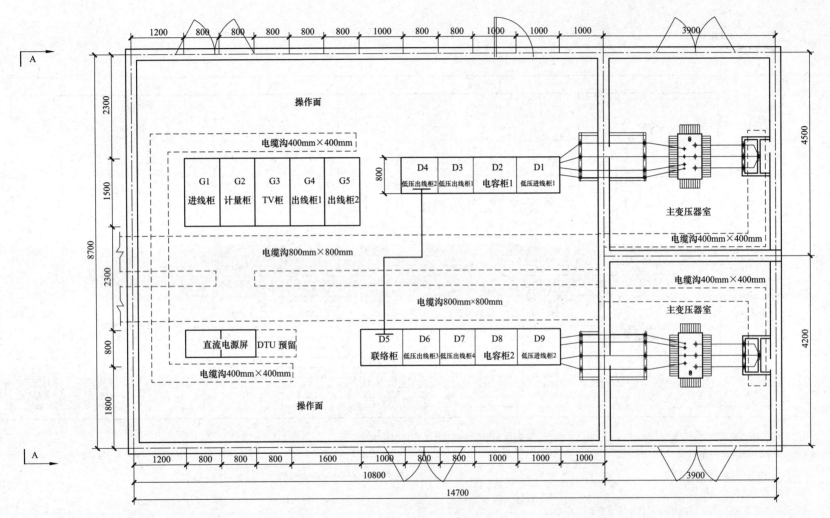

说明：1. 本方案适用于油浸式变压器，容量 2×(800～2000) kVA。

2. 本方案为典型设计，应用时可根据实际情况作调整。

3. 直流电源屏可根据实际情况配置；信号装置放置位置可根据实际确定。

4. 高配房需设置值班室。

图 20-16　电气平面布置图（PB-7-3-D1-04）

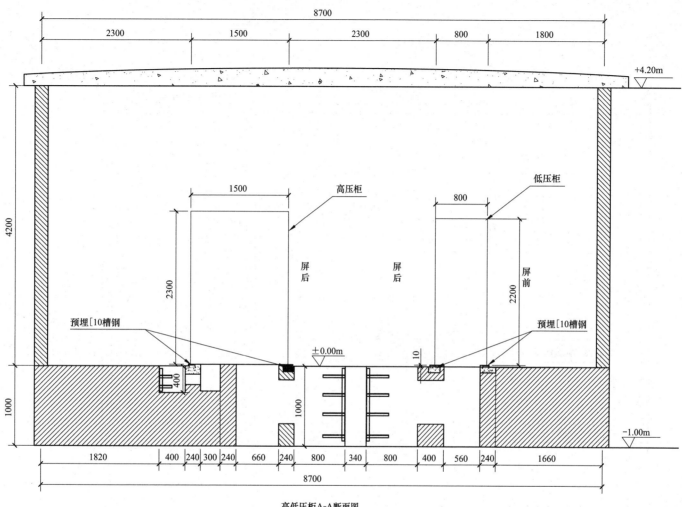

高低压柜A-A断面图

说明：1. 做好预留孔洞的封盖措施。

　　　2. 电缆，母线进出孔洞位置与建筑实际情况结合后定。

　　　3. 本图为土建条件图，建筑专业设计应做好防水，防渗，通风，消防等措施。

　　　4. 10号槽钢预埋高出地坪5～10mm。

图 20-17　电气断面图（PB-7-3-D1-05）

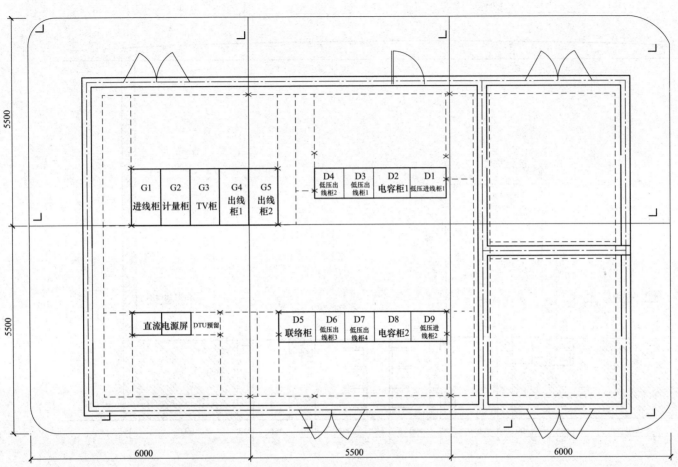

图例：—— 室外接地网
- - - 室内接地网
⌐ 垂直接地极
× 搭接处

说明：1. 设备室四周设置接地干线，于离地 0.3m 处明敷，过门处敷设于地面粉刷层内。

2. 主要电气设备均要求采用两点接地方式。

3. 充分利用自然接地体在适当位置与公配房接地网相连。

4. 明敷的接地线表面应涂设 15～100mm 宽的绿色和黄色相间的条纹。

5. 接地线应采取防止机械损伤和化学腐蚀的措施，在引进建筑物的入口处，应设标志。

图 20-18　接地装置布置图（PB-7-3-D1-06）

表 20-11　　　　　　　　　　　　　　　　　　　　方案 PB-7-4 设计图清单

图序	图名	图纸编号
图 20-19	电气主接线图	PB-7-4-D1-01
图 20-20	10kV 系统配置接线图	PB-7-4-D1-02
图 20-21	0.4kV 系统配置接线图	PB-7-4-D1-03
图 20-22	电气平面布置图	PB-7-4-D1-04
图 20-23	电气断面图	PB-7-4-D1-05
图 20-24	接地装置布置图	PB-7-4-D1-06

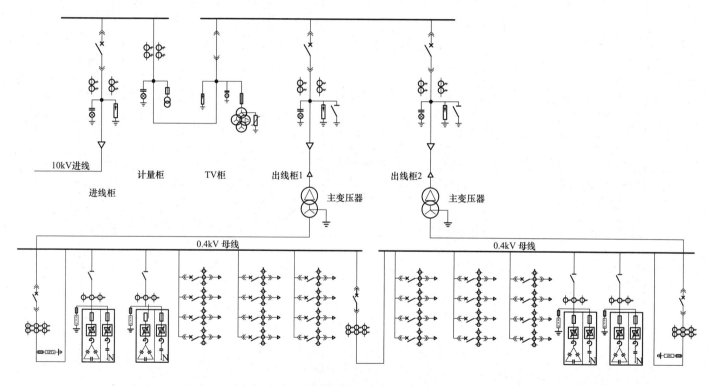

说明：1. 本图适用于单电源进线两台（800-2000）kVA 变压器业扩工程电气一次主接线图。

　　　2. 在实际应用中可根据具体工程情况做适当调解，具体配置详见各配置装置接线图。

　　　3. 中压计量柜位置可在进线柜前或柜后设置。

图 20-19　电气主接线图（PB-7-4-D1-01）

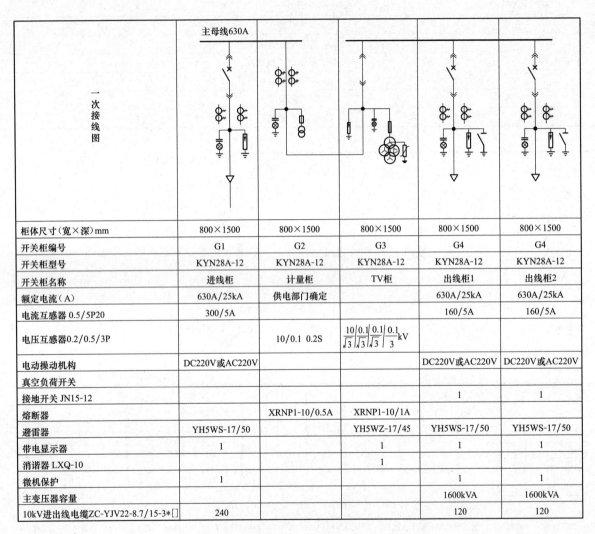

一次接线图					
柜体尺寸（宽×深）mm	800×1500	800×1500	800×1500	800×1500	800×1500
开关柜编号	G1	G2	G3	G4	G4
开关柜型号	KYN28A-12	KYN28A-12	KYN28A-12	KYN28A-12	KYN28A-12
开关柜名称	进线柜	计量柜	TV柜	出线柜1	出线柜2
额定电流（A）	630A/25kA	供电部门确定		630A/25kA	630A/25kA
电流互感器0.5/5P20	300/5A			160/5A	160/5A
电压互感器0.2/0.5/3P		10/0.1 0.2S	$\frac{10}{\sqrt{3}}\bigg|\frac{0.1}{\sqrt{3}}\bigg|\frac{0.1}{\sqrt{3}}\bigg|\frac{0.1}{3}$ kV		
电动操动机构	DC220V或AC220V			DC220V或AC220V	DC220V或AC220V
真空负荷开关					
接地开关 JN15-12				1	1
熔断器		XRNP1-10/0.5A	XRNP1-10/1A		
避雷器	YH5WS-17/50		YH5WZ-17/45	YH5WS-17/50	YH5WS-17/50
带电显示器	1		1	1	1
消谐器 LXQ-10			1		
微机保护	1			1	1
主变压器容量				1600kVA	1600kVA
10kV进出线电缆ZC-YJV22-8.7/15-3*[]	240			120	120

图 20-20　10kV 系统配置接线图（PB-7-4-D1-02）

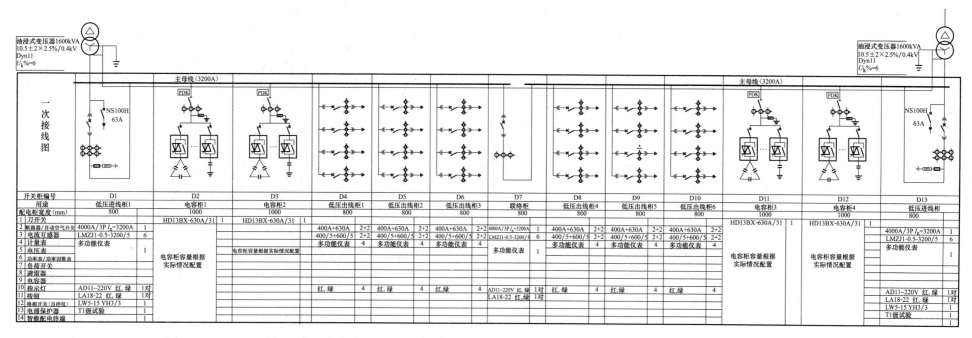

说明：1. 本图为低压配置图典型设计，配电装置按 $2×1600$kVA 设计。实际应用中应结合具体工作情况作调整。

　　　2. 所有型号仅作举例说明用。

　　　3. 出线根据用户实际负荷清单设置。

　　　4. 低压柜采用空气型母线联络。

　　　5. 两个进线柜断路器与联络柜断路器实行联锁（三锁二钥匙）。

　　　6. 变压器应设置温度保护。

图 20-21　0.4kV 系统配置接线图（PB-7-4-D1-03）

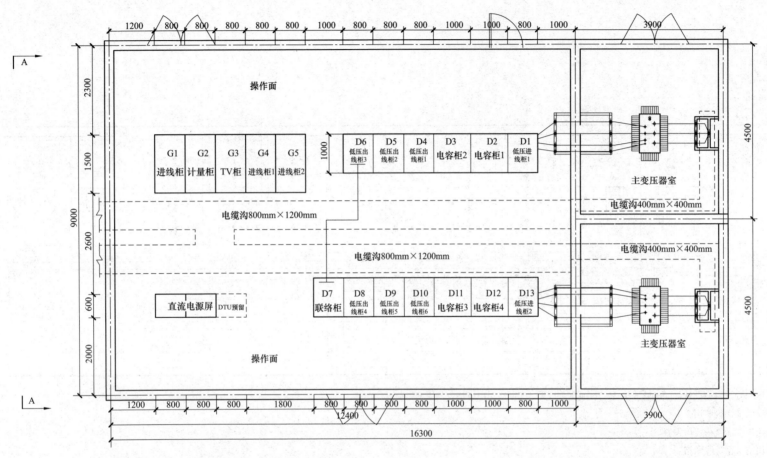

说明：1. 本方案适用于油浸式变压器，容量 2×（800～2000）kVA。

2. 本方案为典型设计，应用时可根据实际情况作调整。

3. 直流电源屏根据实际情况配置；信号装置放置位置可根据实际确定。

4. 高配房需设置值班室。

图 20-22　电气平面布置图（PB-7-4-D1-04）

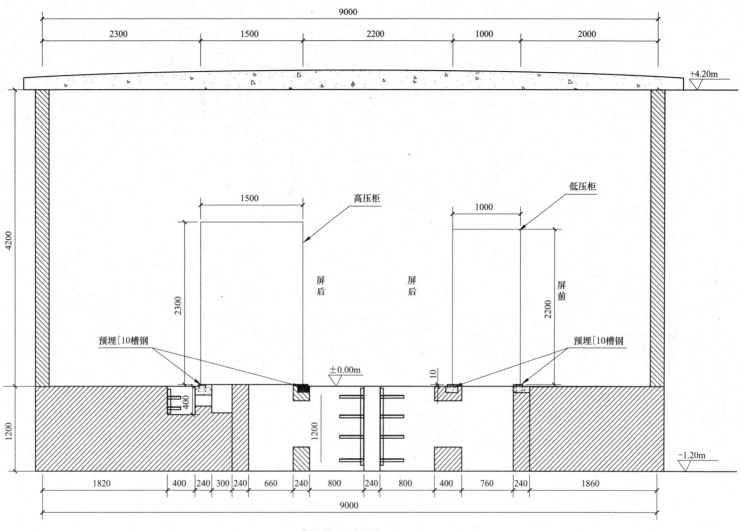

高低压柜A-A断面图

说明：1. 做好预留孔洞的封盖措施。

2. 电缆，母线进出孔洞位置与建筑实际情况结合后定。

3. 本图为土建条件图，建筑专业设计应做好防水，防渗，通风，消防等措施。

4. 10号槽钢预埋高出地坪5～10mm。

图 20-23　电气断面图（PB-7-4-D1-05）

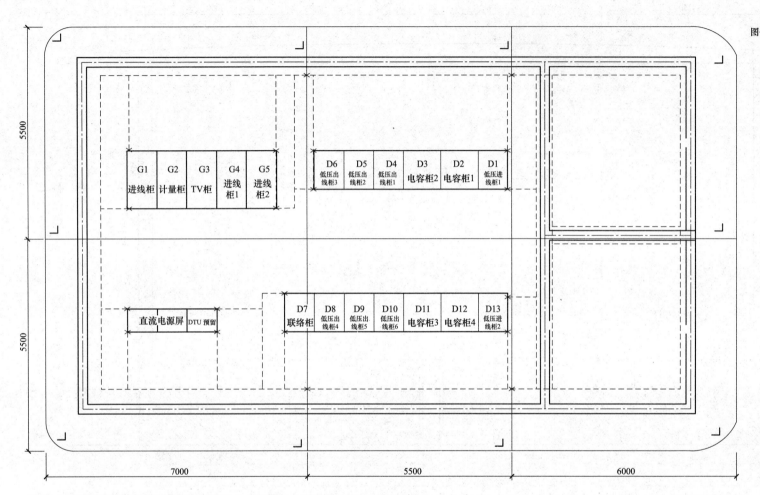

图例:—— 室外接地网
- - - 室内接地网
⌐ 垂直接地极
× 搭接处

说明: 1. 设备室四周设置接地干线,于离地 0.3m 处明敷,过门处敷设于地面粉刷层内。

2. 主要电气设备均要求采用两点接地方式。

3. 充分利用自然接地体在适当位置与公配房接地网相连。

4. 明敷的接地线表面应涂设 15~100mm 宽的绿色和黄色相间的条纹。

5. 接地线应采取防止机械损伤和化学腐蚀的措施,在引进建筑物的入口处,应设标志。

图 20-24 接地装置布置图 (PB-7-4-D1-06)

第21章　10kV配电室典型设计（方案PB-8）

21.1　设计说明

21.1.1　总的部分

本典型设计为"客户受电工程典型设计"中对应的"10kV 配电室典型设计"部分，方案编号为"PB-8"，"PB-8"10kV 配电装置模块见表21-1。

表 21-1　　　10kV 配电室典型设计模块表

模块编号	主要设备选择	变压器（kVA）	电气主接线和进出线回路数
PB-8-1	中压侧：中置柜 低压侧：固定柜	100～2000kVA （油浸式变压器）	中压侧：单母线；进线：1 回 低压侧：单母线；出线：4-8 回/实际需求为准
PB-8-2	中压侧：中置柜 低压侧：抽屉柜	100～2000kVA （油浸式变压器）	中压侧：单母线；进线：1 回 低压侧：单母线；出线：4-8 回/实际需求为准

21.1.1.1　方案 PB-8 主要技术原则

对应 10kV 采用环网柜或中置柜，采用 10kV 电缆进出线，10kV 开关柜采用户内单列布置；0.4kV 低压柜采用固定式或抽屉式开关柜，进线总柜配置框架式断路器，出线柜一般采用塑壳断路器；0.4kV 低压无功补偿采用动态自动补偿方式，补偿容量按变压器容量的 30％配置，按三相、单相混合补偿；变压器选用节能环保型产品，可根据所供区域的负荷情况选用 2 台油浸式变压器，根据消防要求，油浸式变压器应设置在独立式配电室内。

21.1.1.2　方案技术条件

本方案根据"10kV 配电室典型设计总体说明"确定的预定条件开展设计，方案组合说明见表21-2。

表 21-2　　　10kV 配电室典型设计 PB-8 方案技术条件表

序号	项目名称	内容
1	10kV 变压器	节能型全密封油浸式变压器，容量为 100～2000kVA，本期 1 台
2	10kV 进出线回路数	本期规模 10kV 进线 1 回，1 回配出线，全部采用电缆进出线
3	电气主接线	10kV 本期采用单母线接线；0.4kV 本期采用单母线接线
4	无功补偿	本方案 0.4kV 电容器容量按每台变压器容量的 30％配置，可根据实际情况按变压器容量的 20％～30％作调整；采用动态自动补偿方式，按三相、单相混合补偿方式，配置配变综合测控装置
5	设备短路电流水平	不小于 20kA
6	主要设备选型	10kV 选用环网柜或中置柜。 进线间隔配置 1 组金属氧化物避雷器。 变压器按"节能型、环保型"原则选用；变压器容量为 100～2000kVA。 0.4kV 低压开关柜采用固定式或抽屉式开关柜；进线总柜配置框架式断路器，出线柜开关一般采用塑壳断路器
7	布置方式	10kV 开关柜采用户内单列布置，0.4kV 开关柜采用户内单列布置；出线间隔采用电缆引出至变压器；变压器低压引出采用铜排、密集型母线或封闭母线
8	土建部分	基础砖混结构
9	通风	若 10kV 开关柜采用 SF6 负荷开关柜须装设轴流风机或其他强力通风装置，风口设置在室内底部；其他分室采用自然通风
10	消防	采用化学灭火器装置
11	站址基本条件	按地震动峰值加速度 0.1g，设计风速 30m/s，地基承载力特征值 f_{ak}=150kPa，地下水无影响，非采暖区设计，假设场地为同一标高。按海拔 1000m 及以下，国标Ⅲ级污秽区设计；当海拔超过 1000m 时，按国家有关规范进行修正

21.1.2　电力系统部分

本典型设计按照给定的规模进行设计，在实际工程中，需要根据配电室所

处系统情况具体设计。

本典型设计不涉及系统继电保护专业、系统通信专业、系统远动专业的具体内容，在实际工程中，需要根据配电室系统情况具体设计。

21.1.3　电气一次部分

21.1.3.1　电气主接线

（1）10kV 部分：单母线分段接线。

（2）0.4kV 部分：单母线分段接线。

21.1.3.2　短路电流及主要电气设备、导体选择

（1）10kV 设备短路电流水平：不小于 20kA。

（2）主要电气设备选择。

1）10kV 开关柜。10kV 开关柜采用环网柜或中置柜。若采用 SF_6 开关设备，需采用独立的通风系统，将泄漏的 SF_6 气体排至安全地方。10kV 开关柜主要设备选择结果见表 21-3。

表 21-3　　　　10kV 开关柜主要设备选择结果表

设备名称	型式及主要参数	备注
断路器	630A，25kA；1250A，31.5kA	
负荷开关	进、出线回路：630A，20kA；125A，31.5kA	
电流互感器	变压器回路：/5A	
避雷器	17/46kV	
主母线	630A	

2）变压器。变压器采用节能环保型（低损耗、低噪音）油浸式变压器。规格如下。

容量：100～2000kVA；

接线组别：Dyn11；

电压额定变比：$10.5 \pm 2 \times 2.5\%/0.4kV$；

阻抗电压：$U_k\% = 4 \sim 6$。

3）0.4kV 开关柜：0.4kV 低压柜采用固定式或抽屉式开关柜。

4）无功补偿电容器柜。无功补偿电容器柜采用动态无功自动补偿型式，低压电力电容器采用智能自愈式、免维护、无污染、环保型。补偿容量按变压

器容量的 20%～30% 配置。

5）导体选择。根据短路电流水平为 20kA，按发热及动稳定条件校验，10kV 主母线及进线间隔导体选择应满足额定电流需求。10kV 开关柜与变压器高压侧连接电缆须按发热及动稳定条件校验选用。低压母线最大工作电流按 4000A 考虑。

21.1.3.3　绝缘配合及过电压保护

电气设备的绝缘配合，参照 GB/T 50064—2014《交流电气装置的过电压保护和绝缘配合设计规范》确定的原则进行。

（1）金属氧化物避雷器按 GB 11032—2010《交流无间隙金属氧化物避雷器》中的规定进行选择。

（2）雷电过电压保护。采用金属氧化物避雷器作为雷电侵入波及内部过电压保护装置，施工图设计时根据中性点运行方式和需要，确定参数和安装。

（3）接地。本类型配电室接地按有关技术规程的要求设计，接地装置采用水平接地体与垂直接地体组成。接地网接地电阻应符合 DL/T 621—1997《交流电气装置的接地》的规定。

具体工程中需按短路电流校验接地引下线及接地体截面，接地电阻、跨步电压和接触电压应满足有关规程要求；如接地电阻不能满足要求，则需要采取降阻措施。

21.1.3.4　电气设备布置

10kV 配电装置采用环网柜或中置柜，采用单列布置，低压配电装置采用单列布置方式。

21.1.3.5　站用电及照明

（1）站用电。由于本方案 10kV 配电装置规模较小，故不设站用电柜，站用电源取自本站的低压母线。

（2）照明。工作照明采用荧光灯、LED 灯、节能灯，事故照明采用应急灯。

21.1.3.6　电缆设施及防火措施

电缆敷设通道应满足电缆转弯半径要求。

电缆敷设采用支架上敷设、穿管敷设方式，并满足防火要求；在柜下方及电缆沟进出口采用耐火材料封堵。

21.1.4 电气二次部分

21.1.4.1 二次设备布置方案

所有二次设备布置在各自开关柜小室内。

21.1.4.2 保护及自动装置配置

保护配置原则如下：

（1）10k 进线不设保护；断路器设置微机综合保护装置。

（2）主变压器一次柜内装设熔断器用于变压器保护。

（3）低压侧短路和过载保护利用空气断路器自身具有的保护特性来实现。

21.1.4.3 电能计量

本方案考虑电能计量装置设置，若根据当地供电公司设置 10kV 进出线电能计量装置或者 0.4kV 计量装置，需按如下原则调整：

（1）电能计量装置选用及配置应满足 DL/T 448—2000《电能计量装置技术管理规程》规定。

（2）10kV 计量设置专用的 10kV 计量柜，设置计量专用二次绕组，用于电能计量。

（3）0.4kV 计量装置装于低压进线柜内，设置计量专用二次绕组，用于电能计量。

21.2 主要设备及材料清册

方案 PB-8-1 主要电气设备材料见表 21-4；方案 PB-8-2 主要电气设备材料见表 21-5。

表 21-4 　　　　　　　**方案 PB-8-1 主要电气设备材料表**

序号	名称	型号	单位	数量	备注
1	变压器	油浸式-1000-10/0.4	台	2	
2	10kV 进线柜	KYN28A-12	台	2	
3	10kV 计量柜	KYN28A-12	台	2	
4	10kV 出线柜	KYN28A-12	台	2	
5	10kV 母线 TV 柜	KYN28A-12	台	2	
6	10kV 分段柜	KYN28A-12	台	1	

续表

序号	名称	型号	单位	数量	备注
7	10kV 隔离柜	KYN28A-12	台	1	
8	0.4kV 进线柜	GGD3	台	2	
9	0.4kV 电容柜	GGD3	台	2	
10	0.4kV 出线柜	GGD3	台	5	
11	0.4kV 联络柜	GGD3	台	1	
12	0.4kV 双投柜	GGD3	台	1	
13	10kV 封闭母线桥	630A	m	8	
14	0.4kV 封闭母线桥	3200A	m	10	
15	10kV 电缆	ZC-YJV22-8.7/15-3×70	m	30	
16	10kV 电缆套头	与高压电缆配套	套	2	
17	接地扁钢	−50×5	m	250	
18	垂直接地极	∠50×50×5，$L=2500$	根	10	
19	直流电源屏	63AH	套	1	

表 21-5 　　　　　　　**方案 PB-8-2 主要电气设备材料表**

序号	名称	型号	单位	数量	备注
1	变压器	油浸式-1600-10/0.4	台	2	
2	10kV 进线柜	KYN28A-12	台	2	
3	10kV 计量柜	KYN28A-12	台	2	
4	10kV 出线柜	KYN28A-12	台	2	
5	10kV 母线 TV 柜	KYN28A-12	台	2	
6	10kV 母线分段柜	KYN28A-12	台	1	
7	10kV 隔离柜	KYN28A-12	台	1	
8	0.4kV 进线柜	GCS	台	2	
9	0.4kV 电容柜	GCS	台	2	
10	0.4kV 出线柜	GCS	台	5	
11	0.4kV 联络柜	GCS	台	1	
12	0.4kV 双投柜	GCS	台	1	
13	10kV 封闭母线桥	630A	m	8	
14	0.4kV 封闭母线桥	3200A	m	10	
15	10kV 电缆	ZC-YJV22-8.7/15-3×70	m	30	
16	10kV 电缆套头	与高压电缆配套	套	2	
17	接地扁钢	−50×5	m	250	
18	垂直接地极	∠50×50×5，$L=2500$	根	10	
19	直流电源屏	63AH	套	1	

21.3 使用说明

21.3.1 概述

本方案根据典型设计导则确定的假定条件进行基本组合设计，10kV 开关柜以中置柜为基本模块，变压器以 100~2000kVA 为基本模块，具体工程设计时根据实际情况适当调整使用。

在使用典型设计文件时，要根据实际情况，遵循安全可靠、投资合理、标准统一、运行高效的设计原则。

21.3.1.1 方案简述说明

本方案对应于 10kV 采用单母线接线，0.4kV 采用单母线接线，2 台变压器，容量为 100~2000kVA。10kV 开关柜选用中置柜，变压器选用油浸式变压器，低压柜采用固定式成套柜的组合方案；当低压柜采用抽屉式成套柜时可与其他配电室的 0.4kV 配电装置模块进行拼接；电容柜补偿容量按变压器容量的 30％配置，可根据系统实际情况选择。

本说明书为"10kV 配电室典型设计"内容使用说明，对应方案编号为"PB-8"。

21.3.1.2 基本方案

(1) 基本方案说明。10kV 采用单母线接线，0.4kV 采用单母线接线，设置 2 台变压器规模。

(2) 基本使用方法。PB-8-1 为 2 台主变压器，容量为 1000kVA，0.4kV 侧接入发电机，PB-8-2 为 2 台主变压器，容量为 1600kVA，0.4kV 侧接入发电机。

21.3.2 电气一次部分

21.3.2.1 电气主接线

10kV 采用单母线分段接线，0.4kV 采用单母线分段接线，0.4kV 侧接入发电机。

21.3.2.2 主设备选择

10kV 开关柜选用中置柜；变压器选用节能环保型油浸变压器；低压柜采用固定式成套柜；电容柜补偿容量按变压器容量的 30％配置，可根据系统实际情况选择。

21.3.2.3 电气平面布置

10kV 开关柜采用中置柜、户内单列布置；0.4kV 配电装置采用户内单列布置；油浸式变压器布置于独立的变压器室内。

21.4 设计图

方案 PB-8-1 设计图清单详见表 21-6；方案 PB-8-2 设计图清单详见表 21-7。

表 21-6 方案 PB-8-1 设计图清单

图序	图名	图纸编号
图 21-1	电气主接线图	PB-8-1-D1-01
图 21-2	10kV 系统配置接线图	PB-8-1-D1-02
图 21-3	0.4kV 系统配置接线图	PB-8-1-D1-03
图 21-4	电气平面布置图	PB-8-1-D1-04
图 21-5	电气断面图	PB-8-1-D1-05
图 21-6	接地装置布置图	PB-8-1-D1-06

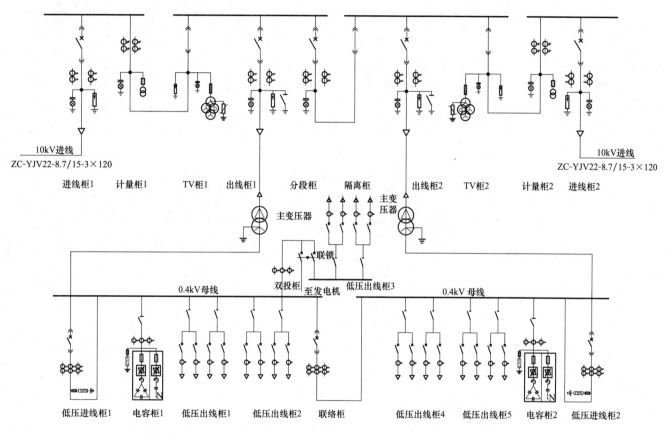

10kV进线
ZC-YJV22-8.7/15-3×120

10kV进线
ZC-YJV22-8.7/15-3×120

| 进线柜1 | 计量柜1 | TV柜1 | 出线柜1 | 分段柜 | 隔离柜 | 出线柜2 | TV柜2 | 计量柜2 | 进线柜2 |

主变压器　　　主变压器

联锁

0.4kV母线　　双投柜　至发电机　低压出线柜3　　0.4kV母线

| 低压进线柜1 | 电容柜1 | 低压出线柜1 | 低压出线柜2 | 联络柜 | 低压出线柜4 | 低压出线柜5 | 电容柜2 | 低压进线柜2 |

说明：1. 本图适用于双电源进线两台（100～2000）kVA变压器业扩工程电气一次主接线图。

2. 在实际应用中可根据具体工程情况做适当调解，具体配置详见各配置装置接线图。

3. 中压计量柜位置可在进线柜前或柜后设置。

图 21-1　电气主接线图（PB-8-1-D1-01）

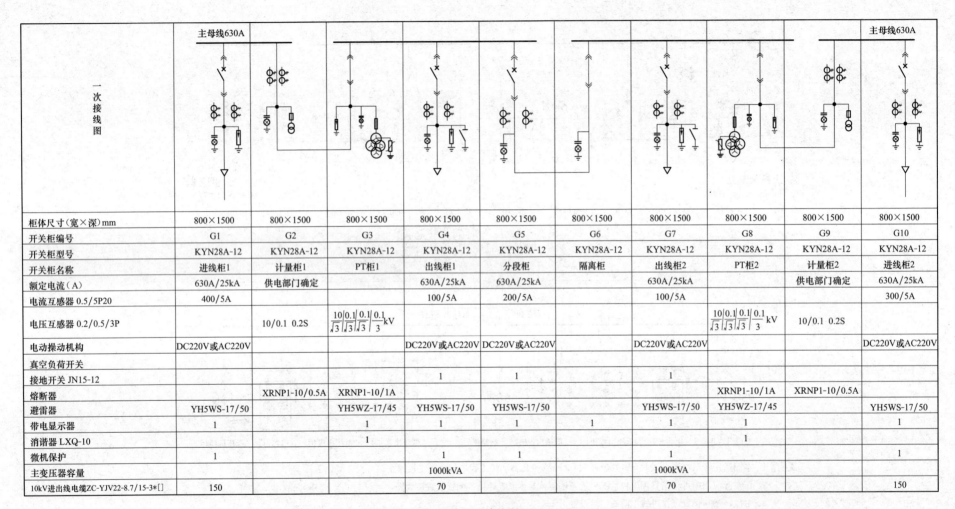

一次接线图										
柜体尺寸(宽×深)mm	800×1500	800×1500	800×1500	800×1500	800×1500	800×1500	800×1500	800×1500	800×1500	800×1500
开关柜编号	G1	G2	G3	G4	G5	G6	G7	G8	G9	G10
开关柜型号	KYN28A-12	KYN28A-12	KYN28A-12	KYN28A-12	KYN28A-12	KYN28A-12	KYN28A-12	KYN28A-12	KYN28A-12	KYN28A-12
开关柜名称	进线柜1	计量柜1	PT柜1	出线柜1	分段柜	隔离柜	出线柜2	PT柜2	计量柜2	进线柜2
额定电流(A)	630A/25kA	供电部门确定		630A/25kA	630A/25kA		630A/25kA		供电部门确定	630A/25kA
电流互感器 0.5/5P20	400/5A			100/5A	200/5A		100/5A			300/5A
电压互感器 0.2/0.5/3P		10/0.1 0.2S	$\frac{10}{\sqrt{3}}\frac{0.1}{\sqrt{3}}\frac{0.1}{\sqrt{3}}\frac{0.1}{3}$kV					$\frac{10}{\sqrt{3}}\frac{0.1}{\sqrt{3}}\frac{0.1}{\sqrt{3}}\frac{0.1}{3}$kV	10/0.1 0.2S	
电动操动机构	DC220V或AC220V			DC220V或AC220V	DC220V或AC220V		DC220V或AC220V			DC220V或AC220V
真空负荷开关										
接地开关 JN15-12				1	1		1			
熔断器		XRNP1-10/0.5A	XRNP1-10/1A					XRNP1-10/1A	XRNP1-10/0.5A	
避雷器	YH5WS-17/50		YH5WZ-17/45	YH5WS-17/50	YH5WS-17/50		YH5WS-17/50	YH5WZ-17/45		YH5WS-17/50
带电显示器	1		1	1	1	1	1	1		1
消谐器 LXQ-10			1					1		
微机保护	1			1			1			1
主变压器容量				1000kVA			1000kVA			
10kV进出线电缆ZC-YJV22-8.7/15-3*[]	150			70			70			150

图 21-2　10kV 系统配置接线图（PB-8-1-D1-02）

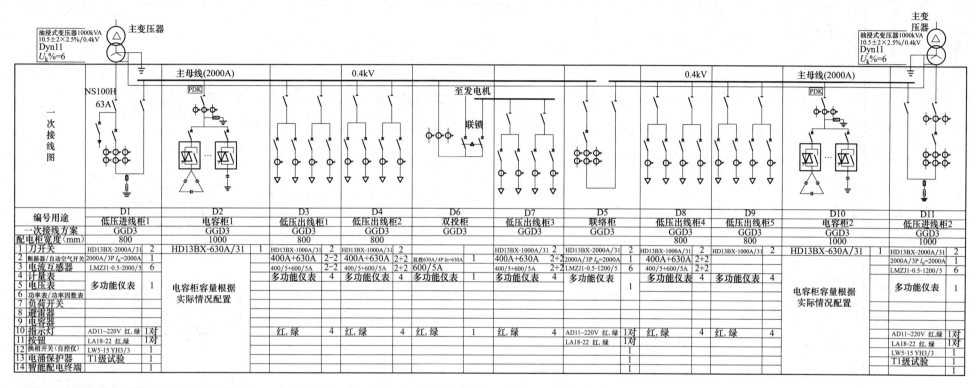

主变压器

油浸式变压器1000kVA
10.5±2×2.5%/0.4kV
Dyn11
$U_k\%=6$

主变压器

油浸式变压器1000kVA
10.5±2×2.5%/0.4kV
Dyn11
$U_k\%=6$

一次接线图

主母线(2000A)　　0.4kV　　至发电机　　联锁　　0.4kV　　主母线(2000A)

NS100H 63A

PDK　　PDK

编号用途		D1	D2	D3	D4	D6	D7	D5	D8	D9	D10	D11
		低压进线柜1	电容柜1	低压出线柜1	低压出线柜2	双投柜	低压出线柜3	联络柜	低压出线柜4	低压出线柜5	电容柜2	低压进线柜2
一次接线方案		GGD3	GGD3	GGD3	GGD3	GGD3	GGD3	GGD3	GGD3	GGD3	GGD3	GGD3
配电柜宽度(mm)		800	1000	800	800				800	800	1000	1000
1	刀开关	HD13BX-2000A/31 2	HD13BX-630A/31 1	HD13BX-1000A/31 2	HD13BX-1000A/31 2		HD13BX-1000A/31 2	HD13BX-2000A/31 2	HD13BX-1000A/31 2	HD13BX-1000A/31 2	HD13BX-630A/31 1	HD13BX-2000A/31 1
2	断路器/自动空气开关	2000A/3P I_n=2000A 1		400A+630A 2-2	400A+630A 2+2	双投630A/4P I_n=630A 1	400A+630A 2+2	2000A/3P I_n=2000A 1	400A+630A 2+2			2000A/3P I_n=2000A 1
3	电流互感器	LMZJ1-0.5-2000/5 6		400/5+600/5A 2-2	400/5+600/5A 2+2	600/5A	400/5+600/5A 2+2	LMZJ1-0.5-1200/5 6	400/5+600/5A 2+2			LMZJ1-0.5-1200/5 6
4	计量表	多功能仪表 1	电容柜容量根据实际情况配置	多功能仪表 4	多功能仪表 4	多功能仪表 1	多功能仪表 4	多功能仪表 1	多功能仪表 4	多功能仪表 4	电容柜容量根据实际情况配置	多功能仪表 1
5	电压表											
6	功率表/功率因数表											
7	负荷开关											
8	避雷器											
9	电容器											
10	指示灯	AD11~220V 红、绿 1对		红、绿 4	红、绿 4	红、绿 1	红、绿 4	AD11~220V 红、绿 1对	红、绿 4	红、绿 4		AD11~220V 红、绿 1对
11	按钮	LA18-22 红、绿 1对						LA18-22 红、绿 1对				LA18-22 红、绿 1对
12	换相开关(自控仪)	LW5-15 YH3/3 1										LW5-15 YH3/3 1
13	电涌保护器	T1级试验 1										T1级试验 1
14	智能配电终端	1						1				1

说明：1. 本图为低压配置图典型设计，配电装置按2×1000kVA设计。当有自发电时，自发电柜分别与1号进线，2号进线电气与机械闭锁，自发电接口开关采用4P开关。

2. 变压器应设置瓦斯保护。

3. 出线根据用户实际负荷清单设置。

4. 低压柜采用空气型母线联络。

5. 两个进线柜断路器与联络柜断路器实行联锁（三锁二钥匙）。

6. 变压器应设置温度保护

图 21-3　0.4kV 系统配置接线图（PB-8-1-D1-03）

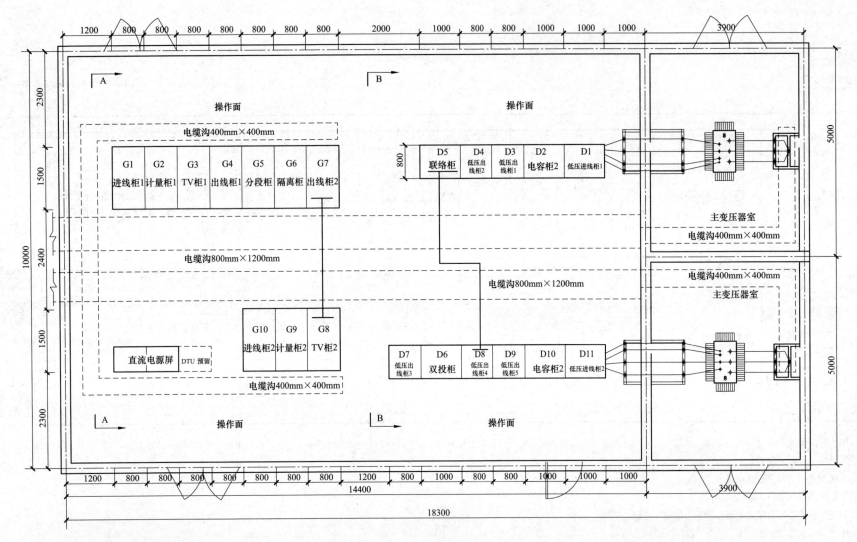

图 21-4　电气平面布置图（PB-8-1-D1-04）

说明：1. 本方案适用于两台油浸式变压器，容量 2×（100～2000）kVA。

2. 本方案为典型设计，应用时可根据实际情况作调整。

3. 直流电源屏根据实际情况配置；信号装置放置位置可根据实际确定。

4. 高配房需设置值班室。

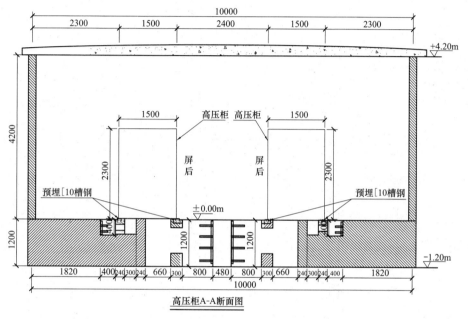

高压柜A-A断面图

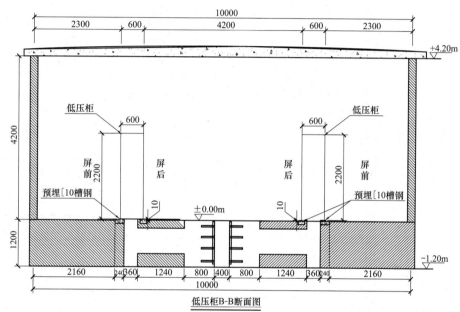

低压柜B-B断面图

说明：1. 做好预留孔洞的封盖措施。

2. 电缆，母线进出孔洞位置与建筑实际情况结合后定。

3. 本图为土建条件图，建筑专业设计应做好防水，防渗，通风，消防等措施。

4. 10 号槽钢预埋高出地坪 5～10mm。

图 21-5　电气断面图（PB-8-1-D1-05）

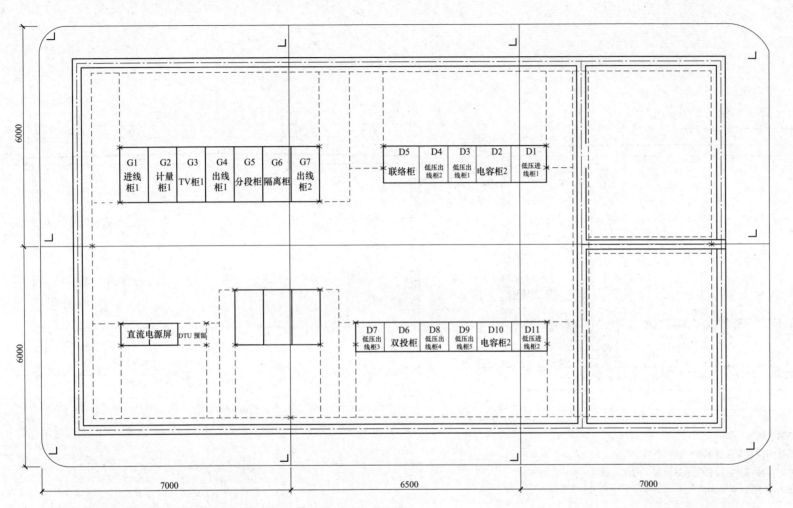

图例：—— 室外接地网
- - - 室内接地网
⌐ 垂直接地极
× 搭接处

说明：1. 设备室四周设置接地干线，于离地 0.3m 处明敷，过门处敷设于地面粉刷层内。

2. 主要电气设备均要求采用两点接地方式。

3. 充分利用自然接地体在适当位置与公配房接地网相连。

4. 明敷的接地线表面应涂设 15～100mm 宽的绿色和黄色相间的条纹。

5. 接地线应采取防止机械损伤和化学腐蚀的措施，在引进建筑物的入口处，应设标志。

图 21-6　接地装置布置图（PB-8-1-D1-06）

表 21-7　　　　　　　　　　　　　　　　　　　　　　方案 PB-8-2 设计图清单

图序	图名	图纸编号
图 21-7	电气主接线图	PB-8-2-D1-01
图 21-8	10kV 系统配置接线图	PB-8-2-D1-02
图 21-9	0.4kV 系统配置接线图	PB-8-2-D1-03
图 21-10	电气平面布置图	PB-8-2-D1-04
图 21-11	电气断面图	PB-8-2-D1-05
图 21-12	接地装置布置图	PB-8-2-D1-06

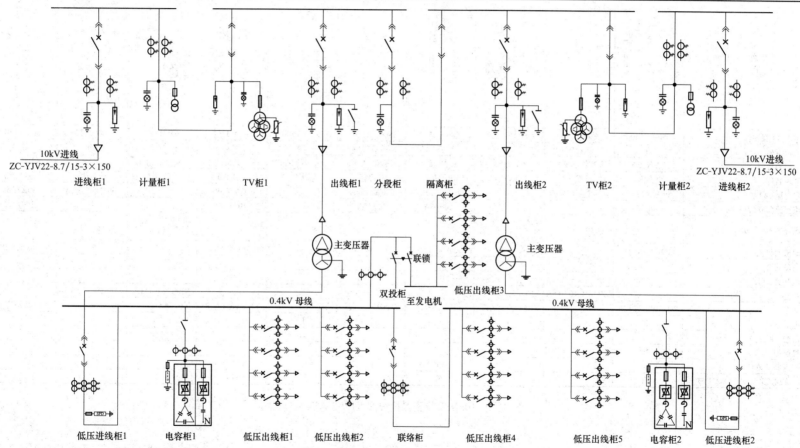

说明：1. 本图适用于双电源进线两台（100～2000）kVA 变压器业扩工程电气一次主接线图。

　　　2. 在实际应用中可根据具体工程情况做适当调解，具体配置详见各配置装置接线图。

　　　3. 中压计量柜位置可在进线柜前或柜后设置。

图 21-7　电气主接线图（PB-8-2-D1-01）

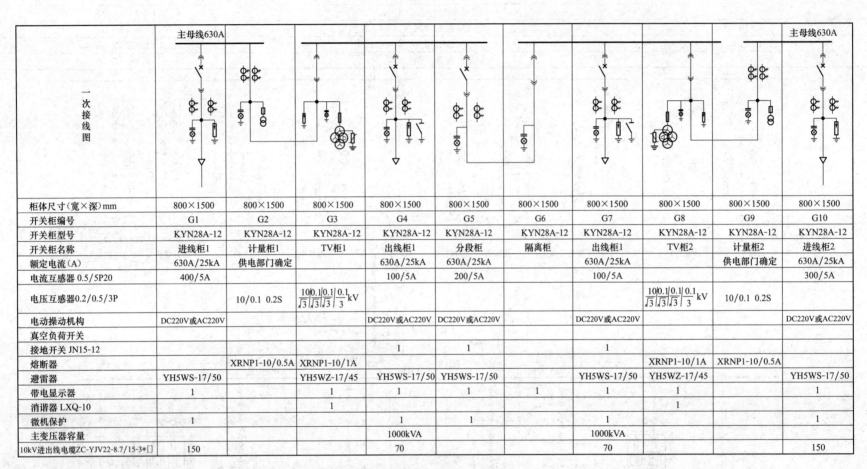

	G1	G2	G3	G4	G5	G6	G7	G8	G9	G10
柜体尺寸（宽×深）mm	800×1500	800×1500	800×1500	800×1500	800×1500	800×1500	800×1500	800×1500	800×1500	800×1500
开关柜编号	G1	G2	G3	G4	G5	G6	G7	G8	G9	G10
开关柜型号	KYN28A-12	KYN28A-12	KYN28A-12	KYN28A-12	KYN28A-12	KYN28A-12	KYN28A-12	KYN28A-12	KYN28A-12	KYN28A-12
开关柜名称	进线柜1	计量柜1	TV柜1	出线柜1	分段柜	隔离柜	出线柜2	TV柜2	计量柜2	进线柜2
额定电流(A)	630A/25kA	供电部门确定		630A/25kA	630A/25kA		630A/25kA		供电部门确定	630A/25kA
电流互感器 0.5/5P20	400/5A			100/5A	200/5A		100/5A			300/5A
电压互感器0.2/0.5/3P		10/0.1 0.2S	$\frac{10}{\sqrt{3}}\Big/\frac{0.1}{\sqrt{3}}\Big/\frac{0.1}{\sqrt{3}}\Big/\frac{0.1}{3}$ kV					$\frac{10}{\sqrt{3}}\Big/\frac{0.1}{\sqrt{3}}\Big/\frac{0.1}{\sqrt{3}}\Big/\frac{0.1}{3}$ kV	10/0.1 0.2S	
电动操动机构	DC220V或AC220V			DC220V或AC220V	DC220V或AC220V		DC220V或AC220V			DC220V或AC220V
真空负荷开关										
接地开关 JN15-12				1	1		1			
熔断器		XRNP1-10/0.5A	XRNP1-10/1A					XRNP1-10/1A	XRNP1-10/0.5A	
避雷器	YH5WS-17/50		YH5WZ-17/45	YH5WS-17/50	YH5WS-17/50		YH5WS-17/50	YH5WZ-17/45		YH5WS-17/50
带电显示器		1	1	1	1	1	1			1
消谐器 LXQ-10			1					1		
微机保护	1			1	1		1			1
主变压器容量				1000kVA			1000kVA			
10kV进出线电缆ZC-YJV22-8.7/15-3*[]	150			70			70			150

图 21-8　10kV 系统配置接线图（PB-8-2-D1-02）

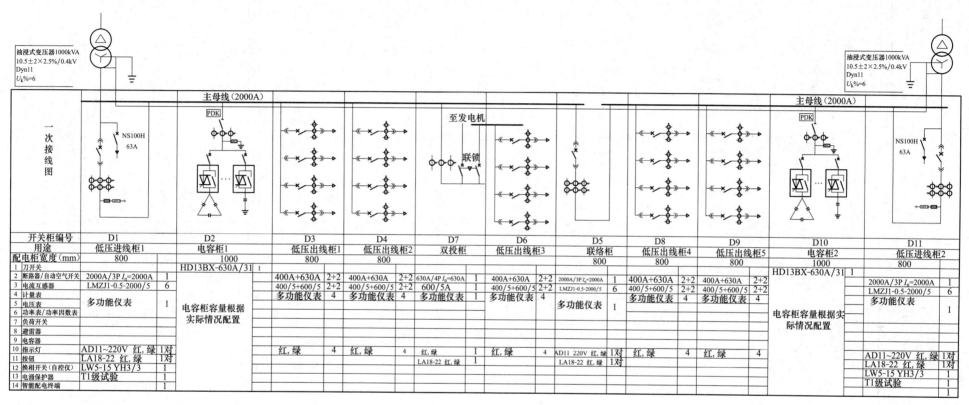

油浸式变压器1000kVA
10.5±2×2.5%/0.4kV
Dyn11
$U_k\%=6$

油浸式变压器1000kVA
10.5±2×2.5%/0.4kV
Dyn11
$U_k\%=6$

主母线(2000A)　PDK　NS100H 63A　至发电机　联锁　一次接线图

		D1	D2	D3	D4	D7	D6	D5	D8	D9	D10	D11
	开关柜编号	D1	D2	D3	D4	D7	D6	D5	D8	D9	D10	D11
	用途	低压进线柜1	电容柜1	低压出线柜1	低压出线柜2	双投柜	低压出线柜3	联络柜	低压出线柜4	低压出线柜5	电容柜2	低压进线柜2
	配电柜宽度(mm)	800	1000	800	800		800	800	800	800	1000	800
1	刀开关		HD13BX-630A/31 1								HD13BX-630A/31 1	
2	断路器/自动空气开关	2000A/3P I_n=2000A 1		400A+630A 2+2	400A+630A 2+2	630A/4P I_n=630A 1	400A+630A 2+2	2000A/3P I_n=2000A 1	400A+630A 2+2	400A+630A 2+2	2000A/3P I_n=2000A 1	
3	电流互感器	LMZJ1-0.5-2000/5 6		400/5+600/5 2+2	400/5+600/5 2+2	600/5A 1	400/5+600/5 2+2	LMZJ1-0.5-2000/5 6	400/5+600/5 2+2	400/5+600/5 2+2	LMZJ1-0.5-2000/5 6	
4	计量表			多功能仪表 4	多功能仪表 4	多功能仪表 1	多功能仪表 4					
5	电压表	多功能仪表 1						多功能仪表 1			多功能仪表 1	
6	功率表/功率因数表											
7	负荷开关		电容柜容量根据实际情况配置								电容柜容量根据实际情况配置	
8	避雷器											
9	电容器											
10	指示灯	AD11~220V 红,绿 1对		红,绿 4	红,绿 4	红,绿 1	红,绿 4	AD11 220V 红,绿 1对	红,绿 4	红,绿 4	AD11~220V 红,绿 1对	
11	按钮	LA18-22 红,绿 1对				LA18-22 红,绿 1		LA18-22 红,绿 1对			LA18-22 红,绿 1对	
12	换相开关(自控仪)	LW5-15 YH3/3 1									LW5-15 YH3/3 1	
13	电涌保护器	T1级试验 1									T1级试验 1	
14	智能配电终端	1									1	

说明：1. 本图为低压配置图典型设计，配电装置按 2×1000kVA 设计。当有自发电时，自发电柜分别与1号进线，2号进线电气与机械闭锁，自发电接口开关采用4P开关。

2. 变压器应设置瓦斯保护。

3. 出线根据用户实际负荷清单设置。

4. 低压柜采用空气型母线联络。

5. 两个进线柜断路器与联络柜断路器实行联锁（三锁二钥匙）。

6. 变压器应设置温度保护。

图 21-9　0.4kV 系统配置接线图（PB-8-2-D1-03）

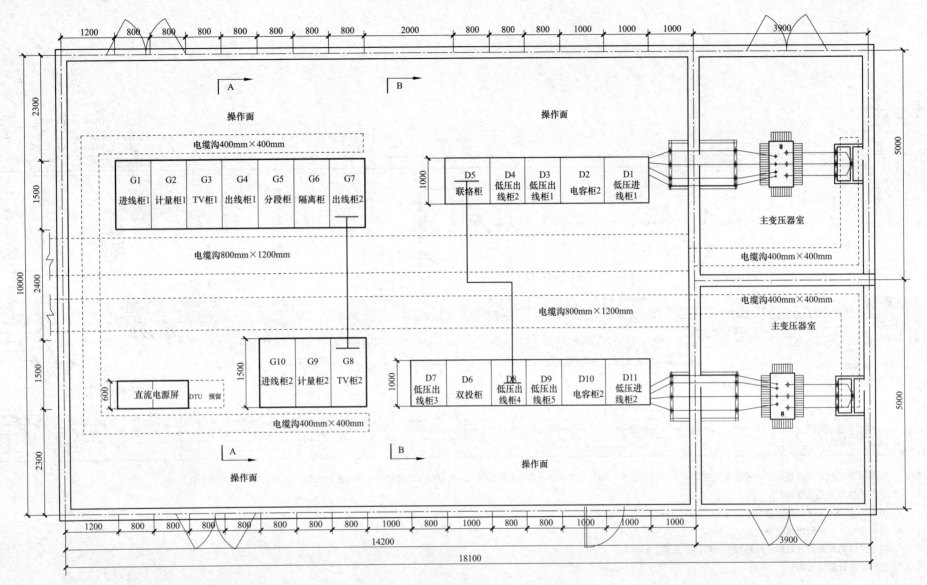

图 21-10 电气平面布置图（PB-8-2-D1-04）

说明：1. 本方案适用于两台油浸式变压器，容量 100～2000kVA。

2. 本方案为典型设计，应用时可根据实际情况作调整。

3. 直流电源屏可根据实际情况配置；信号装置放置位置可根据实际确定。

4. 高配房需设置值班室。

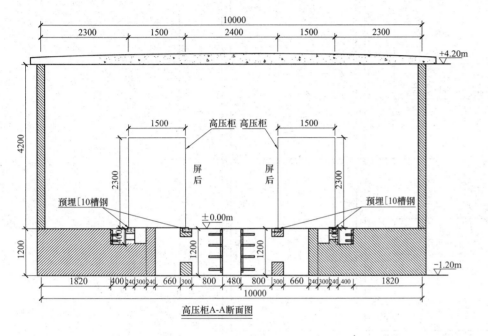

高压柜A-A断面图

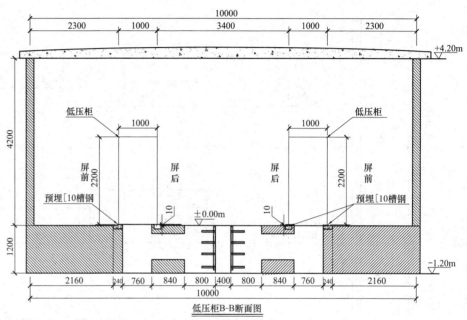

低压柜B-B断面图

说明：1. 做好预留孔洞的封盖措施。

2. 电缆，母线进出孔洞位置与建筑实际情况结合后定。

3. 本图为土建条件图，建筑专业设计应做好防水，防渗，通风，消防等措施。

4. 10 号槽钢预埋高出地坪 5～10mm。

图 21-11 电气断面图（PB-8-2-D1-05）

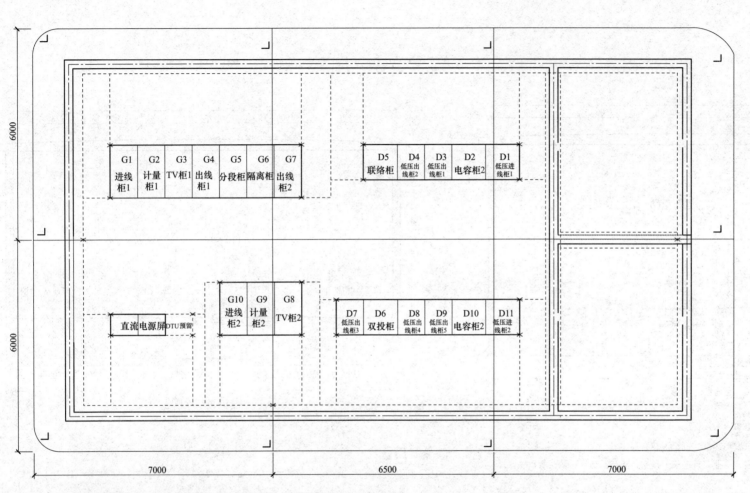

图例：—— 室外接地网
- - - - 室内接地网
⌐ 垂直接地极
× 搭接处

说明：1. 设备室四周设置接地干线，于离地 0.3m 处明敷，过门处敷设于地面粉刷层内。

　　　2. 主要电气设备均要求采用两点接地方式。

　　　3. 充分利用自然接地体在适当位置与公配房接地网相连。

　　　4. 明敷的接地线表面应涂设 15～100mm 宽的绿色和黄色相间的条纹。

　　　5. 接地线应采取防止机械损伤和化学腐蚀的措施，在引进建筑物的入口处，应设标志。

图 21-12　接地装置布置图（PB-8-2-D1-06）

第六篇

10kV电缆典型设计

第 22 章 10kV电缆典型设计总体说明

22.1 概述

10kV 电缆线路典型设计适用于客户受电工程 10kV 电力电缆线路，包括电缆本体、附件与相关的建（构）筑物、排水、消防和火灾报警系统等。

电缆线路设计应遵循三个原则：统一规划、安全运行、经济合理。

设计原则：安全可靠、技术先进、标准统一、控制成本、环保节约、提高效率。在设计中，努力做到设计方案的统一性与可靠性、先进性、经济性、适应性和灵活性的协调统一。

本篇分直埋、排管、非开挖拉管、电缆沟和电缆井五个模块进行介绍。

22.2 电气部分

22.2.1 环境条件选择

本典型设计采用的环境条件如表 22-1 所示。

表 22-1   环 境 条 件

项目		参数
海拔高度（m）		≤4000
最高环境温度（℃）		+45
最低环境温度（℃）		−40
土壤最高环境温度（℃）		+35
土壤最低环境温度（℃）		−20
日照强度（户外）（W/cm²）		0.1
湿度	日相对湿度平均值（%）	≤95
	月相对湿度平均值（%）	≤90
雷电日（d/a）		40
最大风速（户外）[(m/s)/Pa]		35/700
电缆敷设		直埋、排管、电缆沟、隧道

注 本典型设计以上述环境参数为边界条件，其他环境条件使用前请自行校验。

22.2.2 运行条件选择

本典型设计采用的运行条件如表 22-2 所示。

表 22-2   运 行 条 件

项目	参数
系统额定电压（kV）	10
系统最高运行电压（kV）	12
系统频率（Hz）	50
系统接地方式	中性点不接地系统或经消弧线圈接地，单相接地时允许持续运行 2h

注 本典型设计按照非有效接地系统考虑，对于有效接地系统可按照规程规范进行相应调整。

22.2.3 电缆路径选择

（1）电缆线路应与城镇总体规划相结合，应与各种管线和其他市政设施统一安排，且需征得规划部门认可。

（2）电缆敷设路径应综合考虑路径长度、施工、运行和维护方便等因素，统筹兼顾，做到经济合理、安全适用。

（3）应避开可能挖掘施工的地方，避免电缆遭受机械性外力、过热、腐蚀等危害。

（4）应便于敷设与维修，应有利于电缆接头及终端的布置与施工。

（5）在符合安全性要求下，电缆敷设路径应有利于降低电缆及其构筑物的综合投资。

（6）供敷设电缆用的土建设施宜按电网远期规划并预留适当裕度，一次建成。

（7）电缆在任何敷设方式及其全部路径条件的上下左右改变部位，均应满足电缆允许弯曲半径要求。本次典设电缆允许最小弯曲半径采用 15 倍电缆外径。

（8）如遇湿陷性、淤泥、冻土等特殊地质，应进行相应的地基处理。

22.2.4　电缆选择原则

（1）电力电缆选用应满足负荷要求、热稳定校验、敷设条件、安装条件、对电缆本体的要求、运输条件等。

（2）电力电缆采用交联聚乙烯绝缘电缆。

（3）电缆截面的选择。选择电缆截面，应在电缆额定载流量的基础上，考虑环境温度、并行敷设、热阻系数、埋设深度等因素后选择。

（4）对于 1000m＜海拔高度≤4000m 的高海拔地区，由于温度过低，会使电气设备内某些材料变硬变脆，影响设备的正常运行。同时，由于日夜温差过大，易产生凝露，使零部件变形、开裂等。因而高原地区电缆设备选型应结合地区的运行经验提出相应的特殊要求，需要校验其电气参数或选用高原型的电气设备产品。交联聚乙烯绝缘电力电缆的最低长期使用温度为－40℃。

22.2.5　电缆型号及使用范围

10kV 电力电缆线路一般选用三芯电缆，电缆型号、名称及其适用范围如表 22-3 所示。

表 22-3　10kV 电缆型号、名称及其适用范围

型号		名称	适用范围
铜芯	铝芯		
YJV	YJLV	交联聚乙烯绝缘聚氯乙烯护套电力电缆	敷设在室内外，隧道内需固定在托架上，排管中或电缆沟中以及松散土壤中直埋，能承受一定牵引拉力但不能承受机械外力作用
YJY22	—	交联聚乙烯绝缘钢带铠装聚乙烯护套电力电缆	可土壤直埋敷设，能承受机械外力作用，但不能承受大的拉力
YJV22	YJLV22	交联聚乙烯绝缘钢带铠装聚氯乙烯护套电力电缆	同 YJY22 型

22.2.5.1　电缆绝缘屏蔽、金属护套、铠装、外护套选择

电缆绝缘屏蔽、金属护套、铠装、外护套宜按表 22-4 选择。

表 22-4　10kV 电缆金属屏蔽、铠装、外护层选择

敷设方式	绝缘屏蔽或金属护套	加强层或铠装	外护层
直埋	软铜线或铜带	铠装（3芯）	聚氯乙烯或聚乙烯
排管、电缆沟、电缆隧道、电缆工作井	软铜线或铜带	铠装/无铠装（3芯）	

（1）在潮湿、含化学腐蚀环境或易受水浸泡的电缆，宜选用聚乙烯等类型材料的外护套。

（2）在保护管中的电缆，应具有挤塑外护层。

（3）在电缆夹层、电缆沟、电缆隧道等防火要求高的场所宜采用阻燃外护层，根据防火要求选择相应的阻燃等级。

（4）有白蚁危害的场所应采用金属铠装，或在非金属外护套外采用防白蚁护层。

（5）有鼠害的场所宜采用金属铠装，或采用硬质护层。

（6）有化学溶液污染的场所应按其化学成分采用相应材质的外护层。

22.2.5.2　电缆截面选择

（1）导体最高允许温度按表 22-5 选择。

表 22-5　导体最高允许温度选择

绝缘类型	最高允许温度（℃）	
	持续工作	短路暂态
交联聚乙烯	90	250

（2）电缆导体最小截面的选择应同时满足规划载流量和通过可能的最大短路电流时热稳定的要求。

（3）连接回路在最大工作电流作用下的电压降，不得超过该回路允许值。

（4）电缆导体截面的选择应结合敷设环境来考虑，10kV 常用电缆可根据表 22-6 中 10kV 交联电缆载流量，结合考虑不同环境温度、不同管材热阻系数、不同土壤热阻系数及多根电缆并行敷设时等各种载流量校正系数综合计算。

（5）多根电缆并联时，各电缆应等长，并采用相同材质、相同截面的导体。

表 22-6　　　10kV 交联电缆载流量

10kV 交联电缆载流量	电缆允许持续载流量（A）			
绝缘类型	交联聚乙烯			
钢铠护套	无		有	
缆芯最高工作温度（℃）	90			
敷设方式	空气中	直埋	空气中	直埋
缆芯截面（mm²）35	123	110	123	105
70	178	152	173	152
95	219	182	214	182
120	251	205	246	205
150	283	223	278	219
185	324	252	320	247
240	378	292	373	292
300	433	332	428	328
400	506	378	501	374
环境温度（℃）	40	25	40	25
土壤热阻系数（℃·m/W）	—	2.0	—	2.0

注　(1) 适用于铝芯电缆，铜芯电缆的允许载流量值可乘以 1.29。
　　(2) 缆芯工作温度大于 90℃，计算持续允许载流量时，应符合下列规定：
　　　1) 数量较多的该类电缆敷设于未装机械通风的隧道、竖井时，应计入对环境温升的影响。
　　　2) 电缆直埋敷设在干燥或潮湿土壤中，除实施换土处理能避免水分迁移的情况外，土壤热阻系数取值不小于 2.0℃·m/W。
　　(3) 对于 1000m＜海拔高度≤4000m 的高海拔地区，每增高 100m，气压约降低 0.8～1kPa，应充分考虑海拔高度对电缆允许载流量的影响，建议结合实际条件进行相应折算，参见表 22-7～表 22-10。

表 22-7　　　10kV 电缆在不同环境温度时的载流量校正系数

环境温度（℃）	空气中				土壤中			
	30	35	40	45	20	25	30	35
缆芯最高工作温度（℃）60	1.22	1.11	1.0	0.86	1.07	1.0	0.93	0.85
65	1.18	1.09	1.0	0.89	1.06	1.0	0.94	0.87
70	1.15	1.08	1.0	0.91	1.05	1.0	0.94	0.88
80	1.11	1.06	1.0	0.93	1.04	1.0	0.95	0.90
90	1.09	1.05	1.0	0.94	1.04	1.0	0.96	0.92

表 22-8　　　不同土壤热阻系数时 10kV 电缆载流量的校正系数

土壤热阻系数（℃·m/W）	分类特征（土壤特性和雨量）	校正系数
0.8	土壤很潮湿，经常下雨。如湿度大于 9％的沙土；湿度大于 10％的沙—泥土等	1.05
1.2	土壤潮湿，规律性下雨。如湿度大于 7％但小于 9％的沙土；湿度为 12％～14％的沙—泥土等	1.0
1.5	土壤较干燥，雨量不大。如湿度为 8％～12％的沙—泥土等	0.93
2.0	土壤干燥，少雨。如湿度大于 4％但小于 7％的沙土；湿度为 4％～8％的沙—泥土等	0.87
3.0	多石地层，非常干燥。如湿度小于 4％的沙土等	0.75

表 22-9　　　土中直埋多根并行敷设时电缆载流量的校正系数

根数		1	2	3	4	5	6
电缆之间净距（mm）	100	1	0.9	0.85	0.80	0.78	0.75
	200	1	0.92	0.87	0.84	0.82	0.81
	300	1	0.93	0.90	0.87	0.86	0.85

表 22-10　　　空气中单层多根并行敷设时电缆载流量的校正系数

并列根数		1	2	3	4	5	6
电缆中心距	s＝d	1.00	0.90	0.85	0.82	0.81	0.80
	s＝2d	1.00	1.00	0.98	0.95	0.93	0.90
	s＝3d	1.00	1.00	1.00	0.98	0.97	0.96

注　s 为电缆中心间距离，d 为电缆外径；本表按全部电缆具有相同外径条件制订，当并列敷设时的电缆外径不同时，d 可近似地取电缆外径的平均值。

22.2.6　电缆附件选择

（1）电缆附件的绝缘屏蔽层或金属护套之间的额定工频电压（U_0）、任何两相线之间的额定工频电压（U）、任何两相线之间的运行最高电压（U_m），以及每一导体与绝缘屏蔽层或金属护套之间的基准绝缘水平（BIL），应满足表 22-11 要求。

表 22-11　　　　　　　　　电缆绝缘水平表

系统中性点	非有效接地	有效接地
	10kV	
U_0/U（kV）	8.7/15	6/10
U_m（kV）	11.5	11.5
BIL（kV）	95	75
外护套冲击耐压（kV）	20	20

（2）敞开式电缆终端的外绝缘必须满足所设置环境条件的要求，并有一个合适的泄漏比距。在一般环境条件下，外绝缘的爬距在污秽等级最高情况下户外采用 400mm，户内采用 300mm，并不低于架空线绝缘子的爬距。

（3）电缆终端的选择。外露于空气中的电缆终端装置类型应按下列条件选择。

1）不受阳光直接照射和雨淋的室内环境应选用户内终端。

2）受阳光直接照射和雨淋的室外环境应选用户外终端。

对电缆终端有特殊要求的，选用专用的电缆终端。

目前，最常用的终端类型有热缩型、冷缩型，在使用上根据安装位置、现场环境等因素进行相应选择。

（4）电缆中间接头的选择。三芯电缆中间接头应选用直通接头。目前，最常用的有热缩型、冷缩型，考虑电缆敷设环境及施工工艺等因素进行相应选择。

22.2.7　避雷器的特性参数选择

保护电缆线路的避雷器的主要特性参数应符合下列规定：

（1）冲击放电电压应低于被保护的电缆线路的绝缘水平，并留有一定裕度。

（2）冲击电流通过避雷器时，两端子间的残压值应小于电缆线路的绝缘水平。

（3）当雷电过电压侵袭电缆时，电缆上承受的电压为冲击放电电压和残压，两者之间数值较大者称为保护水平 U_p，$BIL = (120\% \sim 130\%) U_p$。

（4）避雷器的持续运行电压，对于 10kV 中性点不接地和经消弧线圈接地的非有效接地系统，应分别不低于最大工作线电压的 110% 和 100%；对于小电阻接地的有效接地系统，应不低于最大工作线电压的 80%。

（5）一般采用无间隙复合外套金属氧化物避雷器。

22.2.8　电缆线路系统的接地

电缆的金属屏蔽和铠装、电缆支架和电缆附件的支架必须可靠接地，接地

电阻不大于 10Ω。冻土地区接地应考虑高土壤电阻率和冻胀灾害。高原冻土的平均土壤电阻率都在 3000～5000Ωm 之间，根据当地运行情况进行处理。采取降阻措施时，可采用换土填充等物理性降阻剂进行，禁止使用化学类降阻剂。

22.2.9　电缆金属护层的接地方式

电力电缆金属层必须直接接地。交流系统中三芯电缆的金属层，应在电缆线路两终端和接头等部位实施接地。

22.2.10　电缆与电缆或管道、道路、构筑物等相互间距

电缆与电缆、管道、道路、构筑物等之间的容许最小距离应符合表 22-12 的规定。

表 22-12　　　　电缆与电缆或管道、道路、构筑物等相互间最小净距

电缆直埋敷设时的配置情况		平行（m）	交叉（m）
电力电缆之间或与控制电缆之间	10kV 及以下	0.1	0.5*
	10kV 以上	0.25**	0.5*
不同部门使用的电缆间		0.5**	0.5*
电缆与地下管沟及设备	热力管沟	2.0**	0.5*
	油管及易燃气管道	1.0	0.5*
	其他管道	0.5	0.5*
电缆与铁路	非直流电气化铁路路轨	3.0	1.0
	直流电气化铁路路轨	10.0	1.0
电缆建筑物基础		0.6***	
电缆与公路边		1.0***	
电缆与排水沟		1.0***	
电缆与树木的主干		0.7	
电缆与 1kV 以下架空线电杆		1.0***	
电缆与 1kV 以上架空线杆塔基础		4.0***	

注　1. 对于 1000m＜海拔地区≤4000m 的高海拔地区的电力电缆之间的相互间距应适当增加，建议表中数值调整为平行 0.2m，交叉 0.6m。

　　2. 对于 1000m＜海拔地区≤4000m 的高海拔地区的电缆应尽量减少与热力管道等发热类地下管沟及设备的交叉，当无法避免时，建议表中数值调整为平行 2.5m，交叉 1.0m。

* 用隔板分隔或电缆穿管时可为 0.25m。

** 用隔板分隔或电缆穿管时可为 0.1m。

*** 特殊情况可酌减且最多减少一半值。

22.3　土建部分

22.3.1　荷载分类

本典型设计建（构）筑物外部荷载按表 22-13 荷载分类。

表 22-13　　　　荷 载 分 类 表

序号	荷载类别	简称	含义	实例
1	永久荷载	恒荷载 Gk	在构件使用期间，其值不随时间变化或其变化值可忽略不计的荷载	结构自重、土重、土侧压力
2	可变荷载	活荷载 Qk	其值随时间变化，且其变化值与平均值相比不可忽略的荷载	地面活荷载、地面堆积活荷载、车辆荷载、水压力、水浮力
3	偶然荷载		在构件使用期间，不一定出现，而一旦出现，其值很大且持续时间较短的荷载	爆炸力、冲击力等

22.3.2　荷载选定

本典型设计按以下荷载考虑：一般地面活动荷载、堆积荷载取 4.0～10kN/m²。

电缆排管、沟、隧道、井等结构件处于道路人行道等小型车通行区域时，应考虑 35kN 为标准轴载进行结构设计，处于城市车行道时，应考虑 100kN 为标准轴载进行结构设计，电缆管道处于公路时，应以双轮组 2×140kN 为标准轴载进行结构设计。

一般地面活动荷载和车辆荷载不考虑同时作用，按七度设防，在计算地震作用时，应计算结构等效重力荷载产生的水平地震作用和动土压力作用。

其他荷载情况，使用前请自行校验。

22.3.3　地质条件

本典型设计按表 22-14 常用地质条件进行结构设计。

表 22-14　　　　地 质 条 件 表

项目	条件值
地基承载力特征值	100kPa
地下水位距地面	≥500mm
土的重度	18kN/m³
土的内摩擦角	30°
土的黏聚力	40kPa

其他地质条件，使用前请自行校验。

土质边坡的坡率允许值应根据经验，按工程类比的原则并结合已有稳定边坡的坡率值分析确定。当无经验，且土质均匀良好、地下水贫乏、无不良地质现象和地质环境条件简单时，可按表 22-15 确定。

表 22-15　　　　土质边坡坡率允许值

边坡土体类别	状态	坡率允许值（高宽比）	
		坡高小于 5m	坡高 5～10m
碎石土	密实	1：0.35～1：0.50	1：0.50～1：0.75
	中密	1：0.50～1：0.75	1：0.75～1：1.00
	稍密	1：0.75～1：1.00	1：1.00～1：1.25
黏性土	坚硬	1：0.75～1：1.00	1：1.00～1：1.25
	硬塑	1：1.00～1：1.25	1：1.25～1：1.50

注　1. 标准碎石土的填充物坚硬或硬塑状态的黏性土。
　　2. 对于沙土或填充物为沙土的碎石土，其边坡坡率允许值应按自然休止角确定。

22.3.4　构件等级

本典型设计，混凝土构件按二 a、二 b 等级设计，其他使用环境使用前请按《混凝土结构设计规范》自行校验。

22.3.5　电缆敷设一般规定

不同敷设方式的电缆根数宜按表 22-16 进行选择。

表 22-16　　　　　不同敷设方式的电缆根数

敷设方式	电缆根数
直埋	4 根及以下
排管	20 根及以下
电缆沟	12 根及以下

22.3.6　电缆防火

一般情况下宜选用阻燃电缆，敷设在建筑物内及防火重要部位的电力电缆，应选用阻燃电缆。

22.3.6.1　电缆通道的防火设计

（1）电缆总体布置的规定。在电缆敷设完成后应理顺并逐根固定在电缆支架上，所有电缆走向按出线仓位顺序排列，电缆相互之间应保持一定间距，不得重叠，尽可能少交叉，如需交叉，则应在交叉处用防火隔板隔开。

（2）防火封堵。为了有效防止电缆因短路或外界火源造成电缆引燃或沿电缆延燃，应对电缆及其构筑物采取防火封堵分隔措施。防火墙两侧电缆涂刷防火涂料各 1m。

电缆穿越楼板、墙壁或盘柜孔洞以及管道两端时，应用防火堵料封堵。防火封堵材料应密实无气孔，封堵材料厚度不应小于 100mm。

（3）电缆接头的表面阻燃处理。电缆接头应采用防火涂料进行表面阻燃处理，即在接头及其两侧 2～3m 和相邻电缆上绕包阻燃带或涂刷防火涂料，涂料总厚度应为 0.9～1.0mm。

22.3.6.2　电缆沟和竖井的防火设计

对电缆可能着火导致严重事故的回路、易受外部影响波及火灾的电缆密集场所，应有适当的阻火分隔，并按工程的重要性、火灾概率及其特点和经济合理等因素，确定采取下列安全措施。

（1）阻火分隔封堵。阻火分隔包括设置防火门、防火墙、耐火隔板与封闭式耐火槽盒。防火门、防火墙用于电缆隧道、电缆沟、电缆桥架以及上述通道分支处及出入口。

（2）火灾监控报警和固定灭火装置。在电缆进出线集中的隧道、电缆夹层和竖井中，如未全部采用阻燃电缆，为了把火灾事故限制在最小范围，尽量减小事故损失，可在电缆本体上涂刷防火涂料，并加设监控报警、测温和固定自动灭火装置。

22.3.7　电缆构筑物防水、通风措施

电缆构筑物的防水应根据场地地下水及地表水下渗状况，选用充气、膨胀式等防水措施和防水材料。

电缆隧道一般采用自然通风，特殊情况时应考虑机械通风，当有地上设施时，其建筑设计应与周围环境相适应。

22.3.8　标识

电缆路径沿途设置的警示带、标志桩、标志牌、标志砖等应采用统一的电力标识。

22.3.8.1　警示带

主要用于直埋敷设电缆、排管敷设电缆、电缆沟敷设电缆和隧道敷设电缆的覆土层中。应在外力破坏高风险区域电缆通道宽度范围内两侧设置，如宽度大于 2m 应增加警示带数量。

22.3.8.2　标志牌

在电缆终端头、电缆接头、拐弯处、夹层内、隧道及竖井的两端、人井内等地方的电缆上应装设标志牌。电缆沟、隧道内电缆本体上，应每间隔 50m 加挂电缆标识牌。电缆排管进出口处，加挂电缆标识牌。标志牌上应标明线路编号。无编号时，应写明电缆型号、规格及起始点、投运日期、施工单位等信息。并联使用的电缆应有顺序号。标志牌的字迹应清晰不易脱落，规格应统一，材质应能防腐，挂装应牢固。

22.3.8.3　标志桩、标志砖

标志桩、标志砖一般为普通钢筋混凝土预制构件，面喷涂料，在直埋电缆转角处、直埋、排管直线段每隔 20m 设置标志桩，人行道上标志砖与地面齐平。

第 23 章 10kV电缆直埋敷设（方案DL-1）

23.1 概述

电缆直埋敷设方案（DL-1）部分，该模块按电缆线路敷设路径的要求及所敷设地段情况不同分为 DL-1-1（直埋于土中）、DL-1-2（埋设于砖砌槽盒中）、DL-1-3（埋设于预制槽盒中）3 种子模块。

电缆直埋敷设一般用于电缆数量少、敷设距离短、地面荷载比较小的地方。路径应选择地下管网比较简单、不易经常开挖和没有腐蚀土壤的地段。

电缆直埋敷设的优点：电缆敷设后本体与空气不接触，防火性能好，有利于电缆散热。此敷设方式容易实施，投资少。缺点是抗外力破坏能力差，电缆敷设后如进行电缆更换，则难度较大。

23.2 模块适用范围

DL-1-1：同一路径电缆根数不超过 2 根，在无通车可能城市人行道下、公园绿地、建筑物的边沿地带或城市郊区等不易经常开挖的地段，宜采用直埋土中敷设方式。

DL-1-2：同一路径电缆根数不超过 2 根，且电缆敷设的距离不长时，可采用砖砌槽盒直埋敷设方式。本方式常用于从环网柜到用户配电间、户内式变电站进线、从室外工作井到电缆夹层及电缆终端等处。

DL-1-3：同一路径电缆根数不超过 2 根，且电缆敷设的距离不长时，相对重要的场合可采用预制槽盒直埋敷设方式。

23.3 模块方案说明

23.3.1 直埋模块

DL-1 模块为电缆直埋敷设方式，按 10kV 电压等级的不同电缆回路、敷设根数、保护方式和敷设间距等要求，设计 12 种断面，具体分组见表 23-1。

表 23-1　　　　　　电缆直埋模块技术参数一览表

序号	电缆敷设根数	保护方式	电缆截面（芯数×截面 mm²）	断面规模（沟底宽 m）	模块编号
1	1	保护板	3×35～400	0.4	DL-1-1-1
2	2	保护板	3×35～400	0.6	DL-1-1-2
3	1	砖砌槽盒	3×35～400	0.64	DL-1-2-1
4	2	砖砌槽盒	3×35～400	0.84	DL-1-2-2
5	1	预制槽盒	3×35～400	0.42	DL-1-3-1
6	2	预制槽盒	3×35～400	0.62	DL-1-3-2

23.3.2 DL-1-1 子模块

电缆应敷设于壕沟内，沿电缆全长的上、下、侧面应铺以厚度不小于 100mm 的软土或砂层，沿电缆全长应覆盖保护板，宽度不小于电缆两侧各 50mm。

电缆壕沟沟底应位于原状土层，地基承载力特征值 $f_{ak} \geqslant 100kPa$。如建设地点有孔穴、虚土坑，或土层分布不均匀，应先进行地基处理，达到要求后施工。

敷设前应将沟底铲平夯实。电缆埋设后回填土应分层夯实，压实系数应大于 0.93。地面恢复形式满足市政要求，不得造成路面塌陷。

使用于非黏土土质时，壕沟的边坡系数按图纸所示系数表换算后确定。

23.3.3 DL-1-2 子模块

本子模块假定位于普通黏土层，地下水位不影响土方的开挖，地基承载力特征值 $f_{ak} \geqslant 100kPa$，场地为同一标高。当具体工程中实际情况有所变化时，应对有关项目进行相应的调整。

电缆直埋敷设于砖砌槽中，放完电缆后，应在砖砌槽盒中填充砂或细土，并盖上盖板。

砖砌槽的垫层采用不低于 C15 混凝土，槽壁采用不低于 MU7.5 普通砖，不低于 M10 水泥砂浆砌筑，需做防水地段另做防水处理。

盖板采用 C20 细石混凝土预制，现场安装。

本模块不宜设置电缆接头，不推荐敷设在与其他管线交叉的地方。

23.3.4 DL-1-3 子模块

本子模块假定位于普通黏土层，地下水位不影响土方的开挖，地基承载力特征值 $f_{ak} \geqslant 100kPa$，场地为同一标高。当具体工程中实际情况有所变化时，应对有关项目进行相应的调整。

电缆直埋敷设于预制槽盒中，放完电缆后，应在预制槽盒中填充砂或细土，并盖上盖板。

预制槽盒、盖板采用 C20 细石混凝土预制，现场安装。

本模块不宜设置电缆接头，不推荐敷设在与其他管线交叉的地方。

23.3.5 附属设施

当电缆路径沿道路时每隔 20m 设置标志块，当电缆路径在绿化隔离带、灌木丛等位置时应每隔 50m 设置电缆标志桩。

23.3.6 使用说明

直埋电缆的覆土深度不应小于 0.7m，农田中覆土深度不应小于 1.0m。

电缆应埋在冻土层下，根据当地冻土层厚度确定电缆埋置深度。当受条件限制时，应采取防止电缆受损的保护措施。

电缆进入电缆沟、工作井、建筑物以及配电屏、开关柜、控制屏时，应做阻火封堵。

直埋敷设应避开含有酸、碱强腐蚀或杂散电流电化学腐蚀严重影响的地段。

未采取防护措施时，应避开白蚁危害地带、热源影响和易遭外力损伤的区段。

禁止电缆与其他管道上下平行敷设，电缆与管道、地下设施、铁路、公路平行交叉敷设的要求详见图 23-16～图 23-19 公共图纸部分。该部分图纸详注了直埋于土中方式时，与管道及地下设施平行交叉的容许最小距离，若用于埋设于砖砌槽盒、预制槽盒中的敷设方式，应参照图纸说明及 GB 50217—2007《电力工程电缆设计规范》中相关规定执行。

23.4 设计图

DL-1 模块设计图清单见表 23-2，图中标高尺寸单位为 m，尺寸未注明单位者均为 mm。

表 23-2　　　　　　　　　设 计 图 清 单

图序	图名	图纸编号
图 23-1	电缆直埋敷设断面图（一）	DL-1-1-1
图 23-2	电缆直埋敷设断面图（二）	DL-1-1-2
图 23-3	电缆砖砌槽直埋敷设断面图（一）	DL-1-2-1
图 23-4	电缆砖砌槽直埋敷设断面图（二）	DL-1-2-2
图 23-5	电缆预制槽直埋敷设断面图（一）	DL-1-3-1
图 23-6	电缆预制槽直埋敷设断面图（二）	DL-1-3-2
图 23-7	电缆预制槽加工图	DL-1-3-3
图 23-8	电缆直埋保护板	DL-1-T-1
图 23-9	电缆直埋标志桩	DL-1-T-2
图 23-10	不同电压等级电缆交叉敷设	DL-1-T-3
图 23-11	电缆与一般管道交叉敷设	DL-1-T-4
图 23-12	电缆与热力管沟交叉敷设	DL-1-T-5
图 23-13	电缆与铁路、公路平行交叉敷设	DL-1-T-6
图 23-14	电缆与室外地下设施平行接近敷设	DL-1-T-7

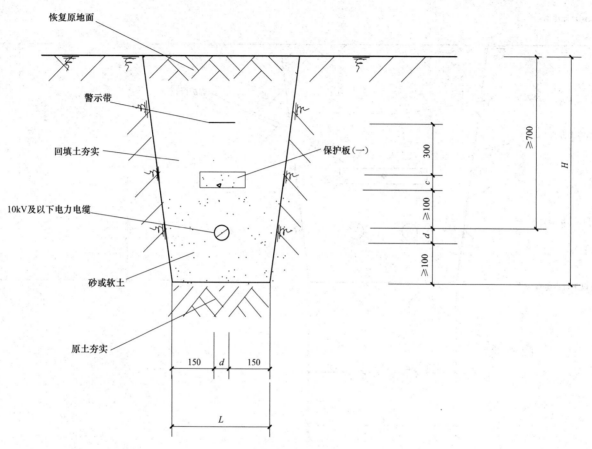

说明：1. L、H 为电缆壕沟的宽度和深度，应根据电缆根数和外径确定。

2. d 为电缆外径，c 为保护板厚度。

3. 电缆穿越农田时的最小埋深为 1000mm。

图 23-1 电缆直埋敷设断面图（一）（DL-1-1-1）

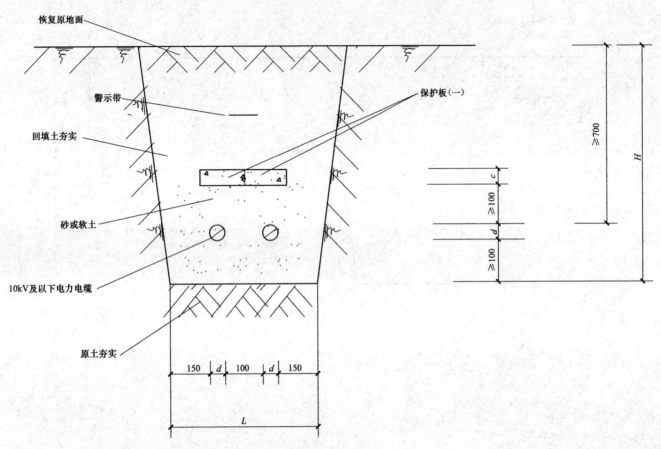

说明：1. L、H 为电缆壕沟的宽度和深度，应根据电缆根数和外径确定。

2. d 为电缆外径，c 为保护板厚度。

3. 电缆穿越农田时的最小埋深为 1000mm。

图 23-2　电缆直埋敷设断面图（二）（DL-1-1-2）

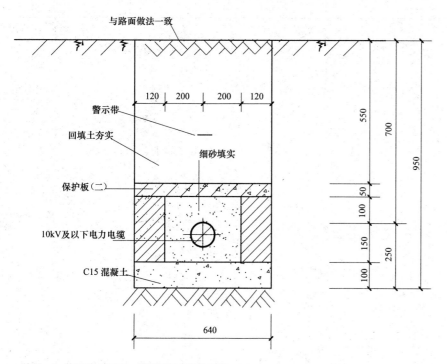

说明：1. 普通砖 MU15、水泥砂浆 M7.5 砌筑。

2. 保护板材料：C20 细石混凝土，HPB300 级钢筋、HRB335 级钢筋。

图 23-3　电缆砖砌槽直埋敷设断面图（一）（DL-1-2-1）

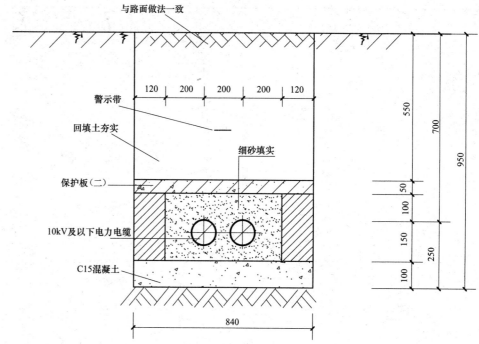

说明：1. 普通砖 MU15、水泥砂浆 M7.5 砌筑。

2. 保护板材料：C20 细石混凝土，HPB300 级钢筋、HRB335 级钢筋。

图 23-4　电缆砖砌槽直埋敷设断面图（二）（DL-1-2-2）

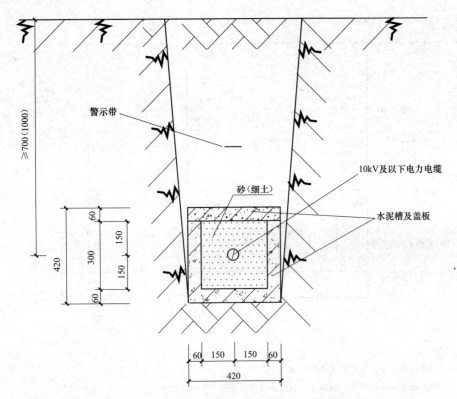

说明：1. 电缆敷设与上下水，热力，煤气等地下设施交叉、平行距离按规程规定执行。

2. 图中括号内尺寸为电缆穿越农田时最小埋深。

图 23-5　电缆预制槽直埋敷设断面图（一）（DL-1-3-1）

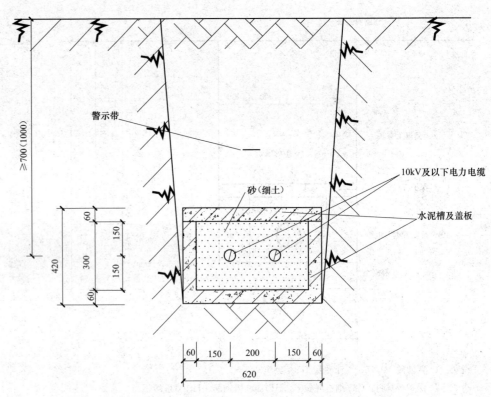

说明：1. 电缆敷设与上下水，热力，煤气等地下设施交叉、平行距离按规程规定执行。

2. 图中括号内尺寸为电缆穿越农田时最小埋深。

图 23-6　电缆预制槽直埋敷设断面图（二）（DL-1-3-2）

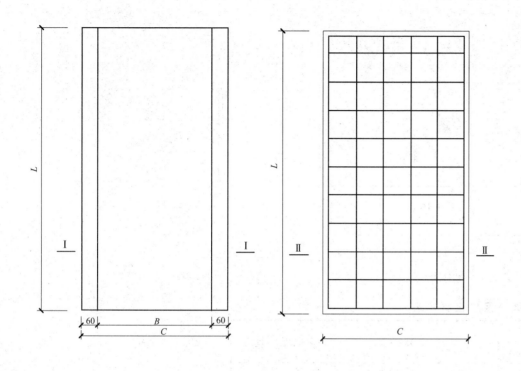

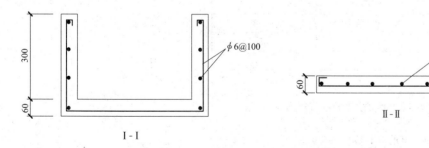

10kV 预制槽材料表

编号	名称	尺寸（mm）			备注
		B	C	L	
1	1 根电缆	300	420	1000	
2	2 根电缆	500	620	1000	
3	3 根电缆	700	820	1000	
4	4 根电缆	900	1020	1000	

说明：1. 此图为电缆预制槽，材料表为不同根电缆所对应预制槽的不同尺寸。

2. B 为预制槽的净宽，C 为预制槽的宽度，L 为预制槽的长度。

3. 预制槽混凝土标号为 C20，钢筋采用 HRB400 级钢筋，保护层厚 15mm。

4. 要求槽内光滑平整，成型后预制槽强度要达到要求。

图 23-7　电缆预制槽加工图（DL-1-3-3）

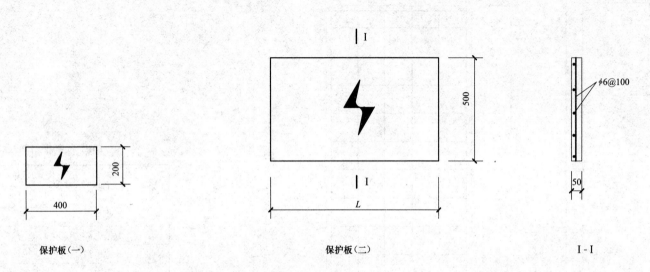

保护板（一）　　　　　　　　保护板（二）　　　　　I - I

单 块 保 护 板 材 料 表

类型	尺寸			混凝土 C20（m³）	构件重量（kg）
	长（mm）	宽（mm）	厚（mm）		
保护板（一）	400	200	35	0.0028	6.2
保护板（二）	640	500	50	0.016	40
	840	500	50	0.021	52.5
	1040	500	50	0.026	65
	1240	500	50	0.031	77.5

说明：1. 保护板（一）采用 C20 细石混凝土制作，用于 A-1 模块，确定为一种规格。
　　　2. 保护板（二）采用 C20 细石钢筋混凝土制作，用于 A-2 模块，确定为四种规格，依需要由工程设计选用。
　　　3. ⚡符号采用红油漆绘出。

图 23-8　电缆直埋保护板（DL-1-T-1）

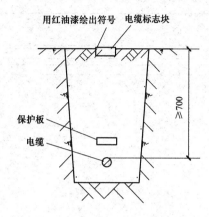

直埋电缆标志块安装

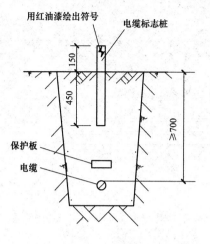

直埋电缆标志桩安装

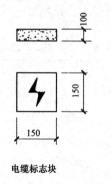

电缆标志块

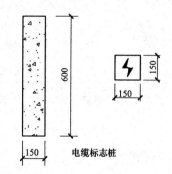

电缆标志桩

说明：1. 标志桩采用C20细石混凝土制作。

2. ⚡符号采用红油漆绘出。

图 23-9　电缆直埋标志桩（DL-1-T-2）

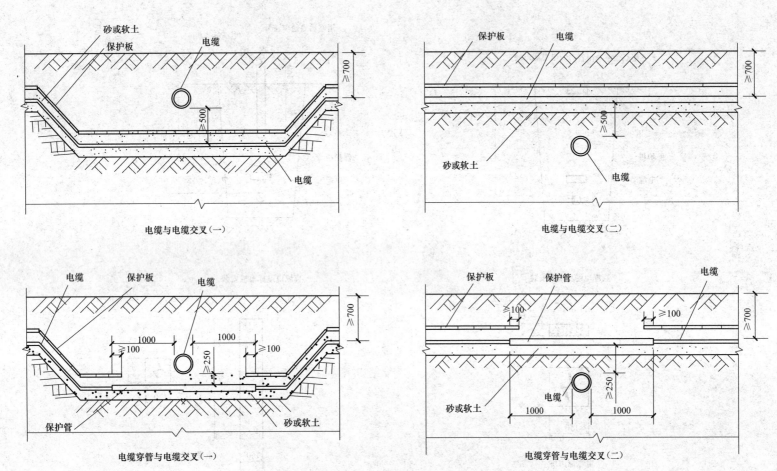

电缆与电缆交叉（一）

电缆与电缆交叉（二）

电缆穿管与电缆交叉（一）

电缆穿管与电缆交叉（二）

说明：电缆在砖砌槽、预制槽盒中敷设，交叉距离同穿管敷设。

电缆埋管敷设时，高压电缆在下，低压电缆在上。

图 23-10　不同电压等级电缆交叉敷设（DL-1-T-3）

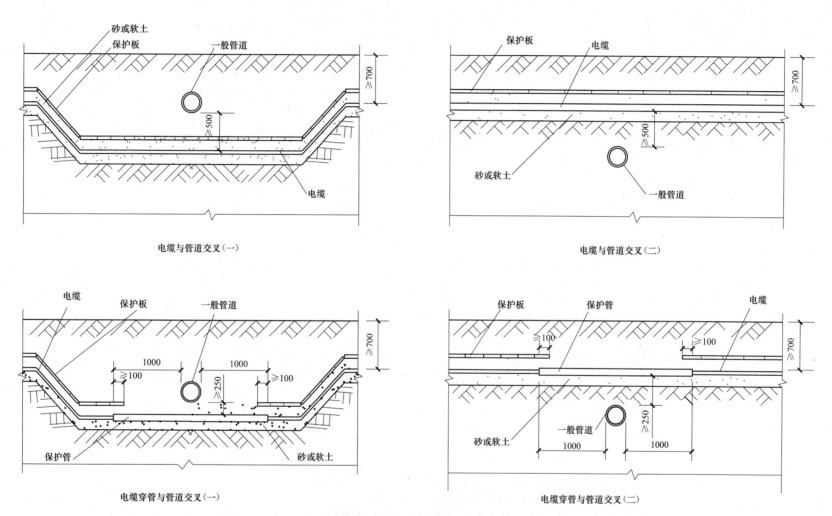

电缆与管道交叉(一)

电缆与管道交叉(二)

电缆穿管与管道交叉(一)

电缆穿管与管道交叉(二)

说明：1. 一般管道系指水管、石油管、煤气管等。

2. 电缆在砖砌槽、预制槽盒中敷设，交叉距离同穿管敷设。

图 23-11 电缆与一般管道交叉敷设 (DL-1-T-4)

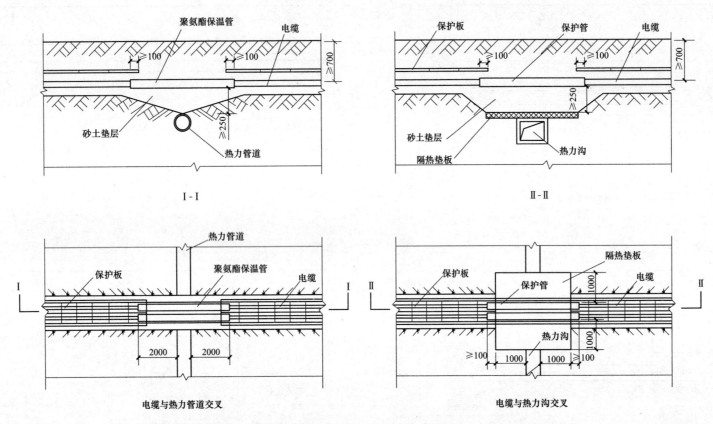

说明：1. 本图为电缆穿保护管后和热力管沟交叉的距离规定，砖砌槽、预制槽盒内直埋也按本图规定执行。

2. 电缆与热力管道交叉时，如不采用隔热措施，其净距不应小于 500mm。

3. 隔热板采用矿棉保温板，岩棉保温板，微孔硅酸钙保温板，其厚度不应小于 50mm，并外包二毡三油。

图 23-12 电缆与热力管沟交叉敷设（DL-1-T-5）

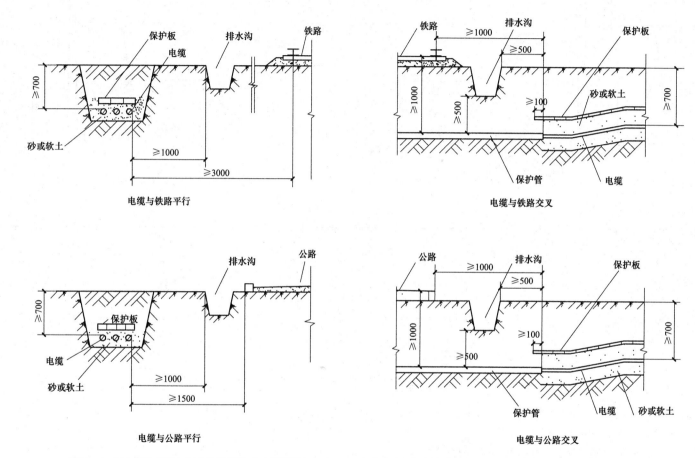

说明：1. 当电缆和直流电气化铁路平行时，净距不应小于10m，与非直流电气化铁路平行时，净距不应小于3m，并考虑防蚀措施。
　　　2. 电缆在砖砌槽、预制槽盒中直埋也按本图执行。

图 23-13　电缆与铁路、公路平行交叉敷设（DL-1-T-6）

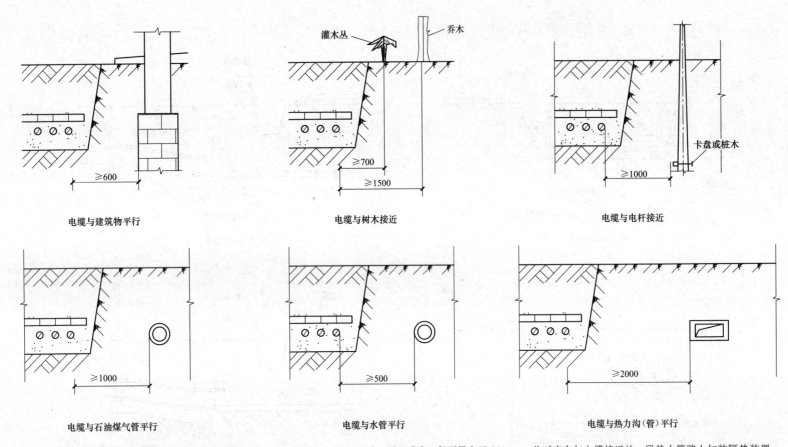

<table>
<tr><td>电缆与建筑物平行</td><td>电缆与树木接近</td><td>电缆与电杆接近</td></tr>
<tr><td>电缆与石油煤气管平行</td><td>电缆与水管平行</td><td>电缆与热力沟（管）平行</td></tr>
</table>

说明：1. 电缆与热力沟（管）的距离，若有一段不能满足 2000mm 时，可以减小，但不得小于 500mm，此时应在与电缆接近的一段热力管路上加装隔热装置，使电缆周围土壤的温升不超 10℃。

2. 不允许将电缆平行敷设在管道的上面或下面。

3. 电缆与 1kV 以上架空杆塔基础接近净距应大于 4000mm。

4. 电缆在砖砌槽、预制槽盒中直埋也按本图执行。

图 23-14　电缆与室外地下设施平行接近敷设（DL-1-T-7）

24.1　概述

随着城市的发展和工业的增长，电缆线路日益密集，采用直埋电缆敷设方式逐渐被排管敷设方式取代。排管敷设一般适用于城市道路边人行道下、电缆与各种道路交叉处、广场区域及小区内电缆条数较多、敷设距离长等地段。

电缆排管敷设优点是：受外力破坏影响少，占地小，能承受较大的荷重，电缆敷设无相互影响，电缆施工简单。缺点是：土建成本高，不能直接转弯，散热条件差。

24.2　模块适用范围

电缆排管适用于地下管网密集的城市道路，城镇人行道施工不便且电缆分期敷设地段，规划或新建道路地段，易受外力破坏区域，电缆与公路、铁路等交叉处，城市道路狭窄且交通繁忙地段。

电缆排管所需孔数，除按电网规划确定敷设电缆根数外，应有适当备用孔供更新电缆用，并同时考虑配网自动化通信传输用导线的预留。

24.3　模块方案说明

24.3.1　开挖排管

管道供电缆穿入其中后受到保护和在发生故障后便于将电缆拉出更换。开挖排管用管道主要的材料有玻璃纤维增强塑料电缆导管、氯化聚氯乙烯及硬聚氯乙烯塑料电缆导管、氯化聚氯乙烯及硬聚氯乙烯塑料双壁波纹电缆导管、纤维水泥（海泡石）电缆导管、热浸塑钢管、MPP 聚丙烯塑料管等。所用的管材均须满足 DL/T 802.1～802.6—2007 或国标的要求。原状土回填导管应按其埋设深度处受力校验导管的力学性能，当不能满足要求时可采用混凝土包封措施。

DL-2 子模块共分为 9 个断面，各断面技术参数见表 24-1。

表 24-1　　　　　　DL-2 子模块技术参数一览表

序号	电缆敷设根数（层数×孔数）	电缆截面（芯数×截面，mm²）	荷载通车轴标准轴载	管材环刚度 kN/m²	保护	模块编号
1	1×2	3×35～400	≤35kN	≥40	原土回填	DL-2-1-1
			≤100kN	≥8	混凝土包封	
2	2×2	3×35～400	≤35kN	≥40	原土回填	DL-2-1-2
			≤100kN	≥8	混凝土包封	

注　以上管位不包含通信管，通信管应随主管道一并敷设。

24.3.2　附属设施

排管敷设中，当电缆路径沿道路时每隔 20m 设置标志块，当电缆路径在绿化隔离带、灌木丛等位置时应每隔 50m 设置电缆标志桩。

24.3.3　使用说明

本典型设计考虑排管壁厚不同，保证管间距不小于 20mm 进行布置，应用于实际工程时应明确外部荷载、管材材质、内外径几何参数、环刚度等力学性能。排管材质不同，排管中心距有些微小差别，实际尺寸以厂家提供的管枕尺寸为准。排管所需孔数除按电网规划敷设电缆根数外，还应考虑适当备用孔供更新电缆和光缆通讯用。敷设电缆前应对已建成段落的电缆排管进行检查和试通。严格计算整段电缆在排管中的牵引力与侧压力，控制在电缆允许值范围内。

排管的内径按不小于 1.5 倍的电缆外径的规定来选择，DL-2 模块中排管应成直线承插良好要密封，埋管深度不宜小于 500mm，当埋深达不到要求或在车行道下敷设时，需加扎钢筋网以增加强度。禁止电缆与其他管道垂直平行敷设。电缆与管道、地下设施、城市道路、公路平行交叉敷设需满足有关规程规范的要求。电缆排管施工完毕后，应对排管两端严密封堵。现浇混凝土包封排管的变形缝间距不宜超过 30m，缝宽宜为 30mm，变形缝应贯通全截面，变形缝处应采取有效防水措施，处在气温年较差（历年最热月平均气温和最冷月平均气温之差）大于 35℃的冻土区变形缝间距不宜超过 10m，处在气温年较差不大于 35℃的冻土区变形缝间距不宜超过 15m。

24.4 设计图

DL-2 模块设计图清单见表 24-2，图中标高尺寸单位为 m，尺寸未注明单位者均为 mm。

表 24-2   DL-2 模块设计图清单

图序	图名	图纸编号
图 24-1	排管 2×2 砂土回填	DL-2-1-1-1
图 24-2	排管 2×2 混凝土包封	DL-2-1-1-2
图 24-3	排管 2×3 砂土回填	DL-2-1-2-1
图 24-4	排管 2×3 混凝土包封	DL-2-1-2-2
图 24-5	排管 2×4 砂土回填	DL-2-1-3-1
图 24-6	排管 2×4 混凝土包封	DL-2-1-3-2
图 24-7	排管 3×3 砂土回填	DL-2-1-4-1
图 24-8	排管 3×3 混凝土包封	DL-2-1-4-2
图 24-9	排管 3×4 砂土回填	DL-2-1-5-1
图 24-10	排管 3×4 混凝土包封	DL-2-1-5-2
图 24-11	排管 4×4 砂土回填	DL-2-1-6-1
图 24-12	排管 4×4 混凝土包封	DL-2-1-6-2
图 24-13	排管 4×5 砂土回填	DL-2-1-7-1
图 24-14	排管 4×5 混凝土包封	DL-2-1-7-2
图 24-15	钢筋网布置图	DL-2-1-T-1

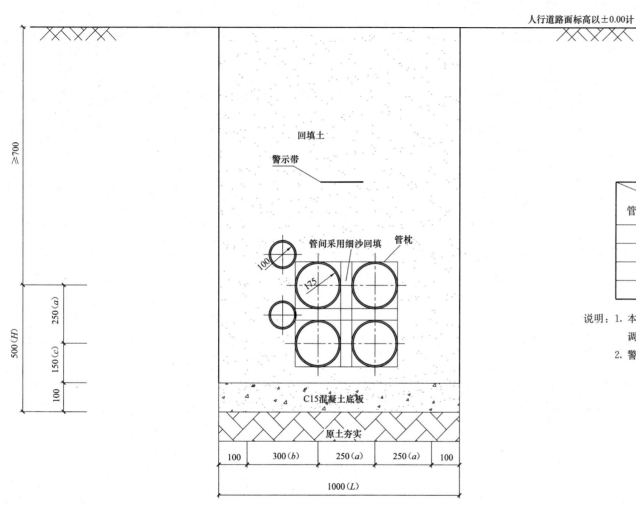

人行道路面标高以±0.00计

≥700

回填土

警示带

管间采用细沙回填　管枕

500(H)

250(a)

150(c)

100

C15混凝土底板

原土夯实

| 100 | 300(b) | 250(a) | 250(a) | 100 |

1000(L)

不同管内径，尺寸调整

管间尺寸 管材内径	a	b	c	L	H
175	250	300	150	1000	500
100	170	260	130	800	400
150	220	280	130	920	450
200	280	330	180	1090	560

说明：1. 本图以排管内径175mm为例，排管内径100、150、200mm尺寸作相应调整。

2. 警示带为黄底红字编制带。

图24-1　排管2×2砂土回填（DL-2-1-1-1）

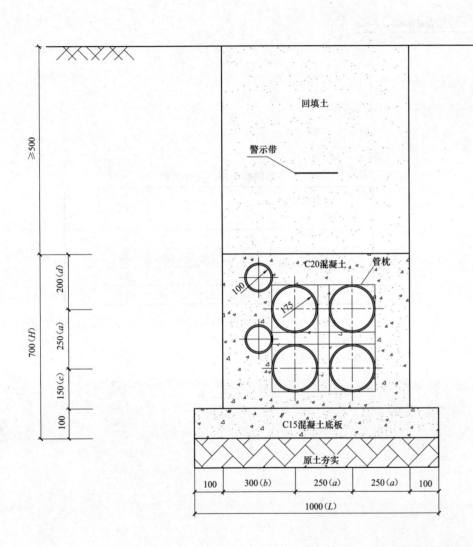

人行道路面标高以±0.00计

回填土

警示带

C20混凝土　管枕

100

175

C15混凝土底板

原土夯实

≥500

200 (d)
250 (a)
150 (c)
100
700 (H)

100　300 (b)　250 (a)　250 (a)　100

1000 (L)

不同管内径，尺寸调整

管间尺寸 管材内径	a	b	c	d	L	H
175	250	300	150	200	1000	700
100	170	260	130	180	800	580
150	220	280	130	180	920	630
200	280	330	180	230	1090	790

说明：本图以排管内径175mm为例，排管内径100、150、200mm尺寸作相应调整。警示带为黄底红字编制带。

图 24-2　排管 2×2 混凝土包封（DL-2-1-1-2）

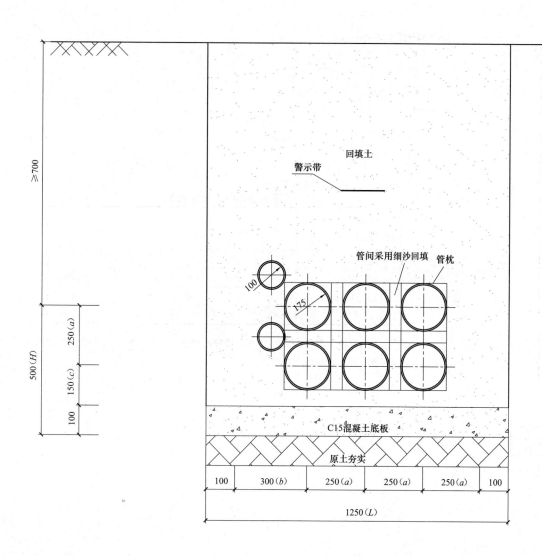

图 24-3　排管 2×3 砂土回填（DL-2-1-2-1）

不同管内径，尺寸调整

管材内径 ＼ 管间尺寸	a	b	c	L	H
175	250	300	150	1250	500
100	170	260	130	970	400
150	220	280	130	1140	450
200	280	330	180	1370	560

说明：本图以排管内径 175mm 为例，排管内径 100、150、200mm 尺寸作相应调整。警示带为黄底红字编制带。

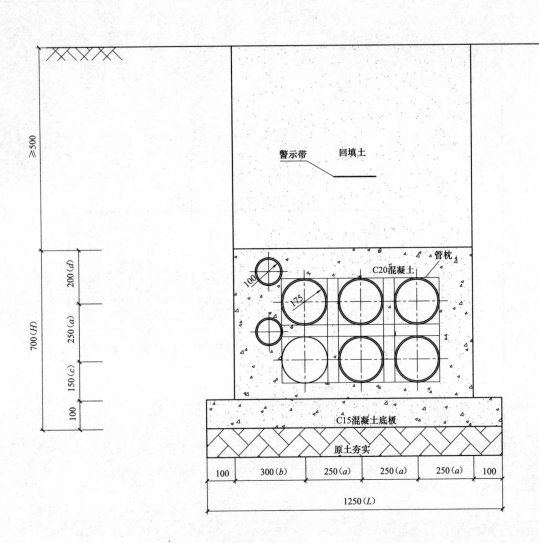

人行道路面标高以±0.00计

警示带　回填土

C20混凝土

管枕

C15混凝土底板

原土夯实

100　300(b)　250(a)　250(a)　250(a)　100

1250(L)

不同管内径，尺寸调整

管材内径	管间尺寸	a	b	c	d	L	H
175		250	300	150	200	1250	700
100		170	260	130	180	970	580
150		220	280	130	180	1140	630
200		280	330	180	230	1370	790

说明：本图以排管内径175mm为例，排管内径100、150、200mm尺寸作相应调整。警示带为黄底红字编制带。

图24-4　排管2×3混凝土包封（DL-2-1-2-2）

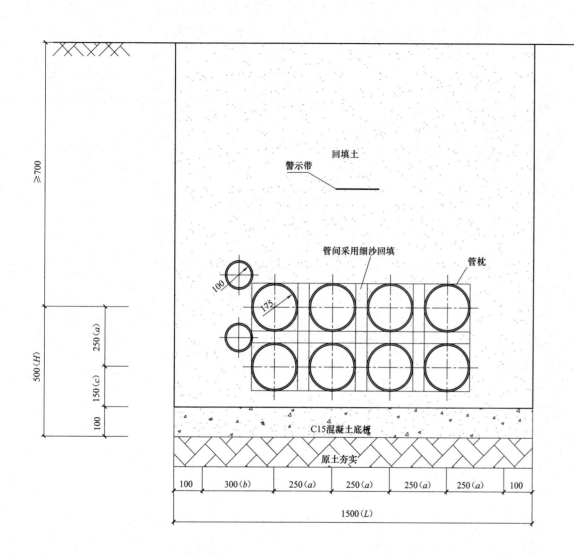

不同管内径，尺寸调整

管间尺寸 管材内径	a	b	c	L	H
175	250	300	150	1500	500
100	170	260	130	1140	400
150	220	280	130	1360	450
200	280	330	180	1650	560

说明：本图以排管内径175mm为例，排管内径100、150、200mm尺寸作相应调整。警示带为黄底红字编制带。

图 24-5 排管 2×4 砂土回填（DL-2-1-3-1）

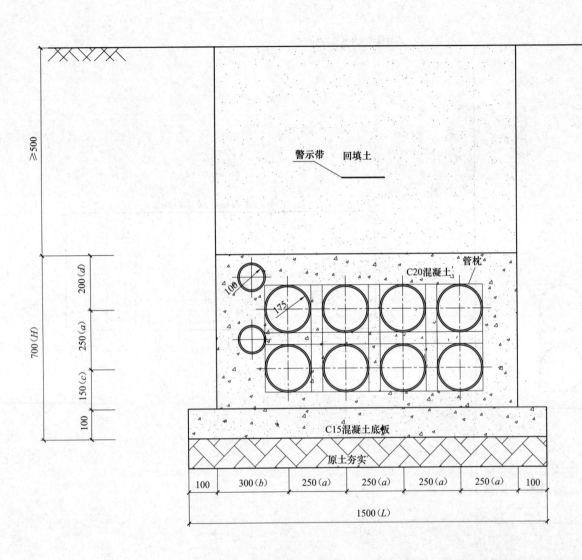

不同管内径，尺寸调整

管材内径 \ 管间尺寸	a	b	c	d	L	H
175	250	300	150	200	1500	700
100	170	260	130	180	1140	580
150	220	280	130	180	1360	630
200	280	330	180	230	1650	790

说明：本图以排管内径 175mm 为例，排管内径 100、150、200mm 尺寸作相应调整。警示带为黄底红字编制带。

图 24-6　排管 2×4 混凝土包封（DL-2-1-3-2）

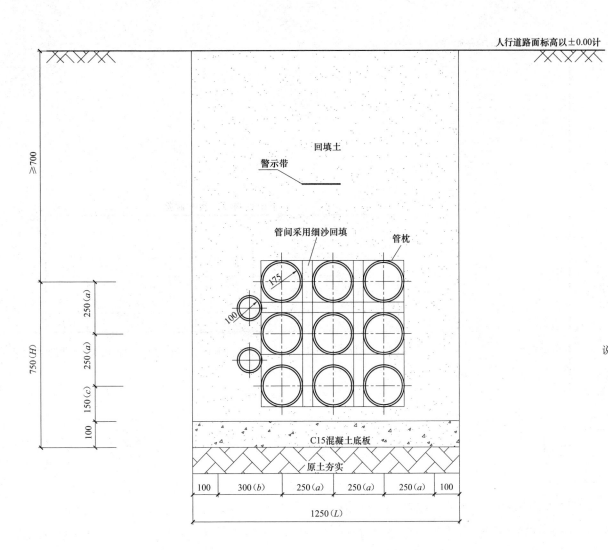

人行道路面标高以±0.00计

≥700

回填土

警示带

管间采用细沙回填　　管枕

175

100

250（a）

250（a）

150（c）

100

750（H）

C15混凝土底板

原土夯实

100　　300（b）　　250（a）　　250（a）　　250（a）　　100

1250（L）

不同管内径，尺寸调整

管材内径 ＼ 管间尺寸	a	b	c	L	H
175	250	300	150	1250	750
100	170	260	130	970	570
150	220	280	130	1140	670
200	280	330	180	1370	840

说明：本图以排管内径175mm为例，排管内径100、150、200mm尺寸作相应调整。警示带为黄底红字编制带。

图24-7　排管3×3砂土回填（DL-2-1-4-1）

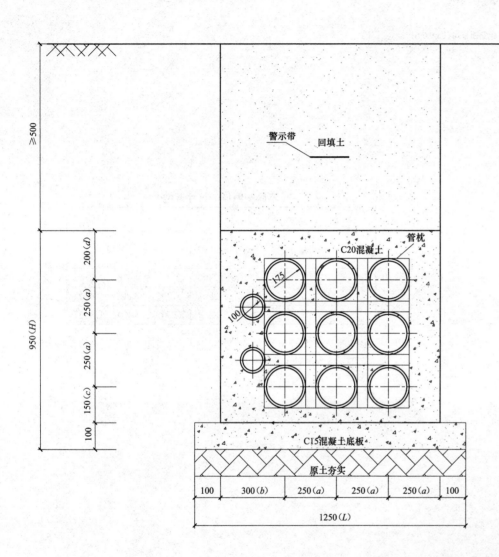

人行道路面标高以±0.00计

警示带　回填土

C20混凝土　管枕

≥500

200 (d)

250 (a)

250 (a)

150 (c)

100

950 (H)

175

100

C15混凝土底板

原土夯实

100　300 (b)　250 (a)　250 (a)　250 (a)　100

1250 (L)

不同管内径，尺寸调整

管材内径 ╲ 管间尺寸	a	b	c	d	L	H
175	250	300	150	200	1250	950
100	170	260	130	180	970	750
150	220	280	130	180	1140	850
200	280	330	180	230	1370	1010

说明：本图以排管内径 175mm 为例，排管内径 100、150、200mm 尺寸作相应调整。警示带为黄底红字编制带。

图 24-8　排管 3×3 混凝土包封（DL-2-1-4-2）

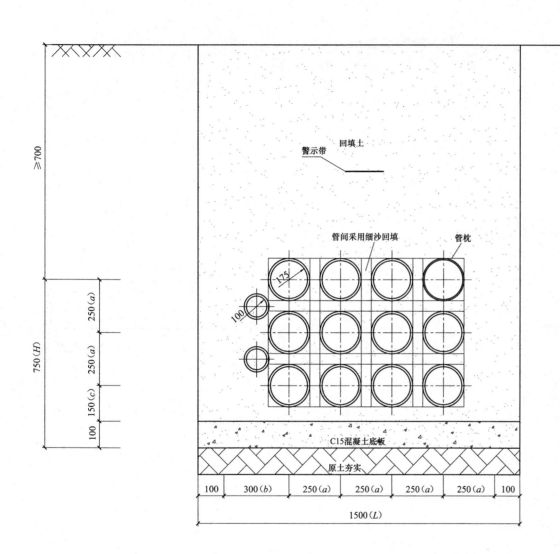

不同管内径，尺寸调整

管间尺寸 管材内径	a	b	c	L	H
175	250	300	160	1600	750
100	170	260	130	1140	570
150	220	280	130	1360	670
200	280	330	180	1650	840

说明：本图以排管内径175mm为例，排管内径100、150、200mm尺寸作相应调整。警示带为黄底红字编制带。

图 24-9　排管 3×4 砂土回填（DL-2-1-5-1）

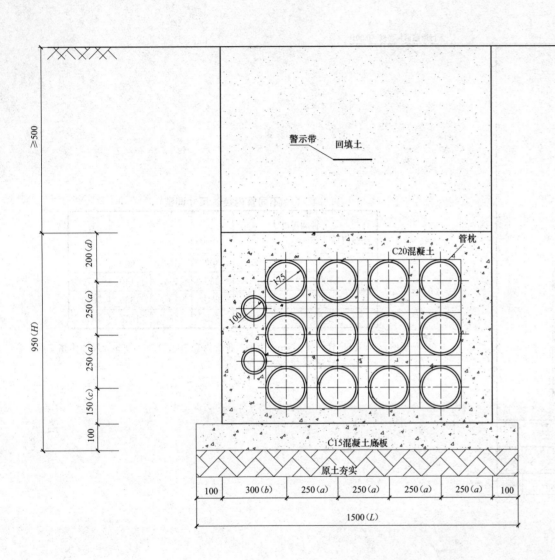

人行道路面标高以±0.00计

警示带　回填土

C20混凝土

管枕

175

100

C15混凝土底板

原土夯实

≥500

950（H）

200（d）

250（a）

250（a）

150（c）

100

100　300（b）　250（a）　250（a）　250（a）　250（a）　100

1500（L）

不同管内径，尺寸调整

管间尺寸 管材内径	a	b	c	d	L	H
175	250	300	150	200	1500	950
100	170	260	130	180	1140	850
150	220	280	130	180	1360	850
200	280	330	180	230	1650	1010

说明：本图以排管内径175mm为例，排管内径100、150、200mm尺寸作相应调整。警示带为黄底红字编制带。

图 24-10　排管 3×4 混凝土包封（DL-2-1-5-2）

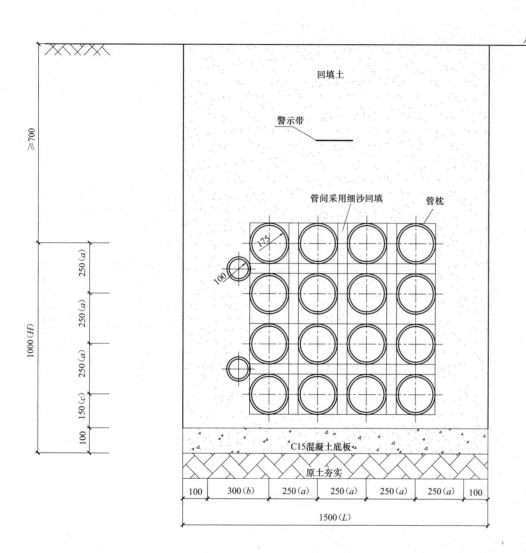

图 24-11　排管 4×4 砂土回填 (DL-2-1-6-1)

不同管内径，尺寸调整

管间尺寸 管材内径	a	b	c	L	H
175	250	300	150	1500	1000
100	170	260	130	1140	740
150	220	280	130	1250	890
200	280	330	180	1650	1120

说明：本图以排管内径 175mm 为例，排管内径 100、150、200mm 尺寸作相应调整。警示带为黄底红字编制带。

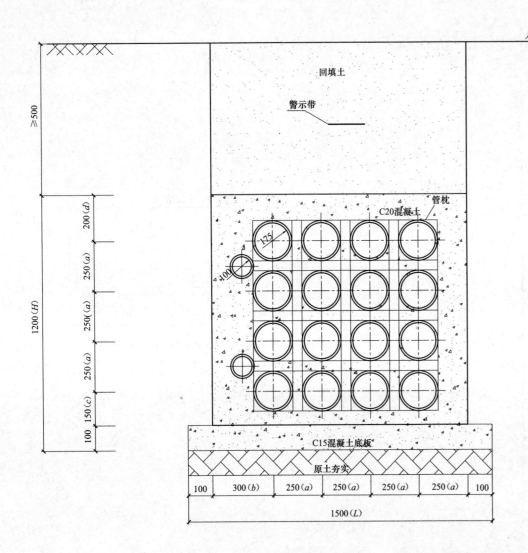

人行道路面标高以±0.00计

回填土

警示带

≥500

200 (d)

250 (a)

250 (a)

250 (a)

150 (c)

100

1200 (H)

管枕

C20混凝土

175

100

C15混凝土底板

原土夯实

100 | 300(b) | 250(a) | 250(a) | 250(a) | 250(a) | 100

1500(L)

图 24-12　排管 4×4 混凝土包封（DL-2-1-6-2）

不同管内径，尺寸调整

管间尺寸 管材内径	a	b	c	d	L	H
175	250	300	150	200	1500	1200
100	170	260	130	180	1140	920
150	220	280	130	180	1360	1070
200	280	330	180	230	1650	1350

说明：本图以排管内径 175mm 为例，排管内径 100、150、200mm 尺寸作相应调整。警示带为黄底红字编制带。

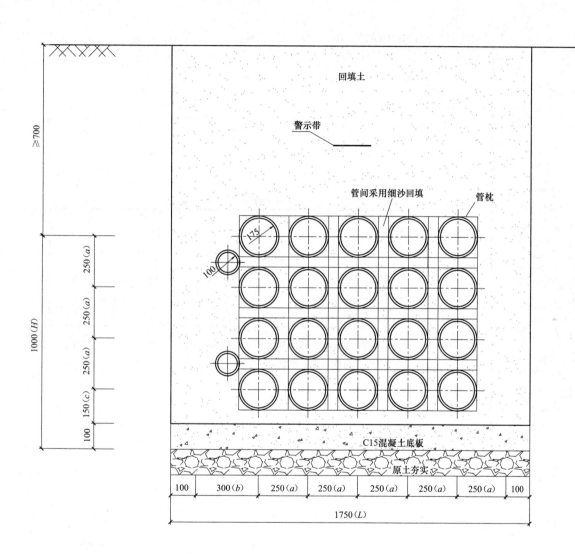

人行道路面标高以±0.00计

回填土

警示带

管间采用细沙回填

管枕

≥700

1000（H）

250（a）

250（a）

250（a）

150（c）

100

175

100

C15混凝土底板

原土夯实

100　300（b）　250（a）　250（a）　250（a）　250（a）　250（a）　100

1750（L）

不同管内径，尺寸调整

管间尺寸 管材内径	a	b	c	L	H
175	250	300	150	1750	1000
100	170	260	130	1310	740
150	220	280	130	1580	890
200	280	330	180	1930	1120

说明：本图以排管内径175mm为例，排管内径100、150、200mm尺寸作相应调整。警示带为黄底红字编制带。

图24-13　排管4×5砂土回填（DL-2-1-7-1）

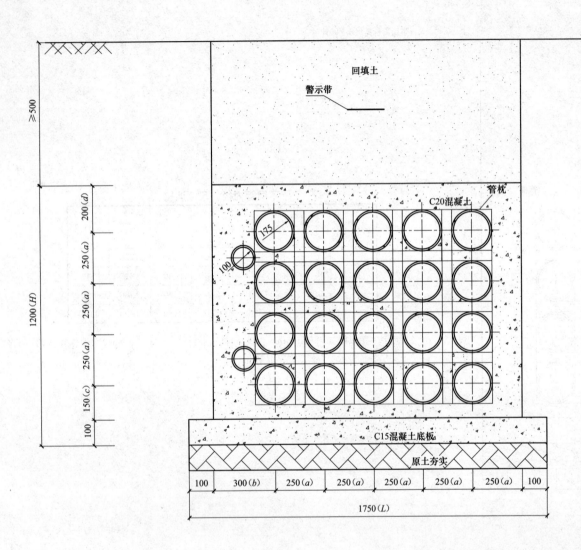

人行道路面标高以±0.00计

回填土

警示带

管枕

C20混凝土

C15混凝土底板

原土夯实

100 300(b) 250(a) 250(a) 250(a) 250(a) 250(a) 100

1750(L)

≥500

1200(H)

200(d) 250(a) 250(a) 250(a) 150(c) 100

不同管内径，尺寸调整

管间尺寸 管材内径	a	b	c	d	L	H
175	250	300	150	200	1750	1200
100	170	260	130	180	1310	920
150	220	280	130	180	1580	1070
200	280	330	180	230	1930	1350

说明：本图以排管内径175mm为例，排管内径100、150、200mm尺寸作相应调整。警示带为黄底红字编制带。

图 24-14 排管 4×5 混凝土包封 (DL-2-1-7-2)

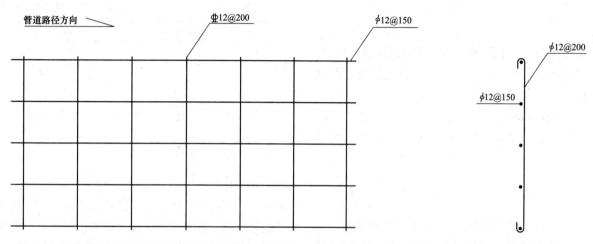

说明：1. 混凝土包方顶层埋深若达不到要求或埋设于车行道下，则需在导管顶部及底部处按图扎钢筋网，以增加强度。

　　　2. 钢筋保护层厚度应根据环境条件和耐久性要求等确定，且不应小于 30mm。

图 24-15　钢筋网布置图（DL-2-1-T-1）

第 25 章　10kV电缆非开挖拉管敷设(方案DL-3)

25.1　概述

非开挖拉管敷设一般适用于城镇人行道开挖不便且电缆分期敷设地段；易受外力破坏区域；电缆与公路、铁路等交叉处；城市道路狭窄且交通繁忙的地段；无法进行明挖施工的地段。

非开挖拉管敷设优点是：受外力破坏影响少，占地小，能承受较大的荷重，电缆敷设无相互影响，电缆施工简单。缺点是土建成本高，不能直接转弯，散热条件差。

25.2　模块适用范围

非开挖拉管敷设一般适用于城镇人行道开挖不便且电缆分期敷设地段；易受外力破坏区域；电缆与公路、铁路等交叉处；城市道路狭窄且交通繁忙的地段；无法进行明挖施工的地段。

非开挖拉管敷设所需孔数，除按电网规划确定敷设电缆根数外，应有适当备用孔供更新电缆用，并同时考虑配网自动化通信传输用导线的预留，但排管的最大规模不宜超过 7 孔。

25.3　模块方案说明

25.3.1　非开挖拉管

非开挖拉管一般采用改性聚丙烯塑料电缆导管，所用的管材应满足 DL/T 802.7—2010 要求，所选管材均按其埋设深度处的受力来校验其力学性能。

DL-3 子模块共分为 4 个断面，各断面技术参数见表 25-1。

表 25-1　　　　　　　　DL-3 子模块技术参数一览表

序号	电缆敷设根数	电缆截面（芯数×截面，mm²）	模块编号
1	2	3×35～400	DL-3-1-1
2	3	3×35～400	DL-3-1-2
3	4	3×35～400	DL-3-1-3
4	5	3×35～400	DL-3-1-4

25.3.2　使用说明

非开挖拉管敷设采用圆形单孔管材，管材间的连接采用热熔焊，管材内壁应光滑，无凸起的毛刺。每次拉管数量根据实际机械的能力及回扩孔大小确定，拉管数量根据工程需要进行选择，并根据电网远景规划适当预留。施工前应对电缆路径两侧 10m 范围内进行详细地质和障碍物勘探，根据实际情况，按照管线交叉保护距离的要求制定详细施工方案和保护措施。拉管出入土角不宜太大，宜控制在 8°～15°，管材任意点的弧度应不大于 8°。穿越完成后，管孔内应无积水、石子等其他杂物，管口应作封堵处理。两端电缆井的尺寸和位置待拉管穿越完毕后结合其连接的电缆沟（电缆排管）断面尺寸和高差情况来确定。

25.4　设计图

DL-3 模块设计图清单见表 25-2。

表 25-2　　　　　　　　DL-3 模块设计图清单

图序	图名	图纸编号
图 25-1	非开挖拉管断面图	DL-3-1-1

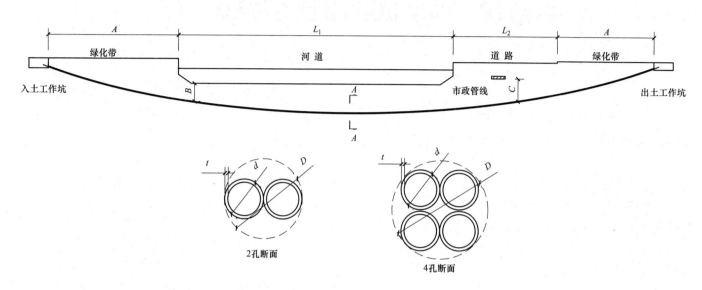

说明：1. 两端工作井待拉管穿越完毕后结合连接的电缆沟（电缆排管）尺寸和高差情况，确定工作井尺寸。图中出、入土工作坑可以根据实际情况进行调整。

2. 电缆保护管内径 d 和壁厚 t 根据电缆直径和非开挖拉管长度进行选择，可选择普通型和加强型。

3. 图中各数值含义如下：

A——根据拉管最低点与出、入土点高差确定的出、入土水平最小距离。

B——与河床底部最小保护距离，一般大于3m，通航河道要求大于5m。

C——与其他市政管线的最小保护距离，根据规范规程确定。

D——回扣孔直径，推荐800～1000mm。

L_1——拉管穿越的河道水平距离。

L_2——拉管穿越的道路水平距离。

$X=2A+L_1+L_2$，非开挖拉管水平距离 X 推荐不宜超过200m。

图 25-1　非开挖拉管断面图（DL-3-1-1）

第 26 章　10kV电缆沟敷设（方案DL-4）

26.1　概述

电缆沟敷设方案（DL-4 模块）按沟体结构及电缆支架多少分为 2 个子模块。其中，DL-4-1 子模块为砖砌电缆沟模块，DL-4-2 子模块为钢筋混凝土电缆沟模块。

电缆沟敷设方式与电缆排管、电缆工作井等敷设方式进行相互配合使用，适用于变电站出线、小区道路、电缆较多、道路弯曲或地坪高程变化较大的地段。

电缆沟敷设的优点：检修、更换电缆较方便，灵活多样，转弯方便，可根据地坪高程变化调整电缆敷设高程。其缺点是施工检查及更换电缆时须搬运大量盖板，施工时外物不慎落入沟时易将电缆碰伤。

26.2　模块适用范围

DL-4-1：适用于外部荷载较小，车辆不能通行的人行道、绿化带等区域。

DL-4-2：适用于外部荷载较大，可能有汽-15（单轴荷载 100kN）以下载重车通行的区域。

26.3　模块方案说明

电缆沟敷设模块共分为 2 个子模块，编号为 DL-4-1、DL-4-2。

26.3.1　DL-4-1 砖砌电缆沟模块

DL-4-1 模块分为 4 个断面，各断面技术参数见表 26-1。

表 26-1　DL-4-1 模块技术参数一览表

序号	沟体结构	地面活荷载	支架层数	电缆根数	支架长度（mm）	模块编号
1	砖砌	≤10kN/m²	单侧 3 层	6	350	DL-4-1-1
2	砖砌	≤10kN/m²	单侧 3 层	9	500	DL-4-1-2

续表

序号	沟体结构	地面活荷载	支架层数	电缆根数	支架长度（mm）	模块编号
3	砖砌	≤10kN/m²	双侧 3 层	12	350	DL-4-1-3
4	砖砌	≤10kN/m²	双侧 3 层	18	500	DL-4-1-4

注　电缆沟在盖板开启时沟、井侧壁应做好支撑防护措施，以防沟壁倒塌。

26.3.2　DL-4-2 钢筋混凝土电缆沟

DL-4-2 模块分为 4 个断面，各断面技术参数见表 26-2。

表 26-2　DL-4-2 模块技术参数一览表

序号	沟体结构	荷载通车轴标准轴载	支架层数	电缆根数	支架长度.（mm）	模块编号
1	钢筋混凝土	≤100kN	单侧 3 层	9	500	DL-4-2-1
2	钢筋混凝土	≤100kN	单侧 4 层	12	500	DL-4-2-2
3	钢筋混凝土	≤100kN	双侧 3 层	18	500	DL-4-2-3
4	钢筋混凝土	≤100kN	双侧 4 层	24	500	DL-4-2-4

26.3.3　附属设施

电缆沟敷设中，应沿电缆路径每隔 20m 设置标志牌或标志块或电缆井盖标记电力标志。

26.3.4　使用说明

电缆沟的尺寸除应按电网规划敷设电缆根数来选择外，还须考虑光缆通讯及备用电缆敷设数量，并结合不同工作电压电缆之间的敷设要求。电缆沟、隧道的纵向排水坡度，不得小于 0.5%，沿排水方向适当距离宜设置集水井及其泄水系统，必要时应实施机械排水。

现浇混凝土电缆沟变形缝间距不宜超过 30m，缝宽宜为 30mm，变形缝应贯通全截面，变形缝处应采取有效防水措施，处在气温年较差（历年最热月平均气温和最冷月平均气温之差）大于35℃的冻土区变形缝间距不宜超过10m，处在气温年较差不大于35℃的冻土区变形缝间距不宜超过15m。

明开挖电缆沟的地基土承载力特征值不应小于100kPa，如地基存在软弱下卧层、淤泥等不良地质现象，应根据具体工程地质条件，按相关规范要求进行处理。

电缆沟内外壁均以20mm厚1∶2砂浆（掺入水泥重量5％防水剂）光面，钢筋的保护层厚度不小于30mm，外露铁件均须作热镀锌防腐。

电缆支架及其固定立柱的机械强度应能满足电缆及其附件荷重以及施工作业时附加荷重的要求，并留有足够的裕度。上下层支架的净间距不应小于200mm。

支架主要有两种型式，一种是经整体热镀锌处理的角钢支架，另一种采用高分子聚合物生产的电缆支架。角钢加工件可按尺寸要求进行加工，加工完成作防腐、防潮、防锈和去毛刺处理。但由于是简单加工，不容易严格控制质量，长年使用后会出现锈蚀情况，由于是金属制品，这种电缆支架在敷设电缆时有可能刮伤电缆外护套；镀锌扁钢支架要求通长连接并有可靠接地。采用高分子聚合物生产的电缆支架，成品出厂，易于控制质量。由于是高分子聚合物制品，长年使用也不会出现锈蚀情况，也不需在现场作其他附加处理，同时还可以在生产时对产品作圆弧处理，这样在敷设电缆时不易刮伤电缆外护套。

本方案设计图纸以镀锌角钢支架为例。

电缆沟敷设方案（DL-4模块）电缆盖板宽为500mm，长分为1350、1450、1850、2150mm四种，厚度根据荷载分为120、200mm两种，具体选择时依据盖板使用现场的情况定。

26.4 设计图

DL-4模块设计图清单见表26-3，图中标高尺寸单位为m，尺寸未注明单位者均为mm。

表 26-3　　　　　　　　　　DL-4模块设计图清单

图序	图名	图纸编号
图26-1	3×350mm单侧支架砖砌电缆沟	DL-4-1-1
图26-2	3×500mm单侧支架砖砌电缆沟	DL-4-1-2
图26-3	3×350mm双侧支架砖砌电缆沟	DL-4-1-3
图26-4	3×500mm双侧支架砖砌电缆沟	DL-4-1-4
图26-5	3×500mm单侧支架现浇电缆沟	DL-4-2-1
图26-6	4×500mm单侧支架现浇电缆沟	DL-4-2-2
图26-7	3×500mm双侧支架现浇电缆沟	DL-4-2-3
图26-8	4×500mm双侧支架现浇电缆沟	DL-4-2-4
图26-9	电缆盖板制作图	DL-4-T-1
图26-10	电缆沟接地装置图	DL-4-T-2
图26-11	电缆支架加工图	DL-4-T-3

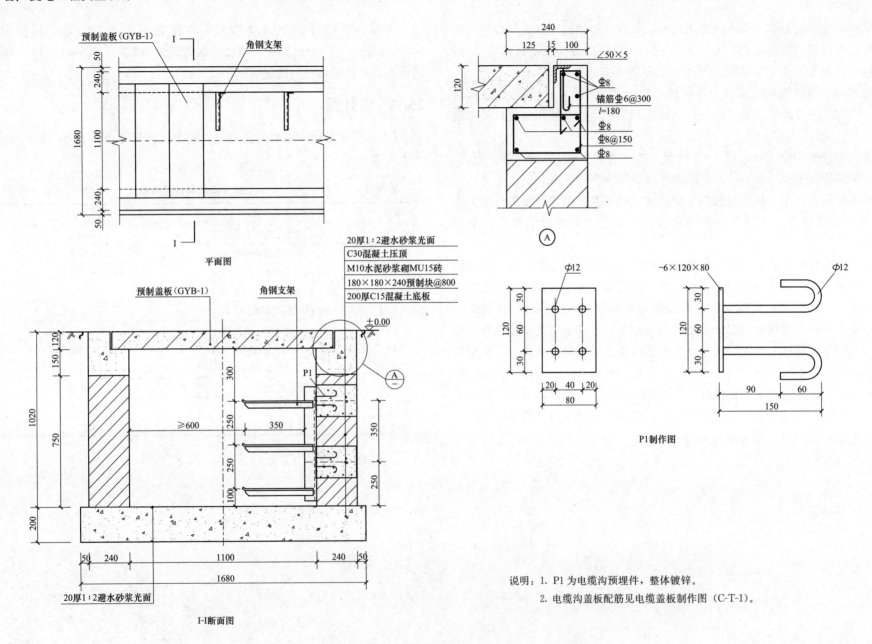

平面图

预制盖板(GYB-1)

角钢支架

I-I断面图

20厚1:2避水砂浆光面

20厚1:2避水砂浆光面
C30混凝土压顶
M10水泥砂浆砌MU15砖
180×180×240预制块@800
200厚C15混凝土底板

∠50×5
锚筋Φ6@300
l=180
Φ8
Φ8@150
Φ8

A

P1制作图

说明：1. P1为电缆沟预埋件，整体镀锌。
2. 电缆沟盖板配筋见电缆盖板制作图（C-T-1）。

图 26-1　3×350mm 单侧支架砖砌电缆沟（DL-4-1-1）

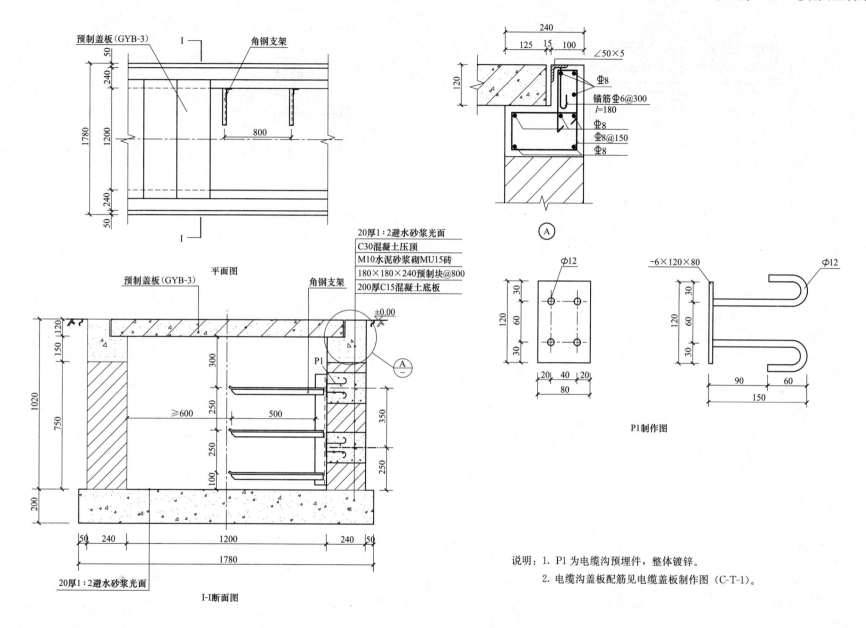

图 26-2　3×500mm 单侧支架砖砌电缆沟（DL-4-1-2）

说明：1. P1 为电缆沟预埋件，整体镀锌。

2. 电缆沟盖板配筋见电缆盖板制作图（C-T-1）。

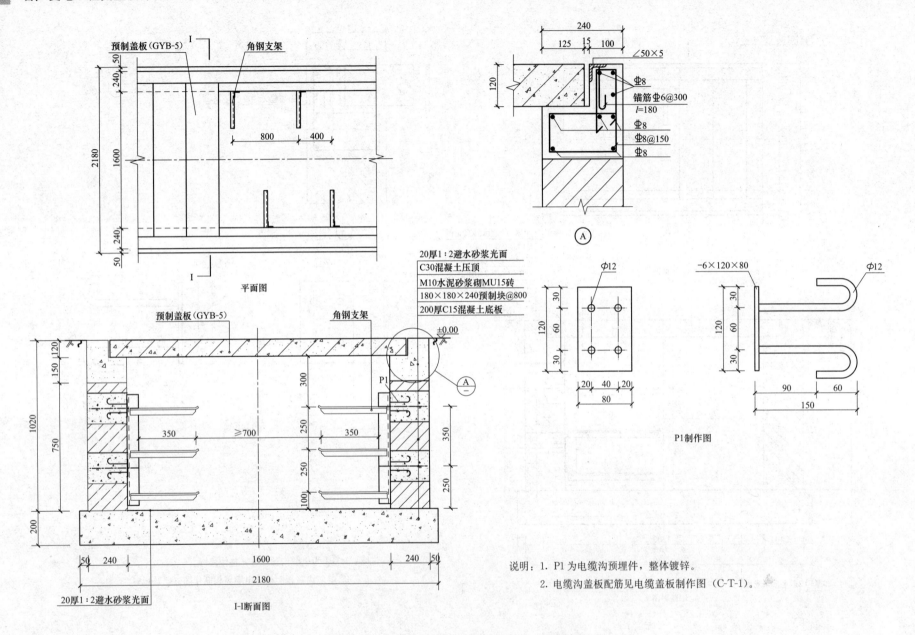

预制盖板（GYB-5）

角钢支架

平面图

20厚1:2避水砂浆光面
C30混凝土压顶
M10水泥砂浆砌MU15砖
180×180×240预制块@800
200厚C15混凝土底板

∠50×5
Φ8
锚筋Φ6@300
l=180
Φ8
Φ8@150
Φ8

Ⓐ

Φ12

Ⓐ

−6×120×80

Φ12

P1制作图

I-I断面图

20厚1:2避水砂浆光面

说明：1. P1为电缆沟预埋件，整体镀锌。

2. 电缆沟盖板配筋见电缆盖板制作图（C-T-1）。

图 26-3　3×350mm 双侧支架砖砌电缆沟（DL-4-1-3）

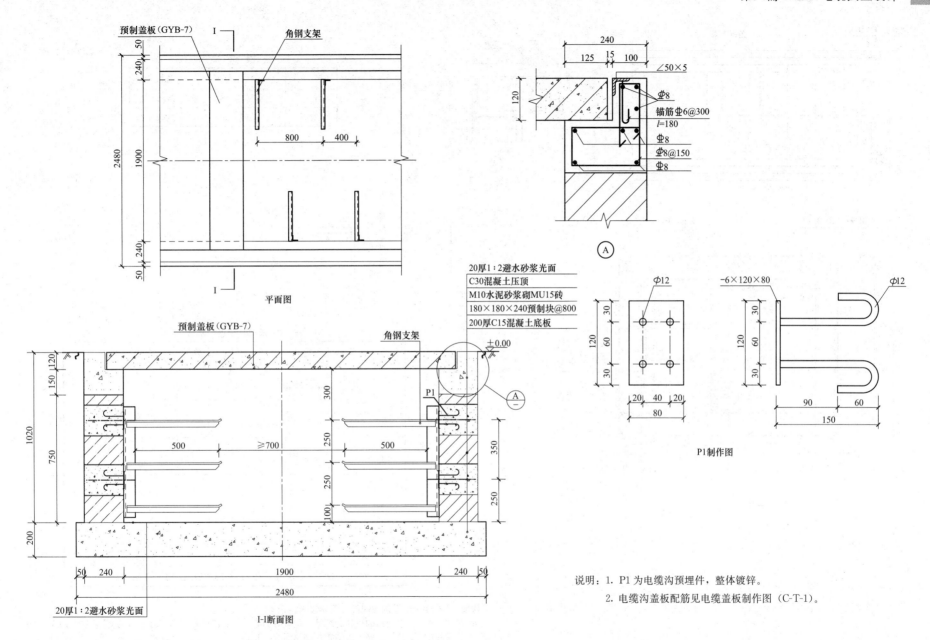

预制盖板(GYB-7)　　　角钢支架

平面图

预制盖板(GYB-7)　　　角钢支架

20厚1:2避水砂浆光面

C30混凝土压顶

M10水泥砂浆砌MU15砖

180×180×240预制块@800

200厚C15混凝土底板

∠50×5

锚筋Φ6@300 l=180

Φ8@150

A

P1制作图

20厚1:2避水砂浆光面

I-I断面图

说明：1. P1为电缆沟预埋件，整体镀锌。

　　　2. 电缆沟盖板配筋见电缆盖板制作图（C-T-1）。

图 26-4　3×500mm 双侧支架砖砌电缆沟（DL-4-1-4）

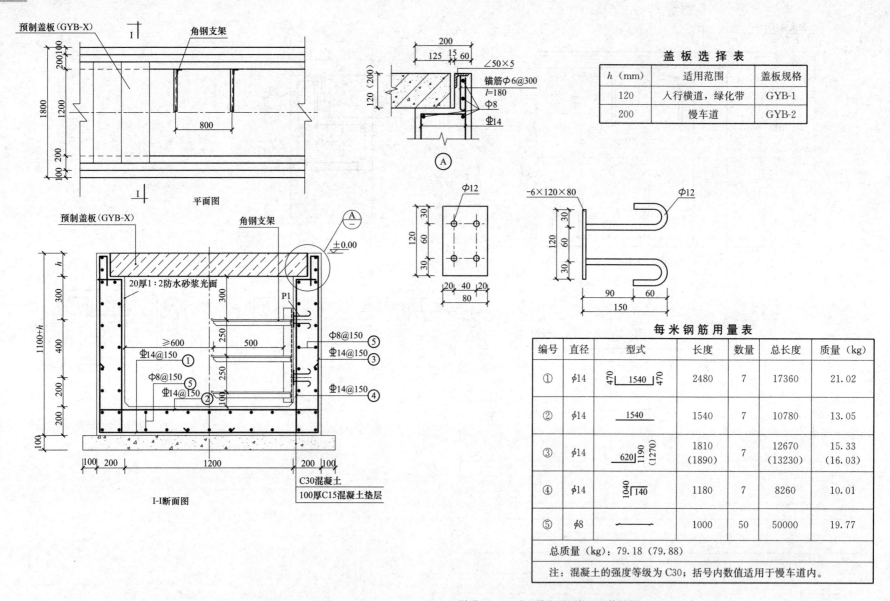

盖 板 选 择 表

h（mm）	适 用 范 围	盖板规格
120	入行横道，绿化带	GYB-1
200	慢车道	GYB-2

平面图

I-I断面图

每 米 钢 筋 用 量 表

编号	直径	型式	长度	数量	总长度	质量（kg）
①	φ14	470⌐1540⌐470	2480	7	17360	21.02
②	φ14	1540	1540	7	10780	13.05
③	φ14	620⌐1190(1270)	1810 (1890)	7	12670 (13230)	15.33 (16.03)
④	φ14	1040⌐140	1180	7	8260	10.01
⑤	φ8		1000	50	50000	19.77
总质量（kg）：79.18（79.88）						
注：混凝土的强度等级为 C30；括号内数值适用于慢车道内。						

说明：1. P1 为电缆沟预埋件，整体镀锌。
2. 材料表中列出的材料为统计工程量时的参考值，准确材料量以施工时的实际用量为准。
3. 电缆沟盖板配筋见电缆盖板制作图（C-T-1）。

图 26-5　3×500mm 单侧支架现浇电缆沟（DL-4-2-1）

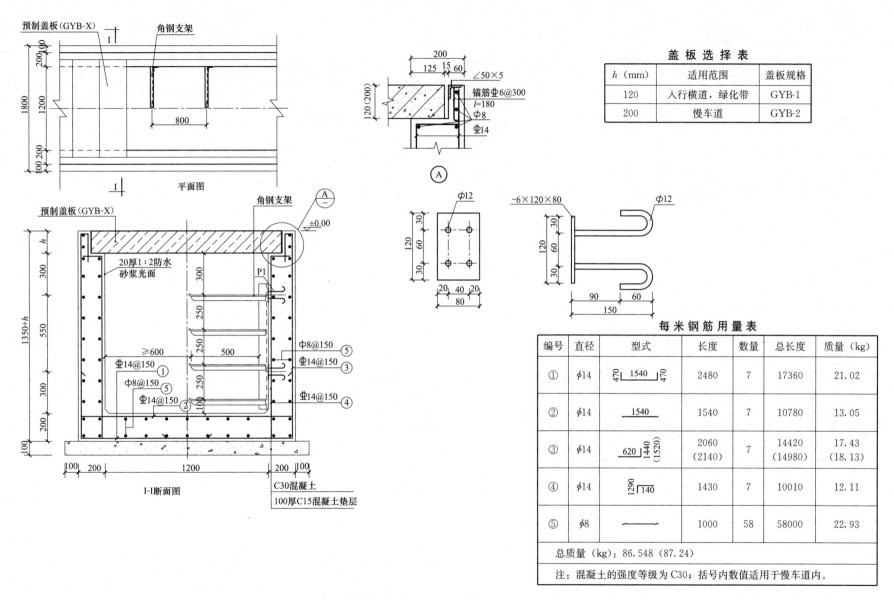

盖板选择表

h（mm）	适用范围	盖板规格
120	入行横道，绿化带	GYB-1
200	慢车道	GYB-2

每米钢筋用量表

编号	直径	型式	长度	数量	总长度	质量（kg）
①	$\phi14$	470 ⌐1540⌐ 470	2480	7	17360	21.02
②	$\phi14$	1540	1540	7	10780	13.05
③	$\phi14$	620⌐1440(1520)	2060（2140）	7	14420（14980）	17.43（18.13）
④	$\phi14$	1290⌐140	1430	7	10010	12.11
⑤	$\phi8$	⌐	1000	58	58000	22.93
总质量（kg）：86.548（87.24）						
注：混凝土的强度等级为C30；括号内数值适用于慢车道内。						

说明：1. P1为电缆沟预埋件，整体镀锌。
　　　2. 材料表中列出的材料为统计工程量时的参考值，准确材料量以施工时的实际用量为准。
　　　3. 电缆沟盖板配筋见电缆盖板制作图（C-T-1）。

图 26-6　4×500mm 单侧支架现浇电缆沟（DL-4-2-2）

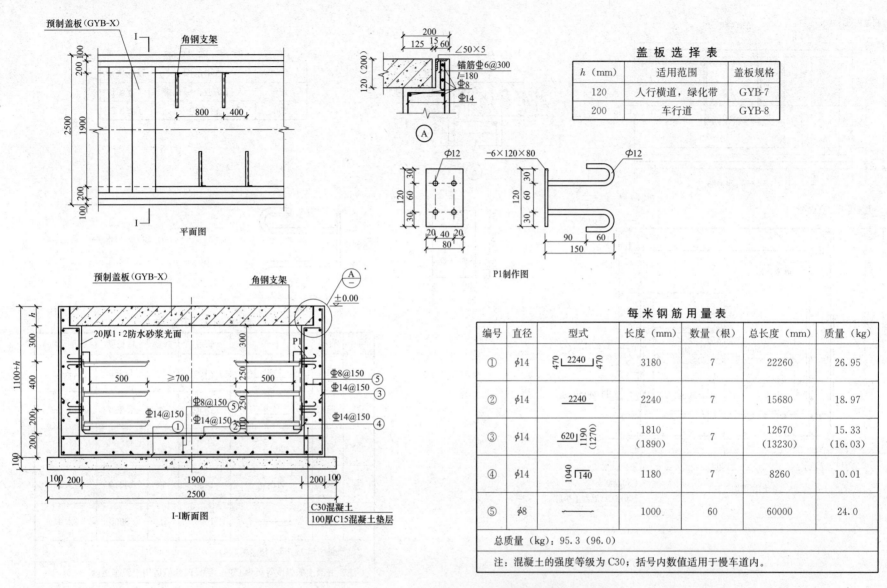

盖板选择表

h（mm）	适用范围	盖板规格
120	人行横道，绿化带	GYB-7
200	车行道	GYB-8

平面图

P1制作图

每米钢筋用量表

编号	直径	型式	长度（mm）	数量（根）	总长度（mm）	质量（kg）
①	φ14	470 ⌐2240⌐ 470	3180	7	22260	26.95
②	φ14	2240	2240	7	15680	18.97
③	φ14	620 ⌐1190(1270)	1810 (1890)	7	12670 (13230)	15.33 (16.03)
④	φ14	1040 ⌐140	1180	7	8260	10.01
⑤	φ8	⌐	1000	60	60000	24.0
总质量（kg）：95.3（96.0）						
注：混凝土的强度等级为 C30；括号内数值适用于慢车道内。						

I-I断面图

说明：1. P1 为电缆沟预埋件，整体镀锌。
2. 材料表中列出的材料为统计工程量时的参考值，准确材料量以施工时的实际用量为准。
3. 电缆沟盖板配筋见电缆盖板制作图（C-T-1）。

图 26-7　3×500mm 双侧支架现浇电缆沟（DL-4-2-3）

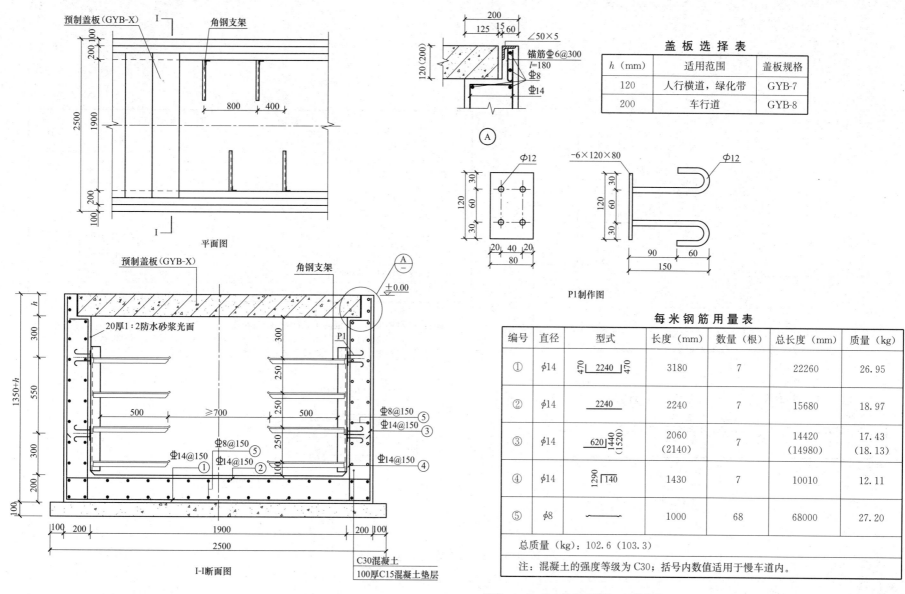

盖 板 选 择 表

h (mm)	适用范围	盖板规格
120	人行横道，绿化带	GYB-7
200	车行道	GYB-8

每 米 钢 筋 用 量 表

编号	直径	型式	长度（mm）	数量（根）	总长度（mm）	质量（kg）
①	φ14	470⌐2240⌐470	3180	7	22260	26.95
②	φ14	2240	2240	7	15680	18.97
③	φ14	620⌐1440(1520)	2060 (2140)	7	14420 (14980)	17.43 (18.13)
④	φ14	1290⌐140	1430	7	10010	12.11
⑤	φ8	———	1000	68	68000	27.20

总质量（kg）：102.6（103.3）

注：混凝土的强度等级为C30；括号内数值适用于慢车道内。

说明：1. P1 为电缆沟预埋件，整体镀锌。
2. 材料表中列出的材料为统计工程量时的参考值，准确材料量以施工时的实际用量为准。
3. 电缆沟盖板配筋见电缆盖板制作图（C-T-1）。

图 26-8　4×500mm 双侧支架现浇电缆沟（DL-4-2-4）

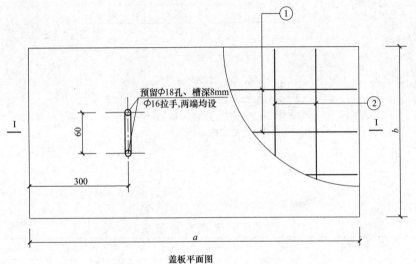

预留φ18孔、槽深8mm
φ16拉手,两端均设

60

300

a

盖板平面图

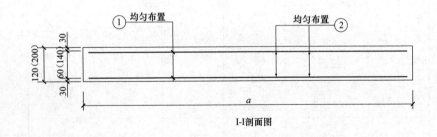

①均匀布置   ②均匀布置

120 (200)

60 (140)

30

30

a

I-I剖面图

材 料 明 细 表

序号	沟净宽 (mm)	编号	规格尺寸 (mm)			钢筋数量及规格		备注
			a	b	h	①	②	
1	1100	GYB-1	1350	495	120	$l=1290mm$	$l=450mm$	人行横道 绿化带
2	1200	GYB-3	1450	495	120	$l=1390mm$	$l=450mm$	
3	1600	GYB-5	1850	495	120	$l=1790mm$	$l=450mm$	
4	1900	GYB-7	2150	495	120	$l=2090mm$	$l=450mm$	
5	1100	GYB-2	1350	495	200	$l=1290mm$	$l=450mm$	慢车道
6	1200	GYB-4	1450	495	200	$l=1390mm$	$l=450mm$	
7	1600	GYB-6	1850	495	200	$l=1790mm$	$l=450mm$	
8	1900	GYB-8	2150	495	200	$l=2090mm$	$l=450mm$	

说明: 1. 材料采用 C30 混凝土,HRB400 级钢筋。
　　　2. 保护层厚度应根据环境条件和耐久性要求等确定,且不应小于 30mm。
　　　3. 材料表中钢筋长度是指单根钢筋长度。
　　　4. 带拉手盖板每间隔 6 块设置 1 块。

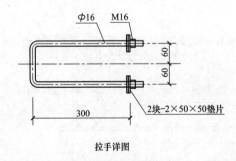

φ16   M16

60

60

300

2块-2×50×50垫片

拉手详图

图 26-9　电缆盖板制作图 (DL-4-T-1)

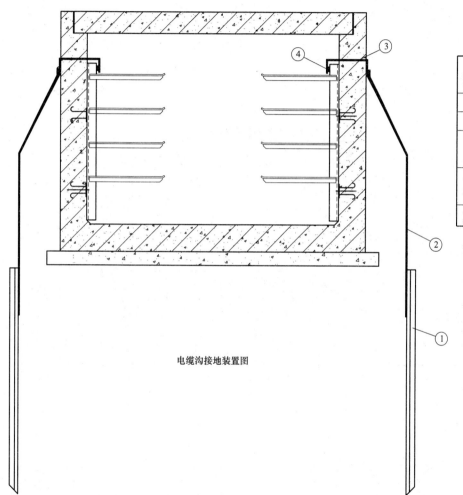

电缆沟接地装置图

电缆接地装置材料表

编号	名称	规格	长度（mm）	单位	数量	单个质量（kg）	小计（kg）	备注
①	接地极	∠50mm×5mm	2500	根	2	9.45	18.9	与连接带焊接
②	外连接带	−50mm×5mm	2500	根	2	4.9	9.8	与预埋件及接地极焊接
③	预埋件	−50mm×5mm	900	根	2	1.75	3.5	每50m一道，预埋沟墙台帽内
④	内接地带	−50mm×5mm	与电缆沟同长	根	2			与预埋件焊接、电缆支架焊接，电缆沟通长
每处接地极钢材总重（不包含内接地带）：32.2kg，当为单侧支架时重量减半								

说明：1. 部件连接处全部采用双面焊，且焊接厚度大于6mm。
　　　2. 焊接完毕后，清除焊渣，并涂一层防腐漆，两层银色油漆。
　　　3. 接地带沿全沟内侧通长敷设，接地极每50m一处。
　　　4. 双侧支架电缆沟设置双侧接地极，单侧支架电缆沟设置单侧接地极。

图26-10　电缆沟接地装置图（DL-4-T-2）

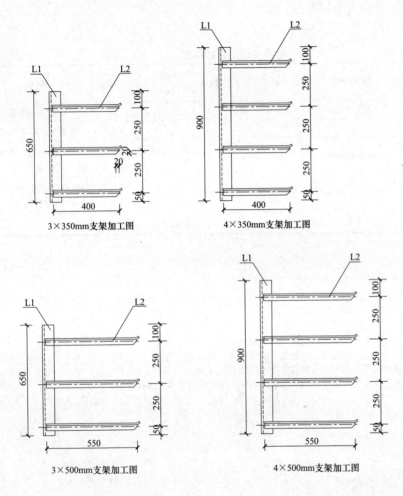

3×350mm支架加工图

4×350mm支架加工图

3×500mm支架加工图

4×500mm支架加工图

电缆沟支架材料表

序号	模块	支架类型	规格	长度(mm)	数量	单个质量(kg)	小计(kg)	合计(kg)
1	3×350mm 支架	L1	∠63mm×6mm	650	1	3.72	3.72	8.3
		L2	∠50mm×5mm	400	3	1.51	4.53	
2	4×350mm 支架	L1	∠63mm×6mm	900	1	5.15	5.15	11.2
		L2	∠50mm×5mm	400	4	1.51	6.04	
3	3×500mm 支架	L1	∠63mm×6mm	650	1	3.72	3.72	10.0
		L2	∠50mm×5mm	550	3	2.08	6.24	
4	4×500mm 支架	L1	∠63mm×6mm	900	1	5.15	5.15	13.5
		L2	∠50mm×5mm	550	4	2.08	8.32	

图 26-11 电缆支架加工图（DL-4-T-3）

第 27 章 10kV电缆井敷设（方案DL-5）

27.1 概述

电缆井方案共分为DL-5-1直线井子模块、DL-5-2转角井子模块、DL-5-3三通井子模块、DL-5-4四通井子模块四种型式。根据电缆敷设工艺要求，采用人员下井工作模式时，电缆井深度不小于1.9m，其井盖尺寸应满足人员上下井，当采用人员不下井工作模式时，电缆井深度可适当调整，其盖板全部可开启。

27.2 模块适用范围

本模块一般与DL-2、C、D模块一起组合使用。

DL-5-1 直线井子模块：用于电缆通道的直线段。

DL-5-2 转角井子模块：用于电缆通道的转角处。

DL-5-3 三通井子模块：用于电缆通道的直线加转角处。

DL-5-4 四通井子模块：用于两个电缆通道的交叉处。

27.3 模块设计说明

27.3.1 DL-5-1 直线井子模块

DL-5-1直线井按沟体结构分为砖砌和钢筋混凝土两种型式，其模块技术参数一览表见表27-1。

表 27-1　　　DL-5-1 电缆工作井子模块技术参数一览表

编号	沟体结构	荷载通车轴标准轴载	长（m）×宽（m）×深（m）	盖板模式	子模块编号
1	砖砌	≤10kN/m²	3×1.2×1.5	全开启	DL-5-1-1
2	钢筋混凝土	≤100kN	3×1.6×1.9	人孔	DL-5-1-2

27.3.2 DL-5-2 转角井子模块

DL-5-2转角井按沟体结构分为砖砌和钢筋混凝土两种型式，其模块技术参数一览表见表27-2。

表 27-2　　　DL-5-2 转角井子模块技术参数一览表

编号	沟体结构	荷载通车轴标准轴载	长（m）×宽（m）×深（m）	盖板模式	子模块编号
1	砖砌	≤10kN/m²	(6～10)×1.2×1.5	全开启	DL-5-2-1
2	钢筋混凝土	≤100kN	(6～10)×1.6×1.9	人孔	DL-5-2-2

27.3.3 DL-5-3 子模块

DL-5-3子模块为三通井子模块。按沟体结构分为砖砌和钢筋混凝土两种型式，其模块技术参数一览表见表27-3。

表 27-3　　　DL-5-3 电缆工作井子模块技术参数一览表

编号	沟体结构	荷载通车轴标准轴载	长（m）×宽（m）×深（m）	盖板模式	子模块编号
1	砖砌	≤10kN/m²	6×1.2×1.5	全开启	DL-5-3-1
2	钢筋混凝土	≤100kN	5×1.6×1.9	人孔	DL-5-3-2

27.3.4 DL-5-4 子模块

DL-5-4子模块为四通井子模块。沟体结构分为砖砌和钢筋混凝土两种型式，其模块技术参数一览表见表27-4。

表 27-4　　　DL-5-4 电缆工作井子模块技术参数一览表

编号	沟体结构	荷载通车轴标准轴载	长（m）×宽（m）×深（m）	盖板模式	子模块编号
1	砖砌	≤10kN	6×(1.2/1.2)×1.5	全开启	DL-5-4-1
2	钢筋混凝土	≤100kN	5×(1.6/1.6)×1.9	人孔	DL-5-4-2

27.3.5　附属设施

电缆盖板上表面应标记电力标志。

27.3.6　使用说明

电缆井土建设计应满足电气尺寸要求，遵循结构安全可靠、经济合理、技术先进、坚固耐久、施工简便的原则。电缆井可采用砖砌或混凝土构成，其结构应满足能承受的荷载和适合环境耐久的要求，根据地形情况设置"直线井、转角井、三通井和四通井"等型式。

电缆井主要使用原则如下：

（1）电缆井长度根据敷设在同一工井内最长的电缆接头以及能吸收来自排管内电缆的热伸缩量所需的伸缩弧尺寸决定，且伸缩弧的尺寸应满足电缆在寿命周期内电缆金属护套不出现疲劳现象。

（2）电缆井间距按计算牵引力不超过电缆容许牵引力来确定，直线段一般控制在 50m 左右。

（3）电缆井需设置集水坑，集水坑泄水坡度不小于 0.3%。

（4）非全开启电缆井设人孔 2 个，用于采光、通风以及施工和运行人员上、下进行施工和维修，人孔基座的具体预留尺寸及方式各地可根据实际运行情况适当调整。

（5）人孔上应设置井盖，并在井盖上应设有电力标识，井盖材料可采用铸铁或复合高强度材料等，井盖应能承受汽-15 级荷载。

（6）人孔处根据实际情况可采取防坠落网等防护措施。

（7）电缆、电力头密集及其他重要电缆井，可根据实际情况参照电缆隧道设置环境监控系统。

（8）电缆井内电缆支架等所有铁附件均需可靠接地，其接地电阻不大于 10Ω。

（9）砖砌电缆井在盖板开启时井侧壁应做好支撑防护措施，以防沟壁倒塌。

（10）电缆井内外侧壁做聚合物防水砂浆防水层，与预埋管结合处抹成 45° 喇叭口（井内侧），井底向排水孔方向应有 0.5% 的坡度。

27.4　设计图

DL-5 模块设计图纸清单见表 27-5，表 27-5 中数字为长（m）×宽（m）×深（m），图中标高尺寸单位为 m，尺寸未注明单位者均为 mm。

表 27-5　　　　　　　　　　　　　　　　　　　　　DL-5 模块设计图清单

图序	图纸名称	图号编号
图 27-1	3×1.2×1.5 直线井（砖砌）盖板开启式	DL-5-1-1
图 27-2	3.0×1.6×1.9 钢筋混凝土直线电缆井平面及断面图	DL-5-1-2
图 27-3	3.0×1.6×1.9 钢筋混凝土直线电缆井配筋图	DL-5-1-3
图 27-4	3.0×1.6×1.9 钢筋混凝土直线电缆井配筋表	DL-5-1-4
图 27-5	3×1.3×1.5 直线井（钢筋混凝土）盖板开启式	DL-5-1-5
图 27-6	(6~10)×1.2×1.5 转角井（砖砌）盖板开启式	DL-5-2-1
图 27-7	(6.0~10.0)×1.6×1.9 钢筋混凝土转弯电缆井平面图	DL-5-2-2
图 27-8	(6.0~10.0)×1.6×1.9 钢筋混凝土转弯电缆井断面图	DL-5-2-3
图 27-9	(6.0~10.0)×1.6×1.9 钢筋混凝土转弯电缆井结构平面图	DL-5-2-4
图 27-10	(6.0~10.0)×1.6×1.9 钢筋混凝土转弯电缆井钢筋表	DL-5-2-5
图 27-11	(6~10)×1.3×1.5 转角井（钢筋混凝土）盖板开启式	DL-5-2-6
图 27-12	6×1.2×1.5 三通井（砖砌）盖板开启式	DL-5-3-1

续表

图序	图纸名称	图号编号
图 27-13	6×1.2×1.5 三通井（砖砌）盖板开启式	DL-5-3-2
图 27-14	5.0×1.6×1.9 钢筋混凝土三通电缆井平面图	DL-5-3-3
图 27-15	5.0×1.6×1.9 钢筋混凝土三通电缆井 1-1、2-2 断面图	DL-5-3-4
图 27-16	5.0×1.6×1.9 钢筋混凝土三通电缆井结构平面图	DL-5-3-5
图 27-17	5.0×1.6×1.9 钢筋混凝土三通电缆井 3-3 断面及配件图	DL-5-3-6
图 27-18	5.0×1.6×1.9 钢筋混凝土三通电缆井钢筋表	DL-5-3-7
图 27-19	6×1.3×1.5 三通井（钢筋混凝土）盖板开启式	DL-5-3-8
图 27-20	6×1.3×1.5 三通井（钢筋混凝土）盖板开启式	DL-5-3-9
图 27-21	6×(1.2/1.2)×1.5 四通井（砖砌）盖板开启式	DL-5-4-1
图 27-22	6×(1.2/1.2)×1.5 四通井（砖砌）盖板开启式	DL-5-4-2
图 27-23	6×(1.2/1.2)×1.5 四通井（砖砌）盖板开启式	DL-5-4-3
图 27-24	5.0×(1.6/1.6)×1.9 钢筋混凝土四通电缆井平面图	DL-5-4-4
图 27-25	5.0×(1.6/1.6)×1.9 钢筋混凝土四通电缆井 1-1、2-2 断面图	DL-5-4-5
图 27-26	5.0×(1.6/1.6)×1.9 钢筋混凝土四通电缆井结构平面图	DL-5-4-6
图 27-27	5.0×(1.6/1.6)×1.9 钢筋混凝土四通电缆井 3-3 断面及配件图	DL-5-4-7
图 27-28	5.0×(1.6/1.6)×1.9 钢筋混凝土四通电缆井钢筋表	DL-5-4-8
图 27-29	6×(1.3/1.3)×1.5 四通井（钢筋混凝土）盖板开启式	DL-5-4-9
图 27-30	6×(1.3/1.3)×1.5 四通井（钢筋混凝土）盖板开启式	DL-5-4-10
图 27-31	6×(1.3/1.3)×1.5 四通井（钢筋混凝土）盖板开启式	DL-5-4-11
图 27-32	GB2014 盖板加工图	DL-5-T-1
图 27-33	GB1914 盖板加工图	DL-5-T-2
图 27-34	GB2050 盖板加工图	DL-5-T-3
图 27-35	GB1950 盖板加工图	DL-5-T-4
图 27-36	GB2396 盖板加工图	DL-5-T-5
图 27-37	GB1815 盖板加工图	DL-5-T-6
图 27-38	GB2385 盖板加工图	DL-5-T-7
图 27-39	GB1615 盖板加工图	DL-5-T-8
图 27-40	开启式盖板加工图	DL-5-T-9
图 27-41	电缆工井接地图	DL-5-T-10

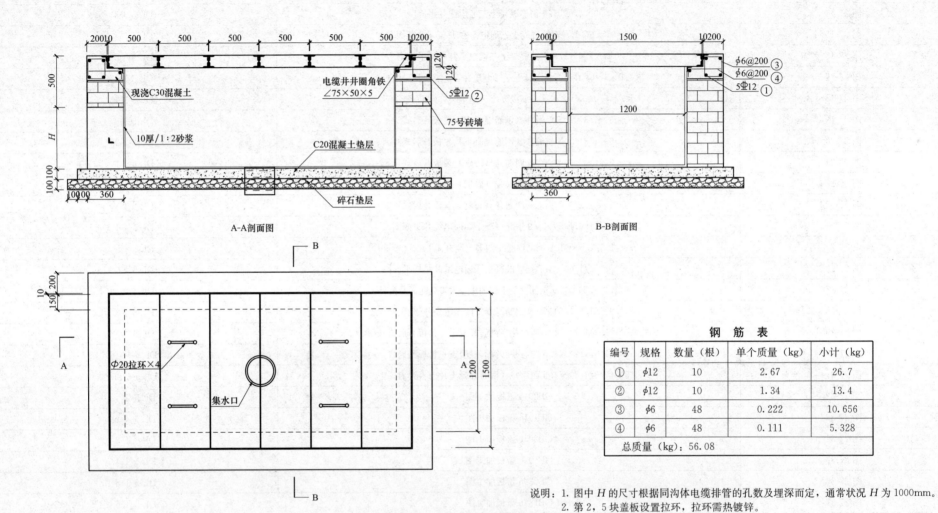

A-A剖面图

现浇C30混凝土
电缆井井圈角铁 ∠75×50×5
10厚/1:2砂浆
75号砖墙
C20混凝土垫层
碎石垫层
5Φ12 ②

B-B剖面图

φ6@200 ③
φ6@200 ④
5Φ12 ①

φ20拉环×4
集水口

钢 筋 表

编号	规格	数量（根）	单个质量（kg）	小计（kg）
①	φ12	10	2.67	26.7
②	φ12	10	1.34	13.4
③	φ6	48	0.222	10.656
④	φ6	48	0.111	5.328
总质量（kg）：56.08				

说明：1. 图中 H 的尺寸根据同沟体电缆排管的孔数及埋深而定，通常状况 H 为1000mm。
2. 第2，5块盖板设置拉环，拉环需热镀锌。

图 27-1　3×1.2×1.5直线井（砖砌）盖板开启式（DL-5-1-1）

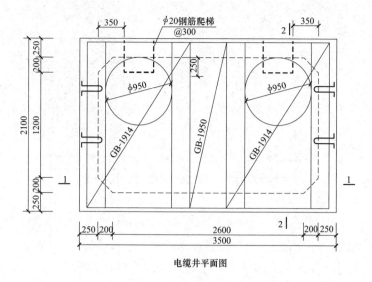

电缆井平面图

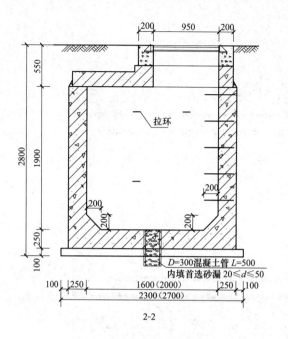

2-2

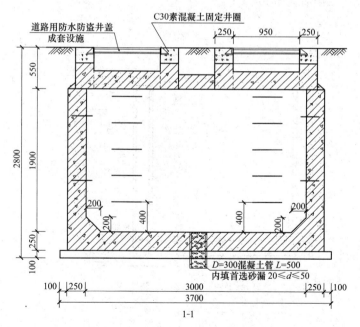

1-1

说明：1. 钢筋等级：ϕ 为 HPB300 级，Φ 为 HRB400 级。受力钢筋保护层厚度除梁为 35mm，其余部分均为 25mm，未标注的纵筋锚固长度为 35d。

2. 图中除垫层混凝土等级为 C15 外，其余均为 C30。

3. 侧壁设梅花布置@＝500 的 ϕ8 拉结筋，底板设马凳筋。

4. 排水坡度按 0.5％坡向渗水井。

5. 沟壁 1：2.5 防水砂浆抹面（掺 5％防水剂）抹面。

6. 所有外露铁均镀锌防腐，所有焊缝焊后都需刷两道防锈漆，两道银粉漆。

7. 预埋铁 M1 面与沟壁抹灰面平，电缆支架面应与沟壁贴紧。要求满焊，焊缝高度不小于 5mm，焊条 E4303。

图 27-2 3.0×1.6×1.9 钢筋混凝土直线电缆井平面及断面图（DL-5-1-2）

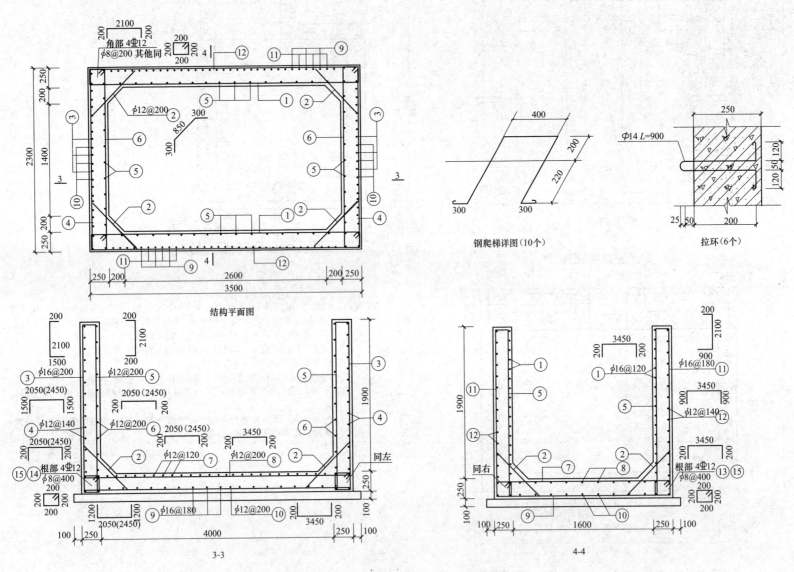

图 27-3 3.0×1.6×1.9 钢筋混凝土直线电缆井配筋图（DL-5-1-3）

3.0×1.6×1.9直线电缆井配筋表

编号	简 图	型 号	长度（mm）
①	3450　200　200	φ16@120	3850
②	850　300　300	φ12@200	1450
③	2100　1500　200	φ16@200	3800
④	2050　1500　1500	φ12@140	5050
⑤	2100　200　200	φ12@200	2500
⑥	2050　200　200	φ12@200	2450
⑦	2050　200　200	φ12@120	2450
⑧	3450　200　200	φ12@200	3850
⑨	2050　1200　1200	φ16@180	4450
⑩	3450　200　200	φ12@200	3850
⑪	2100　900　200	φ16@180	3200
⑫	3450　900　900	φ16@140	5250
⑬	3450　200　200	8Φ12	5250
⑭	2050　200　200	8Φ12	5250
⑮	200　200　200	φ8@400	800

图 27-4　3.0×1.6×1.9钢筋混凝土直线电缆井配筋表（DL-5-1-4）

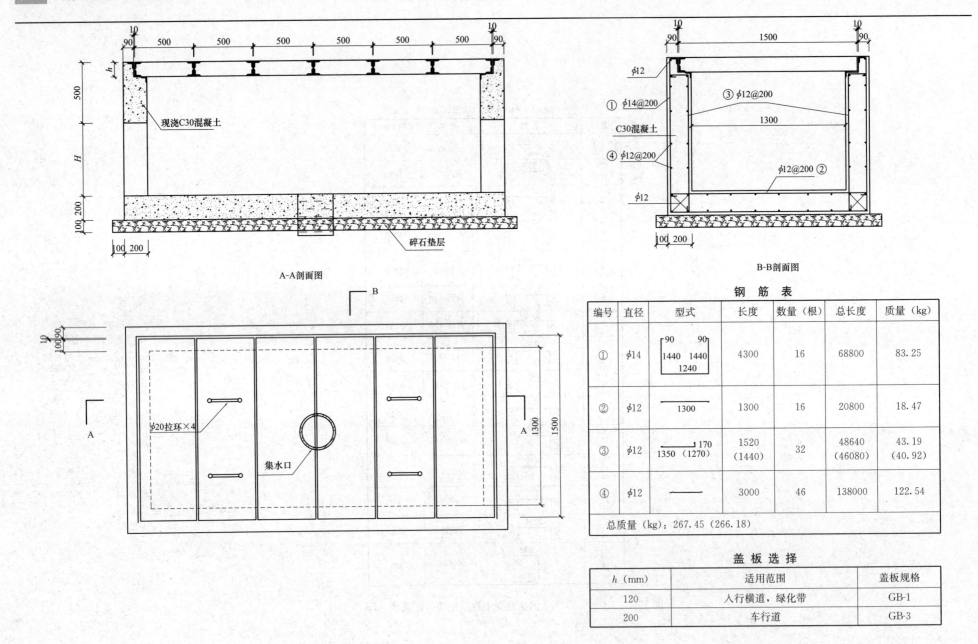

钢 筋 表

编号	直径	型式	长度	数量（根）	总长度	质量（kg）
①	φ14	90　　90 1440　1440 1240	4300	16	68800	83.25
②	φ12	1300	1300	16	20800	18.47
③	φ12	170 1350（1270）	1520 (1440)	32	48640 (46080)	43.19 (40.92)
④	φ12		3000	46	138000	122.54
总质量（kg）：267.45 （266.18）						

盖 板 选 择

h（mm）	适用范围	盖板规格
120	入行横道，绿化带	GB-1
200	车行道	GB-3

图 27-5　3×1.3×1.5 直线井（钢筋混凝土）盖板开启式（DL-5-1-5）

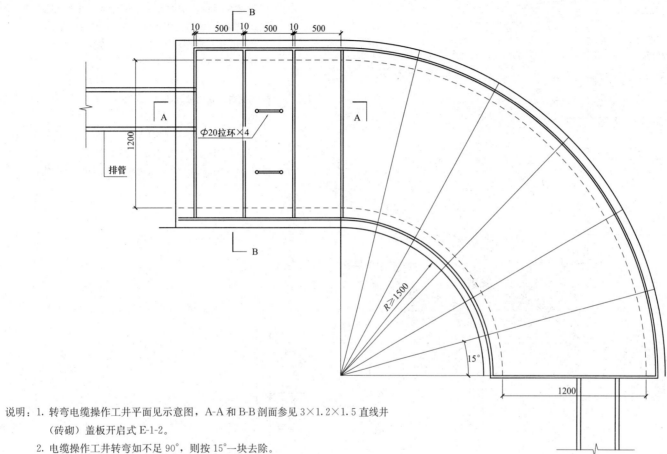

说明：1. 转弯电缆操作工井平面见示意图，A-A和B-B剖面参见3×1.2×1.5直线井
　　　（砖砌）盖板开启式 E-1-2。

　　　2. 电缆操作工井转弯如不足90°，则按15°一块去除。

　　　3. 盖板由现场确定具体尺寸，余同同型操作工井盖板。第2，5块盖板设置拉
　　　环，拉环需热镀锌。

　　　4. 根据现场电缆顶管与电缆排管敷设高差可延长直线段长度。

图 27-6　(6～10)×1.2×1.5 转角井（砖砌）盖板开启式（DL-5-2-1）

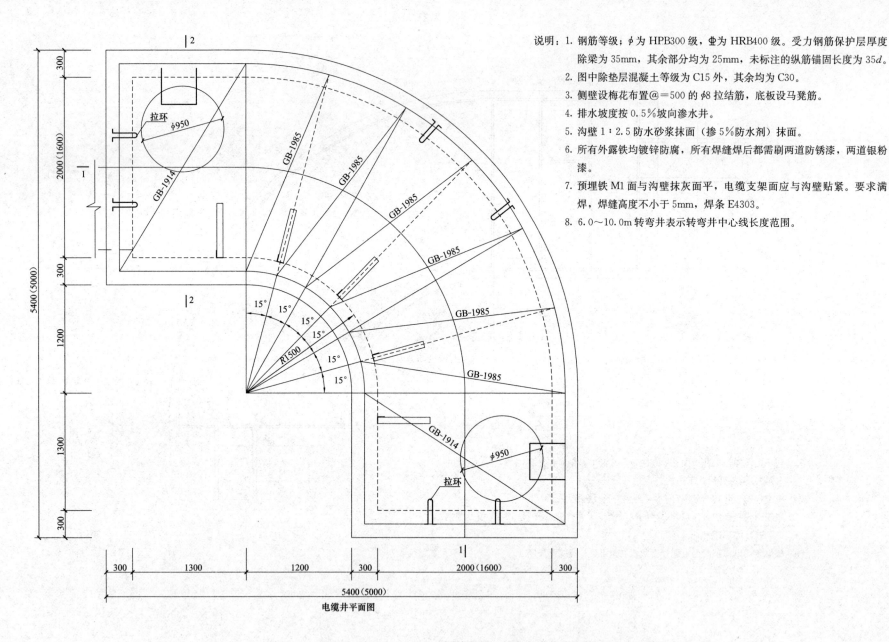

说明：1. 钢筋等级：ϕ 为 HPB300 级，Φ 为 HRB400 级。受力钢筋保护层厚度除梁为 35mm，其余部分均为 25mm，未标注的纵筋锚固长度为 35d。

2. 图中除垫层混凝土等级为 C15 外，其余均为 C30。

3. 侧壁设梅花布置@＝500 的 ϕ8 拉结筋，底板设马凳筋。

4. 排水坡度按 0.5％坡向渗水井。

5. 沟壁 1：2.5 防水砂浆抹面（掺 5％防水剂）抹面。

6. 所有外露铁均镀锌防腐，所有焊缝焊后都需刷两道防锈漆，两道银粉漆。

7. 预埋铁 M1 面与沟壁抹灰面平，电缆支架面应与沟壁贴紧。要求满焊，焊缝高度不小于 5mm，焊条 E4303。

8. 6.0～10.0m 转弯井表示转弯井中心线长度范围。

电缆井平面图

图 27-7　(6.0～10.0)×1.6×1.9 钢筋混凝土转弯电缆井平面图（DL-5-2-2）

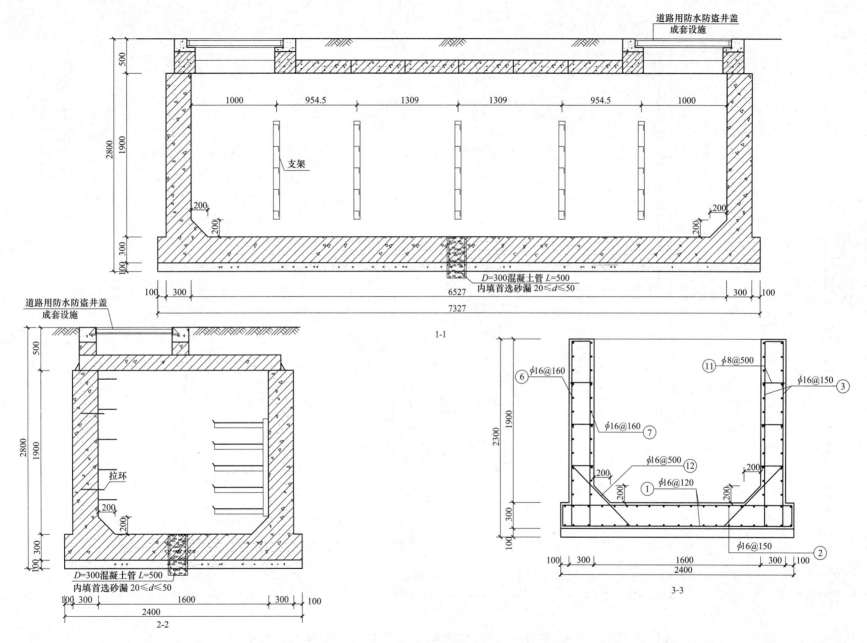

图 27-8 （6.0～10.0）×1.6×1.9 钢筋混凝土转弯电缆井断面图（DL-5-2-3）

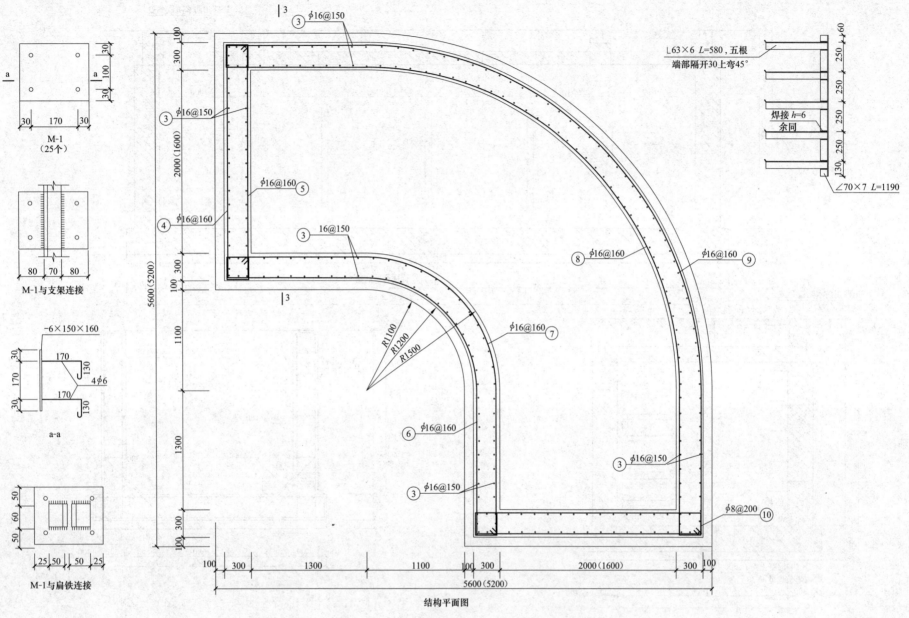

M-1
（25个）

M-1与支架连接

a-a

M-1与扁铁连接

L63×6 L=580，五根
端部隔开30上弯45°

焊接 h=6
余同

∠70×7 L=1190

结构平面图

图 27-9　（6.0～10.0)×1.6×1.9 钢筋混凝土转弯电缆井结构平面图（DL-5-2-4）

6.0~10.0×1.6×1.9转弯电缆井钢筋表

编号	简　图	型　号	长度(mm)
1	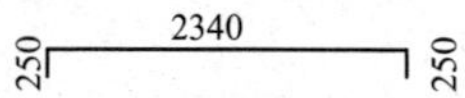	φ16@120	2840
2	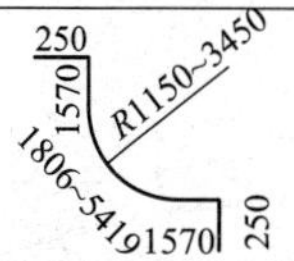	φ16@150	5446~9059
3	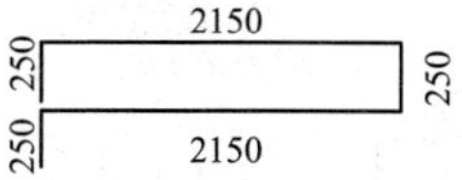	φ16@150	5050
4	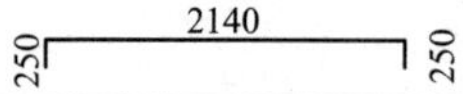	φ16@150	2640
5	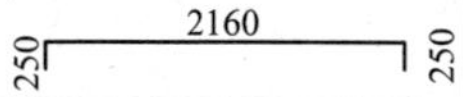	φ16@150	2660
6	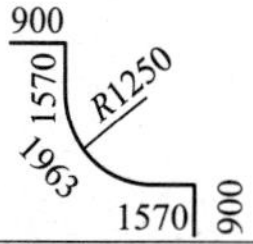	φ16@160	6903
7	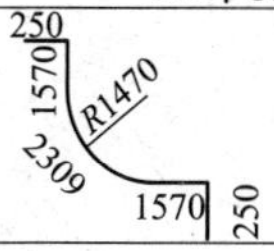	φ16@160	5949
8	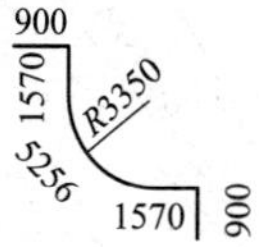	φ16@160	10196
9	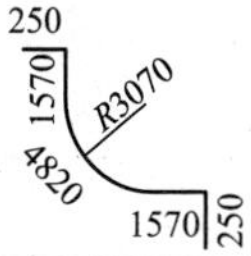	φ16@160	8460
10	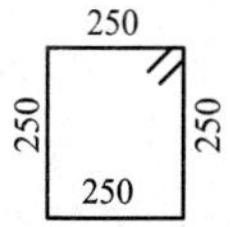	φ8@200	1300
11	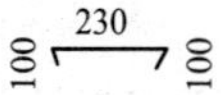	φ8@500	430

图 27-10　　(6.0~10.0)×1.6×1.9 钢筋混凝土转弯电缆井钢筋表（DL-5-2-5）

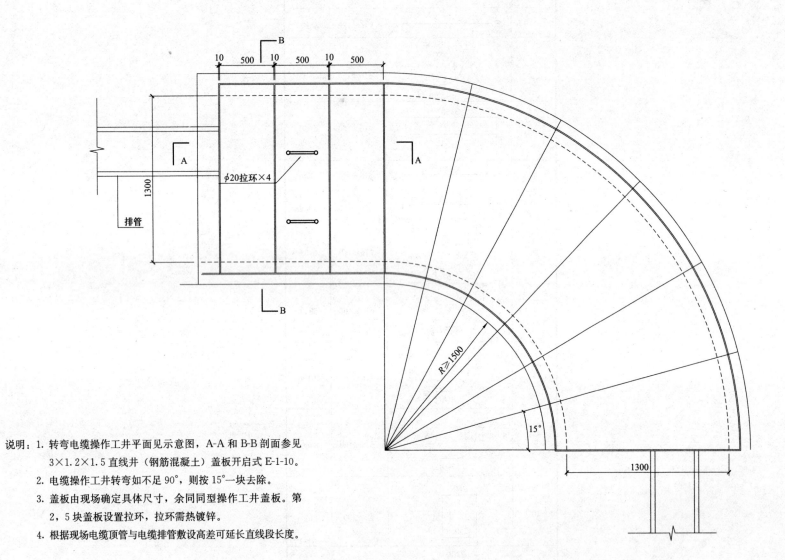

说明：1. 转弯电缆操作工井平面见示意图，A-A 和 B-B 剖面参见
3×1.2×1.5 直线井（钢筋混凝土）盖板开启式 E-1-10。

2. 电缆操作工井转弯如不足 90°，则按 15°一块去除。

3. 盖板由现场确定具体尺寸，余同型操作工井盖板。第
2，5 块盖板设置拉环，拉环需热镀锌。

4. 根据现场电缆顶管与电缆排管敷设高差可延长直线段长度。

图 27-11 (6～10)×1.3×1.5 转角井（钢筋混凝土）盖板开启式（DL-5-2-6）

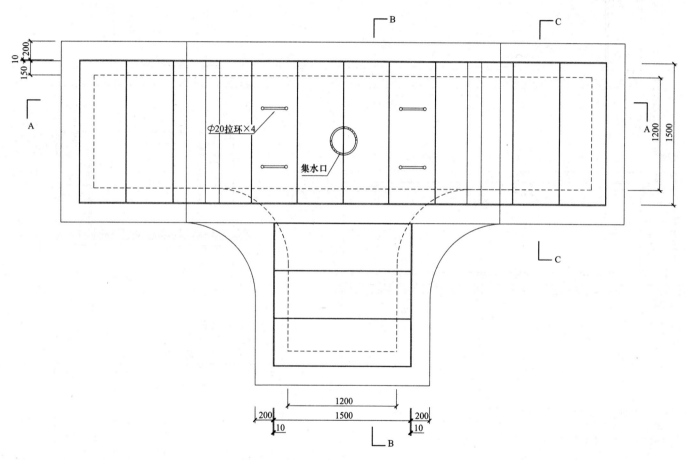

图 27-12 6×1.2×1.5 三通井（砖砌）盖板开启式（DL-5-3-1）

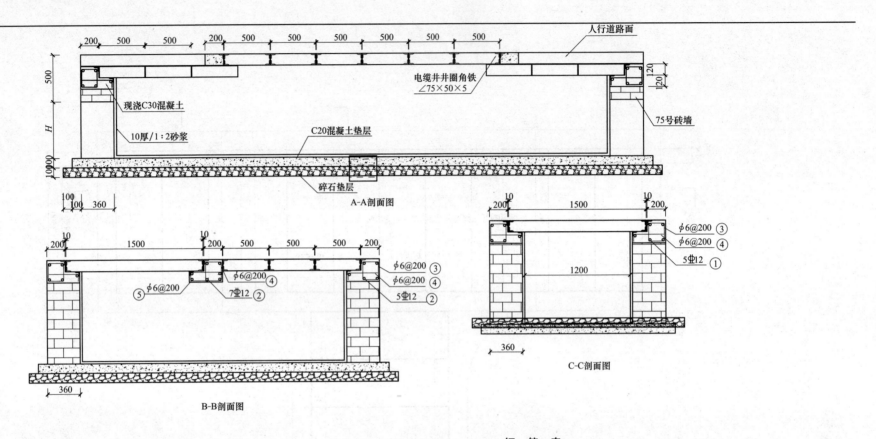

A-A剖面图

B-B剖面图

C-C剖面图

说明：1. 图中 H 的尺寸根据同沟体电缆排管的孔数及埋深而定，通常状况 H 为1000mm。

2. 第2, 5块盖板设置拉环, 拉环需热镀锌。

钢 筋 表

编号	规格	数量（根）	单个质量（kg）	小计（kg）
①	$\phi12$	10	5.34	53.4
②	$\phi12$	17	1.34	22.78
③	$\phi6$	86	0.222	19.092
④	$\phi6$	78	0.111	8.658
⑤	$\phi6$	8	0.222	1.776
总质量（kg）：105.706				

图 27-13　6×1.2×1.5三通井（砖砌）盖板开启式（DL-5-3-2）

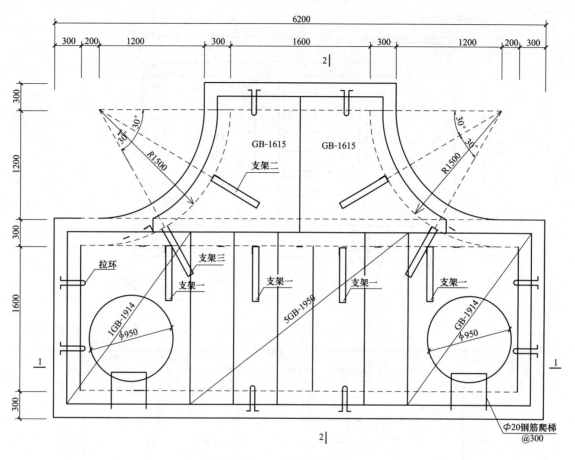

电缆井平面图

说明：1. 钢筋等级：ϕ 为 HPB300 级，Φ 为 HRB400 级。受力钢筋保护层厚度除梁为 35mm，其余部分均为 25mm，未标注的纵筋锚固长度为 $35d$。

　　　2. 图中除垫层混凝土等级为 C15 外，其余均为 C30。

　　　3. 侧壁设梅花布置 @＝500 的 $\phi8$ 拉结筋，底板设马凳筋。

　　　4. 排水坡度按 0.5％坡向渗水井。

　　　5. 沟壁 1:2.5 防水砂浆抹面（掺 5％防水剂）抹面。

　　　6. 所有外露铁均镀锌防腐，所有焊缝焊后都需刷两道防锈漆，两道银粉漆。

　　　7. 预埋铁 M1 面与沟壁抹灰面平，电缆支架面应与沟壁贴紧。要求满焊，焊缝高度不小于 5mm，焊条 E4303。

图 27-14　5.0×1.6×1.9 钢筋混凝土三通电缆井平面图（DL-5-3-3）

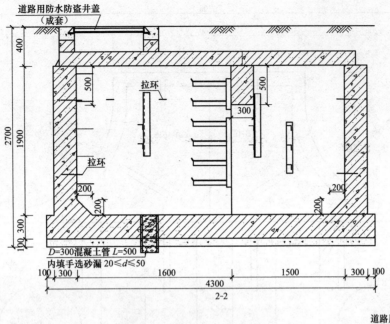

2-2

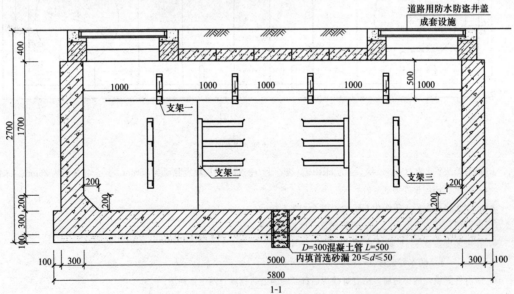

1-1

图 27-15 5.0×1.6×1.9 钢筋混凝土三通电缆井 1-1、2-2 断面图（DL-5-3-4）

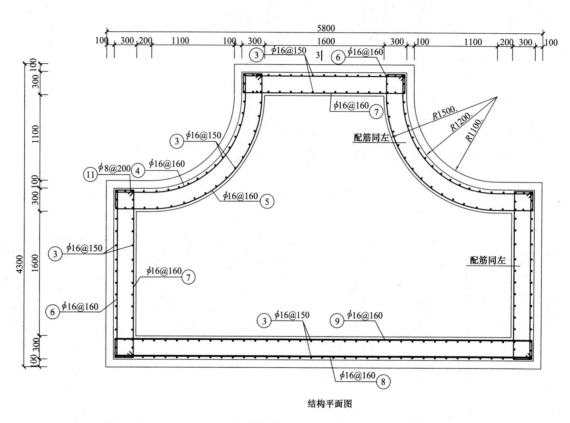

结构平面图

图 27-16 5.0×1.6×1.9 钢筋混凝土三通电缆井结构平面图（DL-5-3-5）

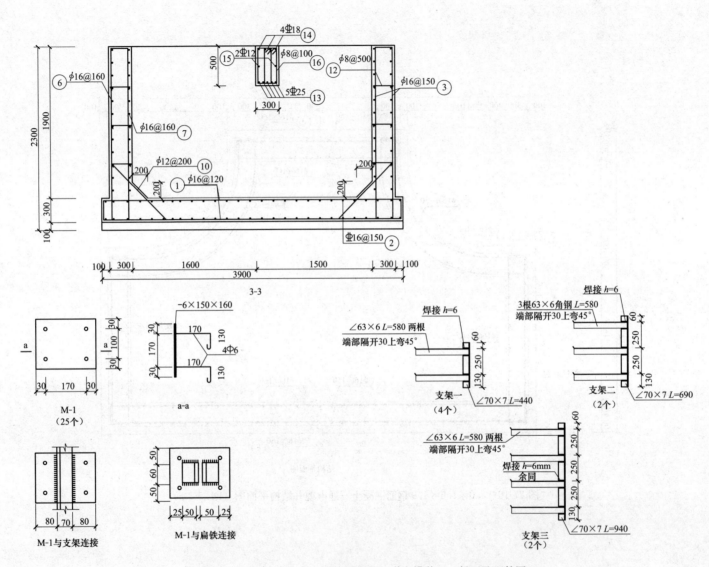

图 27-17 5.0×1.6×1.9 钢筋混凝土三道电缆井 3-3 断面及配件图

5×1.6×1.9三通电缆井钢筋表

编号	简　图	型　号	长度（mm）
①	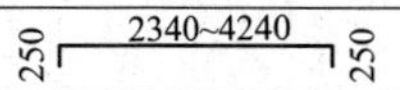 250　2340~4240　250	φ16@120	2840~6240
②	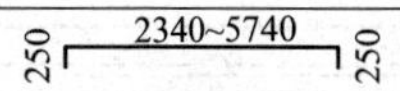 250　2340~5740　250	φ16@150	2840~6240
③	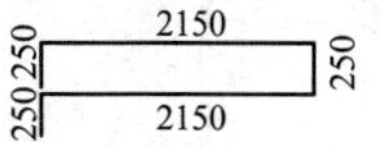 250 250　2150　250　2150	φ16@150	5050
④	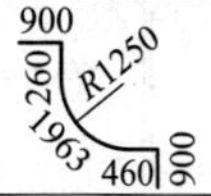 900　260　R1250　1963　460　900	φ16@160	4683
⑤	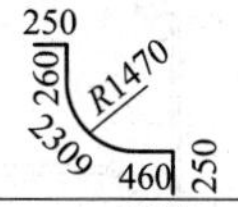 250　260　R1470　2309　460　250	φ16@160	3729
⑥	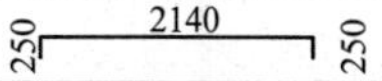 250　2140　250	φ16@160	2640
⑦	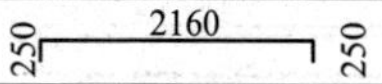 250　2160　250	φ16@160	2660
⑧	 250　5540　250	φ16@160	6040
⑨	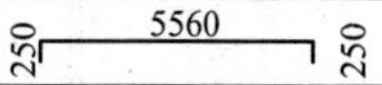 250　5560　250	φ16@160	6060
⑩	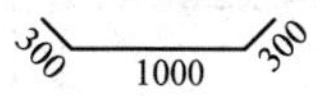 300　1000　300	φ12@200	1600
⑪	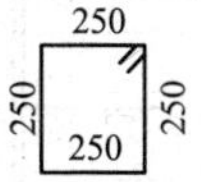 250　250　250　250	φ8@200	1300
⑫	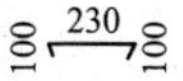 100　230　100	φ8@500	430
⑬	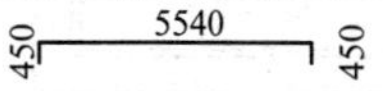 450　5540　450	5Φ25	6500
⑭	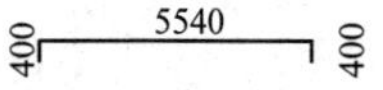 400　5540　400	4Φ18	6400
⑮	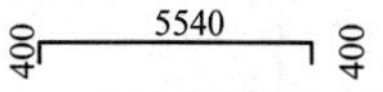 400　5540　400	3Φ12	6400
⑯	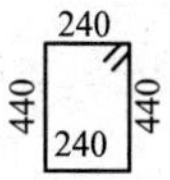 240　440　240　440	φ8@100	1390

图 27-18　5.0×1.6×1.9 钢筋混凝土三通电缆井钢筋表（DL-5-3-7）

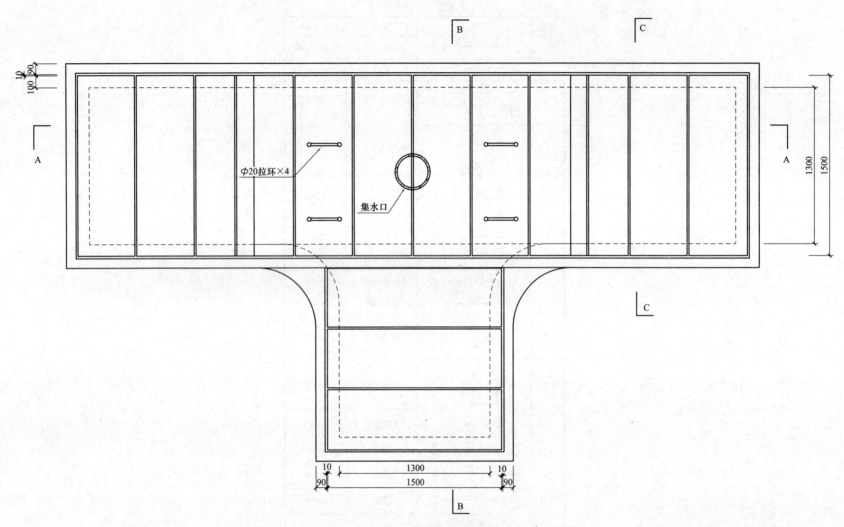

图 27-19　6×1.3×1.5 三通井（钢筋混凝土）盖板开启式（DL-5-3-8）

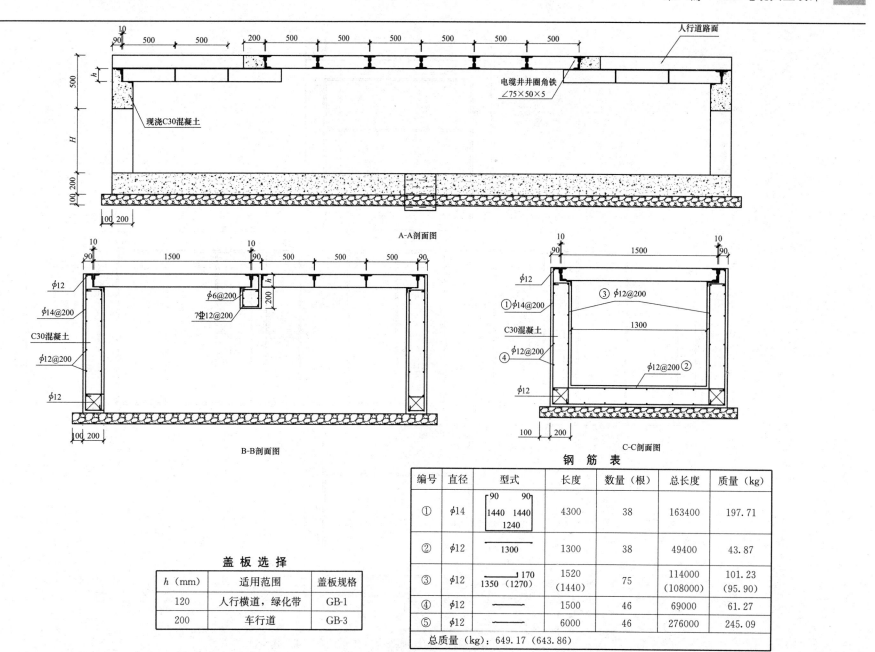

钢　筋　表

编号	直径	型式	长度	数量（根）	总长度	质量（kg）
①	φ14	90　　90 / 1440　1440 / 1240	4300	38	163400	197.71
②	φ12	1300	1300	38	49400	43.87
③	φ12	170 / 1350（1270） / 1520	1520（1440）	75	114000（108000）	101.23（95.90）
④	φ12		1500	46	69000	61.27
⑤	φ12		6000	46	276000	245.09
总质量（kg）：649.17（643.86）						

盖　板　选　择

h（mm）	适用范围	盖板规格
120	人行横道，绿化带	GB-1
200	车行道	GB-3

图 27-20　6×1.3×1.5三通井（钢筋混凝土）盖板开启式（DL-5-3-9）

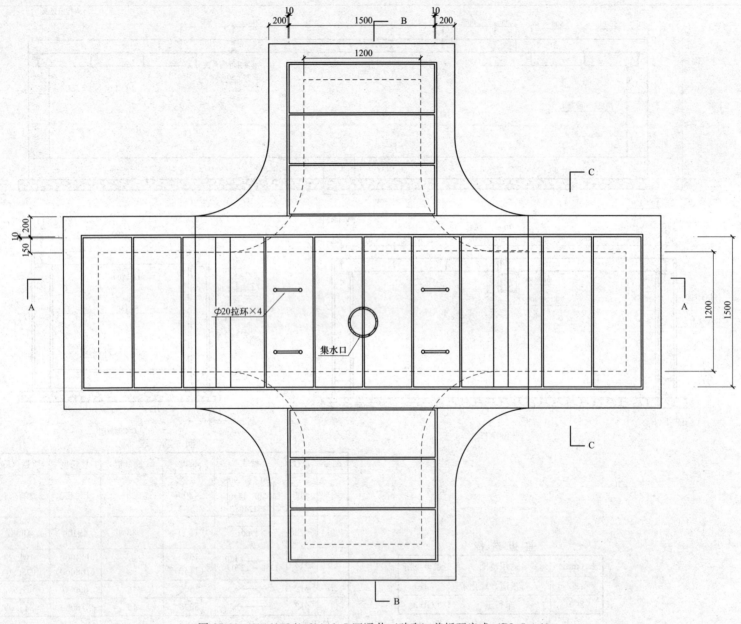

图 27-21　6×(1.2/1.2)×1.5 四通井（砖砌）盖板开启式（DL-5-4-1）

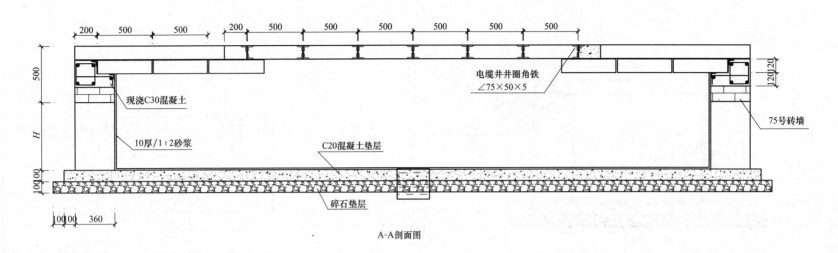

200 500 500 200 500 500 500 500 500 500

500

H

100

电缆井井圈角铁
∠75×50×5

现浇C30混凝土

10厚/1:2砂浆

C20混凝土垫层

碎石垫层

75号砖墙

120 120

100 100 360

A-A剖面图

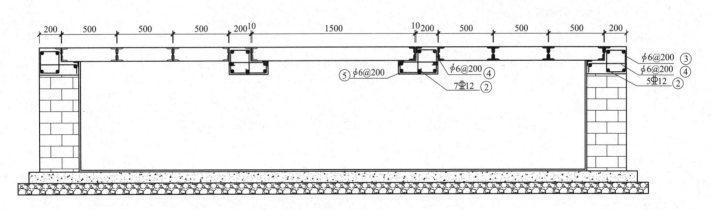

200 500 500 500 200 10 1500 10 200 500 500 500 200

$\phi 6@200$ ③
$\phi 6@200$ ④
⑤ $\phi 6@200$ $\phi 6@200$ ④
7⚍12 ②   5⚍12 ②

B-B剖面图

图 27-22 6×(1.2/1.2)×1.5 四通井（砖砌）盖板开启式（DL-5-4-2）

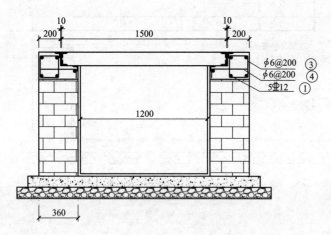

C-C剖面图

		钢　筋　表			
编号	规格	数量（根）	单个质量（kg）	小计（kg）
①	$\phi 12$	10	5.34	53.4
②	$\phi 12$	24	1.34	32.16
③	$\phi 6$	94	0.222	20.868
④	$\phi 6$	78	0.111	8.658
⑤	$\phi 6$	16	0.222	3.552
总质量（kg）：118.638				

说明：1. 图中 H 的尺寸根据同沟体电缆排管的孔数及埋深而定，通常 H 为1000mm。
　　　2. 第2，5块盖板设置拉环，拉环需热镀锌。

图 27-23　6×(1.2/1.2)×1.5 四通井（砖砌）盖板开启式（DL-5-4-3）

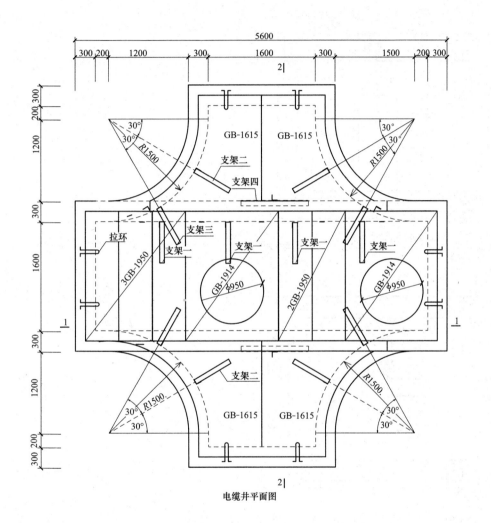

电缆井平面图

说明：1. 钢筋等级：ϕ 为 HPB300 级，Φ 为 HRB400 级。受力钢筋保护层厚度除梁为 35mm，其余部分均为 25mm，未标注的纵筋锚固长度为 35d。

2. 图中除垫层混凝土等级为 C15 外，其余均为 C30。

3. 侧壁设梅花布置@＝500 的 ϕ8 拉结筋，底板设马凳筋。

4. 排水坡度按 0.5‰坡向渗水井。

5. 沟壁 1：2.5 防水砂浆抹面（掺 5‰防水剂）抹面。

6. 所有外露铁均镀锌防腐，所有焊缝焊后都需刷两道防锈漆，两道银粉漆。

7. 预埋铁 M1 面与沟壁抹灰面平，电缆支架面应与沟壁贴紧。要求满焊，焊缝高度不小于 5mm，焊条 E4303。

图 27-24　5.0×(1.6/1.6)×1.9 钢筋混凝土四通电缆井平面图（DL-5-4-4）

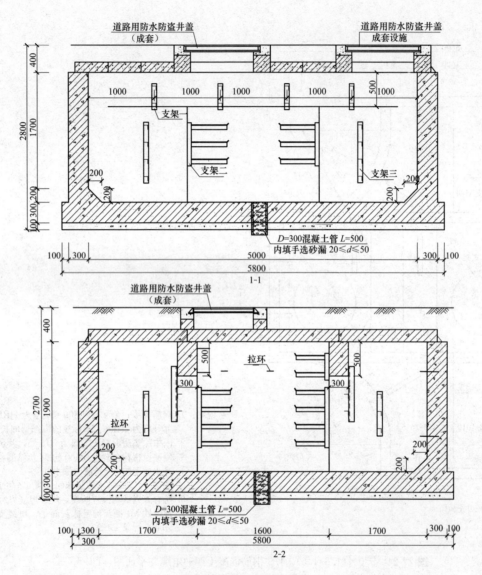

图 27-25 5.0×(1.6/1.6)×1.9 钢筋混凝土四通电缆井 1-1、2-2 断面图（DL-5-4-5）

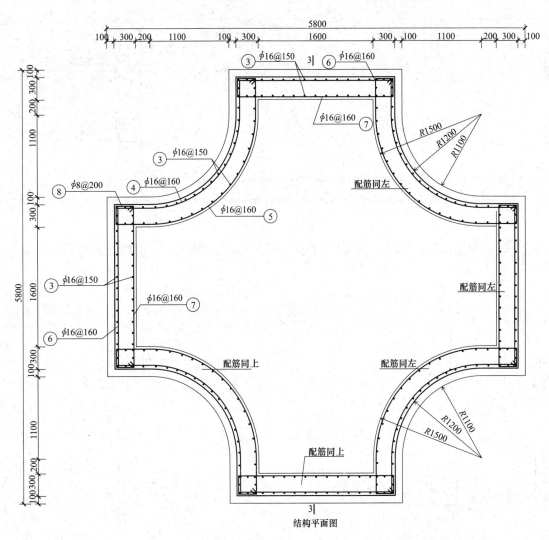

结构平面图

图 27-26 5.0×(1.6/1.6)×1.9 钢筋混凝土四通电缆井结构平面图 （DL-5-4-6）

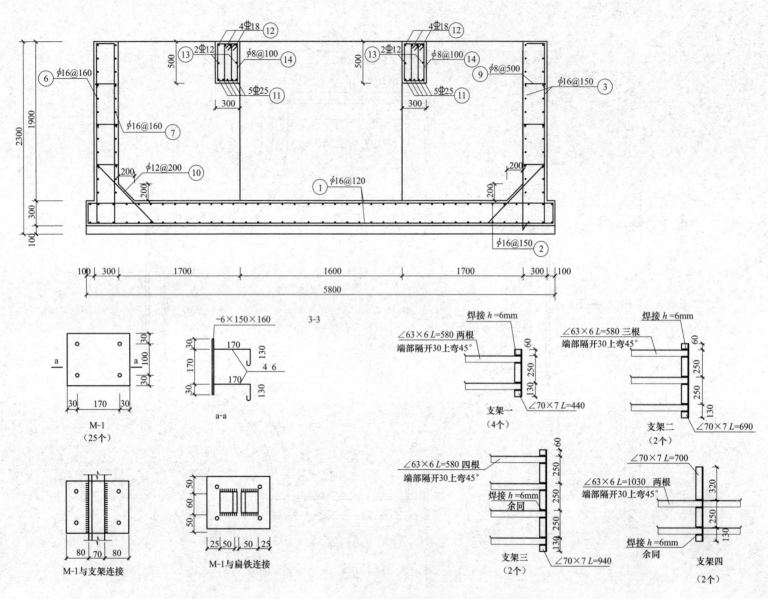

图 27-27 5.0×(1.6/1.6)×1.9 钢筋混凝土四通电缆井 3-3 断面及配件图（DL-5-4-7）

5.0×（1.6/1.6）×1.9四通电缆井钢筋表

编号	简图	型号	长度（mm）
①	250 2340~5740 250	φ16@120	2840~6240
②	250 2340~5740 250	φ16@150	2840~6240
③	250 250 2150 250 / 2150	φ16@150	5050
④	900 460 R1250. 1963 460 900	φ16@160	4683
⑤	250 460 R1470. 2309 460 250	φ16@160	3729
⑥	250 2140 250	φ16@160	2640
⑦	250 2160 250	φ16@160	2660
⑧	250 250 250 250	φ8@200	1300
⑨	230 100 100	φ8@500	430
⑩	300 300 1000	12@200	1600
⑪	450 5600 450	10Φ25	6500
⑫	400 5600 400	8Φ18	6400
⑬	400 5600 400	4Φ12	6400
⑭	240 440 440 240	φ8@100	1390

图 27-28　5.0×(1.6/1.6)×1.9 钢筋混凝土四通电缆井钢筋表（DL-5-4-8）

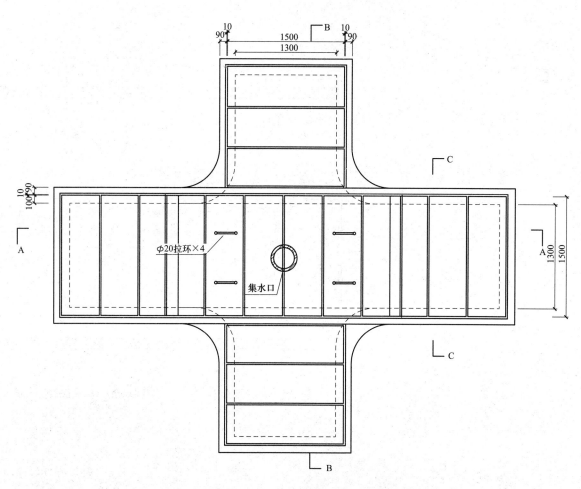

图 27-29　6×(1.3/1.3)×1.5 四通井（钢筋混凝土）盖板开启式（DL-5-4-9）

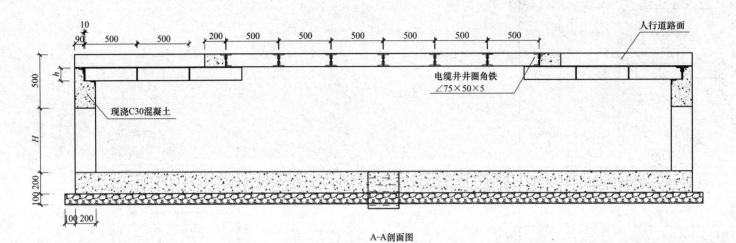

A-A剖面图

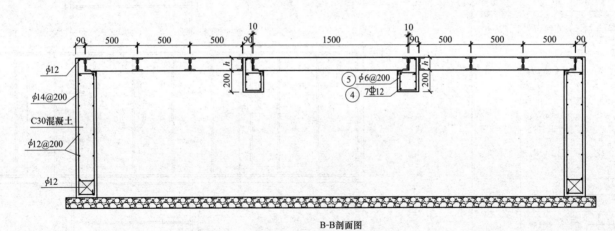

B-B剖面图

图 27-30　6×(1.3/1.3)×1.5 四通井（钢筋混凝土）盖板开启式（DL-5-4-10）

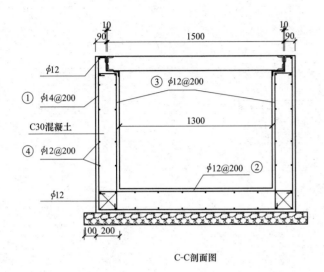

C-C剖面图

钢　筋　表

编号	直径	型式	长度	数量（根）	总长度	质量（kg）
①	$\phi 14$	90　　90 1440　1440 1240	4300	46	197800	239.34
②	$\phi 12$	1300	1300	46	59800	53.10
③	$\phi 12$	170 1350（1270）	1520 （1440）	91	138320 （131040）	122.83 （116.36）
④	$\phi 12$	——	1500	88	132000	117.22
⑤	$\phi 12$	——	6000	46	276000	245.09
总质量（kg）：777.58（771.11）						

盖　板　选　择

h（mm）	适用范围	盖板规格
120	人行横道，绿化带	GB-1
200	车行道	GB-3

说明：1. 图中 H 的尺寸根据同沟体电缆排管的孔数及埋深而定，通常 H 为 1000mm。
　　　2. 第 2，5 块盖板设置拉环，拉环需热镀锌。

图 27-31　6×（1.3/1.3）×1.5 四通井（钢筋混凝土）盖板开启式（DL-5-4-11）

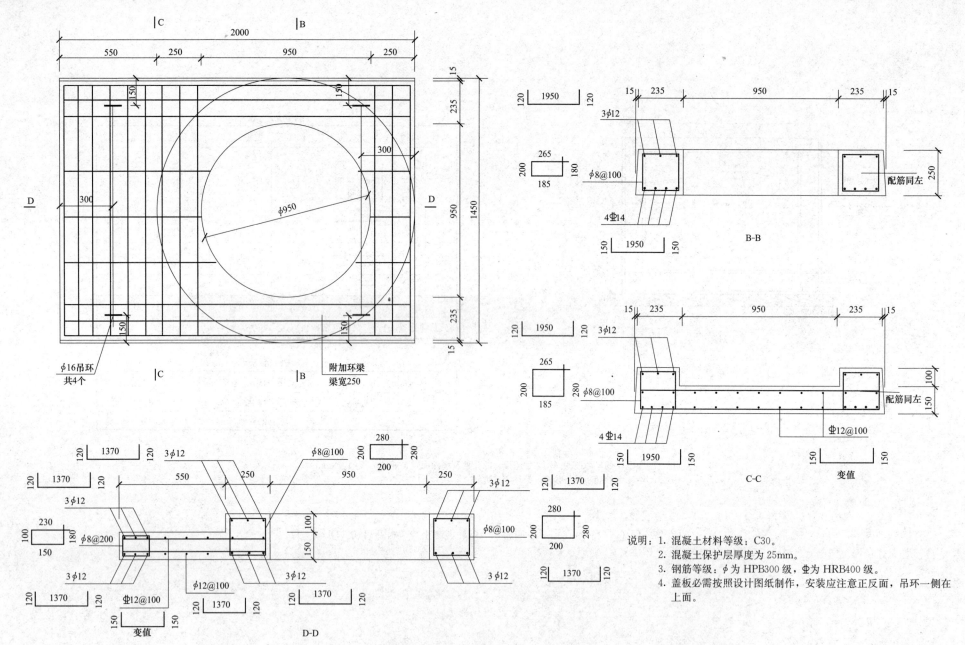

说明：
1. 混凝土材料等级：C30。
2. 混凝土保护层厚度为25mm。
3. 钢筋等级：φ 为 HPB300 级，Φ 为 HRB400 级。
4. 盖板必需按照设计图纸制作，安装应注意正反面，吊环一侧在上面。

图 27-32 GB 2014 盖板加工图（DL-5-T-1）

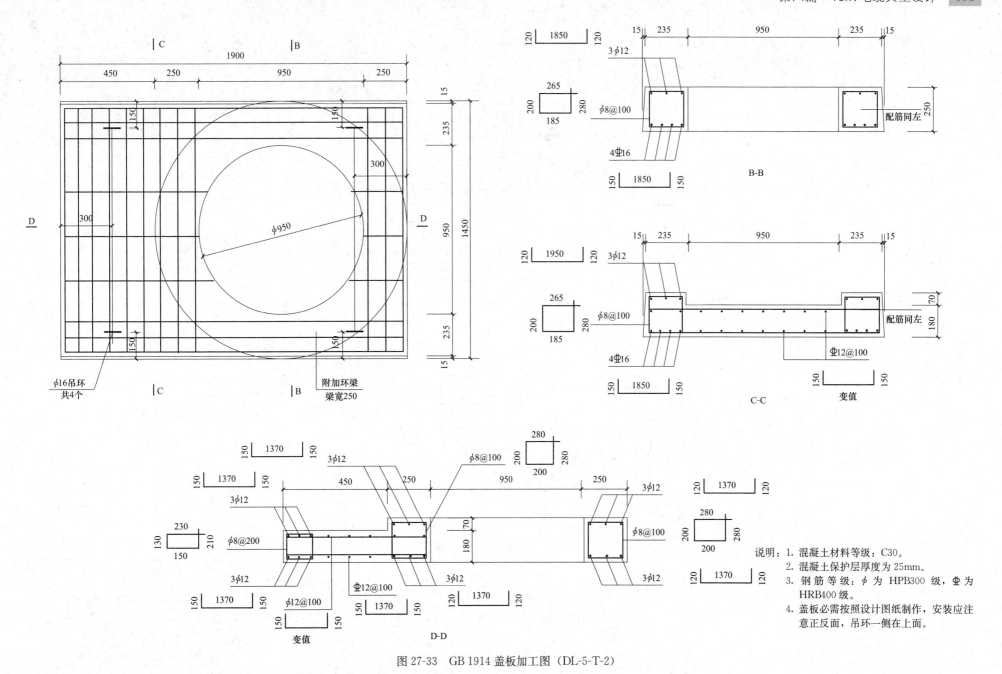

图 27-33　GB 1914 盖板加工图（DL-5-T-2）

说明：1. 混凝土材料等级：C30。
　　　2. 混凝土保护层厚度为 25mm。
　　　3. 钢筋等级：ϕ 为 HPB300 级，Φ 为
　　　　 HRB400 级。
　　　4. 盖板必需按照设计图纸制作，安装应注
　　　　 意正反面，吊环一侧在上面。

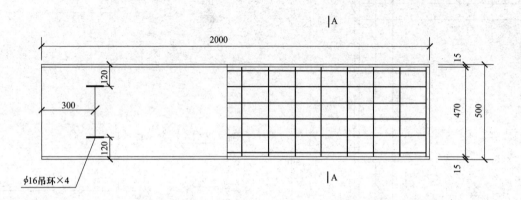

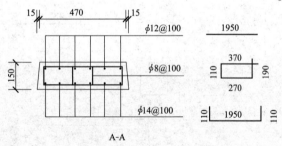

说明：1. 混凝土材料等级：C30。
2. 混凝土保护层厚度为 25mm。
3. 钢筋等级：ϕ 为 HPB300 级，Φ 为 HRB400 级。
4. 盖板必需按照设计图纸制作，安装应注意正反面，吊环一侧在上面。

图 27-34　GB 2050 盖板加工图（DL-5-T-3）

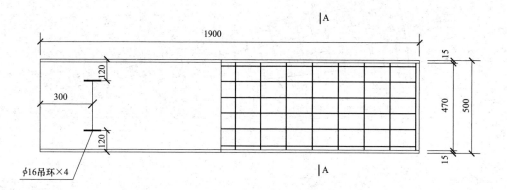

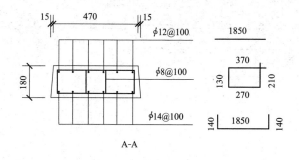

A-A

说明：1. 混凝土材料等级：C30。
2. 混凝土保护层厚度为 25mm。
3. 钢筋等级：ϕ 为 HPB300 级，Φ 为 HRB400 级。
4. 盖板必需按照设计图纸制作，安装应注意正反面，吊环一侧在上面。

图 27-35　GB 1950 盖板加工图（DL-5-T-4）

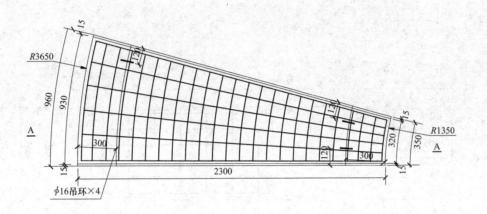

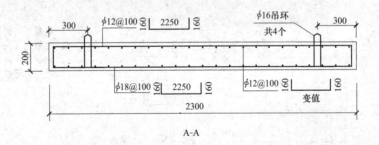

A-A

说明：1. 混凝土材料等级：C30。
2. 混凝土保护层厚度为 25mm。
3. 钢筋等级：ϕ 为 HPB300 级，Φ 为 HRB400 级。
4. 盖板必需按照设计图纸制作，安装应注意正反面，吊环一侧在上面。

图 27-36　GB2396 盖板加工图（DL-5-T-5）

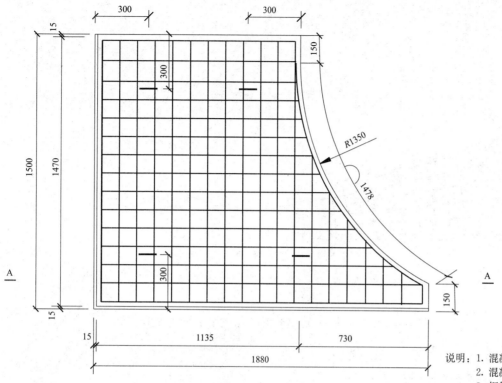

说明：1. 混凝土材料等级：C30。
2. 混凝土保护层厚度为25mm。
3. 钢筋等级：ϕ 为 HPB300 级，Φ 为 HRB400 级。
4. 盖板必需按照设计图纸制作，安装应注意正反面，吊环一侧在上面。

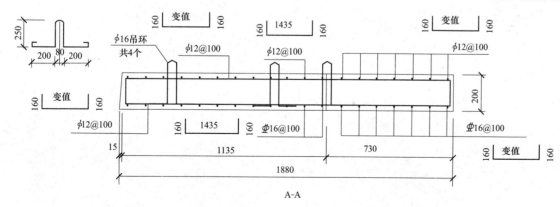

A-A

图 27-37　GB1815 盖板加工图（DL-5-T-6）

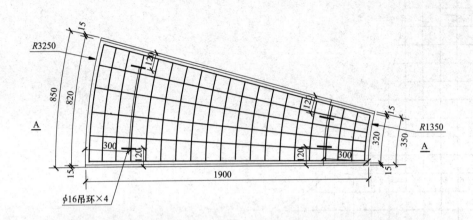

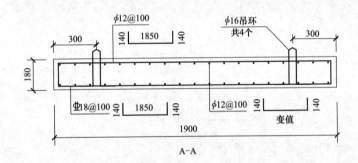

A-A

说明：1. 混凝土材料等级：C30。
2. 混凝土保护层厚度为 25mm。
3. 钢筋等级：ϕ 为 HPB300 级，Φ 为 HRB400 级。
4. 盖板必需按照设计图纸制作，安装应注意正反面，吊环一侧在上面。

图 27-38　GB2385 盖板加工图（DL-5-T-7）

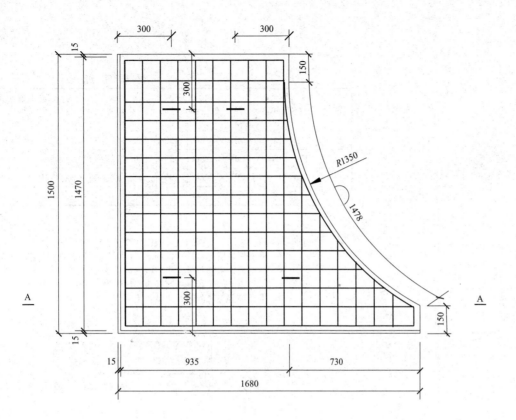

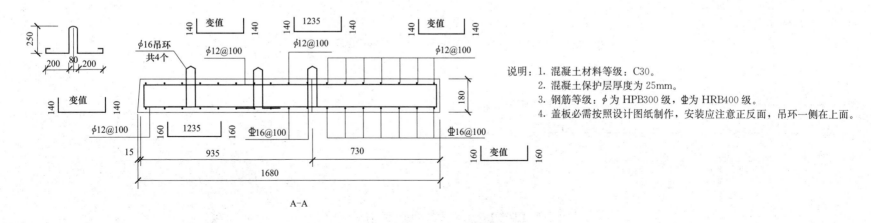

说明：1. 混凝土材料等级：C30。
2. 混凝土保护层厚度为25mm。
3. 钢筋等级：ϕ 为 HPB300 级，Φ 为 HRB400 级。
4. 盖板必需按照设计图纸制作，安装应注意正反面，吊环一侧在上面。

图 27-39　GB1615 盖板加工图 （DL-5-T-8）

材 料 明 细 表

序号	沟净宽（mm）	编号	规格尺寸（mm）			编号及钢筋规格				备注
			a	b	c	①		②		
1	1200/1300	GB-1	1500	495	120	12Φ14	$L=1440$	16ϕ8	$L=450$	人行横道
2	1700/1800	GB-2	2000	495	120	12Φ14	$L=1940$	18ϕ8	$L=450$	绿化带
3	1200/1300	GB-3	1500	495	200	12Φ18	$L=1440$	16ϕ8	$L=450$	车行道
4	1700/1800	GB-4	2000	495	200	12Φ18	$L=1940$	18ϕ8	$L=450$	

说明：1. 材料采用 C30 混凝土，HRB400 级钢筋。

2. 钢筋保护层厚度应根据环境条件和耐久性要求等确定，且不应小于 30mm。

3. 材料表中钢筋长度是指单根钢筋长度。

4. 车行道上的盖板采用镀锌角钢加强边角保护。

5. 带拉手盖板每间隔 6 块设置 1 块。

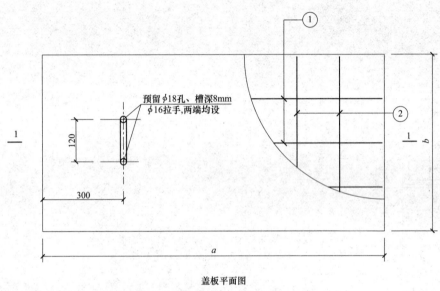

盖板平面图

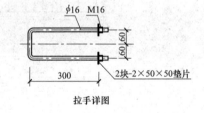

拉手详图

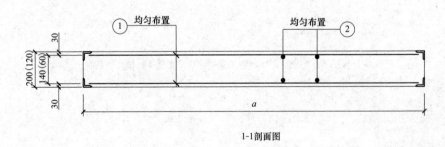

1-1剖面图

图 27-40　开启式盖板加工图（DL-5-T-9）

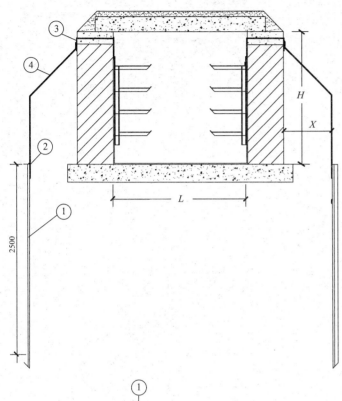

电缆接地装置材料表

编号	名称	规格	长度（m）	单位	数量	质量（kg）	备注
①	接地极	∠50mm×5mm	2.5	根	4	37.8	与外接地带焊接
②	外接地带	一5mm×50mm	—	Ⅲ	1	—	与接地极焊接工井周围布置
③	预埋件	一5mm×50mm	0.9	根	4	7.1	四角各一道预埋墙台帽内
④	连接带	一5mm×50mm	2.8	根	4	22.1	与预埋件焊接与接地极焊接

注：外接地带长度应根据选用井型尺寸确定，沿工井四周布置

说明：1. 部件之间、长件连接处全部双焊，焊接厚度不小于母材厚度。
　　　2. 焊接后，清除焊渣，焊接处涂一层防腐漆，两层银色油漆。
　　　3. 接地带沿全井内外两侧周围敷设，工井四周各设接地极一处。
　　　4. 外接地极处距工井 X＝300mm。
　　　5. 接地带与角钢电缆支架可靠焊接。

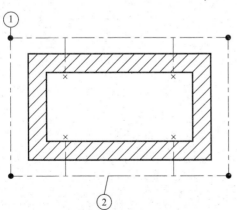

图 27-41　电缆工井接地图（DL-5-T-10）

第七篇

10kV架空线路典型设计

第 28 章　10kV架空线路典型设计总说明

28.1　概述

10kV 架空线路典型设计共列 4 种典型设计方案，JKLYJ-10/120 单回架设（12m）平地模式和丘陵、山区模式；JKLYJ-10/240 单回架设（15m）平地模式和丘陵、山区模式；JKLYJ-10/240 双回架设（15m）平地模式和丘陵、山区模式；JKLYJ-10/240 双回架设（18m）平地模式和丘陵、山区模式。

每种典型设计方案包括 10kV 架空线路的气象条件、10kV 导线型号的选取、直线水泥杆、无拉线转角水泥杆选用、耐张钢管杆的选用、杆头布置、金具和绝缘子选用及绝缘导线防雷、柱上开关及电缆头布置、耐张引线布置等。

28.2　气象条件

10kV 架空线路典型设计用气象区的气象条件，详见表 28-1。本次选取 B 气象区作为典型设计的气象条件。

表 28-1　10kV 架空线路典型设计用气象区

气象区		A	B	C
大气温度（℃）	最高	+40		
	最低	−10	−20	−40
	覆冰	−5		
	最大风	+10	−5	−5
	安装	0	−10	−15
	外过电压	+15		
	内过电压年平均气温	+20	+10	−5
风速（m/s）	最大风	35	25	30
	覆冰	10		
	安装	10		
	外过电压	15	10	10
	内过电压	17.5	15	15

续表

气象区	A	B	C
覆冰厚度（mm）	5	10	10
冰的密度（kg/m³）	0.9×10³		

注　对于超出表中范围的局部气象情况，设计时需对特定气象条件进行相关的计算，并对典型设计各相关内容进行校核、调整后方可使用。

28.3　导线选取和使用

28.3.1　导线型号与截面选取

（1）按照相关规程规范要求，出线走廊拥挤、树线矛盾突出、人口密集的区域推荐采用 JKLYJ 系列铝芯交联聚乙烯绝缘架空电缆（以下简称绝缘导线）；出线走廊宽松、安全距离充足的城郊、乡村、牧区等区域可采用裸导线。

（2）10kV 架空线路根据不同的供电负荷需求可以采用 50、70、95、120、150、185、240 mm² 等多种截面的导线。

（3）导线的适用档距是指导线允许使用到的最大档距（即工程中相邻杆塔的最大间距）。典型设计绝缘导线的适用档距不超过 50m。

（4）10kV 各气象区导线型号选取、导线适用档距、安全系数及允许最大直线转角角度详见表 28-2。

表 28-2　10kV 导线型号选取、适用档距、安全系数及允许最大直线转角角度

导线分类	适用档距（m）	导线型号	安全系数 B区	导线允许最大直线转角（°）
10kV 绝缘导线	L≤50	JKLYJ-10/50	3.0	15
		JKLYJ-10/70	3.5	15
		JKLYJ-10/95	4.0	15
		JKLYJ-10/120	5.0	15
		JKLYJ-10/150	5.0-10	12
		JKLYJ-10/185	5.0-10	10
		JKLYJ-10/240	5.0-10	8

（5）对于超出表 28-2 导线型号及适用档距限定范围的使用情况，设计时需对所选用电杆的电气和结构进行校验、调整后方可使用。

28.3.2　导线参数

（1）10kV 绝缘导线根据 GB/T 14049—2008《额定电压 10kV 架空绝缘电缆》选取，标准中对绝缘导线的导体中最小单线根数、绝缘厚度、导线拉断力均有明确规定，但导线的外径、重量和计算截面在标准中尚无明确的规定。典型设计在对国内多家绝缘导线厂家调研的基础上，选取绝缘导线外径、重量、计算截面较大者作为推荐的计算参数，以确保设计的安全裕度。

（2）10kV 绝缘导线的绝缘层均采用普通绝缘厚度，为 3.4mm。

（3）各种规格导线参数详见表 28-3、表 28-4。

表 28-3　　　　　10kV 绝缘导线参数表（一）

型号		JKLYJ-10/50	JKLYJ-10/70	JKLYJ-10/95	JKLYJ-10/120
构造（根数×直径，mm）	铝	7×3.00	19×2.25	19×2.58	19×2.90
	绝缘厚度（mm）	3.4	3.4	3.4	3.4
截面积（mm²）	铝	49.48	75.55	99.33	125.50
外径（mm）		16.1	18.4	20	21.4
单位质量（kg/km）		283	369	466	550
综合弹性系数（MPa）		59000	56000	56000	56000
线膨胀系数（1/℃）		0.000023	0.000023	0.000023	0.000023
计算拉断力（N）		7011	10354	13727	17339

表 28-4　　　　　10kV 绝缘导线参数表（二）

型号		JKLYJ-10/150	JKLYJ-10/185	JKLYJ-10/240	
构造（根数×直径，mm）	铝	37×2.32	37×2.58	37×2.90	
	绝缘厚度（mm）	3.4	3.4	3.4	
截面积（mm²）	铝	156.41	193.43	244.39	
外径（mm）		23	24.6	26.8	
单位质量（kg/km）		652	769	948	
综合弹性系数（MPa）		56000	56000	56000	
线膨胀系数（1/℃）		0.000023	0.000023	0.000023	
计算拉断力（N）		21033	26732	34679	

28.4　杆型选取和使用

（1）本书第 29 章～第 32 章列出了直线水泥杆、转角水泥杆、耐张钢管杆等电杆类型的选用。

（2）本书第 29 章～第 32 章列出了直线水泥杆、转角水泥杆、耐张钢管杆等电杆的杆头布置型式。

（3）本典型设计采用使电杆受力最大的杆头型式进行结构计算。

28.4.1　杆塔回路数

本典型设计包括单回 10kV 线路和双回 10kV 线路。

28.4.2　杆长选择

水泥杆按杆长分为 12、15、18m 三种规格；钢管杆选用杆长 13m 一种规格。

28.5　绝缘配合及接地

（1）典型设计按海拔高度不大于 1000m 考虑。

（2）各海拔高度的杆头电气距离、绝缘子选用、柱上设备的外绝缘水平均应满足相关规程规范要求。

（3）典型设计钢管杆利用杆身接地，水泥杆采用外接引线接地方式。

28.6　金具、绝缘子选用及绝缘导线防雷

（1）本书第 29 章～第 32 章列出了适用于不同海拔高度及环境污秽等级的 10kV 架空线路的直线及耐张绝缘子型式。

（2）绝缘导线易遭雷击断线已成为绝缘导线使用普遍遇到的问题，常用的防雷措施主要包括安装防雷柱式绝缘子、带间隙的氧化锌避雷器、防雷导线耐张串等装置，供使用者参考。

28.7　柱上开关及电缆头布置

本书第 29 章～第 32 章列出了柱上开关（柱上断路器、柱上隔离开关）杆、电缆引下杆的布置方式，用以实现线路的分界。

28.8　耐张引线布置

本书第 29 章～第 32 章列出了适用于各截面导线的转角杆的引线布置方式。

第29章　10kV单回架空线12m水泥杆（方案JKX-1）

29.1　设计说明

29.1.1　总的部分

本典型设计为"客户受电工程典型设计"中对应的"10kV架空线路"部分，方案编号为"JKX-1"。

方案JKX-1对应JKLYJ-10/120单回架设（12m）平地模式和丘陵、山区模式。采用新立12m水泥杆20基，新架设JKLYJ-10/120单回路线路1km，安装真空断路器1台，转角杆、耐张杆安装氧化锌避雷器，共5组。

29.1.1.1　适用范围

适用于10kV单回架空线路采用120mm²及以下线路。线路装接配电变压器容量低于630kVA，可装快速熔断器。

29.1.1.2　方案技术条件

本方案根据"10kV单回架空线典型设计总体说明"确定的预定条件开展设计，方案组合说明见表29-1。

表 29-1　　10kV单回架空线 JKX-1 典型方案技术条件表

序号	项目名称	内容
1	10kV导线	JKLYJ-10/120 及以下，按照配变装接容量和线路距离选择
2	10kV回路数	单回架空绝缘线
3	杆头布置	采用三角排列杆头布置型式
4	主要材料选型	12m水泥杆：直线杆15基，小转角杆1基，耐张转角、终端杆4基。 直线绝缘子选用柱式瓷绝缘子，耐张绝缘子选用悬式瓷绝缘子。 横担应满足开展带电作业的要求，横担及金具应热镀锌处理。 10kV选用永磁真空断路器。线路装接配变容量低于630kVA，可装快速熔断器

续表

序号	项目名称	内容
5	绝缘配合	杆头电气距离、绝缘子选用、柱上设备的外绝缘水平均应满足典型设计引用规范的要求
6	防雷接地	10kV线路防雷接地电阻一般不大于10Ω，小电流接地系统接地电阻不大于4Ω。 线路采取安装带间隙的氧化锌避雷器或防雷绝缘子等防雷措施，雷击严重地区全线选用防雷柱式（悬式）瓷绝缘子。 接地体采用长寿命的镀锌扁钢；接地电阻、跨步电压和接触电压应满足有关规程要求
7	土建部分	基础采用底卡盘基础或现浇混凝土结合底卡盘基础

29.1.2　电力系统部分

本典设按照给定的架空线型号进行设计，在实际工程中，需要根据实地情况具体设计选择架空线型号。

高压侧选用永磁真空断路器，装接配电变压器容量低于630kVA，可装快速熔断器。

29.1.3　电气一次部分

29.1.3.1　短路电流及主要电气设备、导体的选择

（1）导体选择型式：10kV架空绝缘线选用JKLYJ-10-1×120mm²绝缘导线。

按照配电变压器装接容量和线路距离进行导线选择。

（2）10kV侧选用永磁真空断路器。线路装接配电变压器容量低于630kVA，可装快速熔断器。10kV避雷器采用金属氧化物避雷器。

（3）电杆采用非预应力混凝土杆或者部分预应力杆，杆高选用12m。

（4）线路金具按"节能型、绝缘型"原则选用。

（5）真空断路器和隔离开关台架承重力按照重量考虑设计。

29.1.3.2　基础

方案中所有混凝土杆的埋深及底盘的规格均按预定条件选定，埋深1.9m，直线杆和小转角杆采用底、卡盘基础，转角杆、耐张杆采用现浇混凝土结合底卡盘基础。若土质与设计条件差别较大，可根据实际情况作适当调整。

29.1.3.3　绝缘配合及过电压保护

电气设备的绝缘配合参照 DL/T 620—1997《交流电气装置的过电压保护和绝缘配合》确定的原则进行。

（1）金属氧化物避雷器按 GB 11032—2010《交流无间隙金属氧化物避雷器》中的规定进行选择。

（2）过电压保护。采用交流无间隙金属氧化物避雷器进行过电压保护，避雷器按照国家标准选择，设备绝缘水平按国家标准要求执行。

（3）接地。山地线路接地装置采用浅埋式，平原采用深埋式。不应接近煤气管道及输水管道。接地线与杆上需接地的部件必须接触良好。

29.2　主要设备及材料清册

方案 JKX-1 主要设备材料清册见表 29-2。

表 29-2　　　　　　方案 JKX-1 主要设备材料清册

序号	名称	规格	单位	数量	质量（kg）单个质量	合计
一、电气部分						
1	导线	JKLYJ-10/120	km	3.30		
2	针式绝缘子	PS-15	只	55		
3	U 型挂环	U-7	副	21		
4	瓷拉棒	SL-15/30	只	21		
5	绝缘线耐张线夹	NXJ2-120	副	21		
6	避雷器	HY5WS-17/50	只	18		
7	隔离刀闸	GW12-630	只	6		
8	永磁真空断路器	ZW12kV/630-25	台	1		
9	验电接地环		只	12		
10	异型并沟线夹		只	21		

续表

序号	名称	规格	单位	数量	质量（kg）单个质量	合计
11	绝缘罩		只	21		
二、接地部分						
1	接地钢材	∠63mm×6mm L=2500mm 4 根	副	5	57.21	286.05
2	接地钢材	50mm×5mm 35m	副	5	68.60	343.00
3	接地钢材	50mm×5mm 15m	副	5	23.52	117.60
三、杆塔部分						
10kV 杆塔部分						
1	水泥杆	$\phi190×12×K×G$	根	15		
2	铁帽	帽-06	个	24	8.40	201.60
3	高压横担	∠75×6×1500	根	17	16.68	283.53
4	横担撑铁		根	82		
5	高压横担穿心螺杆		副	64		
6	螺栓		副	224		
7	羊角抱箍		个	16		
8	U 型抱箍		个	16		
9	底盘	DPH0.6	块	16		
10	卡盘	盘通-05	块	24		
11	水泥杆	$\phi190×12×M×G$	根	1		
12	水泥杆	$\phi350×15×T×BY$	根	4		
13	高压横担	∠75×8×1700	根	8	27.28	218.25
14	高压横担穿心螺杆		副	96		
15	羊角抱箍		个	12		
16	U 型抱箍		个	12		
17	底盘	DPH1.0	块	8		
18	高压横担	∠80×8×1700	根	16	28.35	453.58
19	永磁真空断路器台架	永磁真空断路器台架	kg	1	70	70
20	隔离开关支架	隔离开关支架	组	2	40	80
四、基础部分						
1	现浇基础混凝土	C20	m^3	13.56		

29.3 设计图

方案 JKX-1 设计图清单详见表 29-3。

表 29-3 **方案 JKX-1 设计图清单**

图序	图名	图纸编号
图 29-1	Z-12-K 单回直线水泥杆单线图及技术参数表	JKX-1-01
图 29-2	Z1-2 单回直线水泥杆杆头示意图	JKX-1-02
图 29-3	J19-12-M 无拉线转角水泥杆单线图及技术参数表	JKX-1-03
图 29-4	ZJ1-2 单回直线转角水泥杆杆头示意图	JKX-1-04
图 29-5	J35-12-T 无拉线转角水泥杆单线图及技术参数表	JKX-1-05
图 29-6	NJ1-1 单回耐张水泥杆杆头示意图	JKX-1-06

续表

图序	图名	图纸编号
图 29-7	NJ1-3 单回耐张（终端）水泥杆杆头示意图	JKX-1-07
图 29-8	单回耐张开关杆组装示意图（外加两侧隔离开关）	JKX-1-08
图 29-9	单回电缆引下杆组装示意图（经隔离开关引下）	JKX-1-09
图 29-10	ϕ190 水泥杆基础型式示意图	JKX-1-10
图 29-11	ϕ350 水泥杆基础型式示意图	JKX-1-11
图 29-12	水泥杆杆塔一览表	JKX-1-12
图 29-13	基础一览表	JKX-1-13
图 29-14	接地体加工图	JKX-1-14
图 29-15	10kV 直线柱式瓷绝缘子选用配置表	JKX-1-15
图 29-16	10kV 瓷拉棒绝缘子安装（海拔 1000m 及以下地区）	JKX-1-16

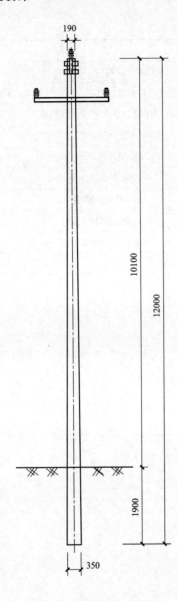

Z-12-K 杆技术参数表

名称	规格及参数值	物料描述
主杆型号	φ190×12×K×G	锥形水泥杆，非预应力，整根杆，12m，190mm，K
根部水平力标准值（kN）	4.18	
根部下压力标准值（kN）	17.11	
根部弯矩标准值（kN·m）	38.33	
根部水平力设计值（kN）	5.85	
根部下压力设计值（kN）	21.66	
根部弯矩设计值（kN·m）	53.66	

图 29-1　Z-12-K 单回直线水泥杆单线图及技术参数表（JKX-1-01）

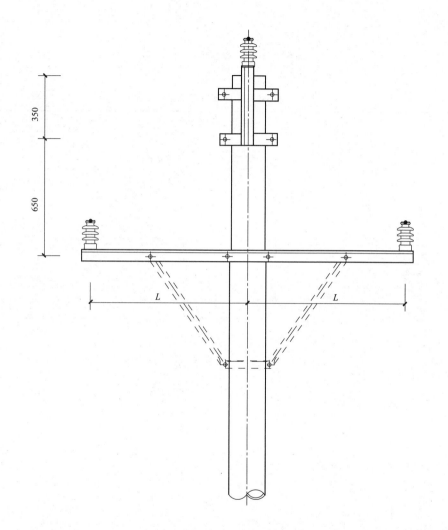

4000m 及以下海拔地区 10kV 横担选型表
（梢径 350mm 及以下电杆）

导线类型	横担使用档距	尺寸 L (mm)	120mm² 及以下导线截面			
			横担编号	横担规格 (mm)	长度 (mm)	横担质量 (kg)
绝缘线	80m 及以下	700	HD1-15/7506A	∠75×6	1500	16.678
裸导线	60m 及以下	700	HD1-15/7506A	∠75×6	1500	16.678
	60～80m	700	HD1-15/7506A	∠75×6	1500	16.678
	80～100m	900	HD2-19/7506A	∠75×6	1900	32.559
	100～120m	1250	HD2-26/7506A	∠75×6	2600	53.106

说明：1. 横担质量包含主角铁质量以及挂线角铁、抱铁、垫片、斜撑等估算质量，实际质量以施工图为准。

2. 100m 及 120m 档距时采用双横担（双顶支架），120m 档距时横担需加斜撑。

3. 横担材质为 Q235。

图 29-2　Z1-2 单回直线水泥杆杆头示意图（JKX-1-02）

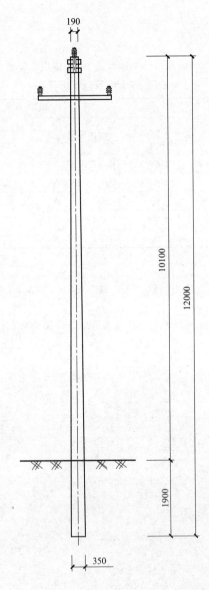

J19-12-M 杆技术参数表

名称	规格及参数值	物料描述
主杆型号	$\phi190\times12\times M\times G$	锥形水泥杆，非预应力，整根杆，12m，190mm，M
		锥形水泥杆，非预应力，法兰组装杆，12m，190mm，M
根部水平力标准值（kN）	5.62	
根部下压力标准值（kN）	15.46	
根部弯矩标准值（kN·m）	58.01	
根部水平力设计值（kN）	7.87	
根部下压力设计值（kN）	18.56	
根部弯矩设计值（kN·m）	81.22	

说明：12m直线转角杆（0°～15°）用。

图 29-3　J19-12-M 无拉线转角水泥杆单线图及技术参数表（JKX-1-03）

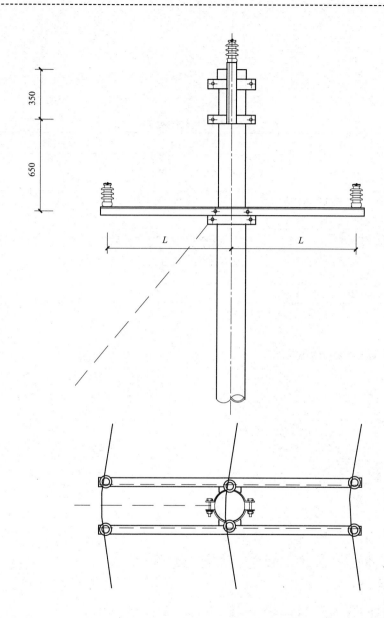

4000m 及以下海拔地区 10kV 横担选型表

（梢径 350mm 及以下电杆）

导线类型	横担使用档距	尺寸			240mm² 及以下导线截面		
		L (mm)	横担编号		横担规格 (mm)	长度 (mm)	横担质量 (kg)
绝缘线	80m 及以下	700	HD2-15/7506		∠75×6	1500	44.575
裸导线	60m 及以下	700	HD2-15/7506		∠75×6	1500	44.575
	60～80m	700	HD2-15/7506		∠75×6	1500	44.575
	80～100m	900	HD2-19/7506		∠75×6	1900	50.099

说明：1. 横担质量包含主角铁质量以及挂线角铁、抱铁、夹紧螺栓、垫片等估算质量，实际质量以施工图为准。

2. 横担材料为 Q235。

图 29-4　ZJ1-2 单回直线转角水泥杆杆头示意图（JKX-1-04）

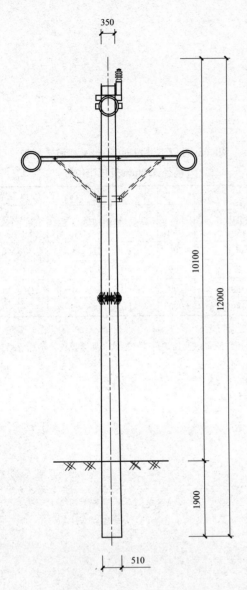

J35-12-T杆技术参数表

名称	规格及参数值	物料描述
主杆型号	$\phi350\times12\times T\times BY$	锥形水泥杆，部分预应力，法兰组装杆，12m，350mm，T
根部水平力标准值（kN）	12.94	
根部下压力标准值（kN）	25.80	
根部弯矩标准值（kN·m）	146.91	
根部水平力设计值（kN）	18.12	
根部下压力设计值（kN）	30.96	
根部弯矩设计值（kN·m）	205.68	

说明：12m耐张转角、终端杆用。

图 29-5 J35-12-T 无拉线转角水泥杆单线图及技术参数表（JKX-1-05）

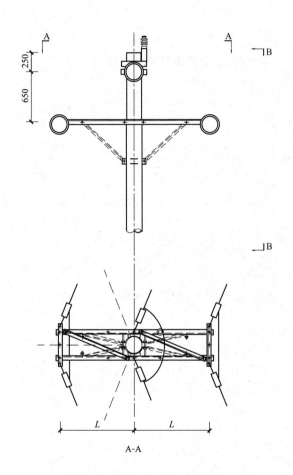

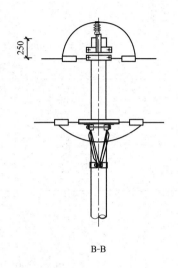

B-B

A-A

4000m 及以下海拔地区 10kV 横担选型表

（梢径 350mm 及以下电杆）

导线类型	横担使用档距	尺寸 L（mm）	240mm² 及以下导线截面			
			横担编号	横担规格（mm）	长度（mm）	横担质量（kg）
绝缘线	80m 及以下	700	HD3-15/7508	∠75×8	1500	50.950
裸导线	60m 及以下	700	HD3-15/7508	∠75×8	1500	50.950
	60～80m	900	HD3-19/7508	∠75×8	1900	58.174
	80～100m	1150	HD3-24/7508	∠75×8	2400	71.764

说明：1. 用于 45°以下转角。

2. HD3-24/7508 横担加斜撑。

3. 横担质量包含主角铁质量以及斜撑角铁、挂线角铁、抱铁、夹紧螺栓、垫片等估算质量，实际质量以施工图为准。

4. 横担材质为 Q235。

图 29-6　NJ1-1 单回耐张水泥杆杆头示意图（JKX-1-06）

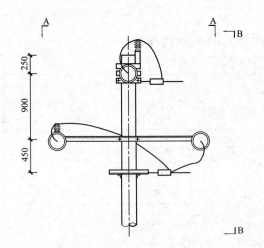

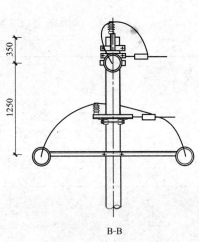

B-B

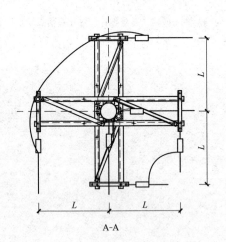

A-A

4000m 及以下海拔地区 10kV 横担选型表

（梢径 350mm 及以下电杆）

导线类型	横担使用档距	尺寸	240mm² 及以下导线截面			
		L（mm）	横担编号	横担规格（mm）	长度（mm）	横担质量（kg）
绝缘线	80m 及以下	700	HD3-15/7508	∠75×8	1500	2×50.950
裸导线	60m 及以下	700	HD3-15/7508	∠75×8	1500	2×50.950
	60~80m	900	HD3-19/7508	∠75×8	1900	2×58.174

说明：1. 用于 45°~90°转角、终端时采用单排横担。

2. 横担质量包含主角铁质量以及斜撑角铁、挂线角铁、抱铁、夹紧螺栓、垫片等估算质量，实际质量以施工图为准。

3. 横担材质为 Q235。

图 29-7　NJ1-3 单回耐张（终端）水泥杆杆头示意图（JKX-1-07）

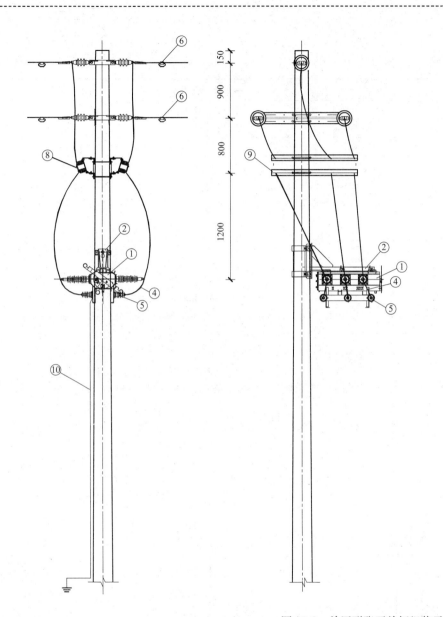

主要材料表				
编号	材料名称	单位	数量	备注
①	柱上开关	台	1	
②	开关支架	套	1	
③	导线引线	m	24	长度仅供参考
④	避雷器上引线	m	12	长度仅供参考
⑤	合成氧化锌避雷器	只	6	YH15WS-17/50
⑥	验电接地环	只	6	
⑦	开关名称牌	只	1	图中未标示,具体安装位置自定
⑧	隔离开关	只	6	
⑨	隔离开关安装支架	套	2	
⑩	接地引下线			

说明：1. 本图为柱上断路器布置及引线方式示意图，各种设备、材料的具体型号、规格由工程设计确定。

2. 接地引下线应采取防腐措施，且接地装置的接地电阻不应大于10Ω，同时应满足 GB/T 50065—2011《交流电气装置的接地设计规范》中关于接触电压及跨步电压的要求。

3. 10kV 带电导体与杆塔构件、拉线之间最小距离，10kV 过引线、引下线与邻相导线之间的最小距离应满足 GB 50061—2010《66kV 及以下架空电力线路设计规范》的要求。

4. 主线引线时禁止在主绝缘线引搭，应在线尾部分搭接，特殊情况除外。

5. 导线与设备连接用接线端子或设备线夹未列入，根据各地实际情况选用。

6. 本材料表中不含主杆主线高压断连材料。

图 29-8　单回耐张开关杆组装示意图（外加两侧隔离开关）(JKX-1-08)

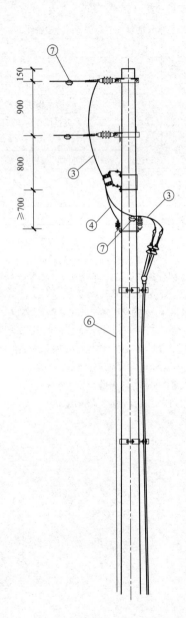

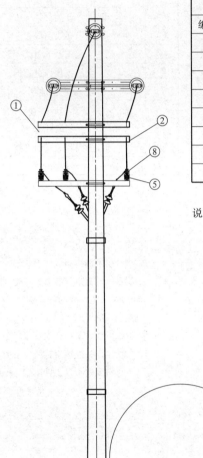

主要材料表				
编号	材料名称	单位	数量	备注
①	隔离开关	只	3	
②	隔离开关安装支架	套	1	
③	导线引线	m	15	长度仅供参考
④	避雷器上引线	m	6	长度仅供参考
⑤	合成氧化锌避雷器	只	3	YH5WS-17/50 或 YH5WBG-17/50
⑥	接地引线			
⑦	验电接地环	只	6	
⑧	线路柱式瓷绝缘子	只	3	

说明：1. 本图为柱上开关布置及引线方式示意图，各种设备、材料的具体型号、规格由工程设计确定。

2. 接地引下线应采取防腐措施，且接地装置的接地电阻不应大于10Ω，同时应满足GB/T 50065—2011《交流电气装置的接地设计规范》中关于接触电压及跨步电压的要求。

3. 10kV带电导体与杆塔构件、拉线之间最小距离，10kV过引线、引下线与邻相导线之间的最小距离应满足GB 50061—2010《66kV及以下架空电力线路设计规范》的要求。

4. 主线引线时禁止在主绝缘线引搭，应在线尾部分搭接，特殊情况除外。

5. 导线与设备连接用接线端子或设备线夹未列入，根据各地实际情况选用。

6. 本材料表中不含主杆主线高压断连材料。

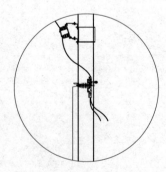

图 29-9　单回电缆引下杆组装示意图（经隔离开关引下）(JKX-1-09)

基础尺寸表						
编号	单位	a	a_1	h	挖方	填方
ϕ190	m	0.7	1.38	1.9	2.24	2.06

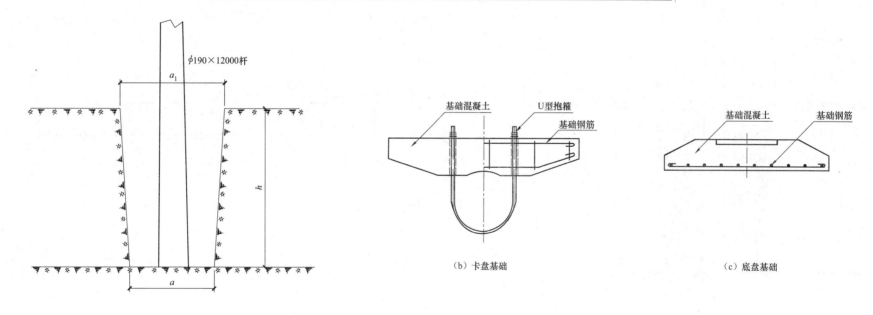

（a）电杆埋深施工图　　　　　　（b）卡盘基础　　　　　　（c）底盘基础

图 29-10　ϕ190 水泥杆基础型式示意图（JKX-1-10）

基础尺寸表							
电杆型号	地质分类	单位	a	a_1	h	挖方（m³）	混凝土（m³）
J35-15-T	普通土	m	1.02	1.7	1.9	3.78	3.60

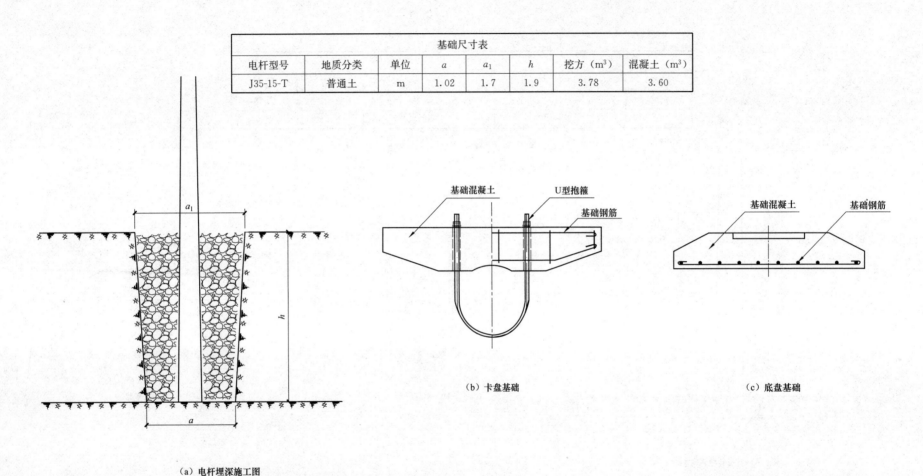

（a）电杆埋深施工图

（b）卡盘基础

（c）底盘基础

图 29-11　ϕ350 水泥杆基础型式示意图（JKX-1-11）

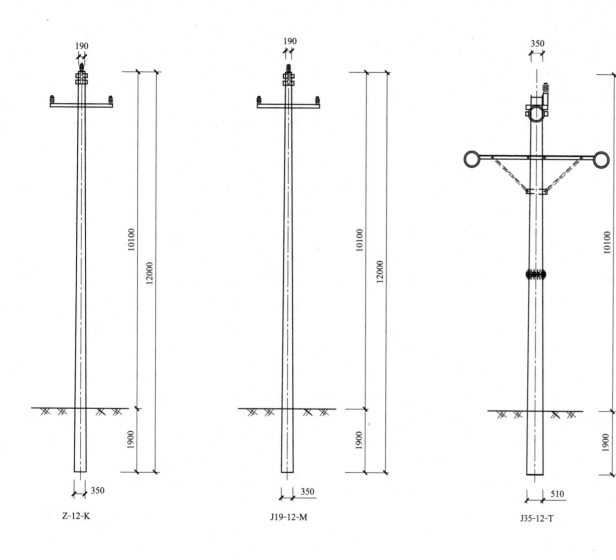

杆 塔 一 览 表		
气象条件	$v=25\text{m/s}$　$b=10\text{mm}$	
导线型号	JKLYJ-120	
序号	杆型	使用基数
1	Z-12-K	15
2	J19-12-M	1
3	J35-12-T	4

图 29-12　水泥杆杆塔一览表（JKX-1-12）

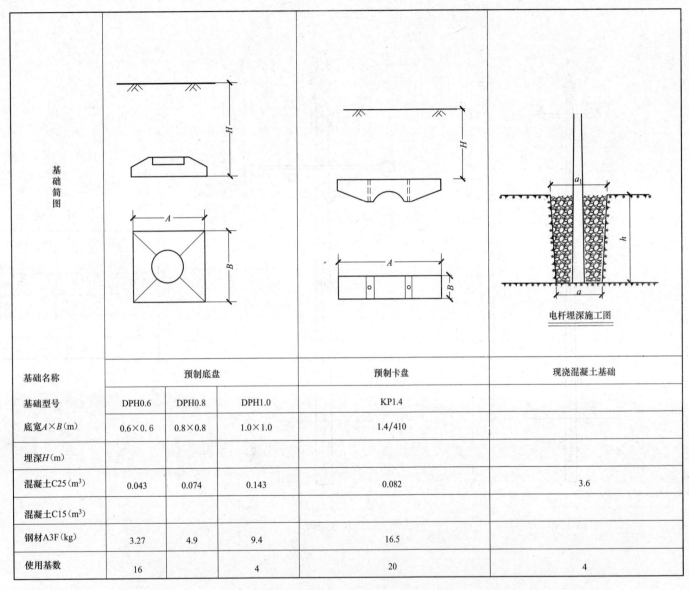

基础简图	预制底盘			预制卡盘	现浇混凝土基础
基础名称	预制底盘			预制卡盘	现浇混凝土基础
基础型号	DPH0.6	DPH0.8	DPH1.0	KP1.4	
底宽$A \times B$(m)	0.6×0.6	0.8×0.8	1.0×1.0	1.4/410	
埋深H(m)					
混凝土C25(m³)	0.043	0.074	0.143	0.082	3.6
混凝土C15(m³)					
钢材A3F(kg)	3.27	4.9	9.4	16.5	
使用基数	16		4	20	4

图 29-13 基础一览表（JKX-1-13）

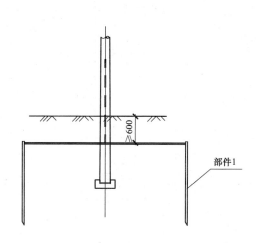

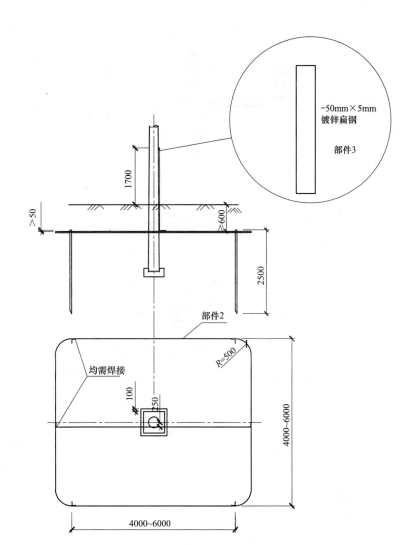

材　料　表

序号	名称	规格	单位	数量	重量（kg）	备注
部件1	角钢	∠63mm×6mm L＝2500mm	根	4	57.21	接地极角钢
部件2	扁钢	50mm×50mm	m	35	68.6	接地扁钢
部件3	扁钢	50mm×5mm	m	12	23.52	接地引上线

说明：1. 接地体及接地引下线均做热镀锌处理。
　　　2. 接地装置的连接均采用焊接，焊接长度应满足规程要求。
　　　3. 接地引上线沿电杆内侧敷设。
　　　4. 在雷雨季干燥时，要求接地电阻值实测不大于10Ω。
　　　5. 此接地体材料及工作量根据地域差别，接地极长度和数量、接地扁铁长度，接地引上线长度
　　　　 在满足接地电阻条件下可做调整。

图 29-14　接地体加工图（JKX-1-14）

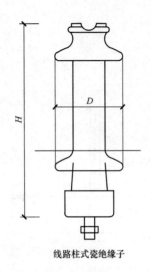

线路柱式瓷绝缘子

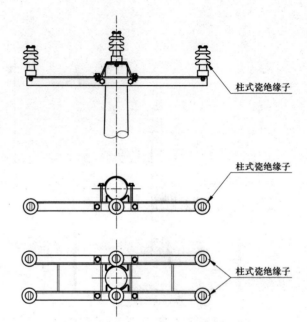

柱式瓷绝缘子

柱式瓷绝缘子

柱式瓷绝缘子

线路柱式瓷绝缘子特性表			
绝缘子参数 \ 绝缘子型号	R5ET105L	R12.5ET170N	R12.5ET200N
雷电冲击耐受电压峰值/kV	105	170	200
工频湿耐受电压有效值/kV	40	70	85
最小公称爬电距离/mm	360	580	620
最小弯曲破坏负荷/kN	5	12.5	12.5
公称总高 H/mm	283	370	430
最大公称直径 D/mm	125	170	180

线路柱式瓷绝缘子配置表			
绝缘子型号 \ 海拔高度 \ 污区等级	1000m 及以下	1000~2500m	2500~4000m
a、b、c	R5ET105L	R12.5ET170N	R12.5ET200N
d	R5ET105L	R12.5ET170N	R12.5ET200N
e	R12.5ET170N	R12.5ET170N	R12.5ET200N

说明：绝缘子配置按海拔高度分类范围值上限考虑。

图 29-15　10kV 直线柱式瓷绝缘子选用配置表（JKX-1-15）

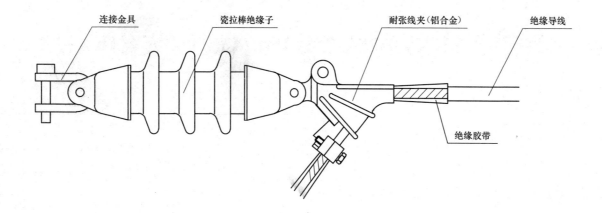

连接金具　　瓷拉棒绝缘子　　耐张线夹（铝合金）　　绝缘导线

绝缘胶带

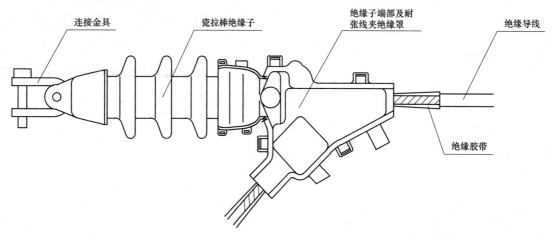

连接金具　　瓷拉棒绝缘子　　绝缘子端部及耐张线夹绝缘罩　　绝缘导线

绝缘胶带

说明：1. 根据绝缘导线的截面选择区配的耐张线夹。

2. 绝缘导线端头应用自粘性绝缘胶带缠绕包扎并做防水处理。

图 29-16　10kV 瓷拉棒绝缘子安装（海拔 1000m 及以下地区）（JKX-1-16）

第 30 章　10kV单回架空线15m水泥杆（方案JKX-2）

30.1　设计说明

30.1.1　总的部分

本典型设计为"客户受电工程典型设计"中对应的"10kV架空线路"部分，方案编号为"JKX-2"。

方案JKX-2对应JKLYJ-10/240单回架设（15m）平地模式和丘陵、山区模式。采用新立15m水泥杆20基，新架设JKLYJ-10/240单回路线路1km，安装真空断路器1台，转角杆、耐张杆安装氧化锌避雷器，共5组。

30.1.1.1　适用范围

适用于10kV单回架空线路150～240mm²线路。

30.1.1.2　方案技术条件

本方案根据"10kV单回架空线典型设计总体说明"确定的预定条件开展设计，方案组合说明见表30-1。

表30-1　　10kV单回架空线JKX-2典型方案技术条件表

序号	项目名称	内　容
1	10kV导线	JKLYJ-10/150-240，按照配电变压器装接容量和线路距离选择
2	10kV回路数	单回架空绝缘线
3	杆头布置	采用三角两种杆头布置型式
4	主要材料选型	15m水泥杆：直线杆14基，小转角杆1基，耐张转角、终端杆5基。 直线绝缘子选用柱式瓷绝缘子，耐张绝缘子选用悬式瓷绝缘子。 横担应满足开展带电作业的要求，横担及金具应热镀锌处理。 10kV选用永磁真空开关。
5	绝缘配合	杆头电气距离、绝缘子选用、柱上设备的外绝缘水平均应满足典型设计引用规范的要求

续表

序号	项目名称	内　容
6	防雷接地	10kV线路防雷接地电阻一般大于10Ω，小电流接地系统接地电阻不大于4Ω。 线路采取安装带间隙的氧化锌避雷器或防雷绝缘子等防雷措施，雷击严重地区全线选用防雷柱式（悬式）瓷绝缘子。 接地体采用长寿命的镀锌扁钢；接地电阻、跨步电压和接触电压应满足有关规程要求
7	土建部分	基础采用底卡盘基础或现浇混凝土结合底卡盘基础
8	站址基本条件	按海拔高度≤1000m；环境温度：−30～+18℃；最热月平均最高温度35℃；国标Ⅲ级污秽区设计；日照强度（风速0.5m/s）0.1W/cm²；地震烈度按7度设计，地震加速度为0.1g，地震特征周期为0.35s；设计风速30m/s，站址标高高于50年一遇洪水水位和历史最高内涝水位，不考虑防洪措施；设计土壤电阻率为不大于100Ωm；地基承载力特征值f_{ak}=150kPa，无地下水影响；地基土及地下水对钢材、混凝土无腐蚀作用

30.1.2　电力系统部分

选择本典设按照给定的架空线型号进行设计，在实际工程中，需要根据实地情况具体设计选择架空线型号。

高压侧采用选用永磁真空断路器。

30.1.3　电气一次部分

30.1.3.1　短路电流及主要电气设备、导体选择

（1）导体选择型式：10kV架空绝缘线选用JKLYJ-10-1×240mm²绝缘导线。按照配电变压器装接容量和线路距离进行导线选择。

（2）10kV侧选用永磁真空断路器。10kV避雷器采用金属氧化物避雷器。

（3）电杆采用非预应力混凝土杆或者部分预应力杆，杆高选用15m。

（4）线路金具按"节能型、绝缘型"原则选用。

（5）真空断路器和隔离开关台架承重力按照质量考虑设计。

30.1.3.2 基础

方案中所有混凝土杆的埋深及底盘的规格均按预定条件选定，埋深2.5m，直线杆和小转角杆采用底、卡盘基础，转角杆、耐张杆采用现浇混凝土结合底卡盘基础。若土质与设计条件差别较大可根据实际情况作适当调整。

30.1.3.3 绝缘配合及过电压保护

电气设备的绝缘配合，参照 DL/T 620—1997《交流电气装置的过电压保护和绝缘配合》确定的原则进行。

（1）金属氧化物避雷器按 GB 11032—2010《交流无间隙金属氧化物避雷器》中的规定进行选择。

（2）过电压保护。采用交流无间隙金属氧化物避雷器进行过电压保护，避雷器按照国标选择，设备绝缘水平按国标要求执行。

（3）接地。山地线路接地装置采用浅埋式，平地采用深埋式。且不应接近煤气管道及输水管道。接地线与杆上需接地的部件必须接触良好。

30.2 主要设备及材料清册

方案 JKX-2 主要设备材料清册见表 30-2。

表 30-2 　　　　　方案 JKX-2 主要设备材料清册

序号	名称	规格	单位	数量	质量(kg) 单个质量	合计
一、电气部分						
1	导线	JKLYJ-10/240	km	3.30		
2	针式绝缘子	PS-15	只	95		
3	U 型挂环	U-7	副	27		
4						
5	瓷拉棒	SL-15/30	只	27		
6	—					
7	绝缘线耐张线夹	NXJ2-240	副	27		
8	避雷器	HY5WS-17/50	只	18		
9	隔离刀闸	GW12-630	只	6		
10	永磁真空开关	ZW12kV/630-25	台	1		

续表

序号	名称	规格	单位	数量	质量(kg) 单个质量	合计
11	验电接地环		只	12		
12	异型并沟线夹		只	27		
13	绝缘罩		只	27		
二、接地部分						
1	接地钢材	∠63mm×6mm L=2500mm 4根	副	6	57.21	343.26
2	接地钢材	50mm×5mm 35m	副	6	68.60	411.60
3	接地钢材	50mm×5mm 15m	副	6	29.40	176.40
三、杆塔部分						
10kV杆塔部分						
1	水泥杆	$\phi190×15×K×G$	根	14		
2	铁帽	帽-06	个	20	8.40	168.00
3	高压横担	∠80×8×1500	根	28	26.42	739.68
4	横担撑铁		根	84		
5	高压横担穿心螺杆		副	60		
6	螺栓		副	168		
7	羊角抱箍		个	15		
8	U 型抱箍		个	15		
9	底盘	DPH0.6	块	15		
10	卡盘	盘通-05	块	18		
11	水泥杆	$\phi190×15×M×G$	根	1		
12	高压横担	∠75×6×1500	根	2	22.29	44.58
13	水泥杆	$\phi350×15×T×BY$	根	5		
14	高压横担	∠75×8×1700	根	8	27.28	218.25
15	高压横担穿心螺杆		副	24		
16	羊角抱箍		个	6		
17	U 型抱箍		个	6		
18	底盘	DPH1.0	块	5		
19	高压横担	∠75×8×1500	根	4	25.48	101.90
20	永磁真空断路器台架	永磁真空断路器台架	组	—1	70	70
21	隔离开关支架	隔离开关支架	组	2	40	80
四、基础部分						
1	现浇基础混凝土	C20	m³	28.71		

30.3　设计图

方案 JKX-2 设计图清单详见表 30-3，图中标杆单位为 m。

表 30-3　　　　　　**方案 JKX-2 设计图清单**

图序	图名	图纸编号
图 30-1	Z-15-K 单回直线水泥杆单线图及技术参数表	JKX-2-01
图 30-2	Z1-2 单回直线水泥杆杆头示意图	JKX-2-02
图 30-3	J19-15-M 无拉线转角水泥杆单线图及技术参数表	JKX-2-03
图 30-4	ZJ1-2 单回直线转角水泥杆杆头示意图	JKX-2-04
图 30-5	J35-15-T 无拉线转角水泥杆单线图及技术参数表	JKX-2-05
图 30-6	J35-15-T 无拉线转角水泥杆单线图及技术参数表	JKX-2-06
图 30-7	NJ1-1 单回耐张水泥杆杆头示意图	JKX-2-07

续表

图序	图名	图纸编号
图 30-8	J35-15-T 无拉线转角水泥杆单线图及技术参数表	JKX-2-08
图 30-9	J35-15-T 无拉线转角水泥杆单线图及技术参数表	JKX-2-09
图 30-10	NJ1-4 单回耐张（终端）水泥杆杆头示意图	JKX-2-10
图 30-11	单回耐张开关杆组装示意图（外加两侧隔离开关）	JKX-2-11
图 30-12	单回电缆引下杆组装示意图（经隔离开关引下）	JKX-2-12
图 30-13	φ190 水泥杆基础型式示意图	JKX-2-13
图 30-14	φ350 水泥杆基础型式示意图	JKX-2-14
图 30-15	水泥杆塔一览图	JKX-2-15
图 30-16	杆塔基础一览图	JKX-2-16
图 30-17	接地体加工图	JKX-2-17
图 30-18	10kV 直线柱式瓷绝缘子选用配置表	JKX-2-18
图 30-19	10kV 瓷拉棒绝缘子安装（海拔 1000m 及以下地区）	JKX-2-19

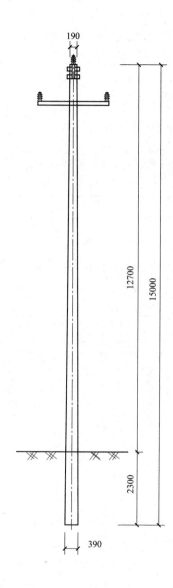

Z-15-K 杆技术参数表

名称	规格及参数值	物料描述
主杆型号	$\phi190\times15\times K\times G$	锥形水泥杆，非预应力，整根杆，15m，190mm，K
根部水平力标准值（kN）	4.24	
根部下压力标准值（kN）	21.91	
根部弯矩标准值（kN·m）	49.08	
根部水平力设计值（kN）	5.94	
根部下压力设计值（kN）	27.32	
根部弯矩设计值（kN·m）	68.71	

图 30-1　Z-15-K 单回直线水泥杆单线图及技术参数表（JKX-2-01）

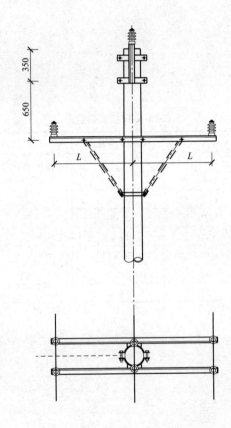

4000m 及以下海拔地区 10kV 横担选型表

（梢径 350mm 及以下电杆）

导线类型	横担使用档距	尺寸 L (mm)	150～240mm² 导线截面			
			横担编号	横担规格 (mm)	长度 (mm)	横担质量 (kg)
绝缘线	80m 及以下	700	HD1-15/8008B	∠80×8	1500	52.834
裸导线	60m 及以下	700	HD1-15/8008B	∠80×8	1500	52.834
	60～80m	700	HD1-15/8008B	∠80×8	1500	52.834
	80～100m	900	HD2-19/8008B	∠80×8	1900	60.560
	100～120m	1250	HD2-26/8008B	∠80×8	2600	74.081

说明：1. 横担质量包含主角铁质量以及挂线角铁、抱铁、垫片、斜撑等估算质量，实际质量以施工图为准。

2. 横担材质为 Q235。

图 30-2　Z1-2 单回直线水泥杆杆头示意图（JKX-2-02）

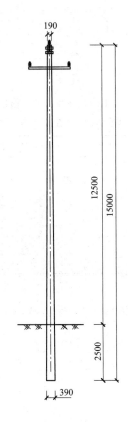

J19-15-M 杆技术参数表

名称	规格及参数值	物料描述
主杆型号	$\phi 190 \times 15 \times M \times G$	锥形水泥杆，非预应力，整根杆，1.5m，190mm，M
		锥形水泥杆，非预应力，法兰组装杆，1.5m，190mm，M
		锥形水泥杆，非预应力，焊接组装杆，1.5m，190mm，M
根部水平力标准值（kN）	6.15	
根部下压力标准值（kN）	19.33	
根部弯矩标准值（kN·m）	72.99	
根部水平力设计值（kN）	8.61	
根部下压力设计值（kN）	23.20	
根部弯矩设计值（kN·m）	102.19	

说明：0°～8°直线转角杆。

图 30-3 J19-15-M 无拉线转角水泥杆单线图及技术参数表（JKX-2-03）

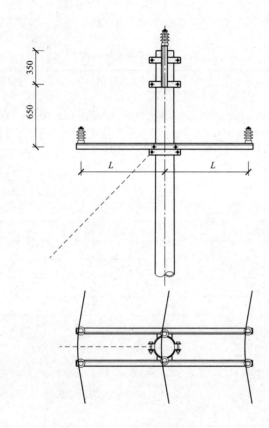

4000m 及以下海拔地区 10kV 横担选型表

（梢径 350mm 及以下电杆）

导线类型	横担使用档距	尺寸 L （mm）	240mm² 及以下导线截面			
			横担编号	横担规格 （mm）	长度 （mm）	横担质量 （kg）
绝缘线	80m 及以下	700	HD2-15/7506	∠75×6	1500	44.575
裸导线	60m 及以下	700	HD2-15/7506	∠75×6	1500	44.575
	60～80m	700	HD2-15/7506	∠75×6	1500	44.575
	80～100m	900	HD2-19/7506	∠75×6	1900	50.099

说明：1. 横担质量包含主角铁质量以及挂线角铁、抱铁、夹紧螺栓、垫片等估算质量，实际质量以施工图为准。
　　　2. 横担材质为 Q235。

图 30-4　ZJ1-2 单回直线转角水泥杆杆头示意图（JKX-2-04）

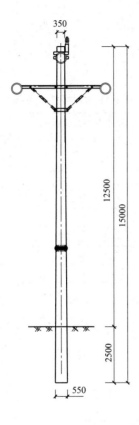

J35-15-T 水泥杆技术参数表

名称	规格及参数值	物料描述
主杆型号	$\phi350 \times 15 \times T \times BY$	锥形水泥杆，部分预应力，法兰组装杆，15m，350mm，T
根部水平力标准值（kN）	13.00	
根部下压力标准值（kN）	32.56	
根部弯矩标准值（kN・m）	182.73	
根部水平力设计值（kN）	18.20	
根部下压力设计值（kN）	39.08	
根部弯矩设计值（kN・m）	255.83	

说明：8°～30°转角杆。

图 30-5　J35-15-T 无拉线转角水泥杆单线图及技术参数表（JKX-2-05）

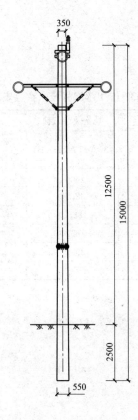

J35-15-T 水泥杆技术参数表

名称	规格及参数值	物料描述
主杆型号	$\phi350\times15\times T\times BY$	锥形水泥杆，部分预应力，法兰组装杆，15m，350mm，T
根部水平力标准值（kN）	13.00	
根部下压力标准值（kN）	32.56	
根部弯矩标准值（kN·m）	182.73	
根部水平力设计值（kN）	18.20	
根部下压力设计值（kN）	39.08	
根部弯矩设计值（kN·m）	255.83	

说明：30°~45°转角杆。使用此杆型时，导线最大安全系数为10。

图 30-6　J35-15-T 无拉线转角水泥杆单线图及技术参数表（JKX-2-06）

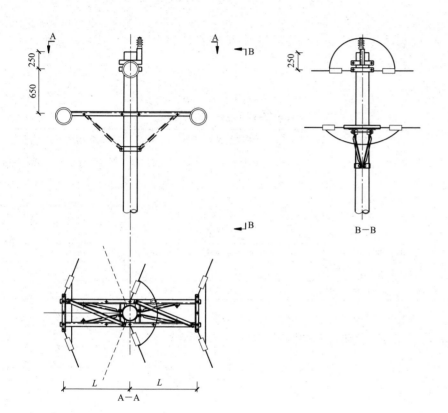

4000m 及以下海拔地区 10kV 横担选型表
（梢径 350mm 及以下电杆）

导线类型	横担使用档距	尺寸 L (mm)	240mm² 及以下导线截面			
			横担编号	横担规格 (mm)	长度 (mm)	横担质量 (kg)
绝缘线	80m 及以下	700	HD3-15/7508	∠75×8	1500	50.950
裸导线	60m 及以下	700	HD3-15/7508	∠75×8	1500	50.950
	60~80m	900	HD3-19/7508	∠75×8	1900	58.174
	80~100m	1150	HD3-24/7508	∠75×8	2400	71.764

说明：1. 用于 45°以下转角。

　　　2. HD3-24/7508 横担加斜撑。

　　　3. 横担质量包含主角铁质量以及斜撑角铁、挂线角铁、抱铁、夹紧螺栓、垫片等估算质量，实际质量以施工图为准。

　　　4. 横担材质为 Q235。

图 30-7　NJ1-1 单回耐张水泥杆杆头示意图（JKX-2-07）

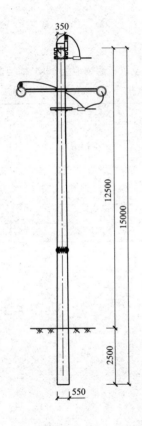

J35-15-T 水泥杆技术参数表

名称	规格及参数值	物料描述
主杆型号	$\phi350\times15\times T\times BY$	锥形水泥杆，部分预应力，法兰组装杆，15m，350mm，T
根部水平力标准值（kN）	13.00	
根部下压力标准值（kN）	32.56	
根部弯矩标准值（kN·m）	182.73	
根部水平力设计值（kN）	18.20	
根部下压力设计值（kN）	39.08	
根部弯矩设计值（kN·m）	255.83	

说明：45°~60°转角杆用；使用此杆型时，导线最大安全系数为10。

图 30-8　J35-15-T 无拉线转角水泥杆单线图及技术参数表（JKX-2-08）

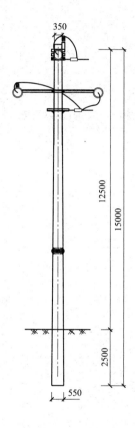

J35-15-T 水泥杆技术参数表

名称	规格及参数值	物料描述
主杆型号	$\phi350\times15\times T\times BY$	锥形水泥杆，部分预应力，法兰组装杆，15m，350mm，T
根部水平力标准值（kN）	13.00	
根部下压力标准值（kN）	32.56	
根部弯矩标准值（kN·m）	182.73	
根部水平力设计值（kN）	18.20	
根部下压力设计值（kN）	39.08	
根部弯矩设计值（kN·m）	255.83	

说明：60°～90°转角杆用；使用此杆型时，导线最大安全系数为10。

图 30-9　J35-15-T 无拉线转角水泥杆单线图及技术参数表（JKX-2-09）

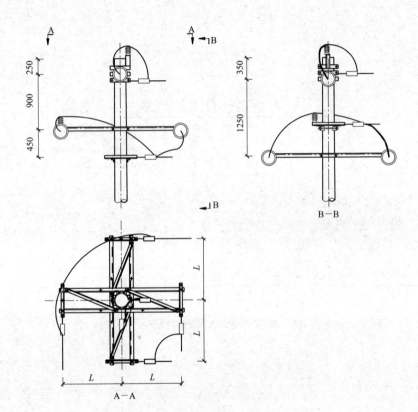

4000m 及以下海拔地区 10kV 横担选型表
（梢径 350mm 及以下电杆）

导线类型	横担使用档距	尺寸 L（mm）	240mm² 及以下导线截面			
			横担编号	横担规格（mm）	长度（mm）	横担质量（kg）
绝缘线	80m 及以下	700	HD3-15/7508	∠75×8	1500	2×50.950
裸导线	60m 及以下	700	HD3-15/7508	∠75×8	1500	2×50.950
	60~80m	900	HD3-19/7508	∠75×8	1900	2×58.174

说明：1. 用于 45°~90°转角，终端时采用单排横担。

2. 横担质量包含主角铁质量以及斜撑角铁、挂线角铁、抱铁、夹紧螺栓、垫片等估算质量，实际质量以施工图为准。

3. 横担材质为 Q235。

图 30-10　NJ1-4 单回耐张（终端）水泥杆杆头示意图（JKX-2-10）

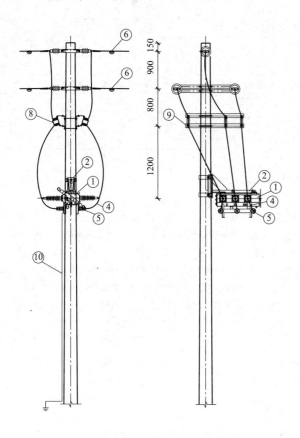

主要材料表				
编号	材料名称	单位	数量	备注
①	柱上开关	台	1	
②	开关支架	套	1	
③	导线引线	m	24	长度仅供参考
④	避雷器上引线	m	12	长度仅供参考
⑤	合成氧化锌避雷器	只	6	YH5WS-17/50
⑥	验电接地环	只	6	
⑦	开关名称牌	只	1	图中未标示，具体安装位置自定
⑧	隔离开关	只	6	
⑨	隔离开关安装支架	套	2	
⑩	接地引下线			

说明：1. 本图为柱上开关布置及引线方式示意图，各种设备、材料的具体型号、规格由工程设计确定。

2. 接地引下线应采取防腐措施，且接地装置的接地电阻不应大于 10Ω，同时应满足 GB/T 50065—2011《交流电气装置的接地设计规范》中关于接触电压及跨步电压的要求。

3. 10kV 带电导体与杆塔构件、拉线之间最小距离，10kV 过引线、引下线与邻相导线之间的最小距离应满足 GB 50061—2010《66kV 及以下架空电力线路设计规范》的要求。

4. 主线引线时禁止在主绝缘线引搭，应在线尾部分搭接，特殊情况除外。

5. 导线与设备连接用接线端子或设备线夹未列入，根据各地实际情况选用。

6. 本材料表中不含主杆主线高压断连材料。

图 30-11 单回耐张开关杆组装示意图（外加两侧隔离开关）（JKX-2-11）

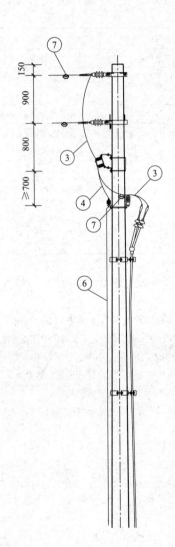
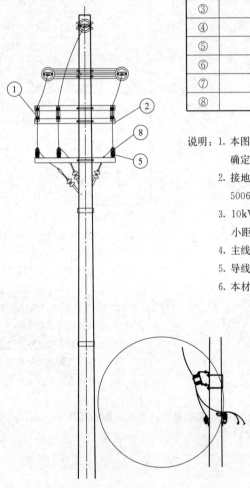

主要材料表				
编号	材料名称	单位	数量	备注
①	隔离开关	只	3	
②	隔离开关安装支架	套	1	
③	导线引线	m	15	长度仅供参考
④	避雷器上引线	m	6	长度仅供参考
⑤	合成氧化锌避雷器	只	3	YH5WS-17/50 或 YH5WBG-17/50
⑥	接地引线			
⑦	验电接地环	只	6	
⑧	线路柱式瓷绝缘子	只	3	

说明：1. 本图为柱上开关布置及引线方式示意图，各种设备、材料的具体型号、规格由工程设计
　　　　确定。

　　　2. 接地引下线应采取防腐措施，且接地装置的接地电阻不应大于 10Ω，同时应满足 GB/T
　　　　50065—2011《交流电气装置的接地设计规范》中关于接触电压及跨步电压的要求。

　　　3. 10kV 带电导体与杆塔构件、拉线之间最小距离，10kV 过引线、引下线与邻相导线之间的最
　　　　小距离应满足 GB 50061—2010《66kV 及以下架空电力线路设计规范》的要求。

　　　4. 主线引线时禁止在主绝缘线引搭，应在线尾部分搭接，特殊情况除外。

　　　5. 导线与设备连接用接线端子或设备线夹未列入，根据各地实际情况选用。

　　　6. 本材料表中不含主杆主线高压断连材料。

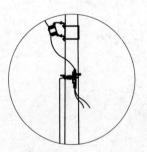

图 30-12　单回电缆引下杆组装示意图（经隔离开关引下）(JKX-2-12)

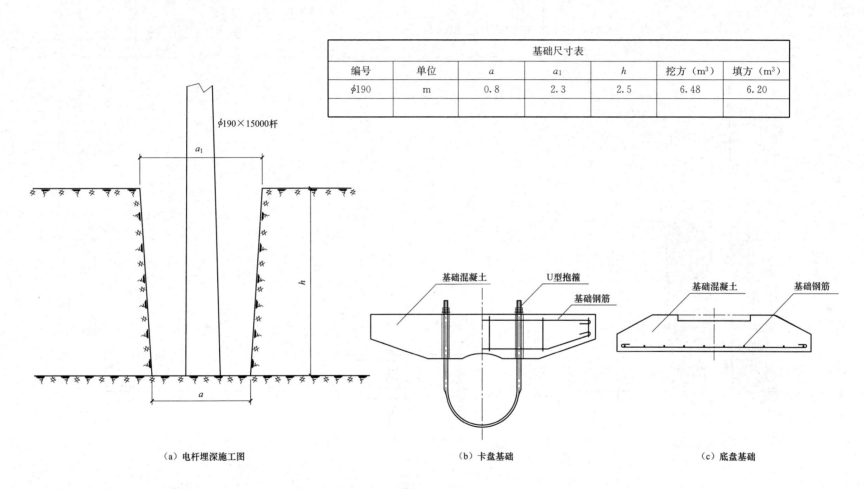

基础尺寸表						
编号	单位	a	a_1	h	挖方（m³）	填方（m³）
ϕ190	m	0.8	2.3	2.5	6.48	6.20

（a）电杆埋深施工图　　　　（b）卡盘基础　　　　（c）底盘基础

图 30-13 ϕ190 水泥杆基础型式示意图（JKX-2-13）

基础尺寸表							
电杆型号	地质分类	单位	a	a_1	h	挖方（m³）	填方（m³）
J35-15-T	普通土	m	1.26	2.76	2.5	10.57	10.01

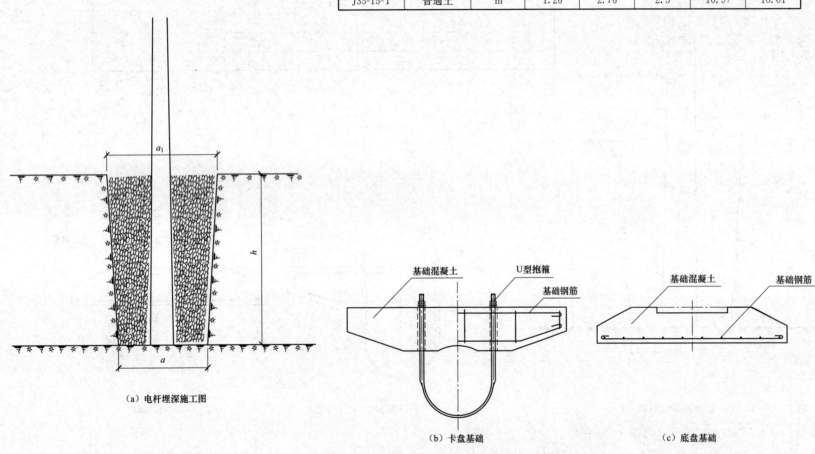

（a）电杆埋深施工图

现浇混凝土基础

（b）卡盘基础

（c）底盘基础

图 30-14　φ350 水泥杆基础型式示意图（JKX-2-14）

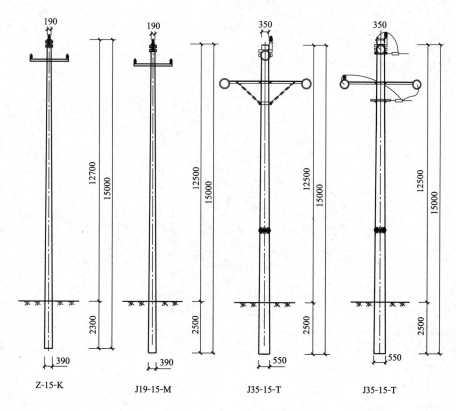

图 30-15　水泥杆杆塔一览图（JKX-2-15）

杆 塔 一 览 表

气象条件	$v=25\mathrm{m/s}$　$b=10\mathrm{mm}$	
导线型号	JKLYJ-240	
序号	杆型	使用基数
1	Z-15-K	14
2	J19-15-M	1
3	J35-15-T	5

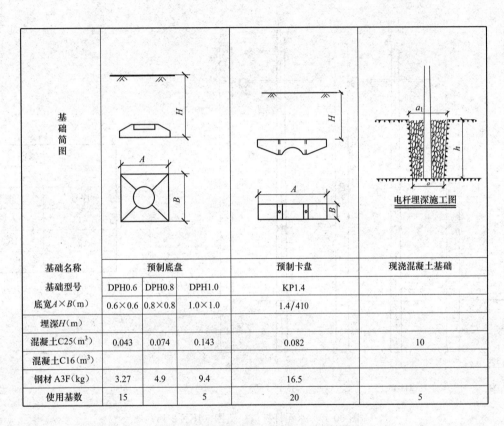

基础简图	预制底盘			预制卡盘	现浇混凝土基础
基础名称	预制底盘			预制卡盘	现浇混凝土基础
基础型号	DPH0.6	DPH0.8	DPH1.0	KP1.4	
底宽$A \times B$(m)	0.6×0.6	0.8×0.8	1.0×1.0	1.4/410	
埋深H(m)					
混凝土C25(m³)	0.043	0.074	0.143	0.082	10
混凝土C16(m³)					
钢材A3F(kg)	3.27	4.9	9.4	16.5	
使用基数	15		5	20	5

图 30-16　杆塔基础一览图（JKX-2-16）

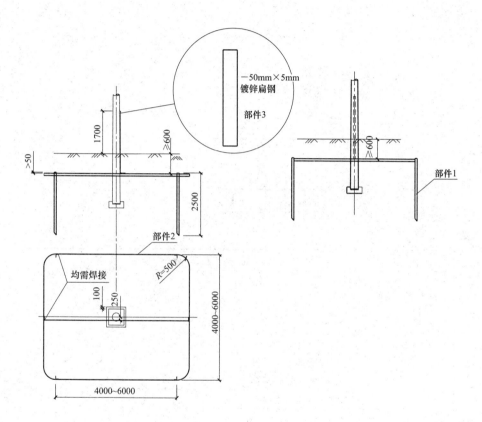

材 料 表

序号	名称	规格	单位	数量	质量（kg）	备注
部件1	角钢	∠63mm×6mm L=2500mm	根	4	57.21	接地极角钢
部件2	扁钢	—50mm×5mm	m	35	68.6	接地扁钢
部件3	扁钢	50mm×5mm	m	15	29.4	接地引上线

说明：1. 接地体及接地引下线热镀锌处理。

　　　2. 接地装置的连接均采用焊接，焊接长度就满足规程要求。

　　　3. 拉地引上线沿电杆内侧敷设。

　　　4. 在雷雨季干燥时，要求接地电阻值实测不大于10Ω。

　　　5. 此接地体材料及工作量根据地域差别，接地极长度和数量、接地扁铁长度，接地引上线长度在满足接地电阻条件下可做调整。

图 30-17　接地体加工图（JKX-2-17）

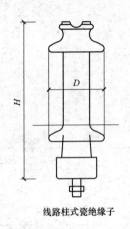

线路柱式瓷绝缘子

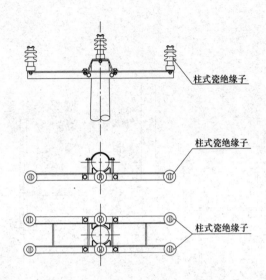

线路柱式瓷绝缘子特性表			
绝缘子参数 ＼ 绝缘子型号	R5ET105L	R12.5ET170N	R12.5ET200N
雷电冲击耐受电压峰值（kV）	105	170	200
工频湿耐受电压有效值（kV）	40	70	85
最小公称爬电距离（mm）	360	580	620
最小弯曲破坏负荷（kN）	5	12.5	12.5
公称总高 H（mm）	283	370	430
最大公称直径 D（mm）	125	170	180

线路柱式瓷绝缘子配置表			
绝缘子型号 ＼ 海拔高度 ／ 污区等级	1000m 及以下	1000～2500m	2500～4000m
a、b、c	R5ET105L	R12.5ET170N	R12.5ET200N
d	R5ET105L	R12.5ET170N	R12.5ET200N
e	R12.5ET170N	R12.5ET170N	R12.5ET200N

说明：绝缘子配置按海拔高度分类范围值上限考虑。

图 30-18　10kV 直线柱式瓷绝缘子选用配置表（JKX-2-18）

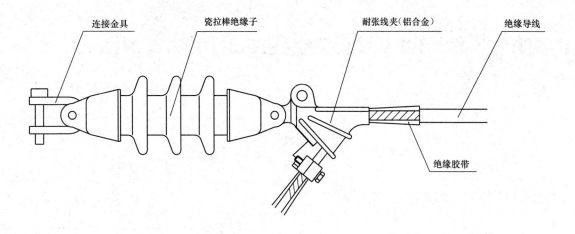

连接金具　　瓷拉棒绝缘子　　耐张线夹（铝合金）　　绝缘导线

绝缘胶带

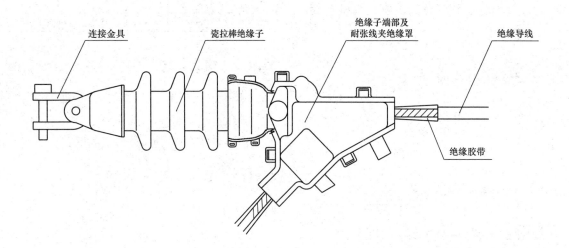

连接金具　　瓷拉棒绝缘子　　绝缘子端部及耐张线夹绝缘罩　　绝缘导线

绝缘胶带

说明：1. 根据绝缘导线的截面选择匹配的耐张线夹。

2. 绝缘导线端头应用自粘性绝缘胶带缠绕包扎并做防水处理。

图 30-19　10kV 瓷拉棒绝缘子安装（海拔 1000m 及以下地区）（JKX-2-19）

第 **31** 章　10kV双回架空线15m杆（方案JKX–3）

31.1　设计说明

31.1.1　总的部分

本典型设计为"客户受电工程典型设计"中对应的"10kV架空线路"部分，方案编号为"JKX-3"。

方案JKX-3对应JKLYJ-10/240双回架设（15m）平地模式和丘陵、山区模式。采用新立15m水泥杆17基，13m钢管杆3基，新架设JKLYJ-10/240双回路线路1km，安装真空断路器2台，转角杆、耐张杆安装氧化锌避雷器，共10组。

31.1.1.1　适用范围

适用于10kV双回架空线路采用150～240mm² 线路。

31.1.1.2　方案技术条件

本方案根据"10kV双回架空线典型设计总体说明"确定的预定条件开展设计，方案组合说明见表31-1。

表 31-1　　**10kV 双回架空线 JKX-3 典型方案技术条件表**

序号	项目名称	内容
1	10kV 导线	JKLYJ-10/150-240，按照配变装接容量和线路距离选择
2	10kV 回路数	双回架空绝缘线
3	杆头布置	采用三角杆头布置型式
4	主要材料选型	15m水泥杆：直线杆14基，小转角杆3基；13m钢管杆：耐张转角、终端杆3基。 直线绝缘子选用柱式瓷绝缘子，耐张绝缘子选用悬式瓷绝缘子。 横担应满足开展带电作业的要求，横担及金具应热镀锌处理。 10kV选用永磁真空断路器

续表

序号	项目名称	内容
5	绝缘配合	杆头电气距离、绝缘子选用、柱上设备的外绝缘水平均应满足典型设计引用规范的要求
6	防雷接地	10kV 线路防雷接地电阻一般大于10Ω，小电流接地系统接地电阻不大于4Ω。 线路采取安装带间隙的氧化锌避雷器或防雷绝缘子等防雷措施，雷击严重地区全线选用防雷柱式（悬式）瓷绝缘子。 接地体采用长寿命的镀锌扁钢；接地电阻、跨步电压和接触电压应满足有关规程要求
7	土建部分	基础采用底卡盘基础或现浇混凝土结合底卡盘基础

31.1.2　电力系统部分

本典设按照给定的架空线型号进行设计，在实际工程中，需要根据实地情况具体设计选择架空线型号。

高压侧采用选用永磁真空断路器。

31.1.3　电气一次部分

31.1.3.1　短路电流及主要电气设备、导体选择

（1）导体选择型式：10kV 架空绝缘线选用 JKLYJ-10-1×240mm² 绝缘导线。按照配变装接容量和线路距离进行导线选择。

（2）10kV 侧选用永磁真空断路器。10kV 避雷器采用金属氧化物避雷器。

（3）直线电杆采用非预应力混凝土杆、部分预应力杆，杆高选用15m。转角15°以上、耐张杆及终端杆采用钢管杆，杆高选用13m。

（4）线路金具按"节能型、绝缘型"原则选用。

（5）真空断路器和隔离开关台架承重力按照质量考虑设计。

31.1.3.2　基础

方案中所有混凝土杆的埋深及底盘的规格均按预定条件选定，埋深2.5m，直线杆采用底、卡盘基础，小转角杆采用现浇混凝土结合底卡盘基础，转角杆、耐张杆采用灌注桩基础。若土质与设计条件差别较大可根据实际情况做适当调整。

31.1.3.3　绝缘配合及过电压保护

电气设备的绝缘配合，参照 DL/T 620—1997《交流电气装置的过电压保护和绝缘配合》确定的原则进行。

（1）金属氧化物避雷器按 GB 11032—2010《交流无间隙金属氧化物避雷器》中的规定进行选择。

（2）过电压保护。采用交流无间隙金属氧化物避雷器进行过电压保护，避雷器按照国标选择，设备绝缘水平按国标要求执行。

（3）接地。山地线路接地装置采用浅埋式，平地采用深埋式。且不应接近煤气管道及输水管道。接地线与杆上需接地的部件必须接触良好。

31.2　主要设备及材料清册

方案 JKX-3 主要设备材料清册见表 31-2。

表 31-2　　　　方案 JKX-3 主要设备材料清册

序号	名称	规格	单位	数量	质量(kg) 单个质量	合计
一、电气部分						
1	导线	JKLYJ-10/240	km	6.60		
2	针式绝缘子	PS-15	只	180		
3	U 型挂环	U-7	副	66		
4	瓷拉棒	SL-15/30	只	66		
5	绝缘线耐张线夹	NXJ2-240	副	66		
6	避雷器	HY5WS-17/50	只	36		
7	隔离刀闸	GW12-630	只	12		
8	永磁真空开关	ZW12kV/630-25	台	2		
9	验电接地环		只	36		
10	异型并沟线夹		只	66		

续表

序号	名称	规格	单位	数量	质量(kg) 单个质量	合计
11	绝缘罩		只	66		
二、接地部分						
1	接地钢材	$\angle 63mm \times 6mm$ $L=2500mm$，4 根	副	6	57.21	343.26
2	接地钢材	$50mm \times 5mm$ 35m	副	6	68.60	411.60
3	接地钢材	$50mm \times 5mm$ 15m	副	6	29.40	176.40
三、杆塔部分						
10kV 杆塔部分						
1	水泥杆	$\phi 190 \times 15 \times K \times G$	根	14		
2	高压横担	$\angle 75 \times 6 \times 1500$	根	28	22.29	624.12
3	高压横担	$\angle 80 \times 6 \times 2700$	根	28	32.06	897.68
4	横担撑铁		根	68		
5	横担撑铁		根	68		
6	螺栓		副	112		
7	螺栓		副	272		
8	羊角抱箍		个	14		
9	羊角抱箍		个	14		
10	U 型抱箍		个	15		
11	底盘	DPH0.6	块	14		
12	卡盘	盘通-05	块	17		
13	水泥杆	$\phi 350 \times 15 \times T \times BY$	根	3		
14	高压横担	$\angle 75 \times 8 \times 1500$	根	6	25.48	152.85
15	高压横担	$\angle 80 \times 8 \times 2700$	根	6	40.29	241.72
16	螺栓		副	12		
17	羊角抱箍		个	1		
18	羊角抱箍		个	1		
19	底盘	DPH1.0	块	3		
20	螺栓		副	20		
21	羊角抱箍		个	2		
22	羊角抱箍		个	2		
23	U 型抱箍		个	2		
24	钢管塔	GN31-13	基	1	3123	3123

续表

序号	名称	规格	单位	数量	质量(kg) 单个质量	质量(kg) 合计
25	钢管塔	GN35-13	基	2	3709.28	7148.56
26	永磁真空断路器台架	永磁真空断路器台架	组	2140	70	140
27	隔离开关支架	隔离开关支架	组	4	40	160
四、基础部分						
1	现浇基础钢材	A3F	kg	1745.46		
2	现浇基础混凝土	C25	m³	37.77		
3	地脚螺栓	M80	kg	2086.83		
4	现浇基础混凝土	C20	m³	30.77		

31.3 设计图

方案 JKX-3 设计图清单详见表 31-3，图中标杆单位为 m。

表 31-3   **方案 JKX-3 设计图清单**

图序	图名	图纸编号
图 31-1	2Z-15-K 双回直线水泥杆单线图及技术参数表	JKX-3-01
图 31-2	ZJ2-3 双回直线水泥杆杆头示意图	JKX-3-02
图 31-3	J35-15-T 无拉线转角水泥杆单线图及技术参数表	JKX-3-03
图 31-4	NJ2-3 双回耐张水泥杆杆头示意图	JKX-3-04
图 31-5	13m 耐张钢管杆单线图及技术参数表	JKX-3-05
图 31-6	NJ2-6 双回耐张钢管杆杆头示意图	JKX-3-06
图 31-7	双回耐张开关杆组装示意图（外加两侧隔离开关）	JKX-3-07
图 31-8	双回电缆引下杆组装示意图（经隔离开关引下）	JKX-3-08
图 31-9	φ190 水泥杆基础型式示意图	JKX-3-09
图 31-10	φ350 水泥杆基础型式示意图	JKX-3-10
图 31-11	耐张钢管杆基础型式示意图	JKX-3-11
图 31-12	水泥杆塔一览图	JKX-3-12
图 31-13	耐张钢管杆一览图	JKX-3-13
图 31-14	基础一览图	JKX-3-14
图 31-15	接地体加工图	JKX-3-15
图 31-16	10kV 直线柱式瓷绝缘子选用配置表	JKX-3-16
图 31-17	10kV 瓷拉棒绝缘子安装（海拔 1000m 及以下地区）	JKX-3-17

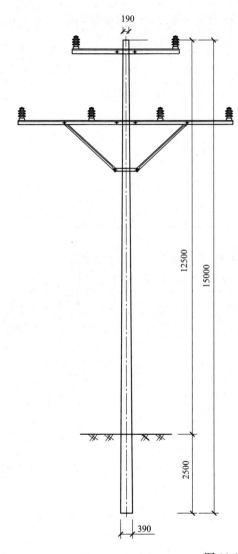

2Z-15-K 杆技术参数表

名称	规格及参数值	物料描述
主杆型号	$\phi190 \times 15 \times K \times G$	锥形水泥杆，非预应力，整根杆，15m，190mm，K
根部水平力标准值（kN）	4.15	
根部下压力标准值（kN）	30.60	
根部弯矩标准值（kN·m）	49.00	
根部水平力设计值（kN）	5.81	
根部下压力设计值（kN）	39.47	
根部弯矩设计值（kN·m）	68.60	

图 31-1　2Z-15-K 双回直线水泥杆单线图及技术参数表（JKX-3-01）

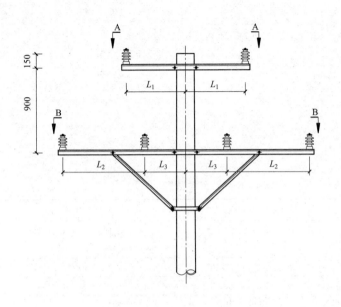

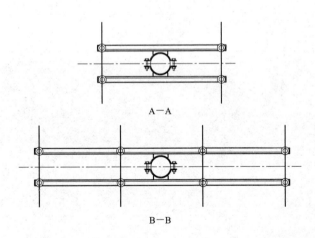

A－A

B－B

2000m 及以下海拔地区 10kV 横担选型表

（梢径 350mm 及以下电杆）

导线类型	横担使用档距	横担名称	尺寸（mm）			240mm² 及以下导线截面			
			L_1	L_2	L_3	横担编号	横担规格（mm）	长度（mm）	横担质量（kg）
绝缘线	80m 及以下	上横担	700	750	550	HD2-15/7506	∠75×6	1500	44.575
		下横担				HD2-27/8006	∠80×6	2700	64.110
裸导线	60m 及以下	上横担	700	800	550	HD2-15/7506	∠75×6	1500	44.575
		下横担				HD2-28/8006	∠80×6	2800	65.586
	60～80m	上横担	900	1000	550	HD2-19/7506	∠75×6	1900	50.099
		下横担				HD2-32/8006	∠80×6	3200	71.486

2000～4000m 海拔地区 10kV 横担选型表

（梢径 350mm 及以下电杆）

导线类型	横担使用档距	横担名称	尺寸（mm）			240mm² 及以下导线截面			
			L_1	L_2	L_3	横担编号	横担规格（mm）	长度（mm）	横担质量（kg）
绝缘线	80m 及以下	上横担	700	750	600	HD2-15/7506	∠75×6	1500	44.575
		下横担				HD2-28/8006	∠80×6	2800	65.586
裸导线	60m 及以下	上横担	700	800	600	HD2-15/7506	∠75×6	1500	44.575
		下横担				HD2-29/8006	∠80×6	2900	67.061
	60～80m	上横担	900	1000	600	HD2-19/7506	∠75×6	1900	50.099
		下横担				HD2-33/8006	∠80×6	3300	72.962

说明：1. 适用转角度数 0°～8°。

2. 横担质量包含主角铁质量以及挂线角铁、斜撑角铁、抱铁、垫片等估算质量，实际质量以施工图为准。

3. 横担材质为 Q235。

图 31-2　ZJ2-3 双回直线水泥杆杆头示意图（JKX-3-02）

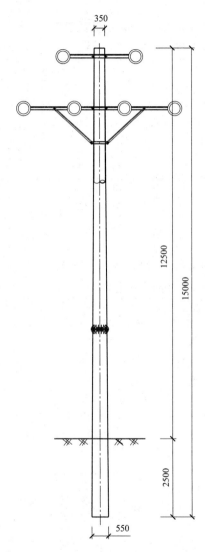

J35-15-T 杆技术参数表

名称	规格及参数值	物料描述
主杆型号	$\phi350\times15\times T\times BY$	锥形水泥杆，部分预应力，法兰组装杆，15m，350mm，T
根部水平力标准值（kN）	13.00	
根部下压力标准值（kN）	32.56	
根部弯矩标准值（kN·m）	182.73	
根部水平力设计值（kN）	18.20	
根部下压力设计值（kN）	39.08	
根部弯矩设计值（kN·m）	255.83	

说明：15°以下转角杆用。

图 31-3　J35-15-T 无拉线转角水泥杆单线图及技术参数表（JKX-3-03）

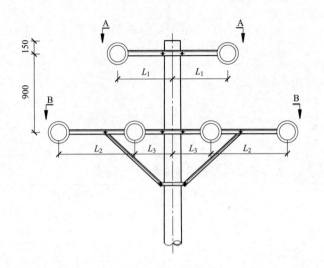

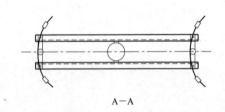

A—A

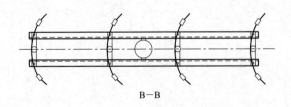

B—B

2000m 及以下海拔地区 10kV 横担选型表

（梢径 350mm 及以下电杆）

导线类型	横担使用档距	横担名称	尺寸（mm）			240mm² 及以下导线截面			
			L_1	L_2	L_3	横担编号	横担规格（mm）	长度（mm）	横担质量（kg）
绝缘线	80m 及以下	上横担	700	750	550	HD3-15/7508	∠75×8	1500	50.950
		下横担				HD3-27/8008	∠80×8	2700	80.573
裸导线	60m 及以下	上横担	700	900	550	HD3-15/7508	∠75×8	1500	50.950
		下横担				HD3-30/8008	∠80×8	3000	86.368
	60～80m	上横担	900	1100	550	HD3-19/7508	∠75×8	1900	58.174
		下横担				HD3-34/8008	∠80×8	3400	94.094

2000～4000m 海拔地区 10kV 横担选型表

（梢径 350mm 及以下电杆）

导线类型	横担使用档距	横担名称	尺寸（mm）			240mm² 及以下导线截面			
			L_1	L_2	L_3	横担编号	横担规格（mm）	长度（mm）	横担质量（kg）
绝缘线	80m 及以下	上横担	700	750	600	HD3-15/7508	∠75×8	1500	50.950
		下横担				HD3-28/8008	∠80×8	2800	82.505
裸导线	60m 及以下	上横担	700	900	600	HD3-15/7508	∠75×8	1500	50.950
		下横担				HD3-31/8008	∠80×8	3100	88.299
	60～80m	上横担	900	1100	600	HD3-19/7508	∠75×8	1900	58.174
		下横担				HD3-35/8008	∠80×8	3500	96.026

说明：1. 横担质量包含主角铁质量以及挂线角铁、斜撑角铁、抱铁、垫片等估算质量，实际质量以施工图为准。

2. 横担材质为 Q235。

图 31-4　NJ2-3 双回耐张水泥杆杆头示意图（JKX-3-04）

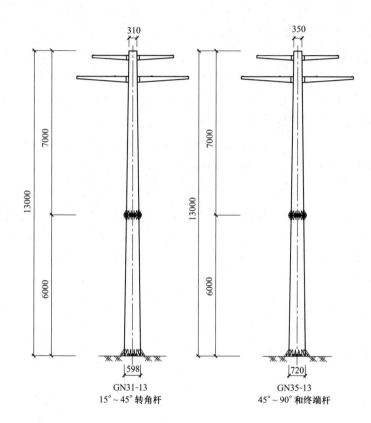

钢管杆技术参数表

钢管杆参数	杆型 GN31-13	GN35-13
钢管杆质量（kg）	2484.58	3709.28
钢管杆材质	Q345	Q345
根部水平力标准值（kN）	39.38	83.04
根部下压力标准值（kN）	26.98	40.94
根部弯矩标准值（kN·m）	467.47	947.70
根部水平力设计值（kN）	55.13	116.26
根部下压力设计值（kN）	32.38	49.13
根部弯矩设计值（kN·m）	654.46	1326.78
地脚螺栓材质	35 号钢	35 号钢
地脚螺栓规格（数量×规格）	16×M48	16×M60

说明：1. 钢管杆质量均为设计质量（含横担质量），未含损耗。
　　　2. 15°～45°转角杆用 GN31-13，45°～90°转角杆、终端杆用 GN35-13。

图 31-5　13m 耐张钢管杆单线图及技术参数表（JKX-3-05）

10kV 横担选型表

导线类型	转角度数	横担使用档距	横担名称	尺寸（mm）			240mm² 及以下导线截面		
				L_1	L_2	L_3	横担编号	横担规格(mm)/材质	横担质量（kg）
绝缘线	90°及以下	80m 及以下	上横担	900	1000	600	HD5-9/9006		61.6
			下横担				HD5-16/9006		123.1
裸导线	45°及以下	60m 及以下	上横担	900	1000	600	HD5-9/4506		61.6
			下横担				HD5-16/4506		123.1
		60~80m	上横担	900	1200	600	HD5-9/4506	─6/Q345	61.6
			下横担				HD5-18/4506		131.1
	45°~90°	60m 及以下	上横担	1000	1300	600	HD5-10/9006		64.9
			下横担				HD5-19/9006		135.0
		60~80m	上横担	1350	1600	600	HD5-13.5/9006		77.0
			下横担				HD5-22/9006		147.1

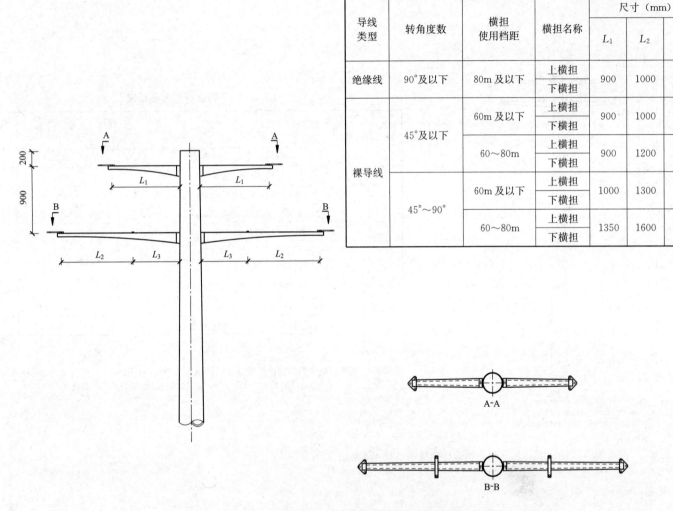

图 31-6　NJ2-6 双回耐张钢管杆杆头示意图（JKX-3-06）

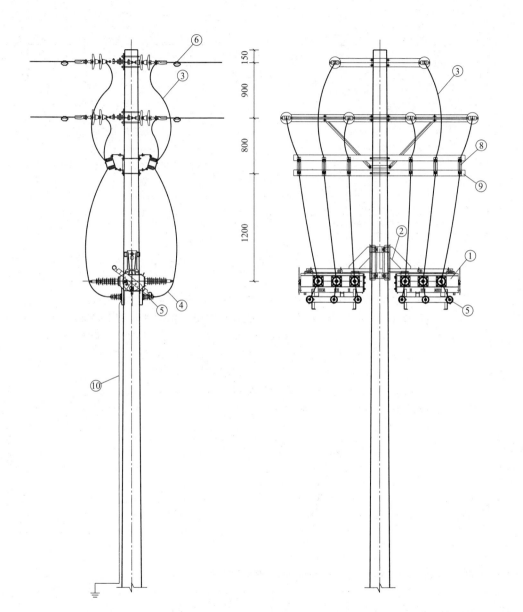

主要材料表				
编号	材料名称	单位	数量	备注
①	柱上开关	台	2	
②	开关支架	套	2	
③	导线引线	m	48	长度仅供参考
④	避雷器上引线	m	24	长度仅供参考
⑤	合成氧化锌避雷器	只	12	YH5WS-17/50
⑥	验电接地环	只	12	
⑦	开关名称牌	只	2	图中未标示，具体安装位置自定
⑧	隔离开关	只	12	
⑨	隔离开关安装支架	套	4	
⑩	接地引下线			

说明：1. 本图为柱上开关布置及引线方式示意图，各种设备、材料的具体型号、规格由工程设计确定。

2. 接地引下线应采取防腐措施，且接地装置的接地电阻不应大于 10Ω，同时应满足 GB/T 50065—2011《交流电气装置的接地设计规范》中关于接触电压及跨步电压的要求。

3. 10kV 带电导体与杆塔构件、拉线之间最小距离，10kV 过引线、引下线与邻相导线之间的最小距离应满足 GB 50061—2010《66kV 及以下架空电力线路设计规范》的要求。

4. 主线引线时禁止在主绝缘线引搭，应在线尾部分搭接，特殊情况除外。

5. 导线与设备连接用接线端子或设备线夹未列入，根据各地实际情况选用。

6. 本材料表中不含主杆主线高压断连材料。

图 31-7　双回耐张开关杆组装示意图（外加两侧隔离开关）（JKX-3-07）

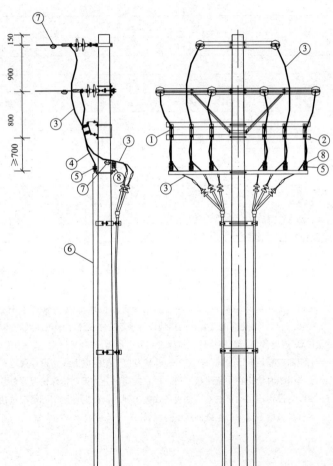

主要材料表				
编号	材料名称	单位	数量	备注
①	隔离开关	只	6	
②	隔离开关安装支架	套	2	
③	导线引线	m	30	长度仅供参考
④	避雷器上引线	m	18	长度仅供参考
⑤	合成氧化锌避雷器	只	6	YH5WS-17/50 或 YH5WBG-17/50
⑥	接地引线			
⑦	验电接地环	只	12	
⑧	线路柱式瓷绝缘子	只	6	

说明：1. 本图为柱上开关布置及引线方式示意图，各种设备、材料的具体型号、规格由工程设计确定。

2. 接地引下线应采取防腐措施，且接地装置的接地电阻不应大于 10Ω，同时应满足 GB/T 50065—2011《交流电气装置的接地设计规范》中关于接触电压及跨步电压的要求。

3. 10kV 带电导体与杆塔构件、拉线之间最小距离，10kV 过引线、引下线与邻相导线之间的最小距离应满足 GB 50061—2010《66kV 及以下架空电力线路设计规范》的要求。

4. 主线引线时禁止在主绝缘线引搭，应在线尾部分搭接，特殊情况除外。

5. 导线与设备连接用接线端子或设备线夹未列入，根据各地实际情况选用。

6. 本材料表中不含主杆主线高压断连材料。

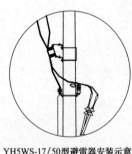

YH5WS-17/50型避雷器安装示意

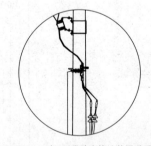

YH5WBG-17/50型带验电接地装置避雷器安装示意

图 31-8　双回电缆引下杆组装示意图（经隔离开关引下）(JKX-3-08)

基础尺寸表						
编号	单位	a	a_1	h	挖方（m³）	填方（m³）
$\phi190$	m	0.8	2.3	2.5	6.48	6.21

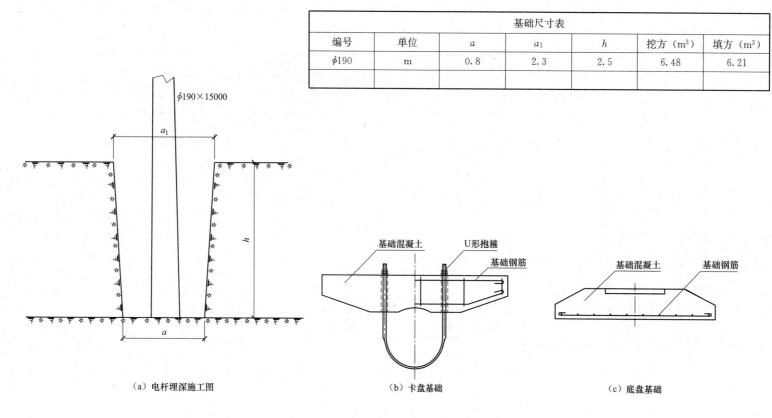

（a）电杆埋深施工图　　　　（b）卡盘基础　　　　（c）底盘基础

图 31-9　$\phi190$ 水泥杆基础型式示意图（JKX-3-09）

基础尺寸表							
电杆型号	地质分类	单位	a	a_1	h	挖方（m³）	填方（m³）
J35-15-T	普通土	m	1.26	2.76	2.5	10.57	10.01

说明：15°及以下转角用基础。

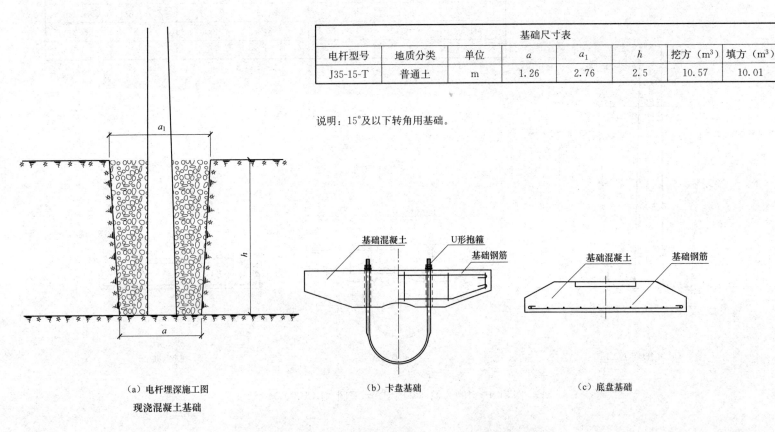

（a）电杆埋深施工图
现浇混凝土基础

（b）卡盘基础

（c）底盘基础

图 31-10　φ350 水泥杆基础型式示意图（JKX-3-10）

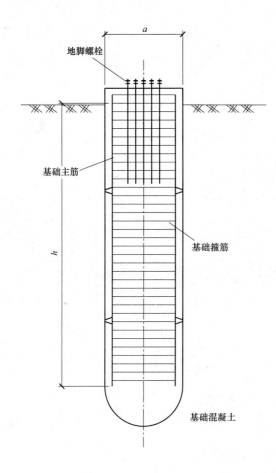

图 31-11 耐张钢管杆基础型式示意图 (JKX-3-11)

基础尺寸表						
编号	地质分类	单位	a	h	挖方（m³）	填方（m³）
GN31-13	普通土	m	1.5	7.5	13.24	12.59
GN35-13	普通土	m	1.5	7.5	13.24	12.59

说明：15°以上转角杆用基础。

以普通土为例，基础用钢筋量和混凝土量如下：

GN31-13 和 GN35-13 C25 混凝土 12.59m³，钢筋量 1277.44kg。

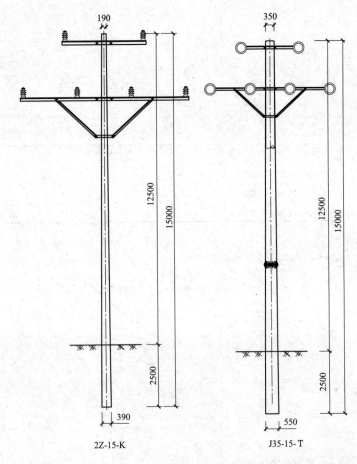

杆 塔 一 览 表

气象条件	$v=25\text{m/s}$ $b=10\text{mm}$	
导线型号	JKLYJ-240	
序号	杆型	使用基数
1	2Z-15-K	14
2	J35-15-T	3

图 31-12 水泥杆杆塔一览图 (JKX-3-12)

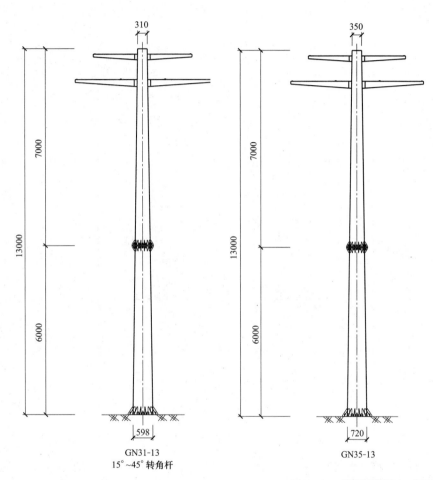

GN31-13
15°~45°转角杆

GN35-13

图 31-13　耐张钢管杆一览图（JKX-3-13）

杆 塔 一 览 表

气象条件	$v=25$m/s　$b=10$mm	
导线型号	JKLYJ-240	
序号	杆型	使用基数
1	GN31-13	1
2	GN35-13	2
3		

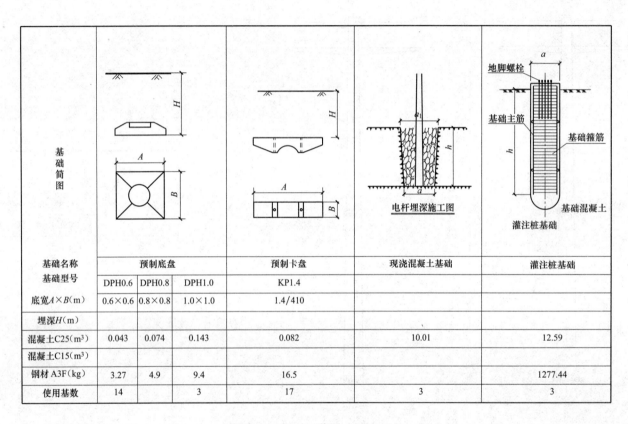

基础简图	预制底盘			预制卡盘	现浇混凝土基础	灌注桩基础
基础名称	预制底盘			预制卡盘	现浇混凝土基础	灌注桩基础
基础型号	DPH0.6	DPH0.8	DPH1.0	KP1.4		
底宽 $A \times B$(m)	0.6×0.6	0.8×0.8	1.0×1.0	1.4/410		
埋深 H(m)						
混凝土C25(m³)	0.043	0.074	0.143	0.082	10.01	12.59
混凝土C15(m³)						
钢材A3F(kg)	3.27	4.9	9.4	16.5		1277.44
使用基数	14		3	17	3	3

图 31-14　基础一览图（JKX-3-14）

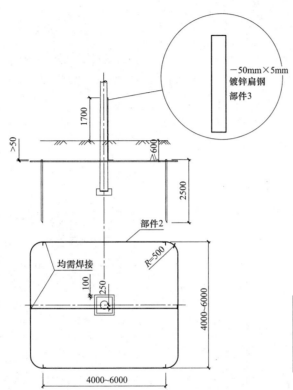

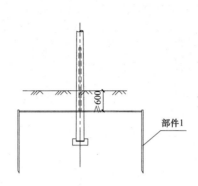

材 料 表

序号	名称	规格	单位	数量	重量（kg）	备注
部件 1	角钢	∠63mm×6mm L＝2500mm	根	4	57.21	接地极角钢
部件 2	扁钢	—50mm×5mm	m	35	68.6	接地扁钢
部件 3	扁钢	50mm×5mm	m	15	29.4	接地引上线

说明：1. 接地体及接地引下线均做热镀锌处理。
　　　2. 接地装置的连接均采用焊接，焊接长度应满足规程要求。
　　　3. 接地引上线沿电杆内侧敷设。
　　　4. 在雷雨季干燥时，要求接地电阻值实测不大于 10Ω。
　　　5. 此接地体材料及工作量根据地域差别，接地极长度和数量、接地扁铁长度，接地引上线长度
　　　　 在满足接地电阻条件下可做调整。

图 31-15 接地体加工图（JKX-3-15）

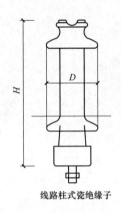

线路柱式瓷绝缘子

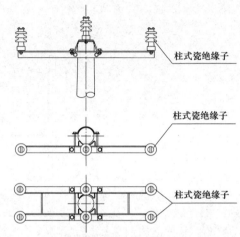

柱式瓷绝缘子

柱式瓷绝缘子

柱式瓷绝缘子

线路柱式瓷绝缘子特性表			
绝缘子参数 \ 绝缘子型号	R5ET105L	R12.5ET170N	R12.5ET200N
雷电冲击耐受电压峰值（kV）	105	170	200
工频湿耐受电压有效值（kV）	40	70	85
最小公称爬电距离（mm）	360	580	620
最小弯曲破坏负荷（kN）	5	12.5	12.5
公称总高 H（mm）	283	370	430
最大公称直径 D（mm）	125	170	180

线路柱式瓷绝缘子配置表			
绝缘子型号 \ 海拔高度 \ 污区等级	1000m 及以下	1000～2500m	2500～4000m
a、b、c	R5ET105L	R12.5ET170N	R12.5ET200N
d	R5ET105L	R12.5ET170N	R12.5ET200N
e	R12.5ET170N	R12.5ET170N	R12.5ET200N

说明：绝缘子配置按海拔高度分类范围值上限考虑。

图 31-16 10kV 直线柱式瓷绝缘子选用配置表（JKX-3-16）

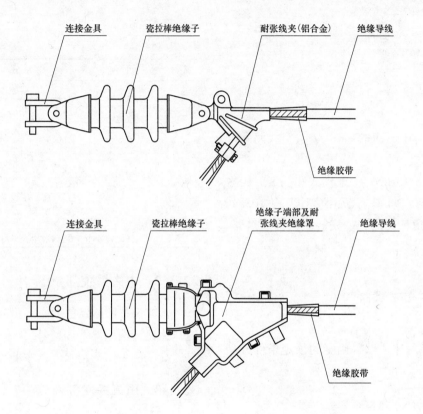

连接金具　瓷拉棒绝缘子　耐张线夹（铝合金）　绝缘导线

绝缘胶带

连接金具　瓷拉棒绝缘子　绝缘子端部及耐张线夹绝缘罩　绝缘导线

绝缘胶带

说明：1. 根据绝缘导线的截面选择匹配的耐张线夹。

2. 绝缘导线端头应用自粘性绝缘胶带缠绕包扎并做防水处理。

图 31-17　10kV 瓷拉棒绝缘子安装（海拔 1000m 及以下地区）（JKX-3-17）

第32章　10kV双回架空线18m杆（方案JKX-4）

32.1　设计说明

32.1.1　总的部分

本典型设计为"客户受电工程典型设计"中对应的"10kV架空线路"部分，方案编号为"JKX-4"。

方案 JKX-4 对应 JKLYJ-10/240 双回架设（18m）平地模式和丘陵、山区模式。采用新立 18m 水泥杆 17 基，13m 钢管杆 3 基，新架设 JKLYJ-10/240 双回路线路 1km，安装真空断路器 2 台，转角杆、耐张杆安装氧化锌避雷器，共 10 组。

32.1.1.1　适用范围

适用于 10kV 双回架空线路采用 150～240mm² 线路。

32.1.1.2　方案技术条件

本方案根据"10kV双回架空线典型设计总体说明"确定的预定条件开展设计，方案组合说明见表32-1。

表 32-1　　10kV 双回架空线 JKX-4 典型方案技术条件表

序号	项目名称	内容
1	10kV导线	JKLYJ-10/150-240，按照配变装接容量和线路距离选择
2	10kV回路数	双回架空绝缘线
3	杆头布置	采用三角杆头布置型式
4	主要材料选型	18m水泥杆：直线杆14基，小转角杆3基，13m钢管杆：耐张转角、终端杆3基。 直线绝缘子选用柱式瓷绝缘子，耐张绝缘子选用悬式瓷绝缘子。 横担应满足开展带电作业的要求，横担及金具应热镀锌处理。 10kV选用永磁真空断路器

续表

序号	项目名称	内容
5	绝缘配合	杆头电气距离、绝缘子选用、柱上设备的外绝缘水平均应满足典型设计引用规范的要求
6	防雷接地	10kV线路防雷接地电阻一般大于10Ω，小电流接地系统接地电阻不大于4Ω。 线路采取安装带间隙的氧化锌避雷器或防雷绝缘子等防雷措施，雷击严重地区全线选用防雷柱式（悬式）瓷绝缘子； 接地体采用长寿命的镀锌扁钢；接地电阻、跨步电压和接触电压应满足有关规程要求
7	土建部分	基础采用底卡盘基础或现浇混凝土结合底卡盘基础

32.1.2　电力系统部分

本典设按照给定的架空线型号进行设计，在实际工程中，需要根据实地情况具体设计选择架空线型号。

高压侧采用选用永磁真空断路器。

32.1.3　电气一次部分

32.1.3.1　短路电流及主要电气设备、导体选择

（1）导体选择型式：10kV架空绝缘线选用 JKLYJ-10-1×240mm² 绝缘导线。按照配变装接容量和线路距离进行导线选择。

（2）10kV侧选用永磁真空开关。10kV避雷器采用金属氧化物避雷器。

（3）直线电杆采用非预应力混凝土杆、部分预应力杆，杆高选用18m。转角15°以上、耐张杆及终端杆采用钢管杆，杆高选用13m。

（4）线路金具按"节能型、绝缘型"原则选用。

（5）真空断路器和隔离开关台架承重力按照重量考虑设计。

32.1.3.2　基础

方案中所有混凝土杆的埋深及底盘的规格均按预定条件选定，埋深 2.5m，直线杆采用底、卡盘基础，小转角杆采用现浇混凝土结合底卡盘基础，转角杆、耐张杆采用灌注桩基础。若土质与设计条件差别较大可根据实际情况作适当调整。

32.1.3.3　绝缘配合及过电压保护

电气设备的绝缘配合，参照 DL/T 620—1997《交流电气装置的过电压保护和绝缘配合》确定的原则进行。

（1）金属氧化物避雷器按 GB 11032—2010《交流无间隙金属氧化物避雷器》中的规定进行选择。

（2）过电压保护。采用交流无间隙金属氧化物避雷器进行过电压保护，避雷器按照国标选择，设备绝缘水平按国标要求执行。

（3）接地。山地线路接地装置采用浅埋式，平地采用深埋式。且不应接近煤气管道及输水管道。接地线与杆上需接地的部件必须接触良好。

32.2　主要设备及材料清册

方案 JKX-4 主要设备材料清册见表 32-2、表 32-3。

表 32-2　　　　　　　　　方案 JKX-4 主要设备材料清册

序号	名称	规格	单位	数量	质量(kg) 单个质量	合计
一、电气部分						
1	导线	JKLYJ-10/240	km	6.60		
2	针式绝缘子	PS-15	只	180		
3	U 型挂环	U-7	副	66		
4	瓷拉棒	SL-15/30	只	66		
5	绝缘线耐张线夹	NXJ2-240	副	66		
6	避雷器	HY5WS-17/50	只	36		
7	隔离刀闸	GW12-630	只	12		
8	永磁真空开关	ZW12kV/630-25	台	2		
9	验电接地环		只	66		
10	异型并沟线夹		只	66		

续表

序号	名称	规格	单位	数量	质量(kg) 单个质量	合计
11	绝缘罩		只	66		
二、接地部分						
1	接地钢材	∠63mm×6mm L=2500mm,4 根	副	6	57.21	343.26
2	接地钢材	50mm×5mm 35m	副	6	68.60	411.60
3	接地钢材	50mm×5mm 15m	副	6	29.40	176.40
三、杆塔部分						
10kV 杆塔部分						
1	水泥杆	$\phi230×18×N×G$	根	14		
2	高压横担	∠75×6×1500	根	28	22.29	624.12
3	高压横担	∠80×6×2700	根	34	32.06	1090.04
4	横担撑铁	L40×4×800	根	68	1.90	129.20
5	横担撑铁	L40×4×1000	根	68	2.40	163.20
6	螺栓	M22×360	副	112	1.60	179.20
7	螺栓	M22×60	副	272	0.54	146.88
8	羊角抱箍	抱 2-240	个	14	4.66	65.24
9	羊角抱箍	抱 2-250	个	14	4.78	66.92
10	U 型抱箍	U22-410	个	14	5.20	72.80
11	底盘	DPH0.8	块	14		
12	卡盘	盘通-05	块	17		
13	水泥杆	$\phi350×18×T×BY$	根	3		
14	高压横担	∠75×8×1500	根	6	25.48	152.88
15	螺栓	M22×430	副	32	2.09	66.88
16	羊角抱箍	抱 2-360	个	3	6.08	18.24
17	羊角抱箍	抱 2-370	个	3	6.20	18.60
18	U 型抱箍	U22-550	个	3	8.10	24.30
19	底盘	DPH1.0	块	3		
20	钢管塔	GN31-13	基	1	3123	3123
21	钢管塔	GN35-13	基	2	3709.28	7148.56
22	永磁真空断路器台架	永磁真空断路器台架	组	2	70	140
23	隔离开关支架	隔离开关支架	组	4	40	160
四、基础部分						
1	现浇基础钢材	A3F	kg	1745.46		

续表

序号	名称	规格	单位	数量	质量(kg) 单个质量	合计
2	现浇基础混凝土	C25	m³	37.77		
3	地脚螺栓	M80	kg	2086.83		
4	现浇基础混凝土	C20	m³	30.77		

32.3　设计图

方案 JKX-4 设计图清单详见表 32-3，图中标杆单位为 m。

表 32-3　　　　　　　　方案 JKX-4 设计图清单

图序	图名	图纸编号
图 32-1	2Z-18-N 双回直线水泥杆单线图及技术参数表	JKX-4-01
图 32-2	Z2-3 双回直线水泥杆杆头示意图	JKX-4-02

续表

图序	图名	图纸编号
图 32-3	J35-18-T 无拉线转角水泥杆单线图及技术参数表	JKX-4-03
图 32-4	NJ2-3 双回耐张水泥杆杆头示意图	JKX-4-04
图 32-5	13m 耐张钢管杆单线图及技术参数表	JKX-4-05
图 32-6	NJ2-6 双回耐张钢管杆杆头示意图	JKX-4-06
图 32-7	双回耐张开关杆组装示意图（外加两侧隔离开关）	JKX-4-07
图 32-8	双回电缆引下杆组装示意图（经隔离开关引下）	JKX-4-08
图 32-9	φ230 水泥杆基础型式示意图	JKX-4-09
图 32-10	φ350 水泥杆基础型式示意图	JKX-4-10
图 32-11	耐张钢管杆基础型式示意图	JKX-4-11
图 32-12	水泥杆杆塔一览图	JKX-4-12
图 32-13	钢管杆杆塔一览图	JKX-4-13
图 32-14	基础一览图	JKX-4-14
图 32-15	接地体加工图	JKX-4-15
图 32-16	10kV 直线柱式瓷绝缘子选用配置表	JKX-4-16
图 32-17	10kV 瓷拉棒绝缘子安装（海拔 1000m 及以下地区）	JKX-4-17

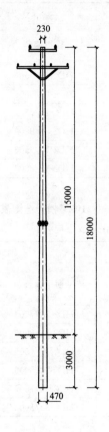

2Z-18-N 杆技术参数表

名称	规格及参数值	物料描述
主杆型号	$\phi230\times18\times N\times G$	锥形水泥杆，非预应力，法兰组装杆，18m，230mm，N
根部水平力标准值（kN）	7.26	
根部下压力标准值（kN）	31.13	
根部弯矩标准值（kN·m）	106.52	
根部水平力设计值（kN）	10.16	
根部下压力设计值（kN）	38.53	
根部弯矩设计值（kN·m）	149.13	

图 32-1 2Z-18-N 双回直线水泥杆单线图及技术参数表（JKX-4-01）

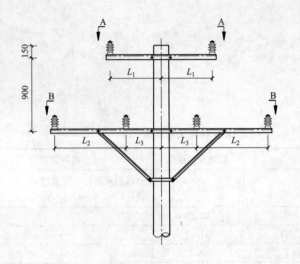

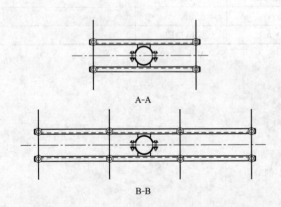

2000m 及以下海拔地区 10kV 横担选型表

（梢径 350mm 及以下电杆）

导线类型	横担使用档距	横担名称	尺寸（mm）			240mm² 及以下导线截面			
			L_1	L_2	L_3	横担编号	横担规格（mm）	长度（mm）	横担质量（kg）
绝缘线	80m 及以下	上横担	700	750	550	HD2-15/7506	∠75×6	1500	44.575
		下横担				HD2-27/8006	∠80×6	2700	64.110
裸导线	60m 及以下	上横担	700	800	550	HD2-15/7506	∠75×6	1500	44.575
		下横担				HD2-28/8006	∠80×6	2800	65.586
	60～80m	上横担	900	1000	550	HD2-19/7506	∠75×6	1900	50.099
		下横担				HD2-32/8006	∠80×6	3200	71.486

2000～4000m 海拔地区 10kV 横担选型表

（梢径 350mm 及以下电杆）

导线类型	横担使用档距	横担名称	尺寸（mm）			240mm² 及以下导线截面			
			L_1	L_2	L_3	横担编号	横担规格（mm）	长度（mm）	横担质量（kg）
绝缘线	80m 及以下	上横担	700	750	600	HD2-15/7506	∠75×6	1500	44.575
		下横担				HD2-28/8006	∠80×6	2800	65.586
裸导线	60m 及以下	上横担	700	800	600	HD2-15/7506	∠75×6	1500	44.575
		下横担				HD2-29/8006	∠80×6	2900	67.061
	60～80m	上横担	900	1000	600	HD2-19/7506	∠75×6	1900	50.099
		下横担				HD2-33/8006	∠80×6	3300	72.962

说明：1. 适用转角度数 0°～8°。
2. 横担质量包含主角铁质量以及挂线角铁、斜撑角铁、抱铁、垫片等估算质量，实际质量以施工图为准。
3. 横担材质为 Q235。

图 32-2　Z2-3 双回直线水泥杆杆头示意图（JKX-4-02）

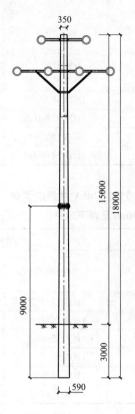

J35-18-T 杆技术参数表

名称	规格及参数值	物料描述
主杆型号	$\phi350\times18\times T\times BY$	锥形水泥杆，部分预应力，法兰组装杆，18m，350mm，T
根部水平力标准值（kN）	15.20	
根部下压力标准值（kN）	45.36	
根部弯矩标准值（kN·m）	223.85	
根部水平力设计值（kN）	21.30	
根部下压力设计值（kN）	54.44	
根部弯矩设计值（kN·m）	313.39	

说明：0°~8°转角杆用。

图 32-3　J35-18-T 无拉线转角水泥杆单线图及技术参数表（JKX-4-03）

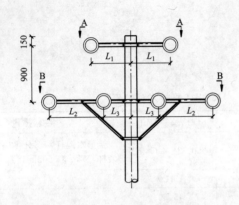

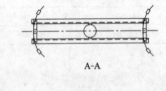

A-A

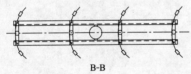

B-B

2000m 及以下海拔地区 10kV 横担选型表

（梢径 350mm 及以下电杆）

导线类型	横担使用档距	横担名称	尺寸（mm）			240mm² 及以下导线截面			
			L_1	L_2	L_3	横担编号	横担规格（mm）	长度（mm）	横担质量（kg）
绝缘线	80m 及以下	上横担	700	750	550	HD3-15/7508	∠75×8	1500	50.950
		下横担				HD3-27/8008	∠80×8	2700	80.573
裸导线	60m 及以下	上横担	700	900	550	HD3-15/7508	∠75×8	1500	50.950
		下横担				HD3-30/8008	∠80×8	3000	86.368
	60~80m	上横担	900	1100	550	HD3-19/7508	∠75×8	1900	58.174
		下横担				HD3-34/8008	∠80×8	3400	94.094

2000~4000m 海拔地区 10kV 横担选型表

（梢径 350mm 及以下电杆）

导线类型	横担使用档距	横担名称	尺寸（mm）			240mm² 及以下导线截面			
			L_1	L_2	L_3	横担编号	横担规格（mm）	长度（mm）	横担质量（kg）
绝缘线	80m 及以下	上横担	700	750	600	HD3-15/7508	∠75×8	1500	50.950
		下横担				HD3-28/8008	∠80×8	2800	82.505
裸导线	60m 及以下	上横担	700	900	600	HD3-15/7508	∠75×8	1500	50.950
		下横担				HD3-31/8008	∠80×8	3100	88.299
	60~80m	上横担	900	1100	600	HD3-19/7508	∠75×8	1900	58.174
		下横担				HD3-35/8008	∠80×8	3500	96.026

说明：1. 横担质量包含主角铁质量以及挂线角铁、斜撑角铁、抱铁、垫片等估算质量，实际质量以施工图为准。
　　　2. 横担材质为 Q235。

图 32-4　NJ2-3 双回耐张水泥杆杆头示意图（JKX-4-04）

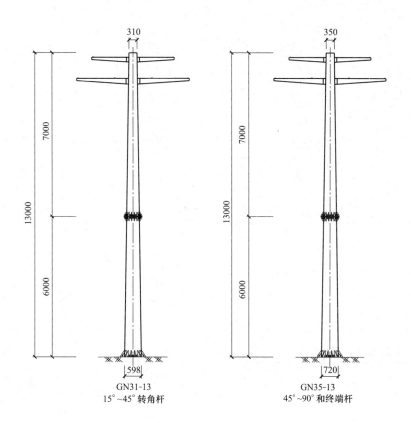

钢管杆技术参数表

钢管杆参数	杆型 GN31-13	GN35-13
钢管杆质量（kg）	2484.58	3709.28
钢管杆材质	Q345	Q345
根部水平力标准值（kN）	39.38	83.04
根部下压力标准值（kN）	26.98	40.94
根部弯矩标准值（kN·m）	467.47	947.70
根部水平力设计值（kN）	55.13	116.26
根部下压力设计值（kN）	32.38	49.13
根部弯矩设计值（kN·m）	654.46	1326.78
地脚螺栓材质	35号钢	35号钢
地脚螺栓规格（数量×规格）	16×M48	16×M60

说明：1. 钢管杆质量均为设计质量（含横担质量），未含损耗。
　　　2. 15°～45°转角杆用GN31-13，45°～90°转角杆、终端杆用GN35-13。

图 32-5　13m耐张钢管杆单线图及技术参数表（JKX-4-05）

10kV 横担选型表

导线类型	转角度数	横担使用档距	横担名称	尺寸（mm）			240mm² 及以下导线截面		
				L_1	L_2	L_3	横担编号	横担规格（mm）/材质	横担质量（kg）
绝缘线	90°及以下	80m 及以下	上横担	900	1000	600	HD5-9/9006		61.6
			下横担				HD5-16/9006		123.1
裸导线	45°及以下	60m 及以下	上横担	900	1000	600	HD5-9/4506		61.6
			下横担				HD5-16/4506		123.1
		60～80m	上横担	900	1200	600	HD5-9/4506		61.6
			下横担				HD5-18/4506	−6/Q345	131.1
	45°～90°	60m 及以下	上横担	1000	1300	600	HD5-10/9006		64.9
			下横担				HD5-19/9006		135.0
		60～80m	上横担	1350	1600	600	HD5-13.5/9006		77.0
			下横担				HD5-22/9006		147.1

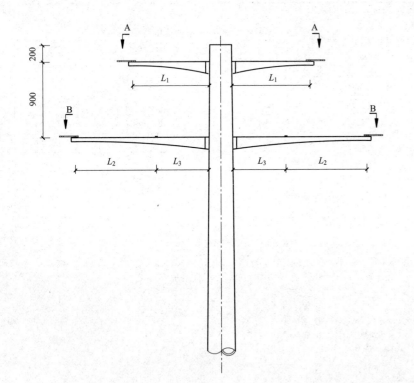

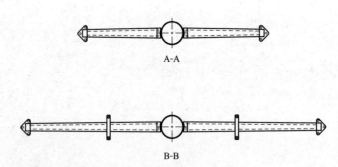

图 32-6 NJ2-6 双回耐张钢管杆杆头示意图 （JKX-4-06）

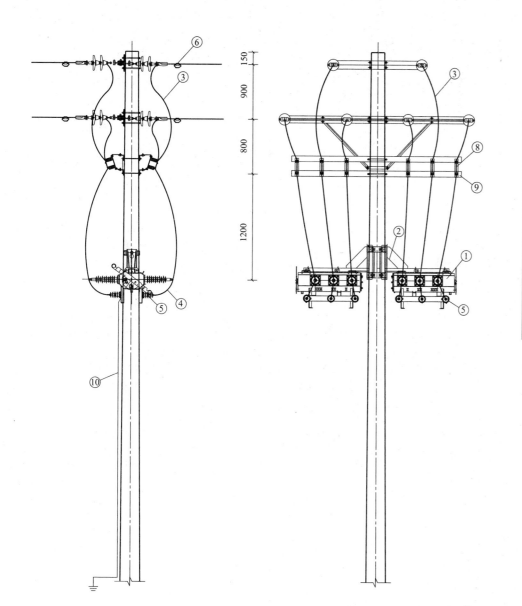

主要材料表				
编号	材料名称	单位	数量	备注
①	柱上开关	台	2	
②	开关支架	套	2	
③	导线引线	m	48	长度仅供参考
④	避雷器上引线	m	24	长度仅供参考
⑤	合成氧化锌避雷器	只	12	YH5WS-17/50
⑥	验电接地环	只	12	
⑦	开关名称牌	只	2	图中未标示,具体安装位置自定
⑧	隔离开关	只	12	
⑨	隔离开关安装支架	套	4	
⑩	接地引下线			

说明: 1. 本图为柱上开关布置及引线方式示意图,各种设备、材料的具体型号、规格由工程设计确定。

2. 接地引下线应采取防腐措施,且接地装置的接地电阻不应大于10Ω,同时应满足 GB/T 50065—2011《交流电气装置的接地设计规范》中关于接触电压及跨步电压的要求。

3. 10kV 带电导体与杆塔构件、拉线之间最小距离,10kV 过引线、引下线与邻相导线之间的最小距离应满足 GB 50061—2010《66kV 及以下架空电力线路设计规范》的要求。

4. 主线引线时禁止在主绝缘线引搭,应在线尾部分搭接,特殊情况除外。

5. 导线与设备连接用接线端子或设备线夹未列入,根据各地实际情况选用。

6. 本材料表中不含主杆主线高压断连材料。

图 32-7 双回耐张开关杆组装示意图(外加两侧隔离开关)(JKX-4-07)

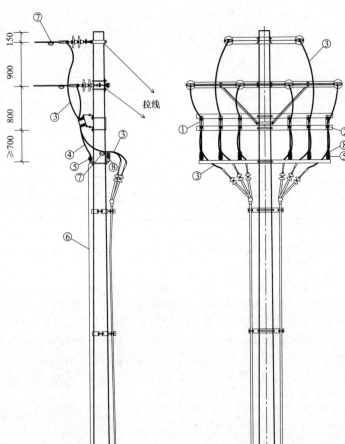

主要材料表				
编号	材料名称	单位	数量	备注
①	隔离开关	只	6	
②	隔离开关安装支架	套	2	
③	导线引线	m	30	长度仅供参考
④	避雷器上引线	m	18	长度仅供参考
⑤	合成氧化锌避雷器	只	6	YH5WS-17/50 或 YH5WBG-17/50
⑥	接地引线			
⑦	验电接地环	只	12	
⑧	线路柱式瓷绝缘子	只	6	

说明：1. 本图为柱上开关布置及引线方式示意图，各种设备、材料的具体型号、规格由工程设计确定。

2. 接地引下线应采取防腐措施，且接地装置的接地电阻不应大于 10Ω，同时应满足 GB/T 50065—2011《交流电气装置的接地设计规范》中关于接触电压及跨步电压的要求。

3. 10kV 带电导体与杆塔构件、拉线之间最小距离，10kV 过引线、引下线与邻相导线之间的最小距离应满足 GB 50061—2010《66kV 及以下架空电力线路设计规范》的要求。

4. 主线引线时禁止在主绝缘线引搭，应在线尾部分搭接，特殊情况除外。

5. 导线与设备连接用接线端子或设备线夹未列入，根据各地实际情况选用。

6. 本材料表中不含主杆主线高压断连材料。

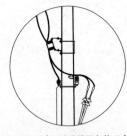
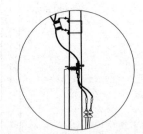

YH5WS-17/50型避雷器安装示意   YH5WBG-17/50型带验电接地装置避雷器安装示意

图 32-8　双回电缆引下杆组装示意图（经隔离开关引下）（JKX-4-08）

基础尺寸表						
电杆型号	单位	a	a_1	h	挖方（m³）	填方（m³）
2Z-18-N	m	1.1	2.9	3.0	12.81	12.33

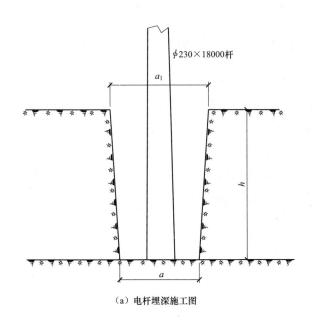

（a）电杆埋深施工图

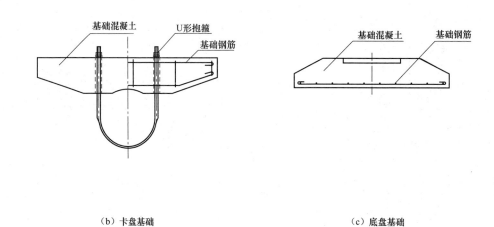

（b）卡盘基础　　　　　　　　　　（c）底盘基础

图 32-9　ϕ230 水泥杆基础型式示意图（JKX-4-09）

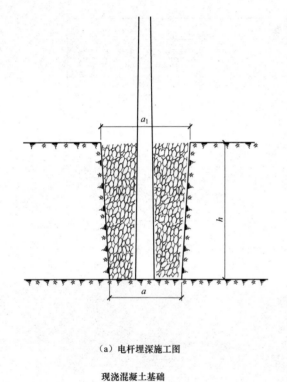

（a）电杆埋深施工图

现浇混凝土基础

基础尺寸表							
电杆型号	地质分类	单位	a	a_1	h	挖方（m³）	填方（m³）
J35-18-T	普通土	m	1.34	3.14	3	15.86	15.10

说明：15°及以下转角用基础。

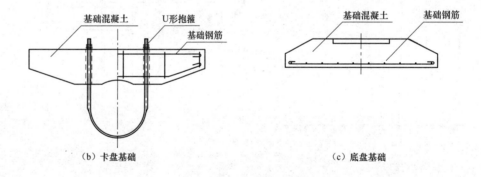

（b）卡盘基础

（c）底盘基础

图 32-10　φ350 水泥杆基础型式示意图（JKX-4-10）

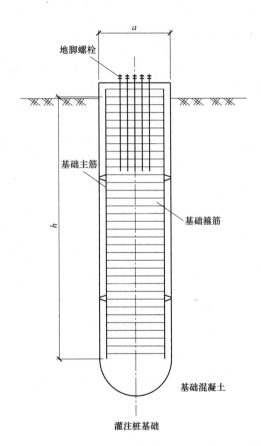

基础尺寸表						
编号	地质分类	单位	a	h	挖方（m³）	填方（m³）
GN31-13	普通土	m	1.5	7.5	13.24	12.59
GN35-13	普通土	m	1.5	7.5	13.24	12.59

说明：15°以上转角杆用基础。

以普通土为例，基础用钢筋量和混凝土量如下：

GN31-13 和 GN35-13 C25 混凝土 12.59m³，钢筋量 1277.44kg。

图 32-11　耐张钢管杆基础型式示意图（JKX-4-11）

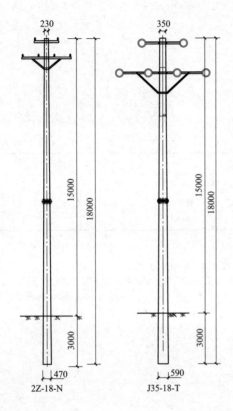

杆 塔 一 览 表

气象条件	$v=25m/s$, $b=10mm$	
导线型号	JKLYJ-240	
序号	杆型	使用基数
1	2Z-18-N	14
2	J35-18-T	3

图 32-12　水泥杆杆塔一览图（JKX-4-12）

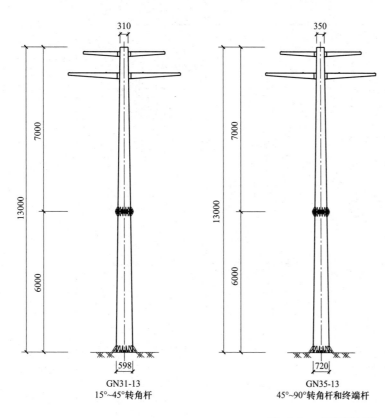

GN31-13
15°~45°转角杆

GN35-13
45°~90°转角杆和终端杆

图 32-13　钢管杆杆塔一览图（JKX-4-13）

杆 塔 一 览 表

气象条件	$v=25\text{m/s}$　$b=10\text{mm}$	
导线型号	JKLYJ-240	
序号	杆型	使用基数
1	GN31-13	1
2	GN35-13	2
3		

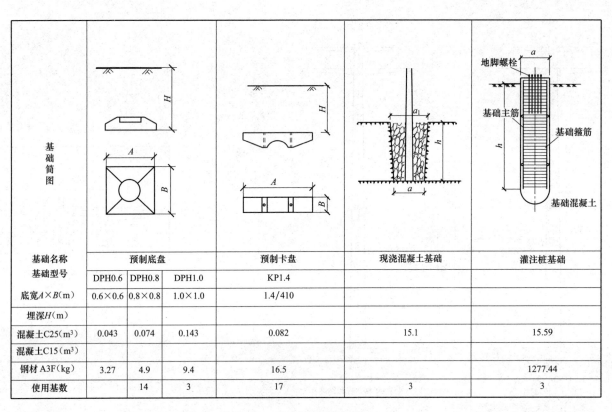

基础简图					
基础名称	预制底盘			预制卡盘	现浇混凝土基础	灌注桩基础
基础型号	DPH0.6	DPH0.8	DPH1.0	KP1.4		
底宽A×B（m）	0.6×0.6	0.8×0.8	1.0×1.0	1.4/410		
埋深H（m）						
混凝土C25（m³）	0.043	0.074	0.143	0.082	15.1	15.59
混凝土C15（m³）						
钢材A3F（kg）	3.27	4.9	9.4	16.5		1277.44
使用基数		14	3	17	3	3

图 32-14　基础一览图（JKX-4-14）

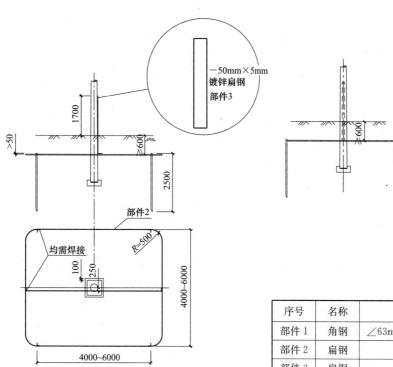

序号	名称	规格	单位	数量	质量（kg）	备注
部件1	角钢	∠63mm×6mm L＝2500mm	根	4	57.21	接地极角钢
部件2	扁钢	50mm×5mm	m	35	68.6	接地扁钢
部件3	扁钢	50mm×5mm	m	15	29.4	接地引上线

材　料　表

说明：1. 接地体及接地引下线均做热镀锌处理。
　　　2. 接地装置的连接均采用焊接，焊接长度应满足规程要求。
　　　3. 接地引上线沿电杆内侧敷设。
　　　4. 在雷雨季干燥时，要求接地电阻值实测不大于10Ω。
　　　5. 此接地体材料及工作量根据地域差别，接地极长度和数量、接地扁铁长度，接地引上线长度在满足接地电阻条件下可做调整。

图 32-15　接地体加工图（JKX-4-15）

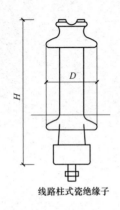

线路柱式瓷绝缘子

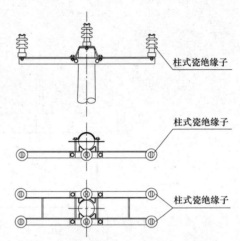

线路柱式瓷绝缘子特性表			
绝缘子参数 ＼ 绝缘子型号	R5ET105L	R12.5ET170N	R12.5ET200N
雷电冲击耐受电压峰值（kV）	105	170	200
工频湿耐受电压有效值（kV）	40	70	85
最小公称爬电距离（mm）	360	580	620
最小弯曲破坏负荷（kN）	5	12.5	12.5
公称总高 H（mm）	283	370	430
最大公称直径 D（mm）	125	170	180

线路柱式瓷绝缘子配置表			
海拔高度 绝缘子型号 ＼ 污区等级	1000m 及以下	1000～2500m	2500～4000m
a、b、c	R5ET105L	R12.5ET170N	R12.5ET200N
d	R5ET105L	R12.5ET170N	R12.5ET200N
e	R12.5ET170N	R12.5ET170N	R12.5ET200N
说明：绝缘子配置按海拔高度分类范围值上限考虑。			

图 32-16　10kV 直线柱式瓷绝缘子选用配置表（JKX-4-16）

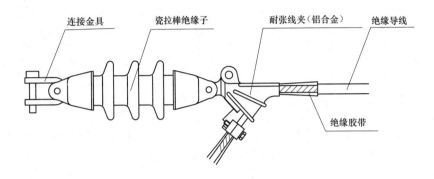

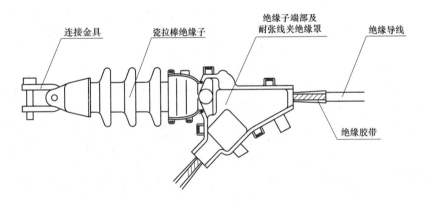

说明：1. 根据绝缘导线的截面选择匹配的耐张线夹。

2. 绝缘导线端头应用自粘性绝缘胶带缠绕包扎并做防水处理。

图 32-17 10kV 瓷拉棒绝缘子安装（海拔 1000m 及以下地区）（JKX-4-17）